학년별
학습 구성

"교과서 모든 단원을 빠짐없이 수록하여
수학 기초 실력과 **연산 실력**을 동시에 향상"

수학 영역	**1학년** ǀ 1~2학기	**2학년** ǀ 1~2학기	**3학년** ǀ 1~2학기
수와 연산	• 한 자리 수 • 두 자리 수 • 덧셈과 뺄셈	• 세 자리 수 • 네 자리 수 • 덧셈과 뺄셈 • 곱셈 • 곱셈구구	• 세 자리 수의 덧셈과 뺄셈 • 곱셈 • 나눗셈 • 분수 • 소수
변화와 관계	• 규칙 찾기	• 규칙 찾기	
도형과 측정	• 여러 가지 모양 • 길이, 무게, 넓이, 들이 비교하기 • 시계 보기	• 여러 가지 도형 • 시각과 시간 • 길이 재기(cm, m)	• 평면도형, 원 • 시각과 시간 • 길이, 들이, 무게
자료와 가능성		• 분류하기 • 표와 그래프	• 그림그래프

나의 목표와 다짐을 적어 주세요.

큐브 연산
초등 수학 **4·1**

2주

	1일차	2일차	3일차 (2단원)	4일차	5일차	이번 주 스스로 평가
2주	07회 032~035쪽	08~09회 036~039쪽	10회 042~045쪽	11~12회 046~053쪽	13회 054~057쪽	매우 잘함 □ 보통 □ 노력 요함 □
	월 일	월 일	월 일	월 일	월 일	

3주

	1일차	2일차	3일차 (3단원)	4일차	5일차	이번 주 스스로 평가
3주	14회 058~061쪽	15~16회 062~065쪽	17~18회 068~075쪽	19~20회 076~083쪽	21회 084~087쪽	매우 잘함 □ 보통 □ 노력 요함 □
	월 일	월 일	월 일	월 일	월 일	

6주

	1일차	2일차	3일차	4일차	5일차 (총정리)	이번 주 스스로 평가
6주	38회 146~149쪽	39~40회 150~157쪽	41회 158~161쪽	42~43회 162~165쪽	44회 166~168쪽	매우 잘함 □ 보통 □ 노력 요함 □
	월 일	월 일	월 일	월 일	월 일	

학습 진도표

사용 설명서

1. 공부할 날짜를 빈칸에 적습니다.
2. 한 주가 끝나면 스스로 평가합니다.

1주 (1단원)

1일차	2일차	3일차	4일차	5일차	이번 주 스스로 평가
01~02회 008~015쪽	03회 016~019쪽	04회 020~023쪽	05회 024~027쪽	06회 028~031쪽	매우 잘함 / 보통 / 노력 요함
월 일	월 일	월 일	월 일	월 일	

4주 (4단원: 5일차)

1일차	2일차	3일차	4일차	5일차	이번 주 스스로 평가
22회 088~091쪽	23회 092~095쪽	24회 096~099쪽	25~26회 100~103쪽	27~28회 106~113쪽	매우 잘함 / 보통 / 노력 요함
월 일	월 일	월 일	월 일	월 일	

5주 (5단원: 3일차, 6단원: 5일차)

1일차	2일차	3일차	4일차	5일차	이번 주 스스로 평가
29~30회 114~121쪽	31~32회 122~125쪽	33~34회 128~135쪽	35~36회 136~139쪽	37회 142~145쪽	매우 잘함 / 보통 / 노력 요함
월 일	월 일	월 일	월 일	월 일	

수학은 **수와 연산 영역이 모든 영역의 문제를 푸는 데 연계**되기 때문에
모든 단원에서 연산 학습을 해야 완벽한 수학 기초 실력을 쌓을 수 있습니다.
특히 초등 수학은 **연산 능력이 바탕인 수학 개념이 많기 때문에**
모든 단원의 개념을 기초로 연산 실력을 다져야 합니다.

큐브 연산

4학년 | 1~2학기	**5학년** | 1~2학기	**6학년** | 1~2학기
• 큰 수 • 곱셈과 나눗셈 • 분수의 덧셈과 뺄셈 • 소수의 덧셈과 뺄셈	• 약수와 배수 • 수의 범위와 어림하기 • 자연수의 혼합 계산 • 약분과 통분 • 분수의 덧셈과 뺄셈 • 분수의 곱셈, 소수의 곱셈	• 분수의 나눗셈 • 소수의 나눗셈
• 규칙 찾기	• 규칙과 대응	• 비와 비율 • 비례식과 비례배분
• 각도 • 평면도형의 이동 • 수직과 평행 • 삼각형, 사각형, 다각형	• 합동과 대칭 • 직육면체와 정육면체 • 다각형의 둘레와 넓이	• 각기둥과 각뿔 • 원기둥, 원뿔, 구 • 원주율과 원의 넓이 • 직육면체와 정육면체의 겉넓이와 부피
• 막대그래프 • 꺾은선그래프	• 평균 • 가능성	• 띠그래프 • 원그래프

큐브 연산

초등 수학

4·1

구성과 특징

1 전 단원 연산 학습을 수학 교과서의 단원별 개념 순서에 맞게 구성

연산 단원만 학습하니
연산 실수가 생기고
연산 학습에 구멍이 생겨요.

수와 연산
도형과 측정
큐브 연산
변화와 관계
자료와 가능성

큐브 연산

교과서 개념 순서에 맞춰 모든 단원의 연산 학습을 해야
기초 실력과 연산 실력이 동시에 향상돼요.

2 하루 4쪽, 4단계 연산 유형으로 체계적인 연산 학습

일반적인 연산 학습은
기계적인 단순 반복이라
너무 지루해요.

개념
연습
적용
완성

큐브 연산

개념 → 연습 → 적용 → 완성 체계적인 4단계 구성으로
연산 실력을 효과적으로 키울 수 있어요.

3 연산 실수를 방지하는 TIP과 문제 제공

같은 연산 실수를 반복해요.

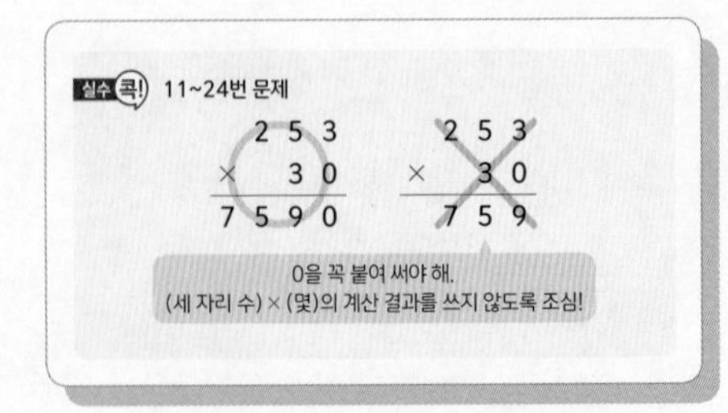

큐브 연산

학생들이 자주 실수하는 부분을 콕 짚고 실수하기
쉬운 문제를 집중해서 풀어 보면서 실수를 방지해요.

하루 4쪽 4단계 학습

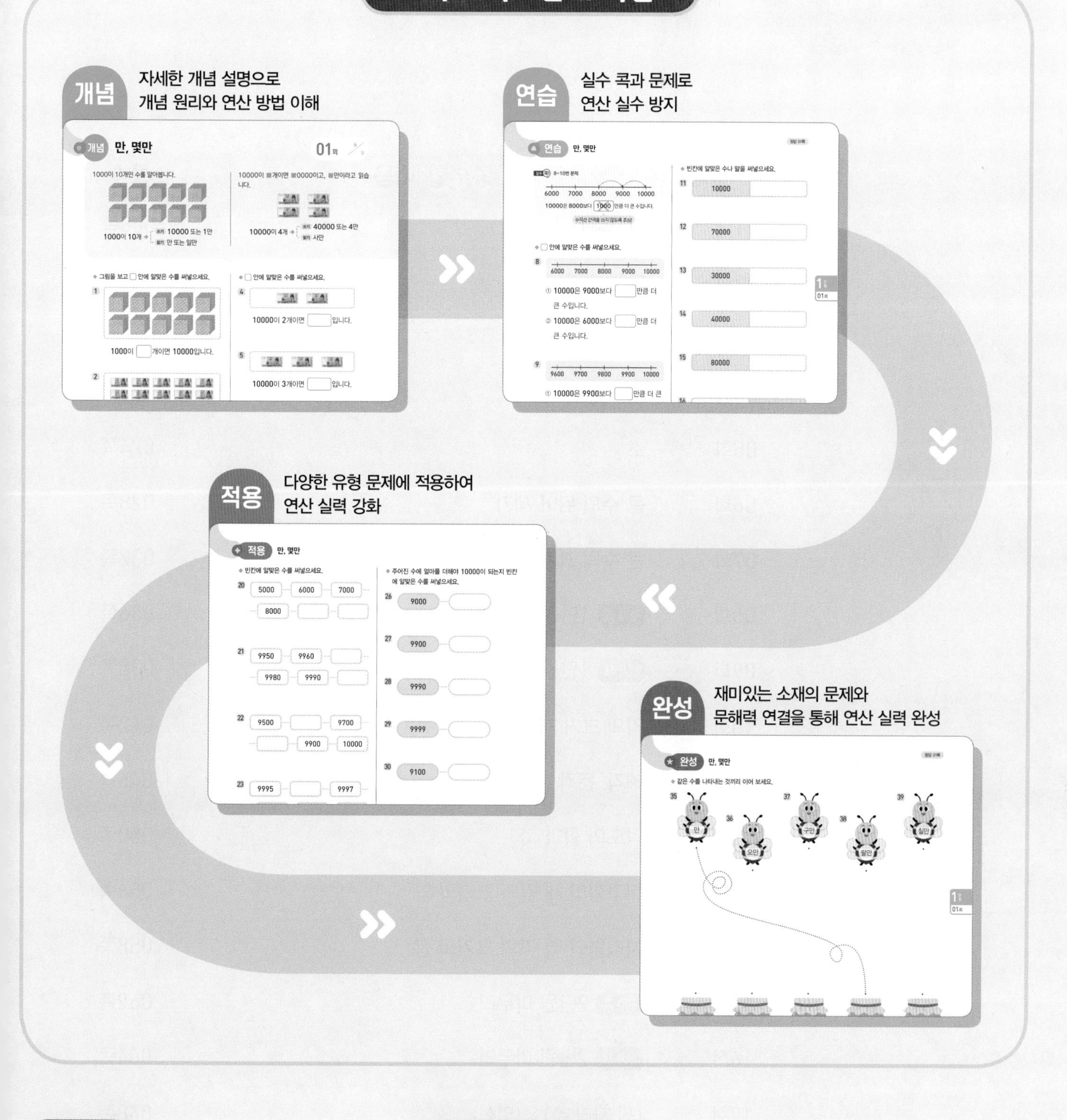

개념
자세한 개념 설명으로
개념 원리와 연산 방법 이해
연습
실수 콕과 문제로
연산 실수 방지
적용
다양한 유형 문제에 적용하여
연산 실력 강화
완성
재미있는 소재의 문제와
문해력 연결을 통해 연산 실력 완성

평가 A, B

평가 B 1단원 마무리

평가 A 1단원 마무리

1~6단원 총정리

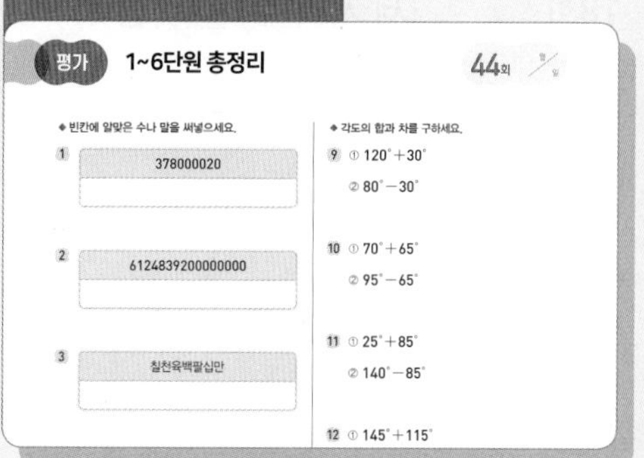

단원별 평가와 전 단원 평가를 통해
연산 실력 점검

차례

큰 수

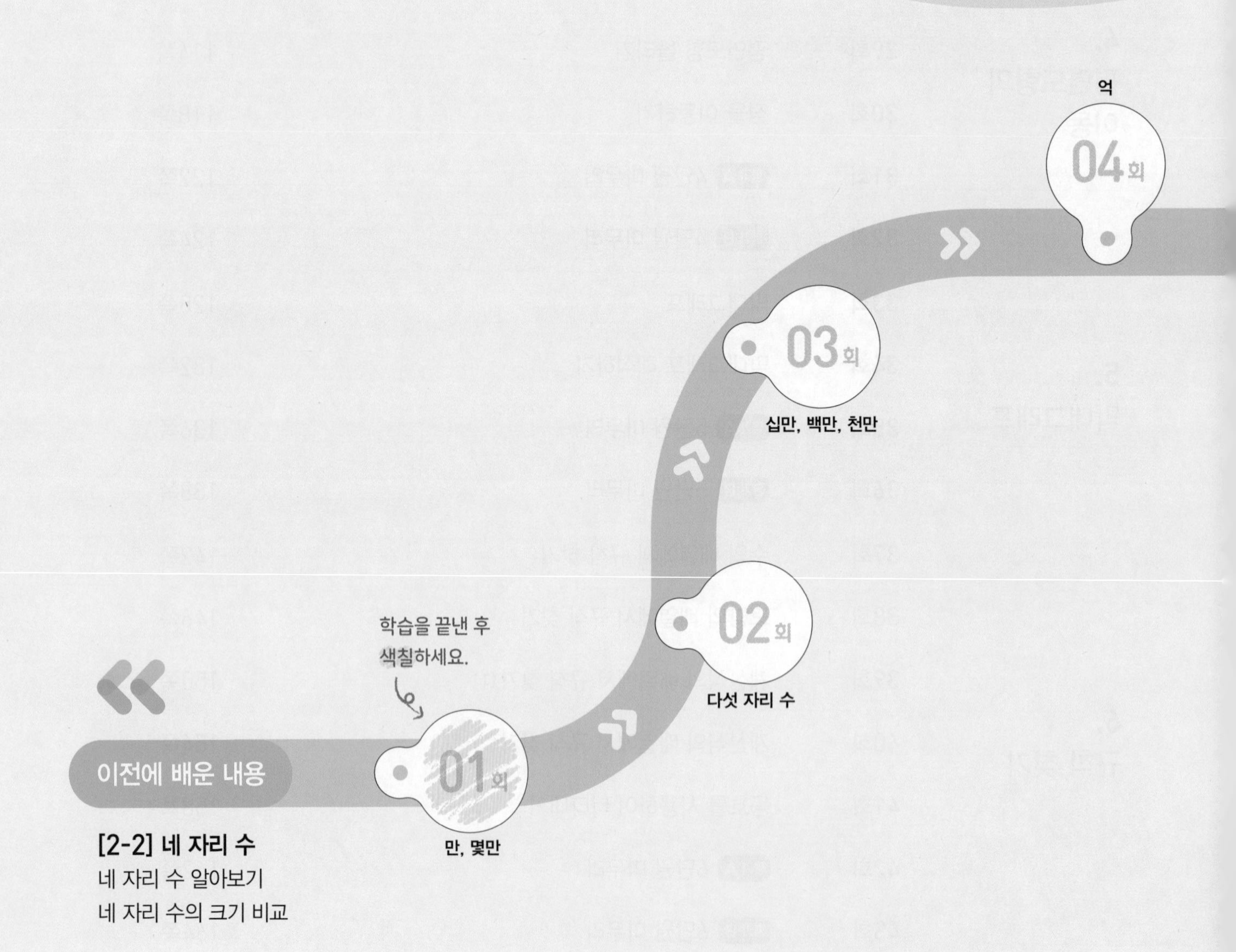

[2-2] 네 자리 수
네 자리 수 알아보기
네 자리 수의 크기 비교

다음에 배울 내용

[5-1] 약수와 배수
약수와 배수 알아보기
공약수와 최대공약수 알아보기
공배수와 최소공배수 알아보기

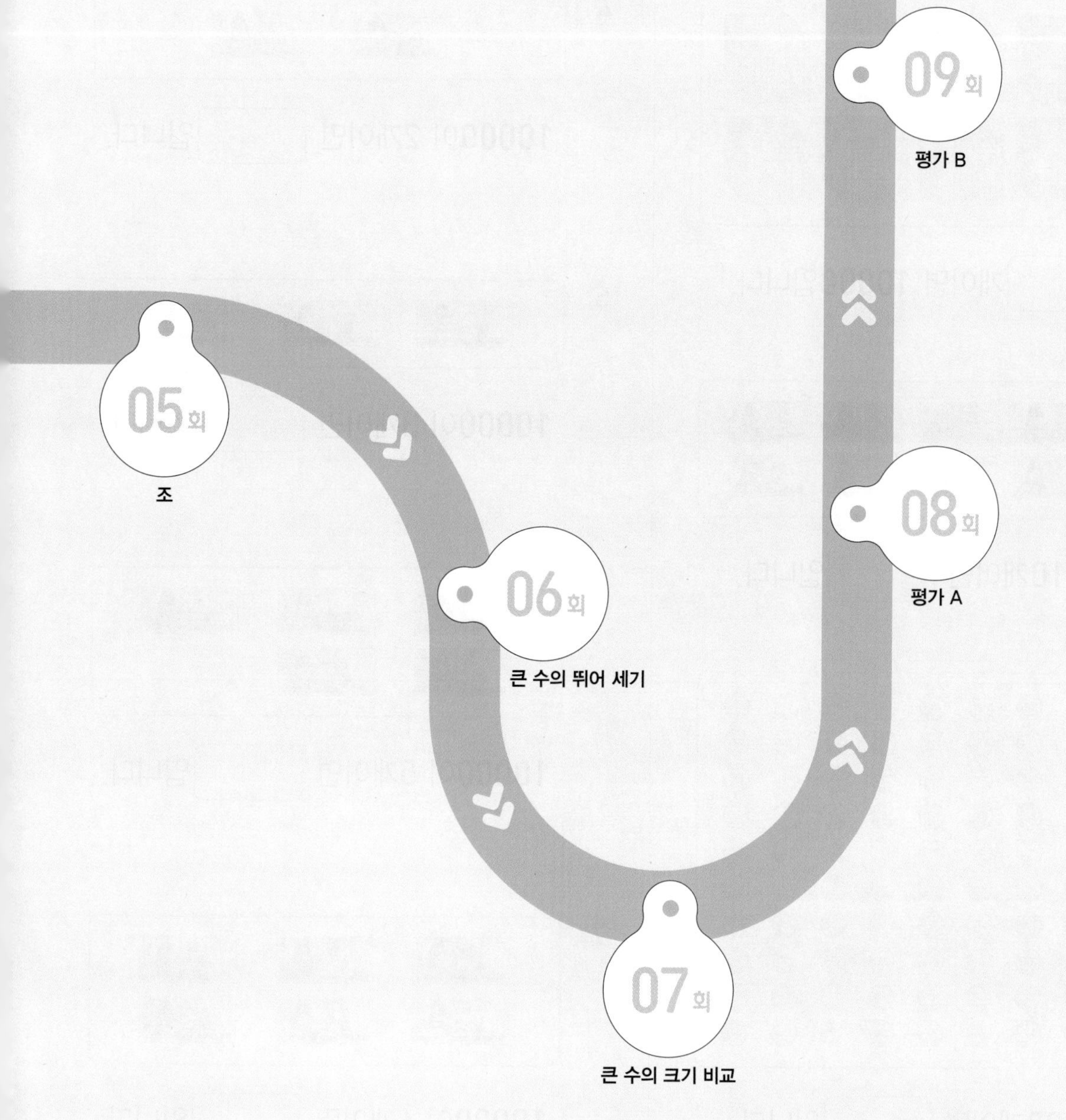

개념 만, 몇만

1000이 10개인 수를 알아봅니다.

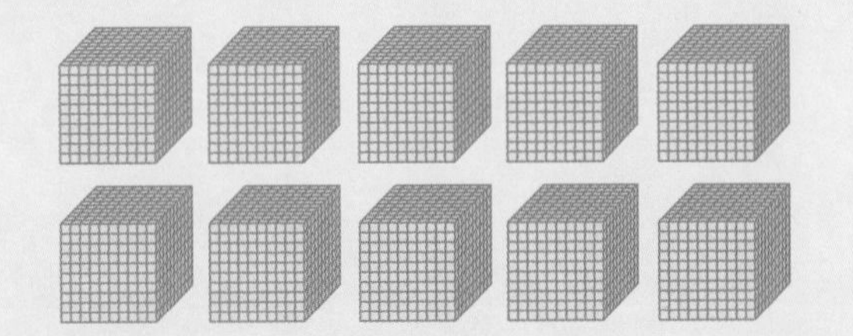

1000이 10개 → 쓰기 10000 또는 1만 / 읽기 만 또는 일만

10000이 ■개이면 ■0000이고, ■만이라고 읽습니다.

10000이 4개 → 쓰기 40000 또는 4만 / 읽기 사만

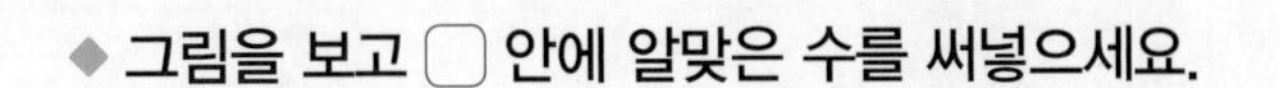

◆ 그림을 보고 ☐ 안에 알맞은 수를 써넣으세요.

1

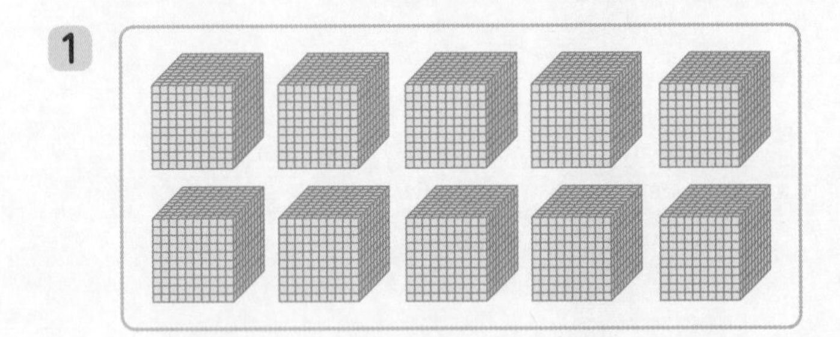

1000이 ☐개이면 10000입니다.

2

1000이 10개이면 ☐입니다.

3

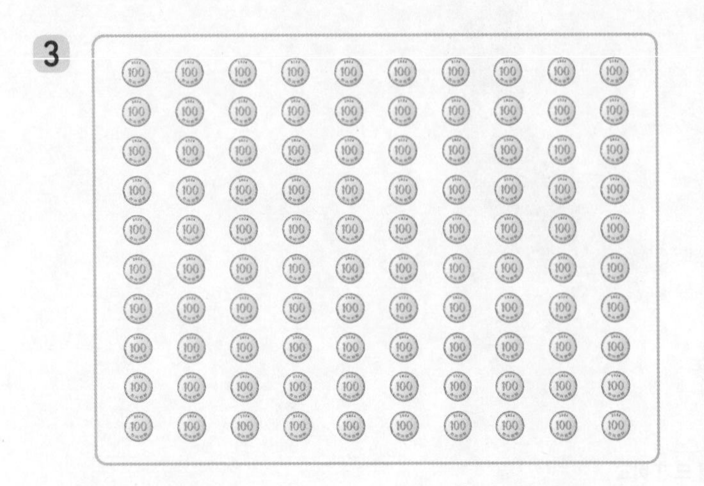

100이 100개이면 ☐입니다.

◆ ☐ 안에 알맞은 수를 써넣으세요.

4

10000이 2개이면 ☐입니다.

5

10000이 3개이면 ☐입니다.

6

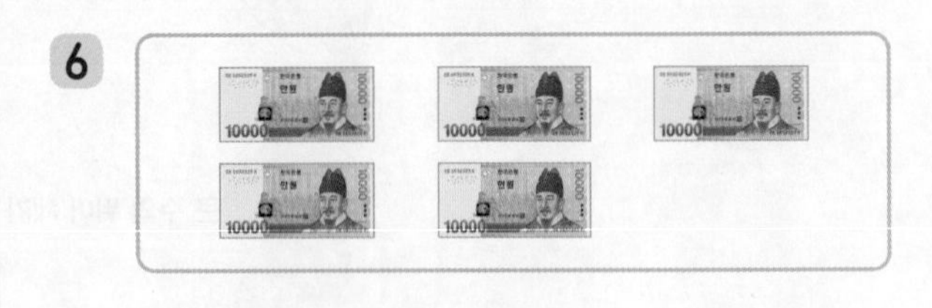

10000이 5개이면 ☐입니다.

7

10000이 6개이면 ☐입니다.

연습 만, 몇만

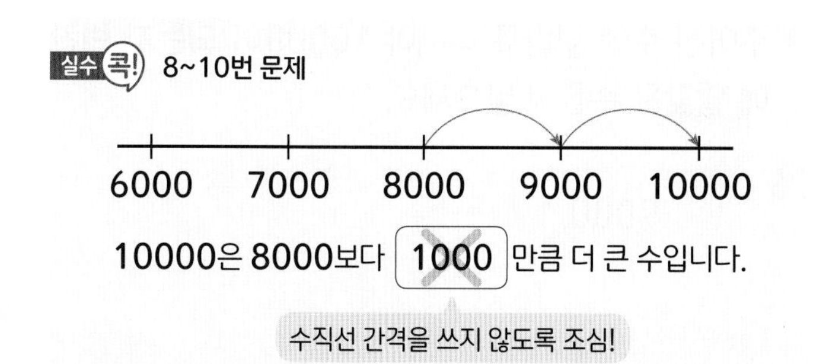
실수 콕! 8~10번 문제
6000
7000
8000
9000
10000
10000은 8000보다 1000 만큼 더 큰 수입니다.
수직선 간격을 쓰지 않도록 조심!

◆ ☐ 안에 알맞은 수를 써넣으세요.

8

6000 7000 8000 9000 10000

① 10000은 9000보다 ☐ 만큼 더 큰 수입니다.

② 10000은 6000보다 ☐ 만큼 더 큰 수입니다.

9

9600 9700 9800 9900 10000

① 10000은 9900보다 ☐ 만큼 더 큰 수입니다.

② 10000은 9700보다 ☐ 만큼 더 큰 수입니다.

10

9960 9970 9980 9990 10000

① 10000은 9990보다 ☐ 만큼 더 큰 수입니다.

② 10000은 9980보다 ☐ 만큼 더 큰 수입니다.

◆ 빈칸에 알맞은 수나 말을 써넣으세요.

11 | 10000 | ☐ |

12 | 70000 | ☐ |

13 | 30000 | ☐ |

14 | 40000 | ☐ |

15 | 80000 | ☐ |

16 | ☐ | 이만 |

17 | ☐ | 오만 |

18 | ☐ | 구만 |

19 | ☐ | 육만 |

적용 만, 몇만

◆ 빈칸에 알맞은 수를 써넣으세요.

20
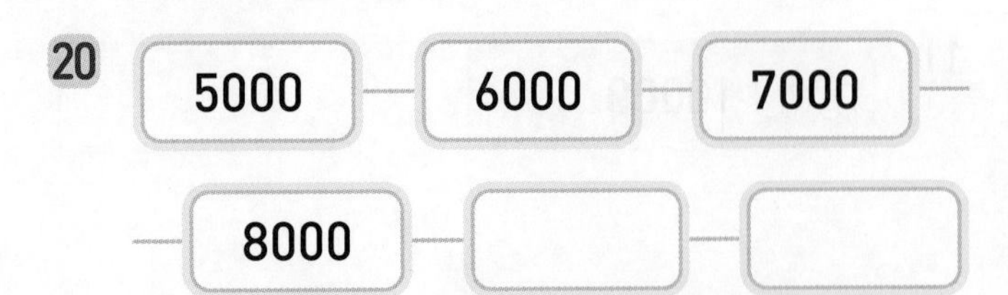

21
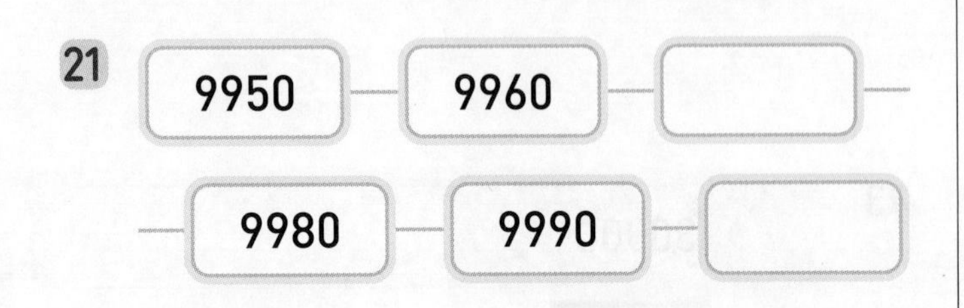

22
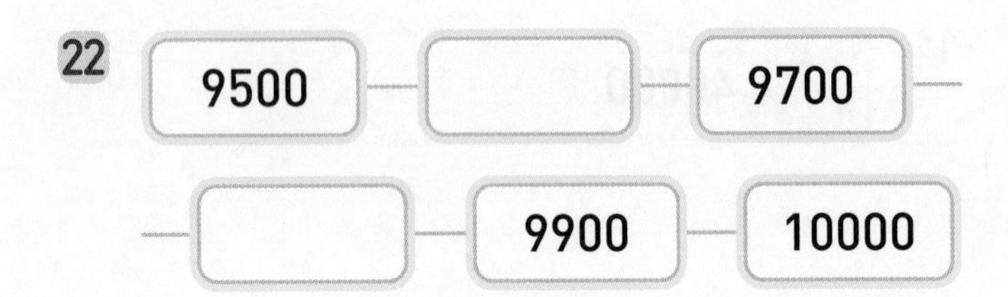

23
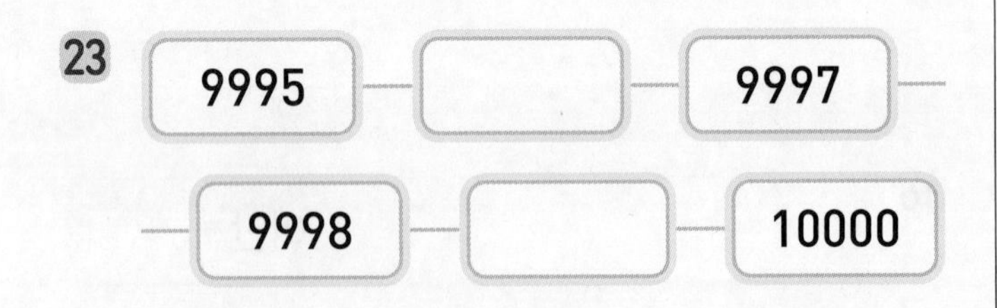

24
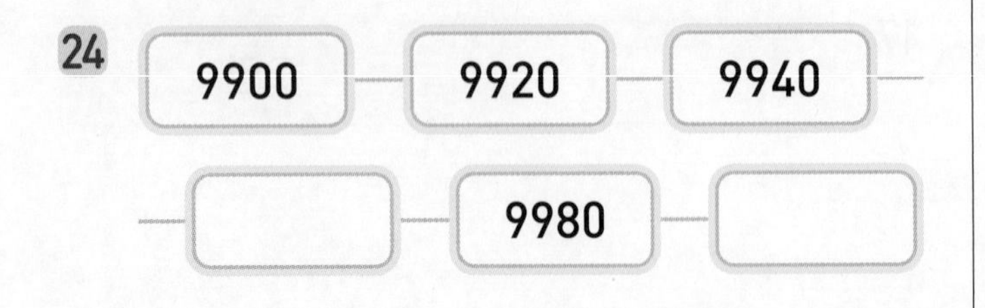

25
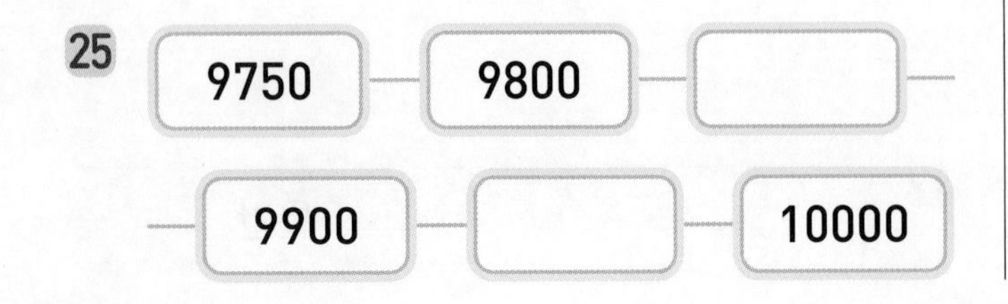

◆ 주어진 수에 얼마를 더해야 10000이 되는지 빈칸에 알맞은 수를 써넣으세요.

26
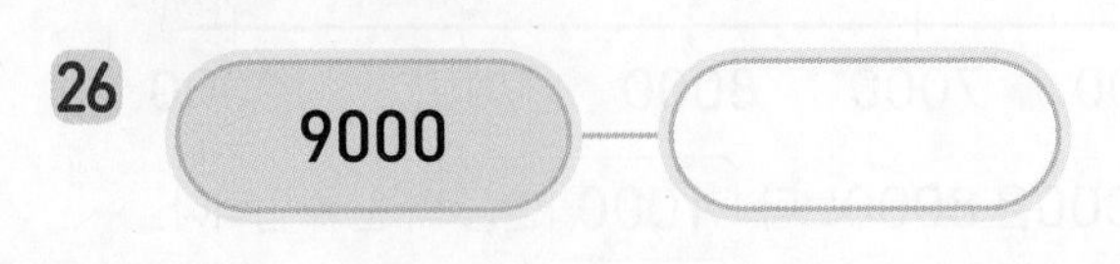

27
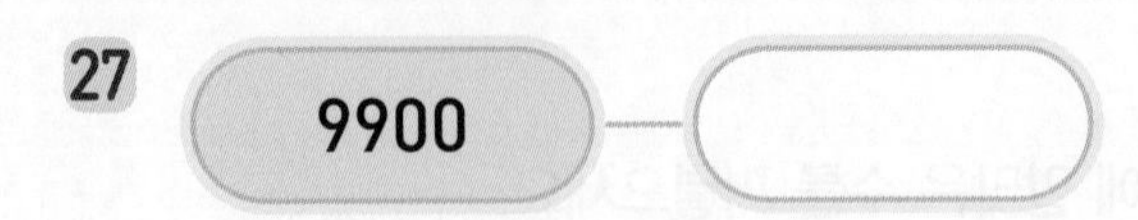

28
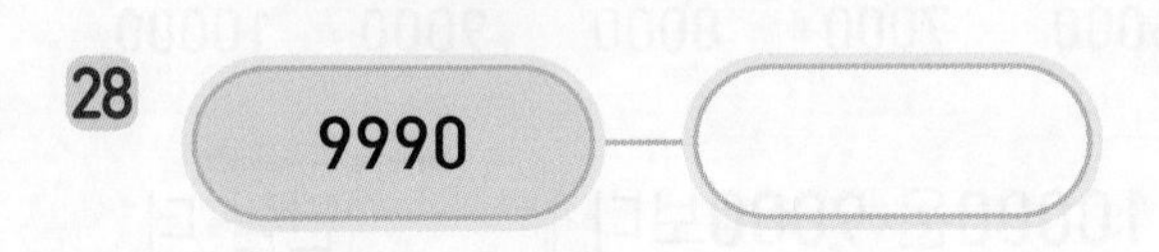

29
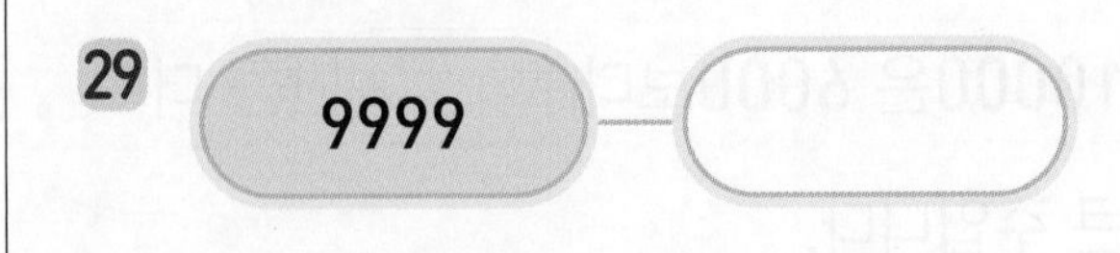

30 9100 — ( )

31 9993 — ( )

32 9950 — ( )

33 6000 — ( )

34 2000 — ( )

★ 완성 만, 몇만

◆ 같은 수를 나타내는 것끼리 이어 보세요.

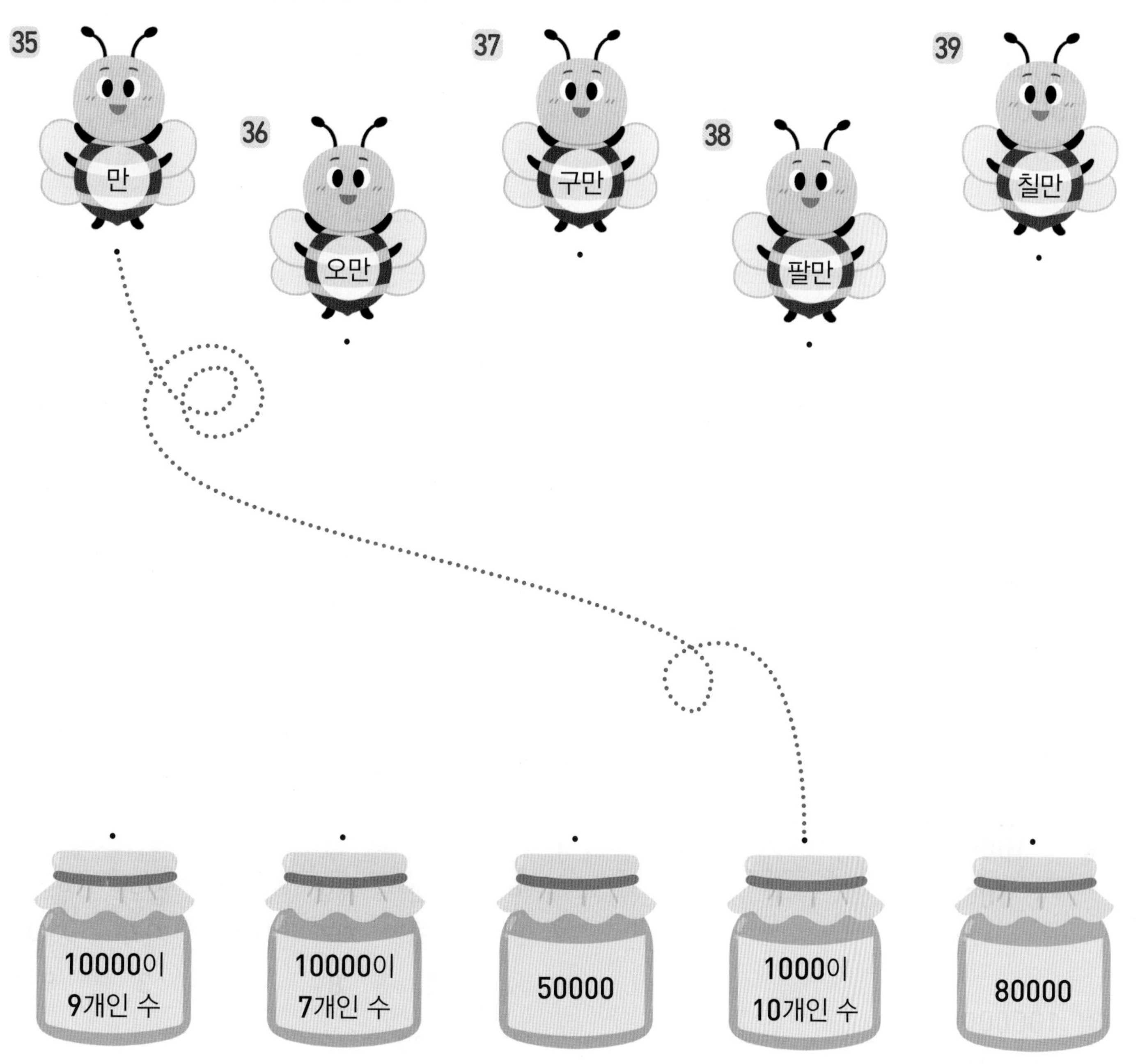

+문해력

40 어느 스피드 스케이팅 선수가 10000 m 경기에 출전했습니다. 지금까지 7000 m를 달렸다면 몇 m를 더 달려야 결승선에 도착할까요?

풀이 ☐은 ☐보다 ☐만큼 더 큰 수입니다.

답 ☐m를 더 달려야 결승선에 도착합니다.

다섯 자리 수

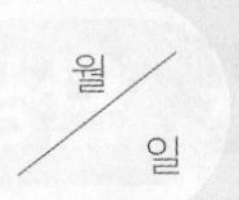

다섯 자리 수를 쓰고 읽는 방법은 다음과 같습니다.

10000이 2 개 → 이만
1000이 5 개 → 오천
100이 8 개 → 팔백
10이 4 개 → 사십
1이 6 개 → 육

쓰기 25846 읽기 이만 오천팔백사십육

34256에서 각 자리 숫자가 나타내는 값을 알아봅니다.

	만의 자리	천의 자리	백의 자리	십의 자리	일의 자리
각 자리의 숫자	3	4	2	5	6
나타내는 값	30000	4000	200	50	6

34256=30000+4000+200+50+6

◆ ☐ 안에 알맞은 수를 써넣으세요.

1 10000이 1개, 1000이 2개, 100이 6개, 10이 3개, 1이 7개 → ☐

2 10000이 3개, 1000이 4개, 100이 5개, 10이 7개, 1이 9개 → ☐

3 10000이 6개, 1000이 2개, 100이 8개, 10이 9개, 1이 3개 → ☐

4 10000이 7개, 1000이 6개, 100이 0개, 10이 8개, 1이 4개 → ☐

◆ 주어진 수를 보고 각 자리 숫자가 나타내는 값의 합으로 나타내세요.

5

만의 자리	천의 자리	백의 자리	십의 자리	일의 자리
1	3	6	5	4

13654
=☐+3000+☐+50+4

6

만의 자리	천의 자리	백의 자리	십의 자리	일의 자리
2	8	4	3	9

28439
=20000+☐+☐+30+9

7

만의 자리	천의 자리	백의 자리	십의 자리	일의 자리
9	1	5	2	7

91527
=☐+☐+☐+20+7

연습 다섯 자리 수

실수 콕! 10, 14번 문제

10000이 1개
1000이 5개
100이 4개
10이 0개
1이 8개
→ 쓰기 15408
읽기 만 오천사백팔

자리에 0이 있을 때 0은 읽지 않으니 조심!

◆ 빈칸에 알맞은 수나 말을 써넣으세요.

8

13472	

9

42531	

실수 콕!

10

50817	

11

61389	

12

	삼만 팔천백칠십오

13

	칠만 천육백이십팔

실수 콕!

14

	팔만 오천삼십육

15

	구만 칠천백오십사

◆ □ 안에 알맞은 수를 써넣으세요.

16 24718

① 만의 자리 숫자 2는 □을 나타냅니다.

② 천의 자리 숫자 □는 □을 나타냅니다.

17 39156

① 만의 자리 숫자 3은 □을 나타냅니다.

② 천의 자리 숫자 □는 □을 나타냅니다.

18 45870

① 천의 자리 숫자 □는 □을 나타냅니다.

② 백의 자리 숫자 □은 □을 나타냅니다.

19 72063

① 천의 자리 숫자 □는 □을 나타냅니다.

② 십의 자리 숫자 □은 □을 나타냅니다.

적용 다섯 자리 수

◆ 같은 수를 나타내는 것끼리 이어 보세요.

20

23000	이만 삼천
20300	이만 삼백
	이만 삼십

21

40060	사만 육십
46000	사천육백
	사만 육천

22

51200	오만 백이십
50120	오만 백이
	오만 천이백

23

79000	칠만 구천
97000	칠천구백
	구만 칠천

24

60800	팔만 육천
86000	육만 팔백
	팔만 육백

◆ 밑줄 친 숫자가 나타내는 값을 쓰세요.

25 ① $\underline{2}5894$ → ☐
② $407\underline{2}3$ → ☐

26 ① $1\underline{3}256$ → ☐
② $981\underline{3}2$ → ☐

27 ① $\underline{5}6814$ → ☐
② $6894\underline{5}$ → ☐

28 ① $45\underline{6}37$ → ☐
② $\underline{6}3128$ → ☐

29 ① $59\underline{7}42$ → ☐
② $8\underline{7}651$ → ☐

30 ① $3760\underline{8}$ → ☐
② $7\underline{8}149$ → ☐

★ 완성 다섯 자리 수

◆ 친구들이 모은 돈은 각각 얼마인지 쓰세요.

31

내가 모은 돈은 ☐ 원이야.

32

내가 모은 돈은 ☐ 원이야.

33

내가 모은 돈은 ☐ 원이야.

34

내가 모은 돈은 ☐ 원이야.

+문해력

35 어느 문구점에 구슬이 10000개씩 3상자, 1000개씩 5상자, 100개씩 2상자가 있습니다. 문구점에 있는 구슬은 모두 몇 개일까요?

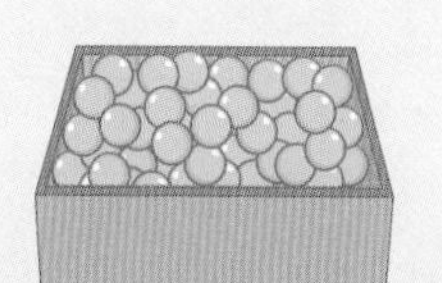

풀이 10000이 ☐개, 1000이 ☐개, 100이 ☐개이면 ☐입니다.

답 문구점에 있는 구슬은 모두 ☐개입니다.

십만, 백만, 천만

10000이 10개, 100개, 1000개인 수를 알아봅니다.

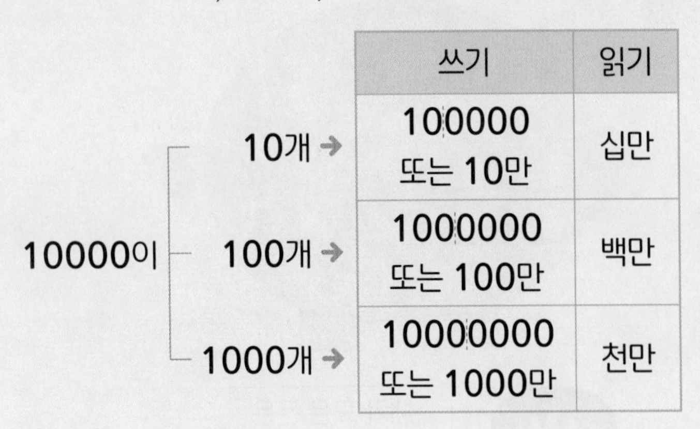

10000이	쓰기	읽기
10개 →	100000 또는 10만	십만
100개 →	1000000 또는 100만	백만
1000개 →	10000000 또는 1000만	천만

26170000에서 각 자리 숫자가 나타내는 값을 알아봅니다.

2	6	1	7	0	0	0	0
천	백	십	일	천	백	십	일
			만				일

$26170000 = 20000000 + 6000000 + 100000 + 70000$

◆ 설명하는 수가 얼마인지 쓰세요.

1 10000이 100개인 수

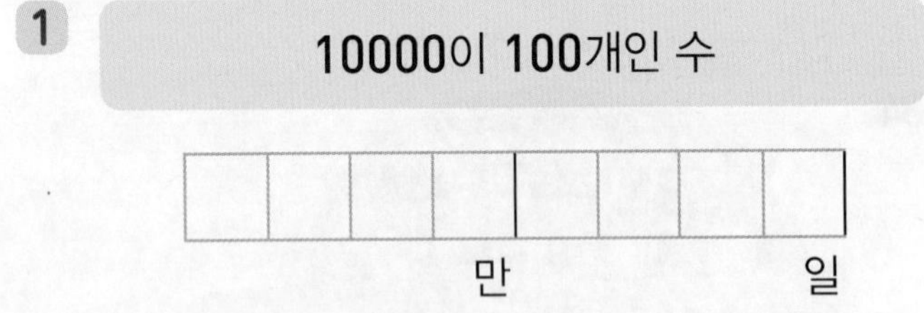

2 10000이 1000개인 수

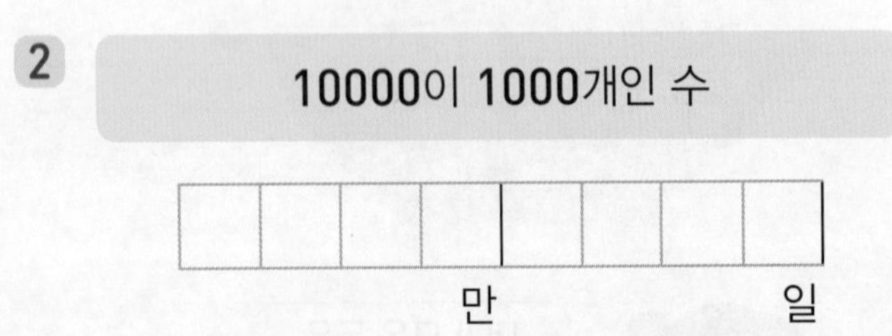

3 10000이 2539개인 수

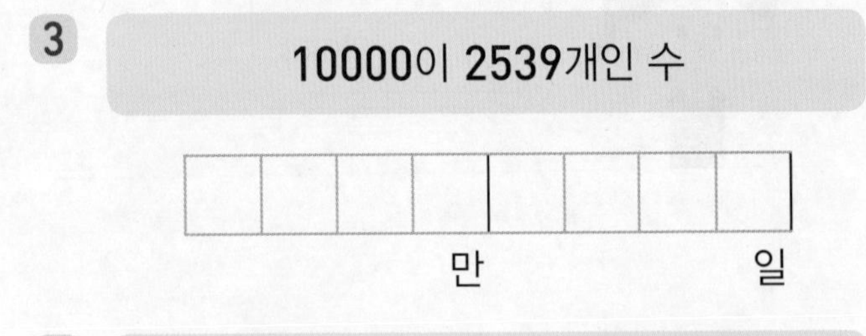

4 10000이 3847개, 1이 1625개인 수

5 10000이 6459개, 1이 5813개인 수

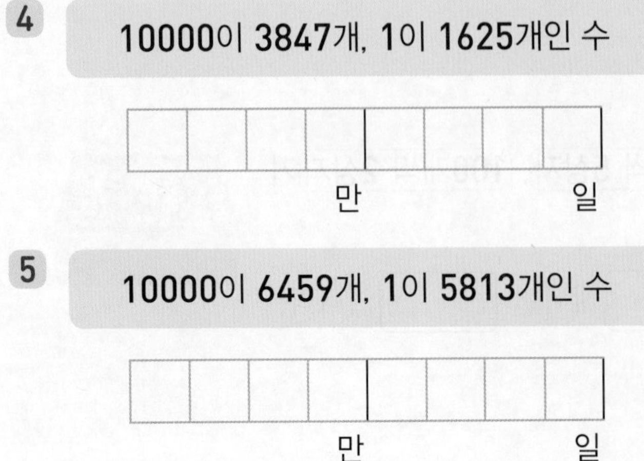

◆ 주어진 수를 보고 각 자리 숫자가 나타내는 값의 합으로 나타내세요.

6

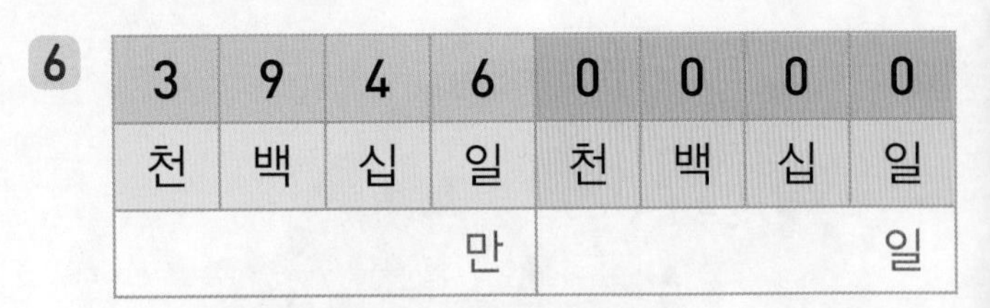

3	9	4	6	0	0	0	0
천	백	십	일	천	백	십	일
			만				일

$39460000 = 30000000 + \square + \square + 60000$

7

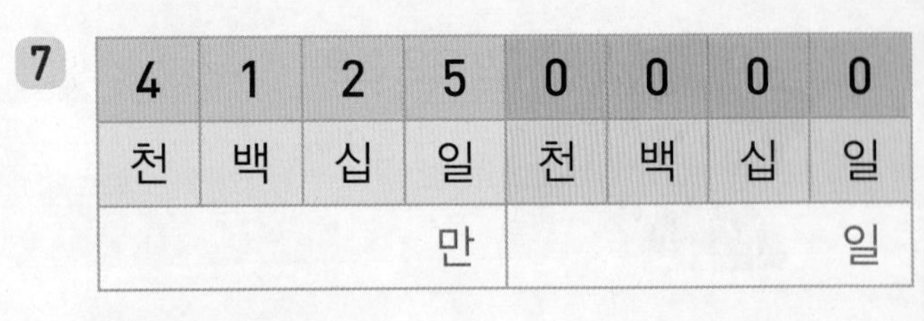

4	1	2	5	0	0	0	0
천	백	십	일	천	백	십	일
			만				일

$41250000 = \square + 1000000 + 200000 + \square$

8

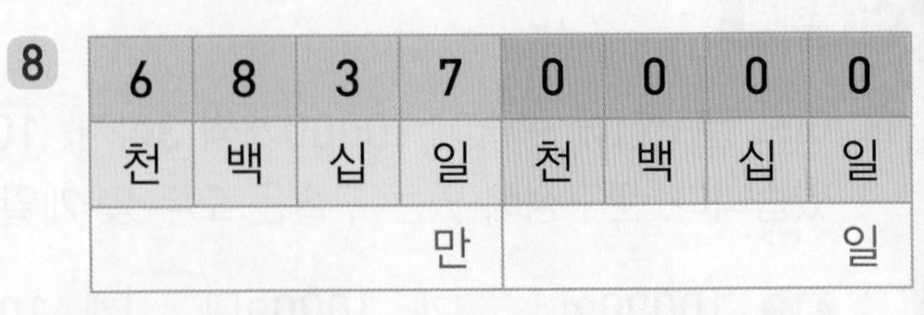

6	8	3	7	0	0	0	0
천	백	십	일	천	백	십	일
			만				일

$68370000 = 60000000 + \square + 300000 + \square$

연습 십만, 백만, 천만

◆ □ 안에 알맞은 수를 써넣으세요.

9 670000

→ 10000이 □개인 수

10 2530000

→ 10000이 □개인 수

11 14890000

→ 10000이 □개인 수

12 31482349

→ 10000이 □개, 1이 □개인 수

13 51728600

→ 10000이 □개, 1이 □개인 수

14 89267105

→ 10000이 □개, 1이 □개인 수

◆ 빈칸에 알맞은 수나 말을 써넣으세요.

번호	수	말
15	460000	
16	3050000	
17	98720000	
18	73125000	
19		십삼만
20		이천백오십구만
21		구천삼백만
22		사천구십일만
23		육천오만

적용 십만, 백만, 천만

◆ 알맞은 수에 ○표 하세요.

24 만의 자리 숫자가 3인 수

5130000　　1360000

25 십만의 자리 숫자가 7인 수

43870000　　36790000

26 백만의 자리 숫자가 1인 수

61780000　　19420000

27 천만의 자리 숫자가 2인 수

2460000　　21000000

28 백만의 자리 숫자가 9인 수

19240000　　37960000

29 십만의 자리 숫자가 5인 수

89530000　　65120000

30 만의 자리 숫자가 8인 수

95870000　　24580000

◆ 밑줄 친 숫자가 나타내는 값을 쓰세요.

31 ① $1\underline{2}640000$ → □

② $37\underline{2}86000$ → □

32 ① $871\underline{3}0200$ → □

② $2457\underline{3}400$ → □

33 ① $\underline{4}5089100$ → □

② $125\underline{4}3500$ → □

34 ① $\underline{5}9416000$ → □

② $6\underline{5}238000$ → □

35 ① $58\underline{7}21000$ → □

② $\underline{7}2385000$ → □

36 ① $80\underline{9}11000$ → □

② $3546\underline{9}000$ → □

★ 완성 십만, 백만, 천만

◆ 같은 수를 나타내는 것끼리 이어 보세요.

37 1만

38 100만

39 10만

40 1000만

10000

1만의 10배

10000000

10000의 100배

100000

1000000

10000이 1000개인 수

1000이 10개인 수

+문해력

41 하린이는 은행에 저금한 돈 **560000**원을 찾으려고 합니다. 이 돈을 모두 만 원짜리 지폐로 찾는다면 만 원짜리 지폐는 몇 장일까요?

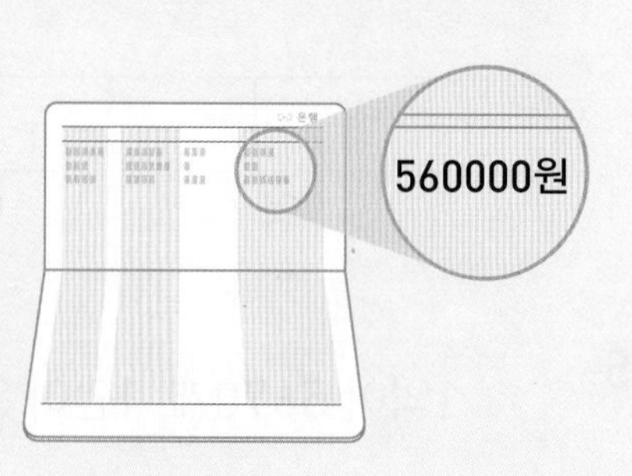

풀이 **560000**은 **1**만이 ☐개인 수입니다.

560000원은 만 원짜리 지폐 ☐장으로 바꿀 수 있습니다.

답 돈을 모두 만 원짜리 지폐로 찾는다면 만 원짜리 지폐는 ☐장입니다.

개념 억

1000만이 10개인 수는 다음과 같습니다.

- 쓰기 100000000 또는 1억
- 읽기 억 또는 일억

1억이 3479개인 수는 다음과 같습니다.

- 쓰기 347900000000 또는 3479억
- 읽기 삼천사백칠십구억

3479억에서 각 자리 숫자가 나타내는 값을 알아봅니다.

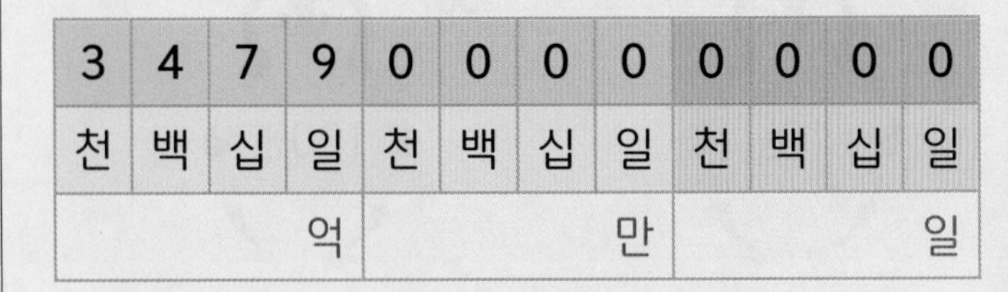

3	4	7	9	0	0	0	0	0	0	0	0
천	백	십	일	천	백	십	일	천	백	십	일
			억				만				일

3479억 = 3000억 + 400억 + 70억 + 9억

◆ 설명하는 수가 얼마인지 쓰세요.

1 1억이 5개인 수

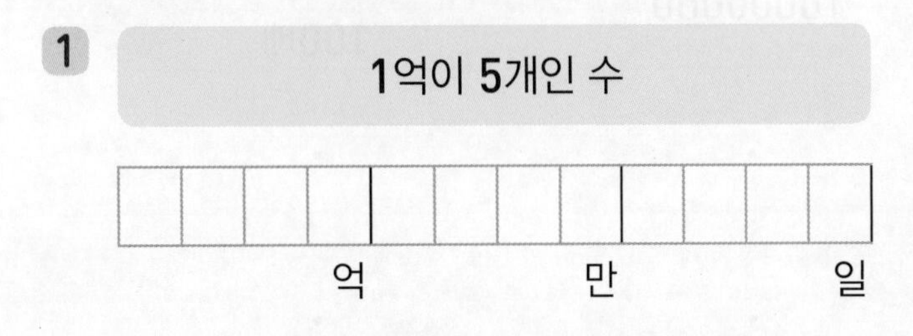

			억				만				일

2 1억이 613개인 수

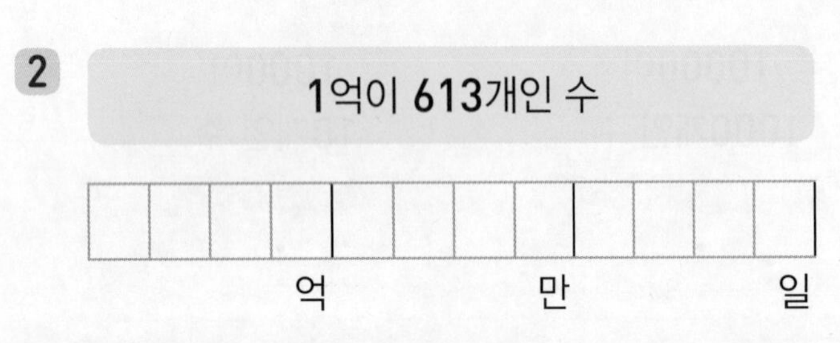

			억				만				일

3 1억이 2700개인 수

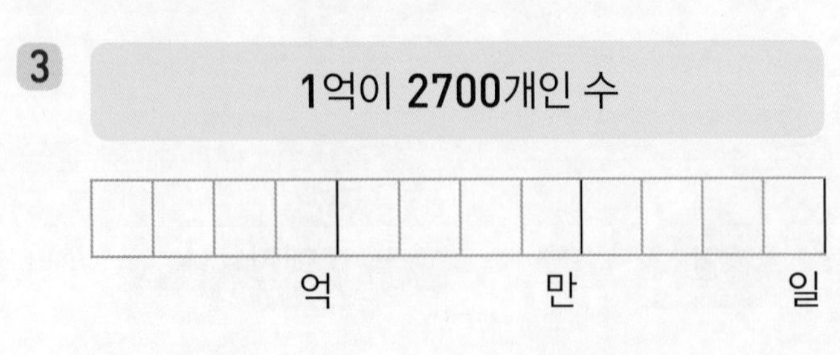

			억				만				일

4 1억이 1453개, 1만이 1200개인 수

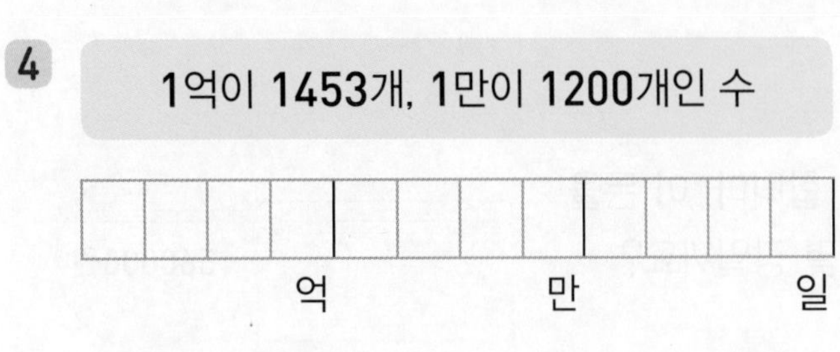

			억				만				일

5 1억이 5670개, 1만이 3892개인 수

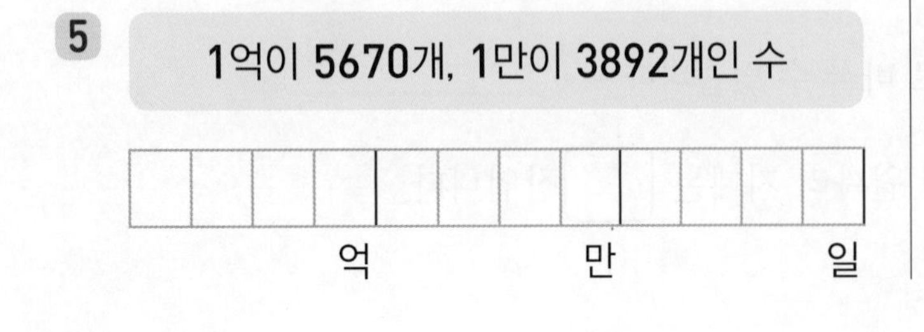

			억				만				일

◆ 주어진 수를 보고 각 자리 숫자가 나타내는 값의 합으로 나타내세요.

6

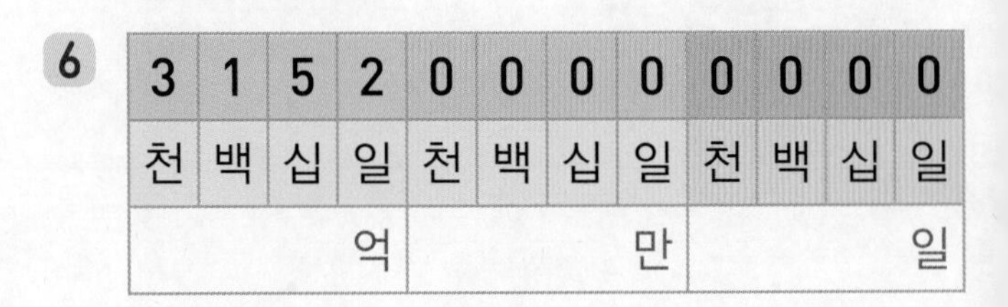

3	1	5	2	0	0	0	0	0	0	0	0
천	백	십	일	천	백	십	일	천	백	십	일
			억				만				일

3152억

= ☐억 + 100억 + ☐억 + 2억

7

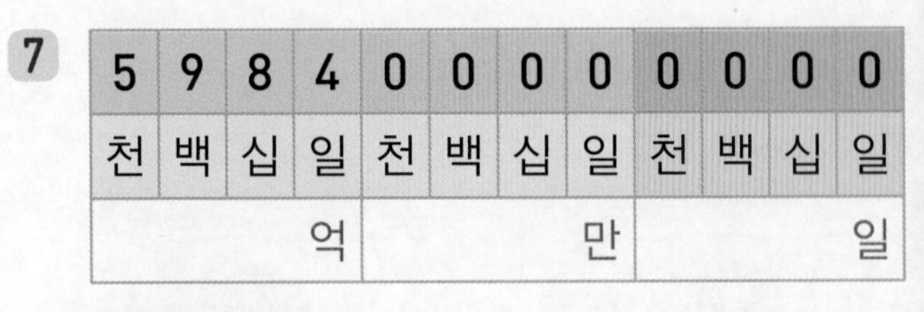

5	9	8	4	0	0	0	0	0	0	0	0
천	백	십	일	천	백	십	일	천	백	십	일
			억				만				일

5984억

= 5000억 + ☐억 + 80억 + ☐억

8

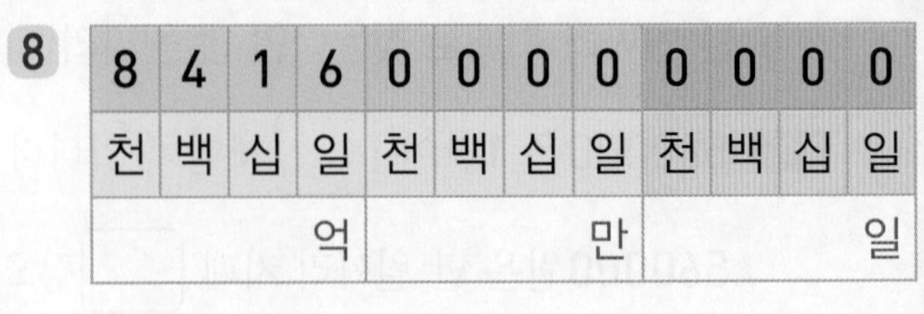

8	4	1	6	0	0	0	0	0	0	0	0
천	백	십	일	천	백	십	일	천	백	십	일
			억				만				일

8416억

= ☐억 + 400억 + 10억 + ☐억

 억

◆ ☐ 안에 알맞은 수를 써넣으세요.

9 1100000000

→ 1억이 ☐개인 수

10 29800000000

→ 1억이 ☐개인 수

11 376400000000

→ 1억이 ☐개인 수

12 439212350000

→ 1억이 ☐개, 1만이 ☐개인 수

13 657053160000

→ 1억이 ☐개, 1만이 ☐개인 수

14 958364270000

→ 1억이 ☐개, 1만이 ☐개인 수

◆ 빈칸에 알맞은 수나 말을 써넣으세요.

15 7100000000

16 53500000000

17 186349000000

18 429000600000

19 이백삼십사억

20 천칠백육십억

21 이천오백사십일억 삼백만

22 육천이백칠억 천오백이십사만

적용 억

◆ 알맞은 수의 기호를 쓰세요.

23
백억의 자리 숫자가 5인 수
㉠ 421500000000
㉡ 158400000000
( )

24
천억의 자리 숫자가 3인 수
㉠ 357800000000
㉡ 639200000000
( )

25
십억의 자리 숫자가 4인 수
㉠ 214300000000
㉡ 548700000000
( )

26
억의 자리 숫자가 6인 수
㉠ 73600000000
㉡ 86400000000
( )

27
백억의 자리 숫자가 8인 수
㉠ 816511320000
㉡ 986456410000
( )

◆ ㉠과 ㉡이 나타내는 값을 각각 쓰세요.

28
140327360000 (㉠: 3, ㉡: 3)
㉠ ( )
㉡ ( )

29
58041050273 (㉠: 5, ㉡: 5)
㉠ ( )
㉡ ( )

30
675236149000 (㉠: 6, ㉡: 6)
㉠ ( )
㉡ ( )

31
194845620000 (㉠: 4, ㉡: 4)
㉠ ( )
㉡ ( )

32
925973600000 (㉠: 9, ㉡: 9)
㉠ ( )
㉡ ( )

★ 완성 억

◆ 설명하는 수를 찾아 주어진 색으로 칠해 보세요.

33

억의 자리 숫자가 3인 수
백억의 자리 숫자가 5인 수
천억의 자리 숫자가 7인 수

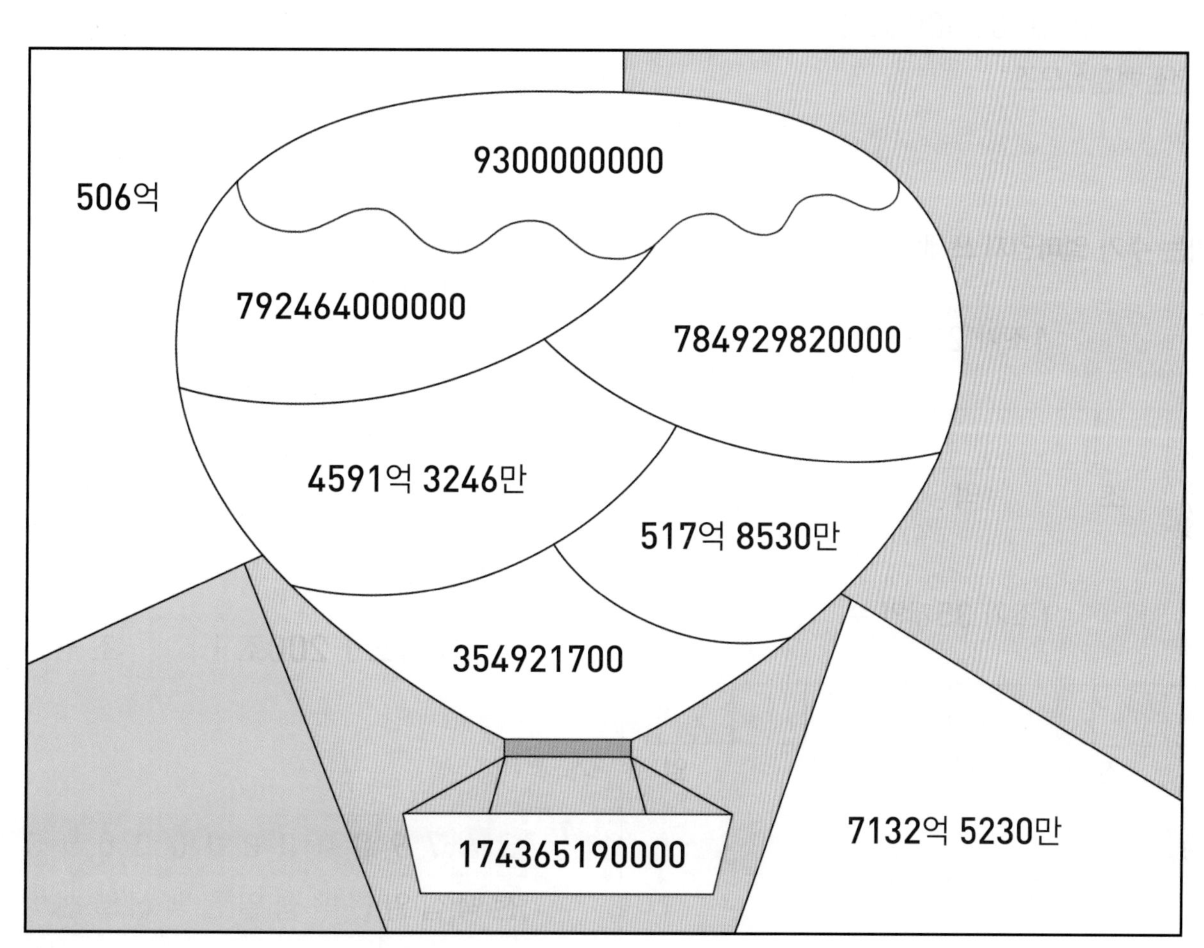

34 말하는 수가 다른 사람은 누구일까요?

1억이 114개인 수
1140000000
백십사억
도현
지후
다은

풀이 도현: 1억이 114개인 수 → ☐, 다은: 백십사억 → ☐

답 말하는 수가 다른 사람은 ☐ 입니다.

개념 조

1000억이 10개인 수는 다음과 같습니다.

- 쓰기 10000000000000 또는 1조
- 읽기 조 또는 일조

1조가 6375개인 수는 다음과 같습니다.

- 쓰기 6375000000000000 또는 6375조
- 읽기 육천삼백칠십오조

6375조에서 각 자리 숫자가 나타내는 값을 알아봅니다.

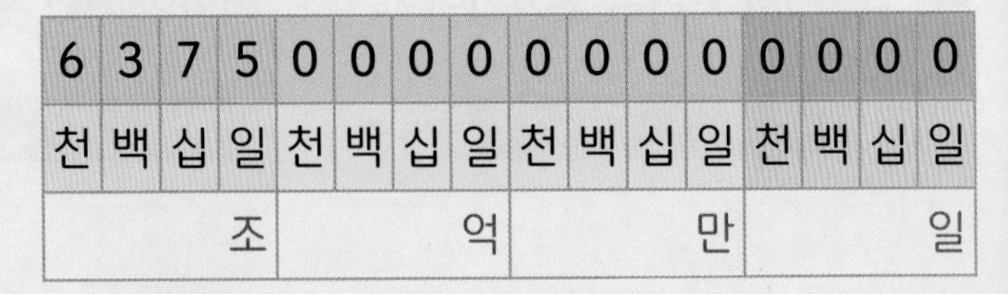

6	3	7	5	0	0	0	0	0	0	0	0	0	0	0	0
천	백	십	일	천	백	십	일	천	백	십	일	천	백	십	일
			조				억				만				일

6375조=6000조+300조+70조+5조

◆ 설명하는 수가 얼마인지 쓰세요.

1 1조가 2개인 수

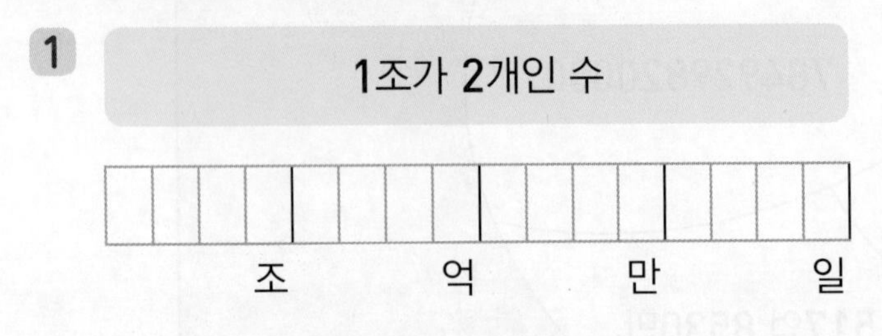

2 1조가 35개인 수

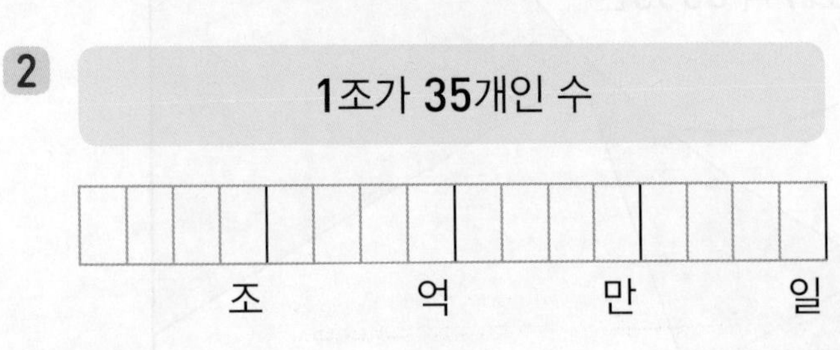

3 1조가 480개인 수

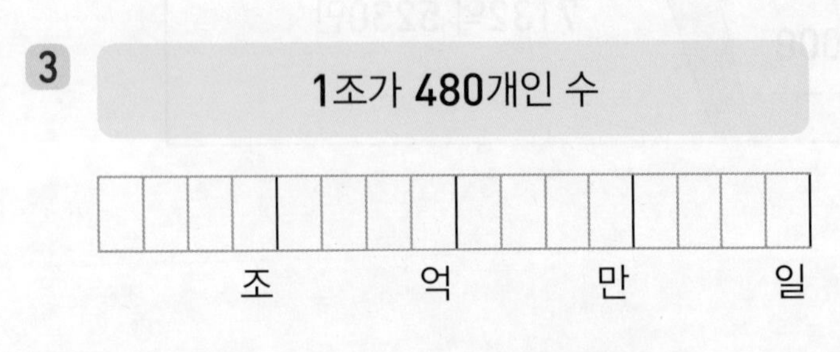

4 1조가 1790개, 1억이 2000개인 수

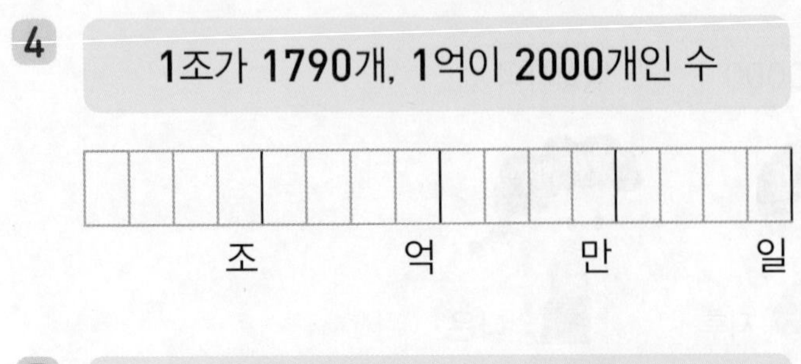

5 1조가 7352개, 1억이 1654개인 수

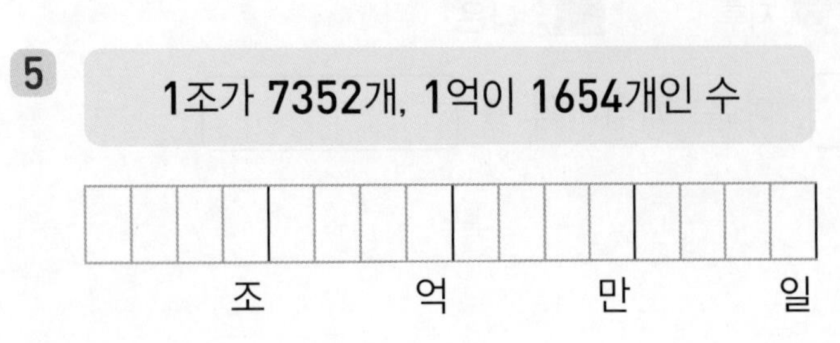

◆ 주어진 수를 보고 각 자리 숫자가 나타내는 값의 합으로 나타내세요.

6

1	2	5	4	0	0	0	0	0	0	0	0	0	0	0	0
천	백	십	일	천	백	십	일	천	백	십	일	천	백	십	일
			조				억				만				일

1254조
=1000조+200조+☐조+☐조

7

3	6	7	9	0	0	0	0	0	0	0	0	0	0	0	0
천	백	십	일	천	백	십	일	천	백	십	일	천	백	십	일
			조				억				만				일

3679조
=3000조+☐조+☐조+9조

8

5	7	8	2	0	0	0	0	0	0	0	0	0	0	0	0
천	백	십	일	천	백	십	일	천	백	십	일	천	백	십	일
			조				억				만				일

5782조
=☐조+700조+80조+☐조

연습 조

◆ □ 안에 알맞은 수를 써넣으세요.

9 21000000000000

→ 1조가 □개인 수

10 349000000000000

→ 1조가 □개인 수

11 5027000000000000

→ 1조가 □개인 수

12 6819510000000000

→ 1조가 □개, 1억이 □개인 수

13 8645092000000000

→ 1조가 □개, 1억이 □개인 수

14 9364115600000000

→ 1조가 □개, 1억이 □개인 수

◆ 빈칸에 알맞은 수나 말을 써넣으세요.

15 20500004000000

16 76490000000000

17 305789100000000

18 5904613000000000

19 사조 오천칠백억

20 삼천조 천육백억 오천만

21 육천삼백칠십조 이십구억

22 칠천백오십조 구백사십이억

적용 조

◆ 알맞은 수의 기호를 쓰세요.

23 천조의 자리 숫자가 1인 수

㉠ 1273000000000000
㉡ 143000000000000

(　　　　)

24 백조의 자리 숫자가 8인 수

㉠ 3198000000000000
㉡ 2846000000000000

(　　　　)

25 조의 자리 숫자가 2인 수

㉠ 5624000000000000
㉡ 4592000000000000

(　　　　)

26 십조의 자리 숫자가 7인 수

㉠ 8675000000000000
㉡ 7841000000000000

(　　　　)

27 백조의 자리 숫자가 9인 수

㉠ 4917000000000000
㉡ 6795000000000000

(　　　　)

◆ ㉠과 ㉡이 나타내는 값을 각각 쓰세요.

28 3647106300000000 (㉠: 첫째 자리 3, ㉡: 여덟째 자리 3)

㉠ (　　　　)
㉡ (　　　　)

29 3150205486000000 (㉠: 셋째 자리 5, ㉡: 일곱째 자리 5)

㉠ (　　　　)
㉡ (　　　　)

30 2647659300000000 (㉠: 둘째 자리 6, ㉡: 다섯째 자리 6)

㉠ (　　　　)
㉡ (　　　　)

31 7593271600000000 (㉠: 첫째 자리 7, ㉡: 여섯째 자리 7)

㉠ (　　　　)
㉡ (　　　　)

32 2415648300000000 (㉠: 둘째 자리 4, ㉡: 여섯째 자리 4)

㉠ (　　　　)
㉡ (　　　　)

조

정답 04쪽

◆ 주어진 조건을 만족하는 수를 따라 징검다리를 지나가려고 합니다. 출발에서 도착까지 징검다리를 지나가는 길을 따라 선을 그려 보세요.

33 십조의 자리 숫자가 5인 수

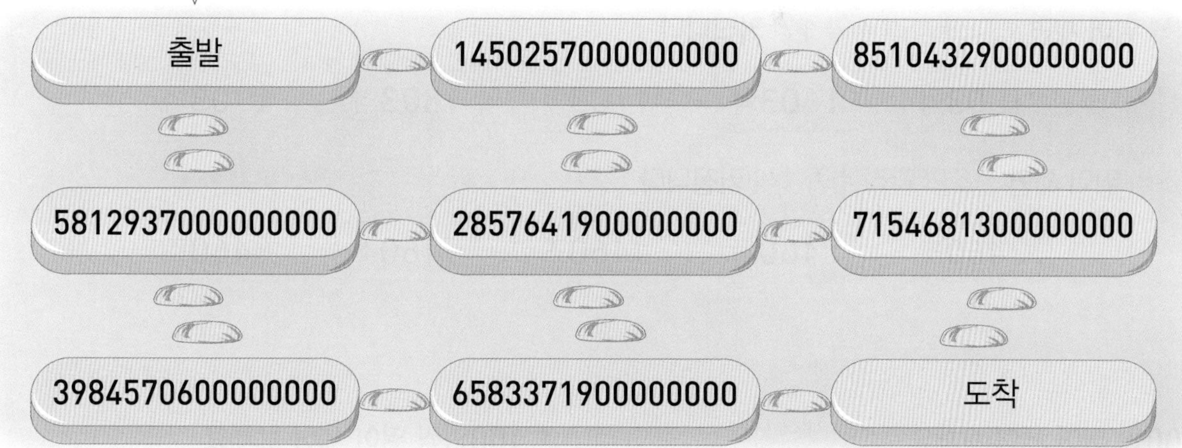

34 백조의 자리 숫자가 6인 수

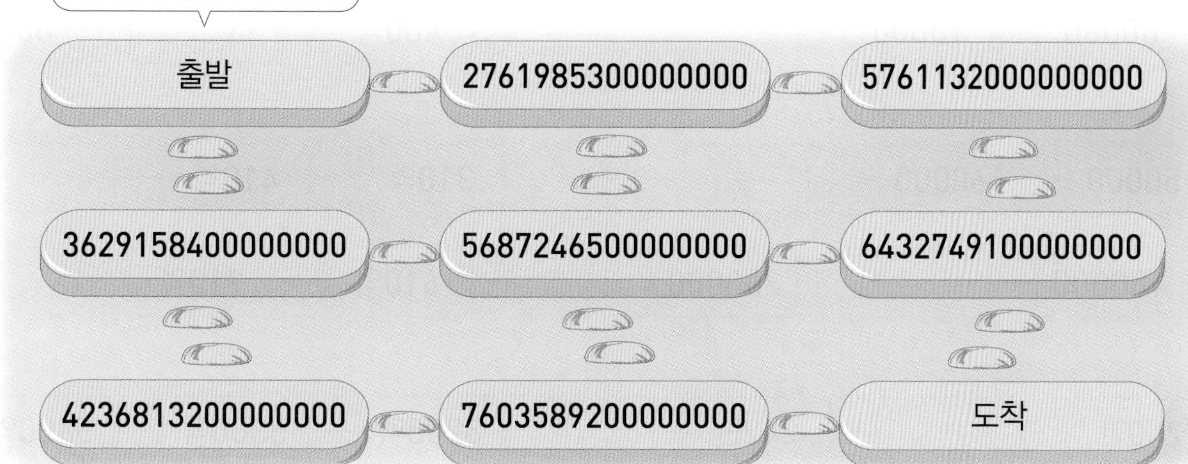

+문해력

35 다음 수를 노트북에 숫자로만 입력하려면 0을 모두 몇 번 눌러야 할까요?

천삼백이십조

풀이 천삼백이십조를 수로 쓰면 ☐ 입니다. → 0이 ☐ 개

답 주어진 수를 노트북에 숫자로만 입력하려면 0을 모두 ☐ 번 눌러야 합니다.

개념 큰 수의 뛰어 세기

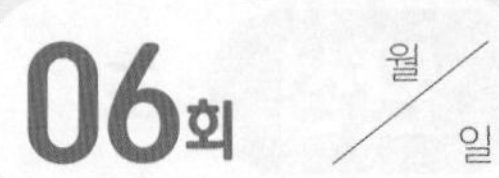

- 10000씩 뛰어 세면 만의 자리 수가 1씩 커집니다.

16000 — 26000 — 36000 — 46000 — 56000

- 100억씩 뛰어 세면 백억의 자리 수가 1씩 커집니다.

1503억 — 1603억 — 1703억 — 1803억 — 1903억

- 1000조씩 뛰어 세면 천조의 자리 수가 1씩 커집니다.

2460조 — 3460조 — 4460조 — 5460조 — 6460조

◆ 10000씩 뛰어 세어 보세요.

1

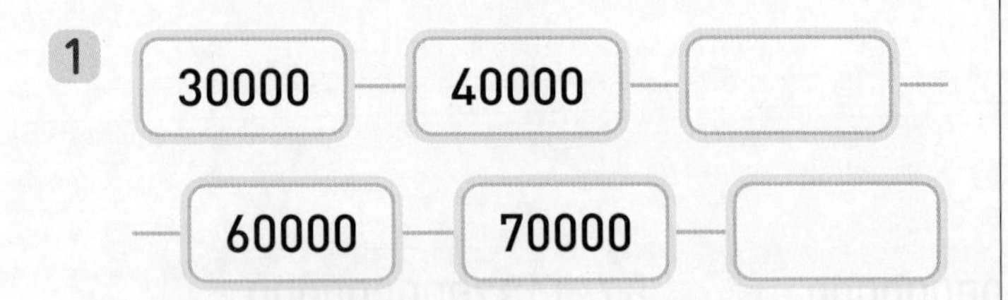

2 150000 — 160000 — ☐ — 180000 — ☐ — 200000

3 240만 — ☐ — 242만 — ☐ — 244만 — 245만

4 5132만 — 5133만 — 5134만 — ☐ — ☐ — 5137만

5 8611만 — ☐ — 8613만 — 8614만 — 8615만 — ☐

◆ 100억씩 뛰어 세어 보세요.

6

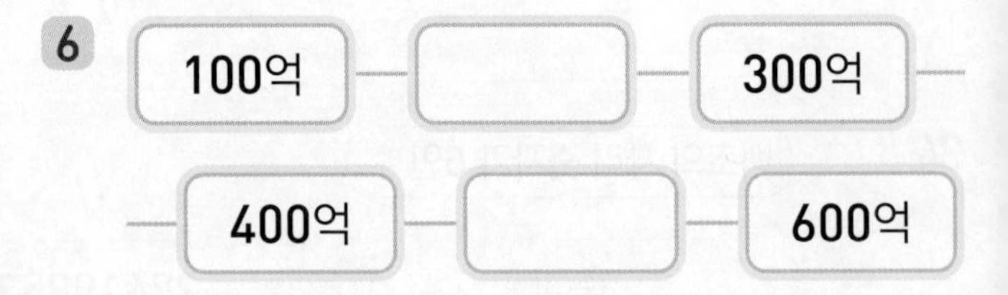

7

8

9 2034억 — ☐ — 2234억 — 2334억 — 2434억 — ☐

10 5471억 — 5571억 — 5671억 — ☐ — ☐ — 5971억

연습 큰 수의 뛰어 세기

◆ 주어진 수만큼 뛰어 세어 보세요.

11

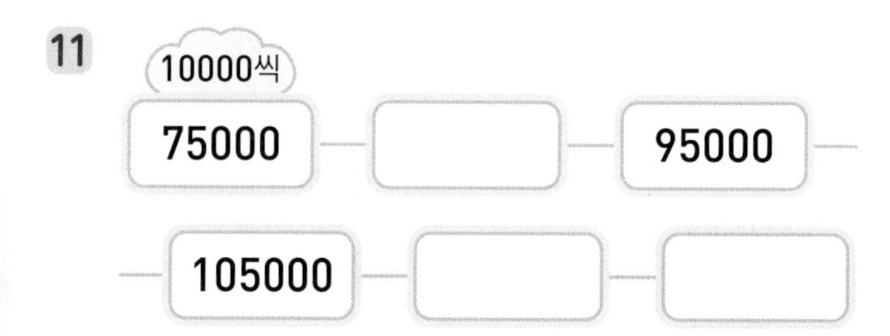

12

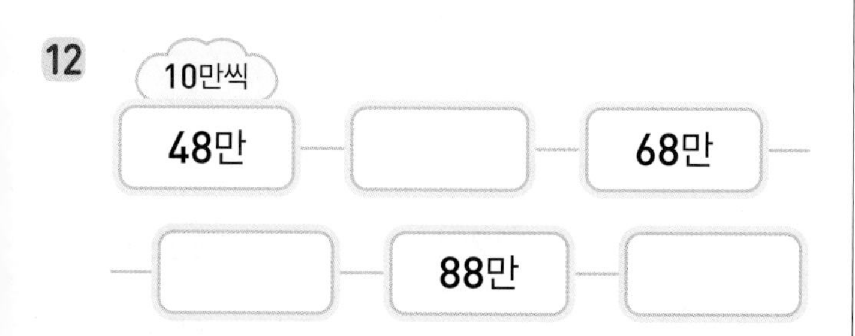

13

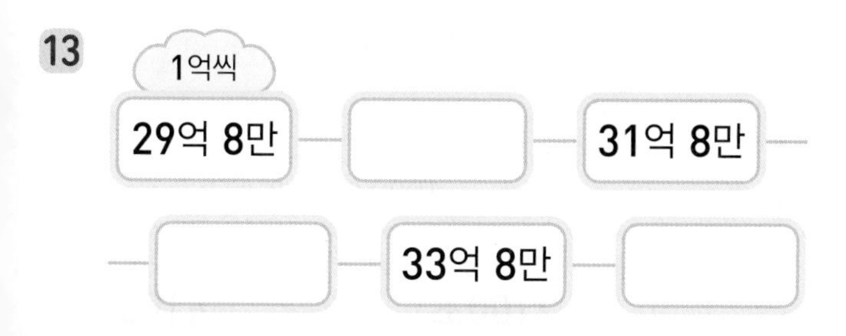

14

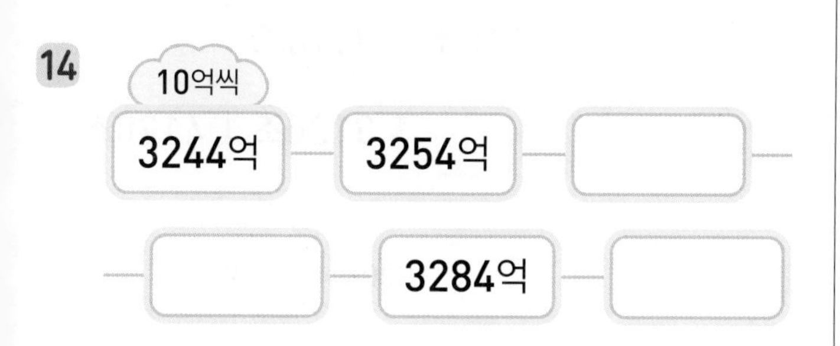

15

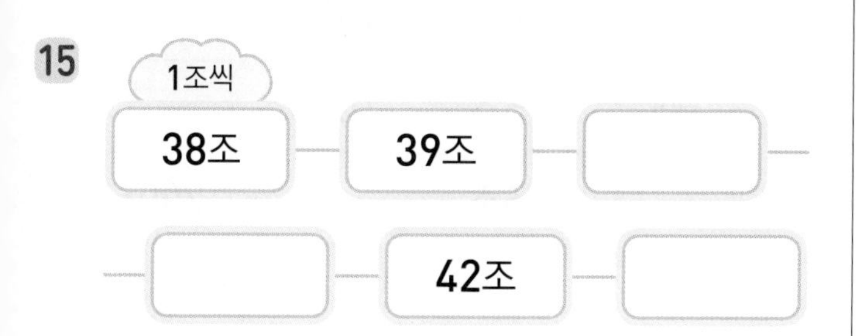

16

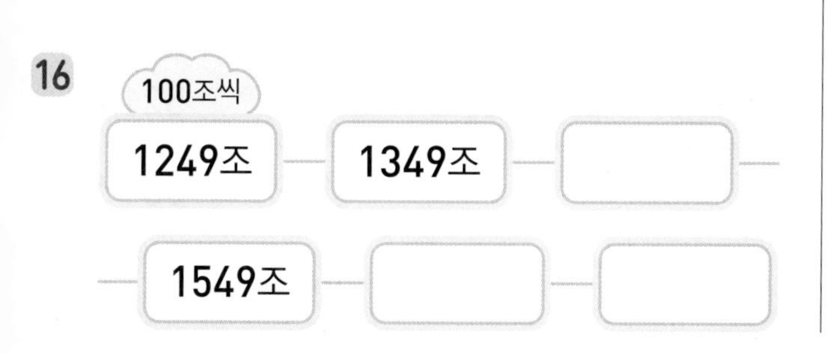

◆ ☐ 안에 알맞은 수를 써넣으세요.

17

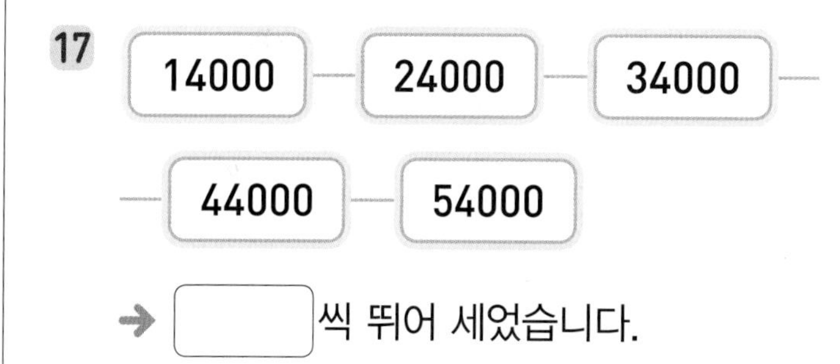

18

19

20

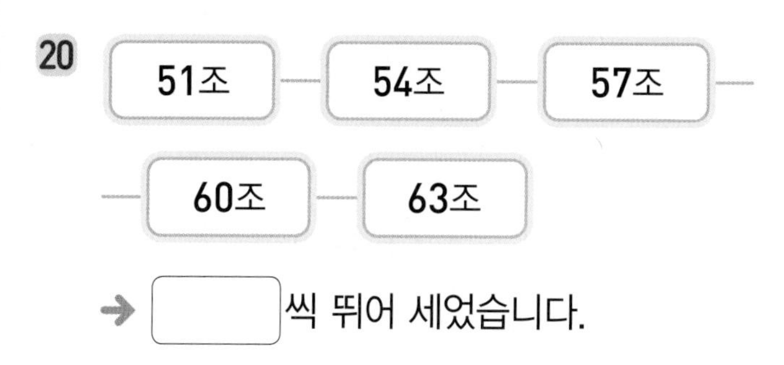

21

712조 — 762조 — 812조 — 862조 — 912조

→ ☐씩 뛰어 세었습니다.

1단원 06회

적용 큰 수의 뛰어 세기

◆ 규칙을 찾아 뛰어 세어 보세요.

22

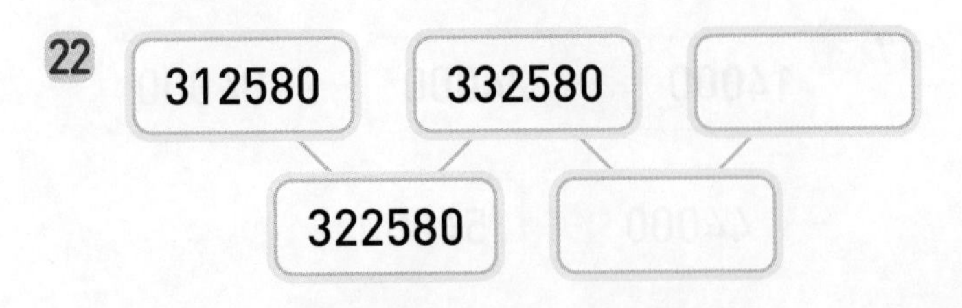

23

24

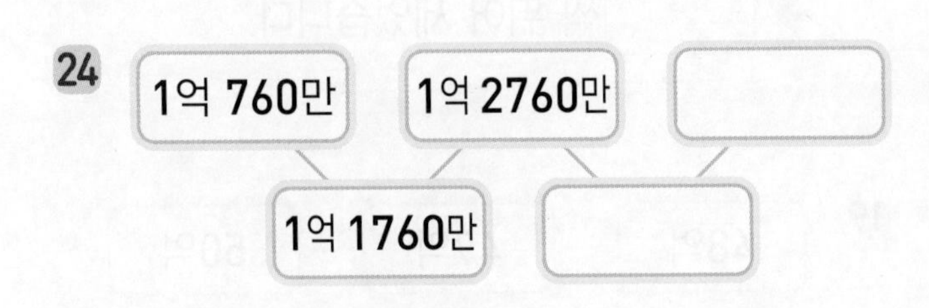

25

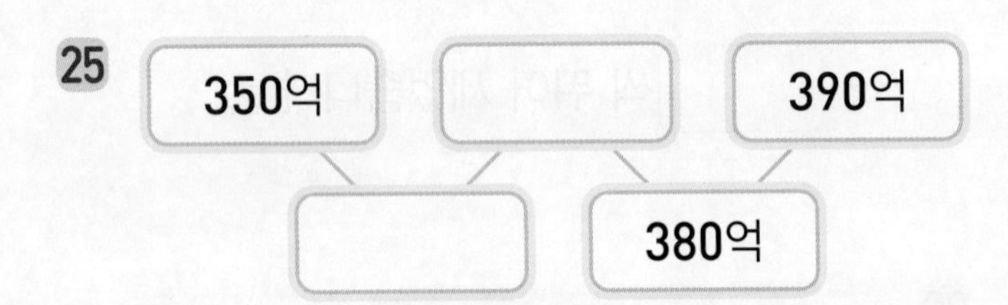

26

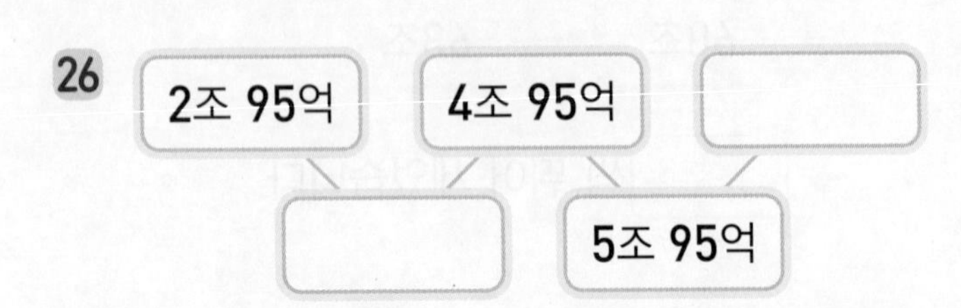

27

◆ 규칙에 따라 빈칸에 알맞은 수를 써넣으세요.

28

10만씩 뛰어 세기 →

1만씩 뛰어 세기 ↓

125만	135만	145만
126만	136만	
127만		

29

100억씩 뛰어 세기 →

1억씩 뛰어 세기 ↓

6332억		6532억
	6433억	6533억
6334억	6434억	

30

1000조씩 뛰어 세기 →

10조씩 뛰어 세기 ↓

2100조		4100조
2110조	3110조	
	3120조	4120조

31

1000조씩 뛰어 세기 →

1조씩 뛰어 세기 ↓

4조	1004조	
5조	1005조	
6조		2006조

32

100조씩 뛰어 세기 →

10조씩 뛰어 세기 ↓

321조		521조
	431조	531조
341조	441조	

★ 완성 큰 수의 뛰어 세기

◆ 주어진 수만큼씩 뛰어 세면서 선으로 이어 보세요.

33

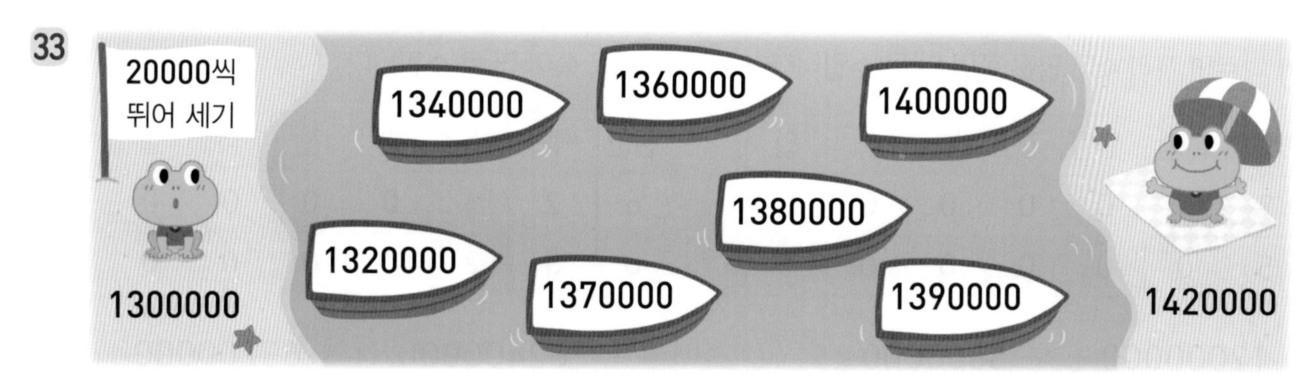

34

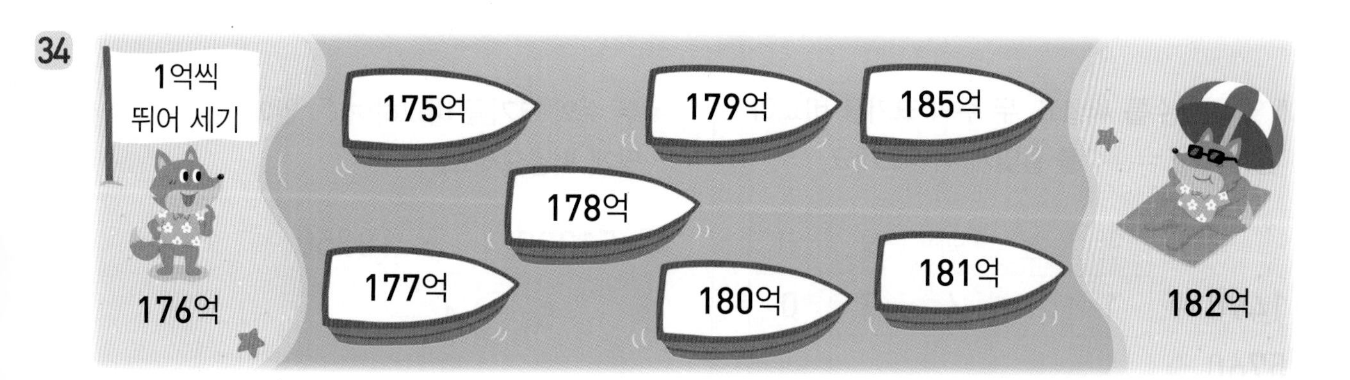

35

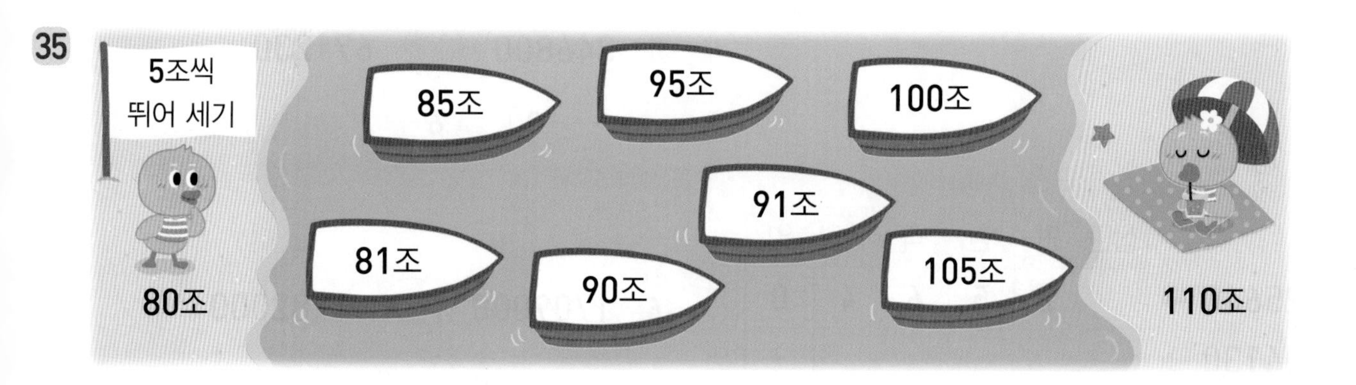

+문해력

36 윤아는 저금통에 50000원을 저금했습니다. 30000원씩 3번 더 저금한다면 윤아가 저금한 돈은 모두 얼마가 될까요?

풀이 50000부터 ☐씩 ☐번 뛰어 셉니다.

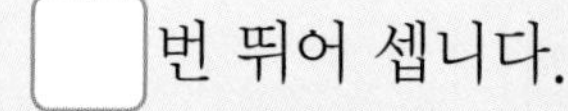

→ 50000 — ☐ — ☐ — ☐

답 30000원씩 3번 더 저금한다면 윤아가 저금한 돈은 모두 ☐원이 됩니다.

개념 큰 수의 크기 비교

자리 수가 같은지 다른지 먼저 비교합니다.
자리 수가 다르면 자리 수가 많은 쪽이 더 큰 수입니다.

천만	백만	십만	만	천	백	십	일
1	2	0	0	0	0	0	0
	5	0	0	0	0	0	0

12000000  5000000

8자리 수　　7자리 수

자리 수가 같으면 높은 자리 수부터 차례로 비교하여 수가 큰 쪽이 더 큰 수입니다.

천만	백만	십만	만	천	백	십	일
6	2	4	0	0	0	0	0
6	5	2	0	0	0	0	0

62400000 ＜ 65200000

2＜5

◆ 빈칸에 알맞은 수를 써넣고, 두 수의 크기를 비교하여 ○ 안에 ＞, ＝, ＜를 알맞게 써넣으세요.

1

	만	천	백	십	일
11490 →	1	1	4	9	0
15760 →					

11490 ○ 15760

2

	십만	만	천	백	십	일
25640 →		2	5	6	4	0
164130 →						

25640 ○ 164130

3

	십만	만	천	백	십	일
731000 →						
78000 →						

731000 ○ 78000

◆ 두 수의 크기를 비교하여 ○ 안에 ＞, ＝, ＜를 알맞게 써넣으세요.

4 51320 ○ 18950

5 ○ 1

5 346800 ○ 671230

3 ○ 6

6 1709000 ○ 1782000

0 ○ 8

7 68911320 ○ 68420000

9 ○ 4

8 72305200 ○ 77061000

2 ○ 7

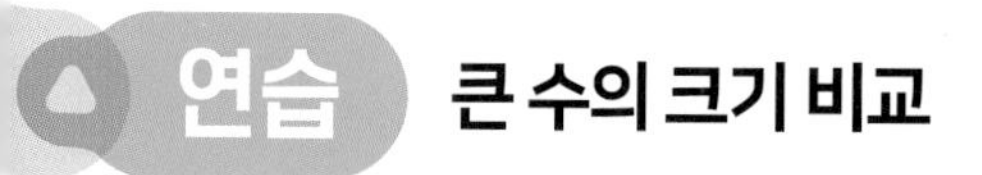

연습 큰 수의 크기 비교

정답 06쪽

◆ 두 수의 크기를 비교하여 ○ 안에 >, =, <를 알맞게 써넣으세요.

9 ① 28341 ◯ 109345

② 28341 ◯ 24613

10 ① 510000 ◯ 1500000

② 510000 ◯ 530000

11 ① 4950000 ◯ 810000

② 4950000 ◯ 4970000

12 ① 76250300 ◯ 276319400

② 76250300 ◯ 76810000

13 ① 120034590 ◯ 1122005000

② 120034590 ◯ 120005000

14 ① 3684000000 ◯ 477000000

② 3684000000 ◯ 3689000000

15 ① 8093121000 ◯ 900872000

② 8093121000 ◯ 8095380000

◆ 두 수의 크기를 비교하여 ○ 안에 >, =, <를 알맞게 써넣으세요.

16 ① 17만 ◯ 5만

② 17만 ◯ 19만

17 ① 2038만 ◯ 952만

② 2038만 ◯ 2045만

18 ① 3415만 ◯ 1억 7600만

② 3415만 ◯ 3427만

19 ① 20억 95만 ◯ 3억 55만

② 20억 95만 ◯ 20억 15만

20 ① 130억 ◯ 4200억

② 130억 ◯ 136억

21 ① 8조 70억 ◯ 9583억

② 8조 70억 ◯ 8조 72억

22 ① 57조 2048억 ◯ 4조 9820억

② 57조 2048억 ◯ 57조 2054억

적용 큰 수의 크기 비교

◆ 더 큰 수의 기호를 쓰세요.

23
㉠ 2948331
㉡ 285만
☐

24
㉠ 625240000
㉡ 62억 1900만
☐

25
㉠ 724조 680억
㉡ 724680000000000
☐

26
㉠ 1244003
㉡ 95만
☐

27
㉠ 10억 5423만
㉡ 1020040000
☐

28
㉠ 472조 3억
㉡ 472003112155000
☐

29
㉠ 546213210000
㉡ 2조 1240억
☐

◆ 가장 큰 수에 ○표, 가장 작은 수에 △표 하세요.

30
4238000 ( )
40312000 ( )
5172000 ( )

31
307400006000 ( )
31549002000 ( )
501923000000 ( )

32
829434000000 ( )
2503430000000 ( )
2632710000000 ( )

33
6184478900000000 ( )
15264900000000 ( )
7539000000000 ( )

34
54800000000000 ( )
124878900000000 ( )
34910000000000 ( )

★ 완성 큰 수의 크기 비교

◆ 갈림길의 두 수 중 더 큰 수에 ○표 하고, 더 큰 수가 있는 길을 따라가 알맞은 곳에 도착해 보세요.

35

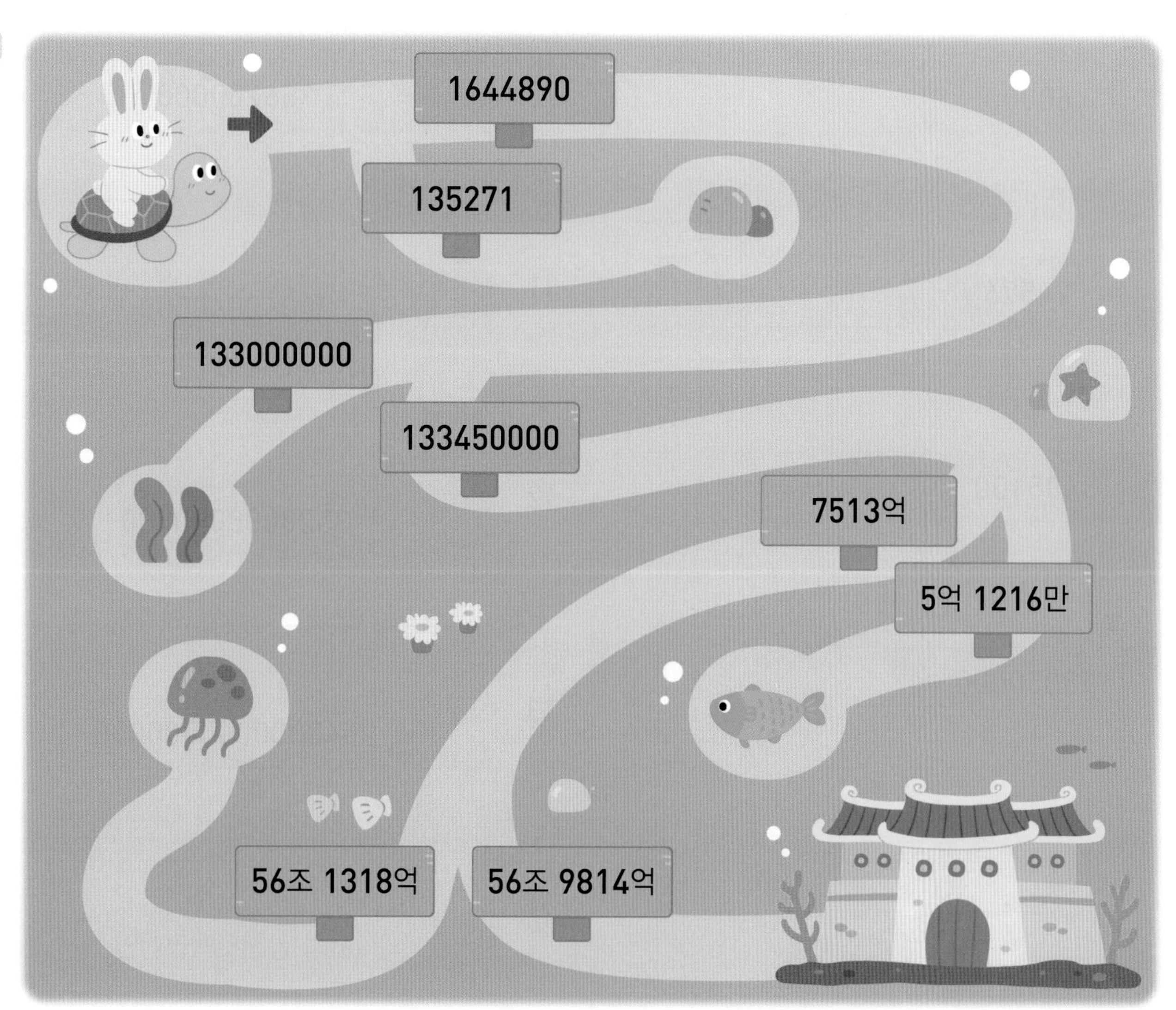

+문해력

36 주희가 태양에서 각 행성까지의 거리를 조사하여 나타낸 것입니다. 태양에서 더 가까운 행성은 어느 행성일까요?

화성	토성
227900000 km	1429400000 km

풀이 두 수의 크기를 비교하면 227900000 ◯ 1429400000입니다.

답 태양에서 더 가까운 행성은 ☐입니다.

1단원 마무리

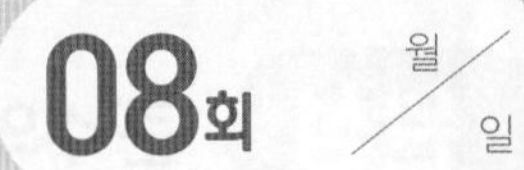

◆ 빈칸에 알맞은 수나 말을 써넣으세요.

1

60000	

2

24576	

3

405100	

4

73350000	

5

	삼만

6

	오만 삼백칠십

7

	칠만 사천팔

8

	육백십오만

9

	팔천이십만

◆ 빈칸에 알맞은 수나 말을 써넣으세요.

10

756200000

11

50060040000

12

3520000000000

13

9543000000000000

14

사억 삼천오백팔십만

15

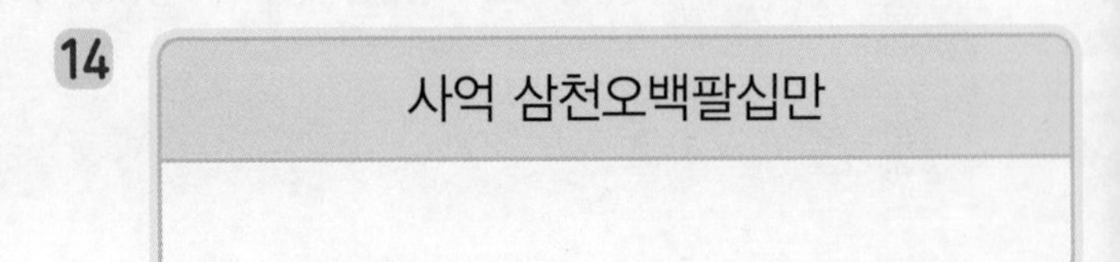

이백육억 천만

16

구십조 천칠백억

17

삼천육십이조 사천백억

◆ 주어진 수만큼 뛰어 세어 보세요.

18

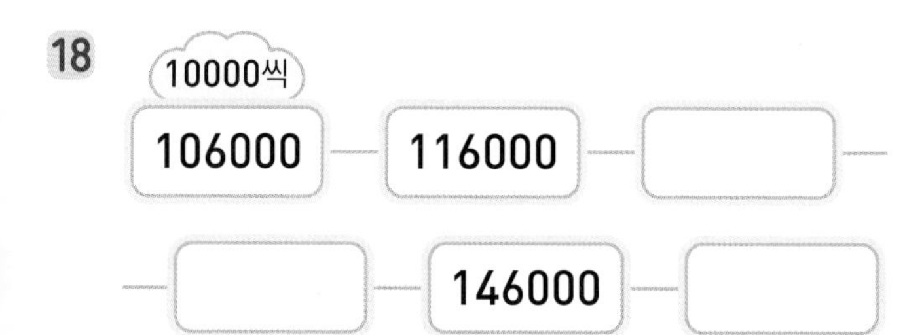

19

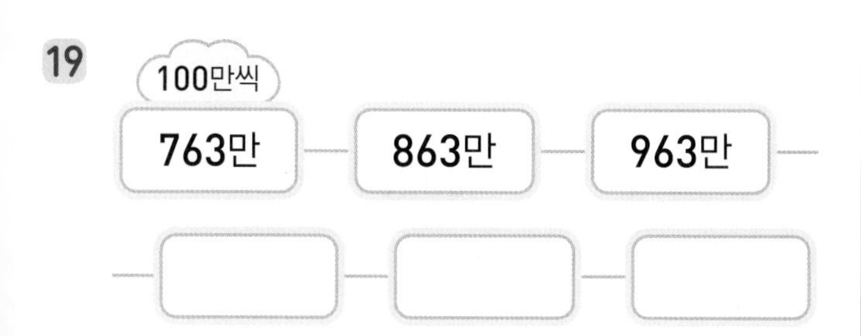

20

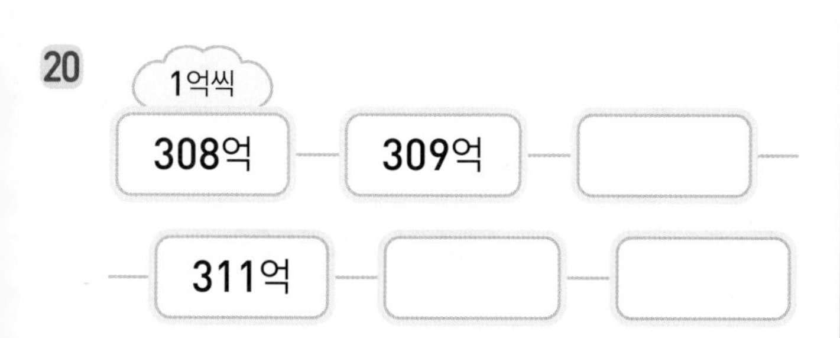

21

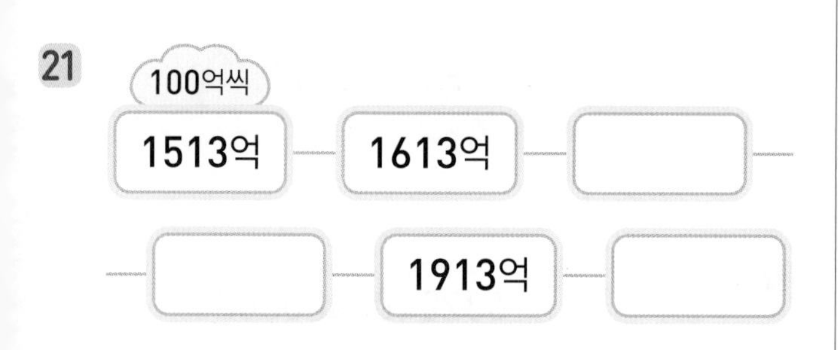

22

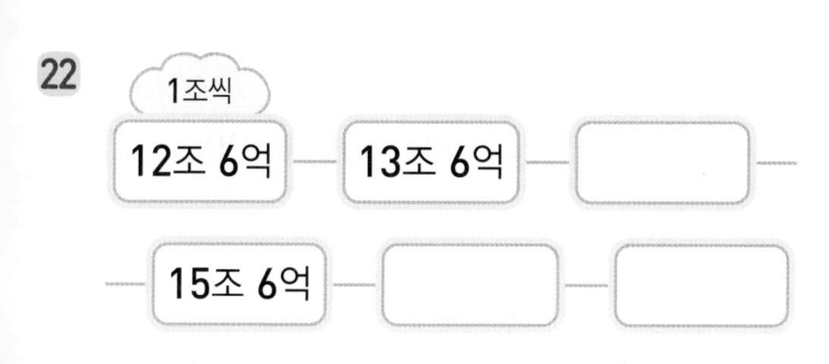

23

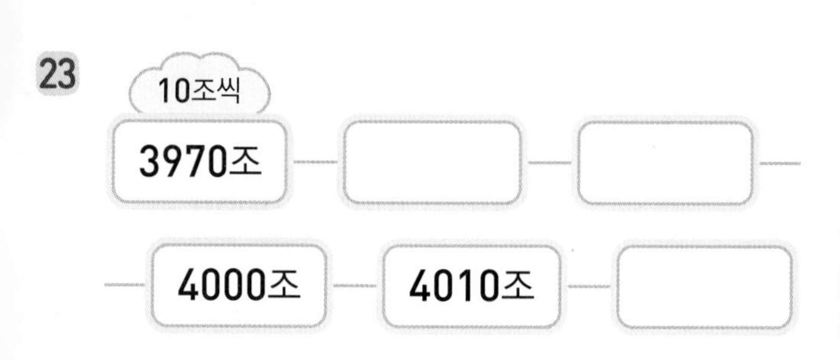

◆ 두 수의 크기를 비교하여 ○ 안에 >, =, <를 알맞게 써넣으세요.

24 ① 1342580 ○ 153297

② 1342580 ○ 1903097

25 ① 307840000 ○ 1226430000

② 307840000 ○ 307820000

26 ① 1421605000 ○ 862590000

② 1421605000 ○ 1421400000

27 ① 5498만 ○ 950만

② 5498만 ○ 5480만

28 ① 26억 ○ 115억

② 26억 ○ 26억 5000만

29 ① 104조 23억 ○ 7304조

② 104조 23억 ○ 103조 84억

30 ① 5300조 1908억 ○ 550조

② 5300조 1908억 ○ 5493억

1단원 마무리

◆ 빈칸에 알맞은 수를 써넣으세요.

1

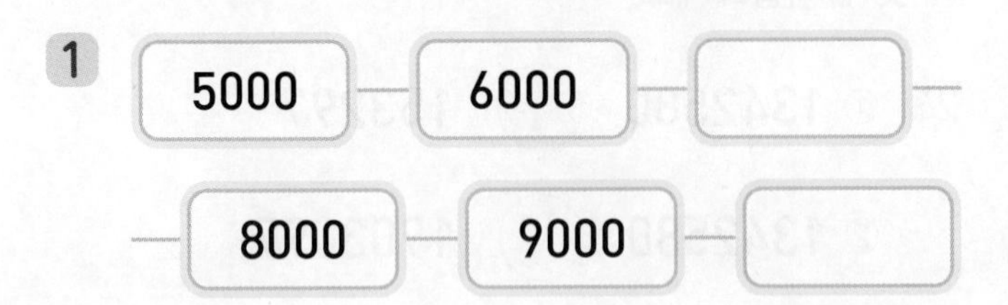

2

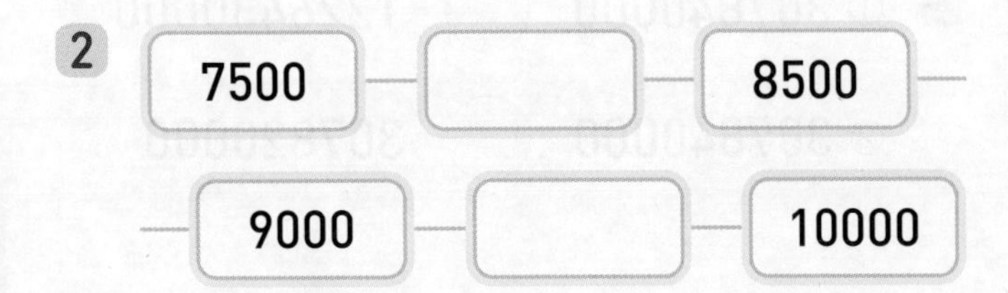

3

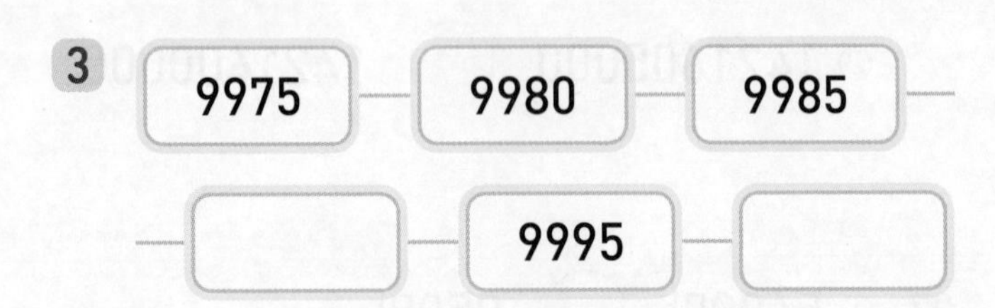

◆ 같은 수를 나타내는 것끼리 이어 보세요.

4

35000 •	• 오만 삼백
50300 •	• 삼만 오백
	• 삼만 오천

5

40090 •	• 사만 구십
40900 •	• 사만 구백
	• 사만 구천

◆ 밑줄 친 숫자가 나타내는 값을 쓰세요.

6 ① 47560

→ (　　　　　　)

② 218543

→ (　　　　　　)

7 ① 30201600

→ (　　　　　　)

② 27518000

→ (　　　　　　)

8 ① 156719840000

→ (　　　　　　)

② 548270000

→ (　　　　　　)

9 ① 6320400000000

→ (　　　　　　)

② 6420581500000000

→ (　　　　　　)

10 ① 8307000000000000

→ (　　　　　　)

② 189000000000000

→ (　　　　　　)

◆ 규칙을 찾아 뛰어 세어 보세요.

11

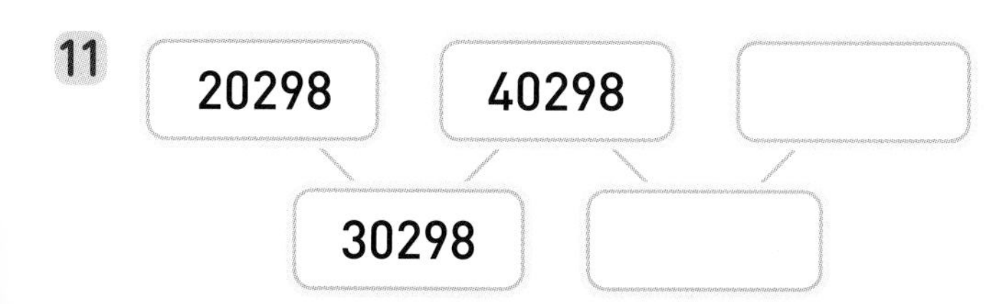

12

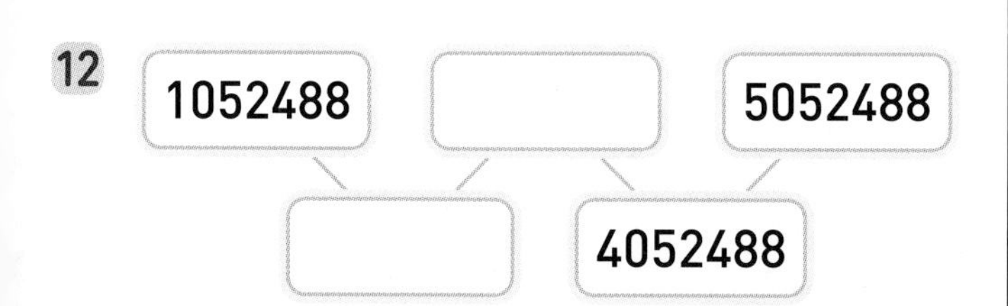

13

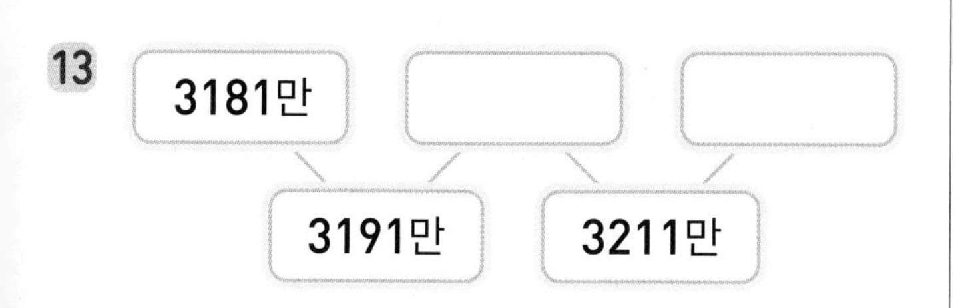

14

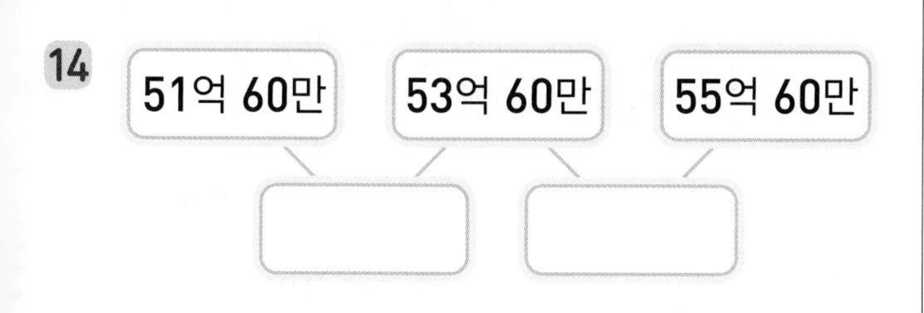

15

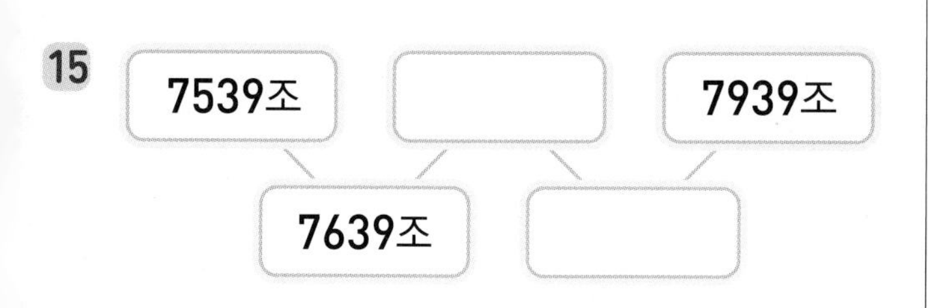

16

◆ 더 큰 수의 기호를 쓰세요.

17

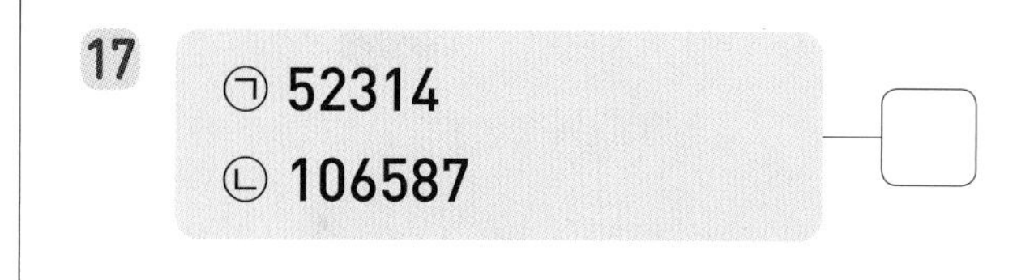

18

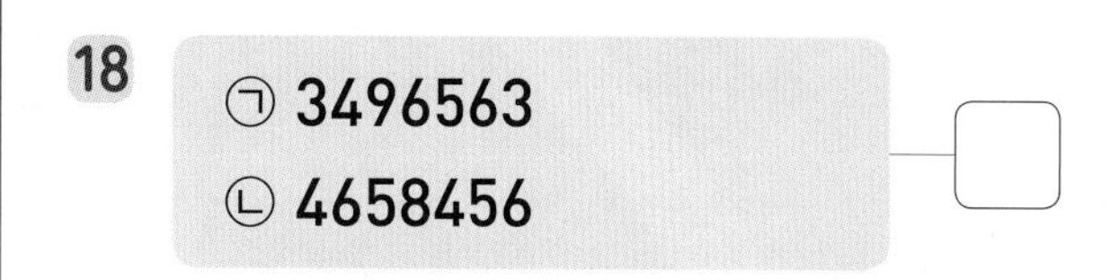

19

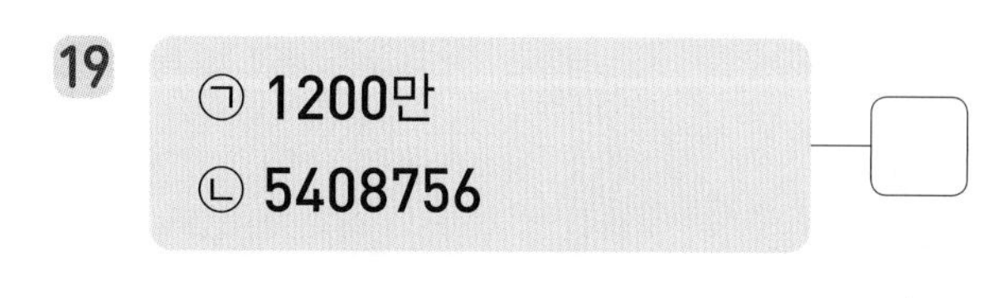

20

21

22

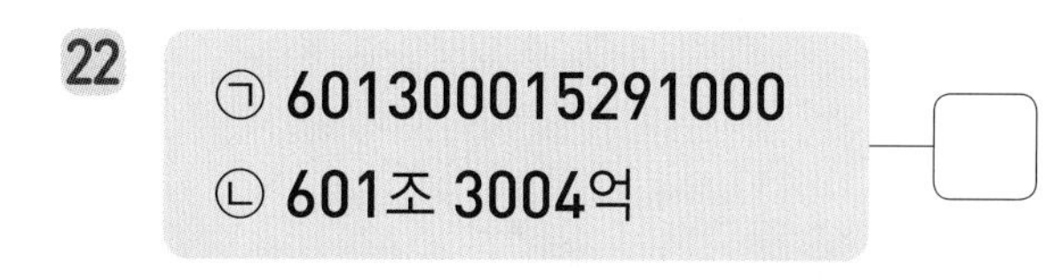

23

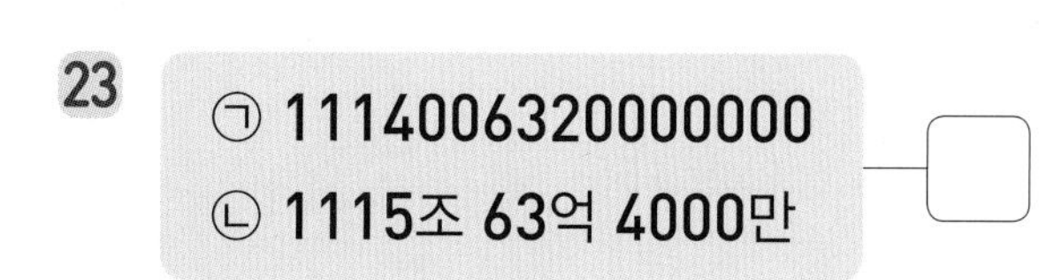

2 각도

[3-1] 평면도형
각, 직각 알아보기
직각삼각형 알아보기
직사각형, 정사각형 알아보기

다음에 배울 내용

[4-2] 삼각형

각의 크기에 따라 삼각형 분류하기

이등변삼각형, 정삼각형의 성질

16회

평가 B

15회

평가 A

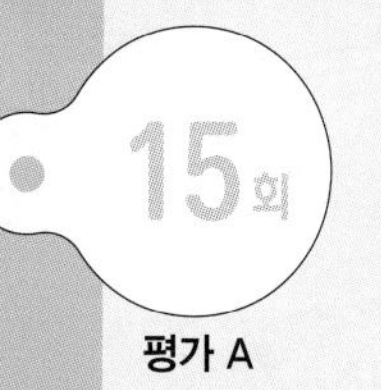

13회

삼각형의
세 각의 크기의 합

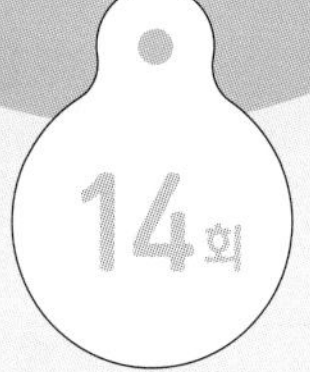

14회

사각형의
네 각의 크기의 합

각의 크기 재기

각의 한 변이 안쪽 눈금 0에 맞춰져 있으므로 0에서부터 따라가서 안쪽 눈금을 읽습니다.

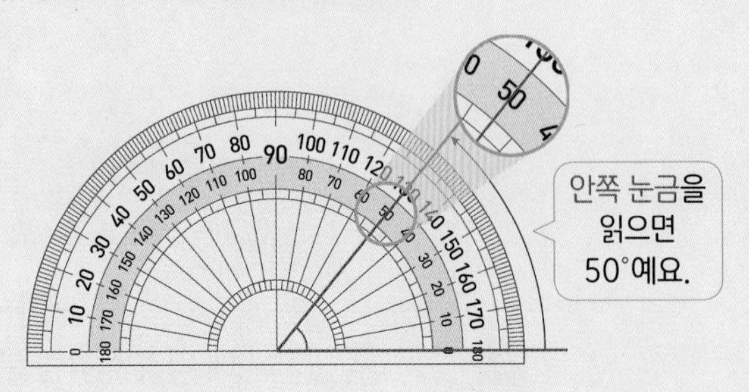

안쪽 눈금을
읽으면
50°예요.

각의 한 변이 바깥쪽 눈금 0에 맞춰져 있으므로 0에서부터 따라가서 바깥쪽 눈금을 읽습니다.

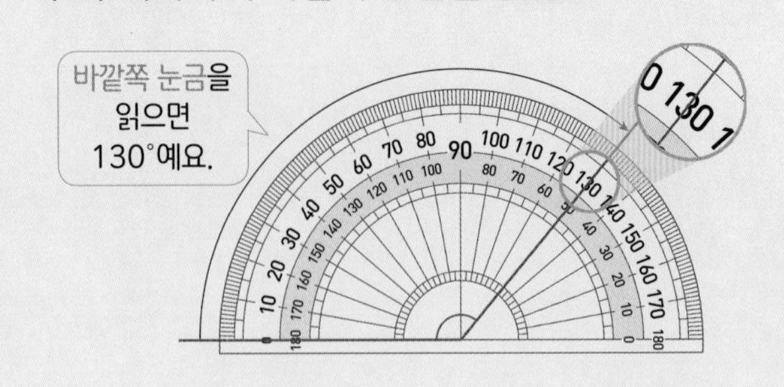

바깥쪽 눈금을
읽으면
130°예요.

◆ 각도를 구하세요.

1

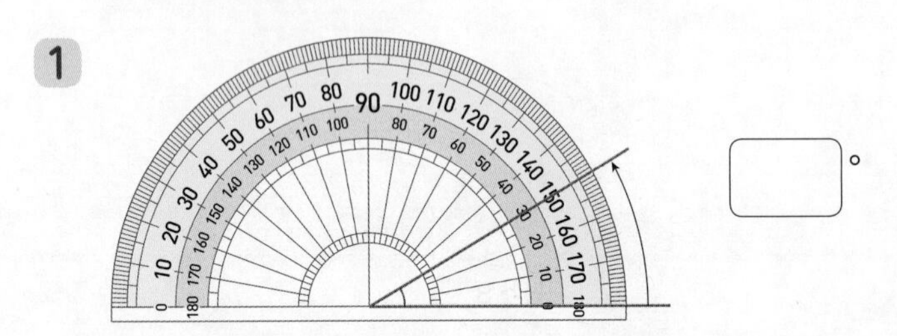

□°

2

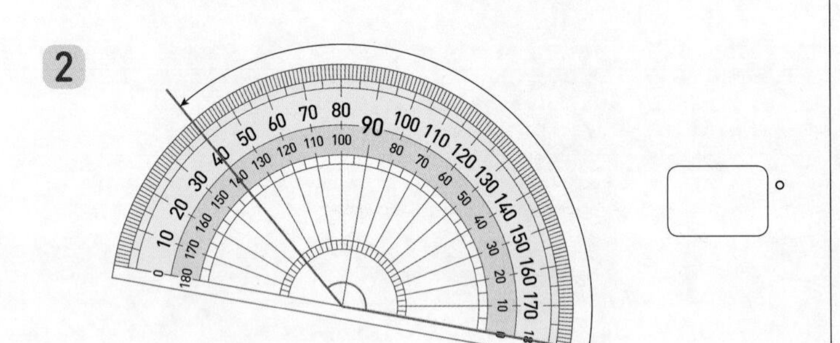

□°

3

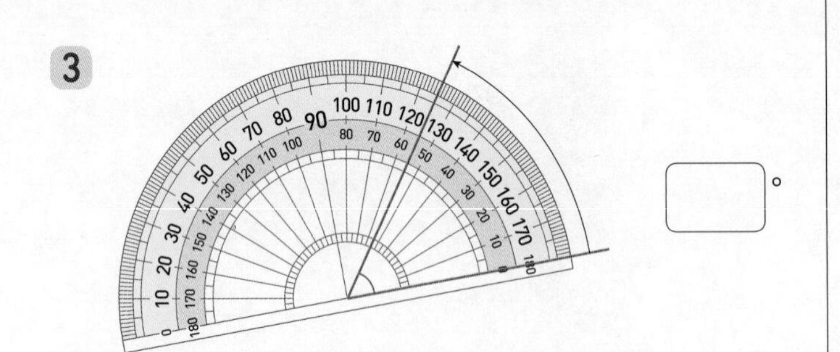

□°

4

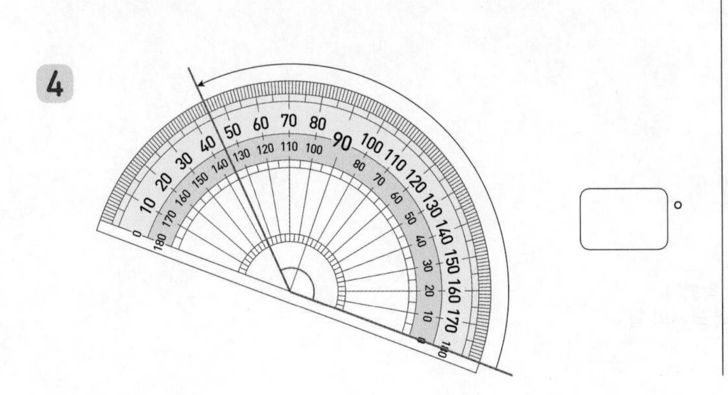

□°

◆ 각도를 구하세요.

5

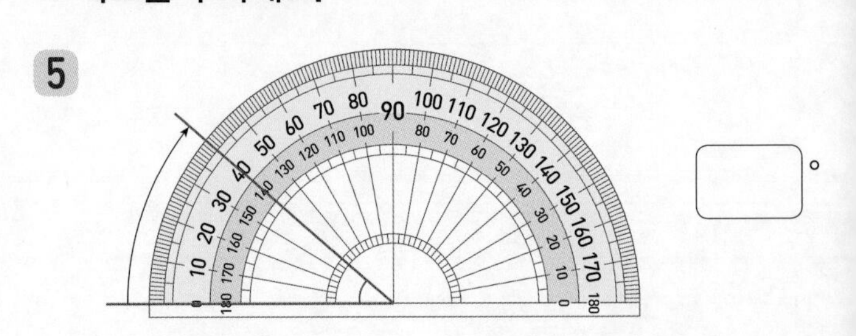

□°

6

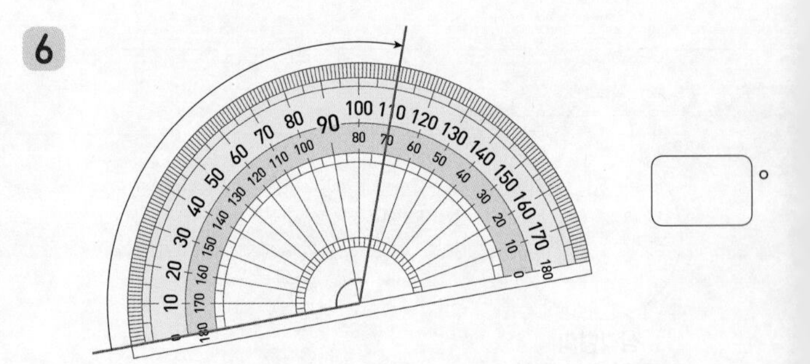

□°

7

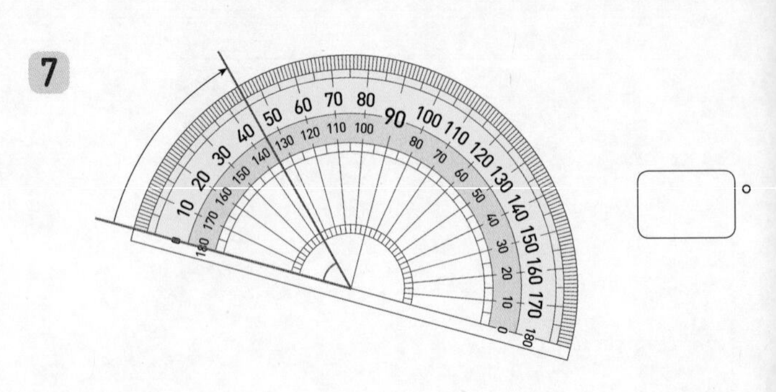

□°

8

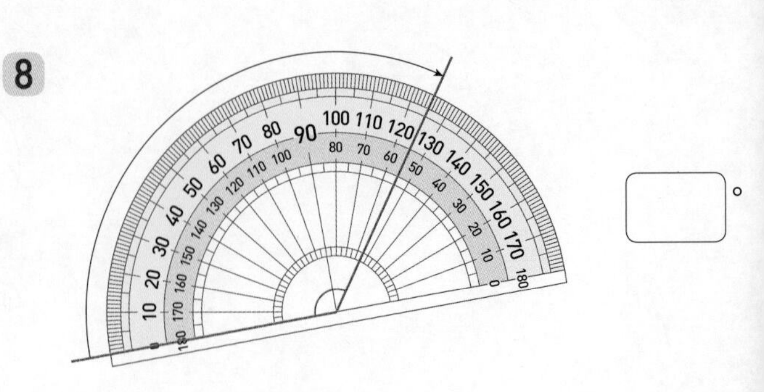

□°

각의 크기 재기

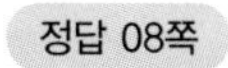

◆ 각도기를 이용하여 각도를 재어 보세요.

9 ① 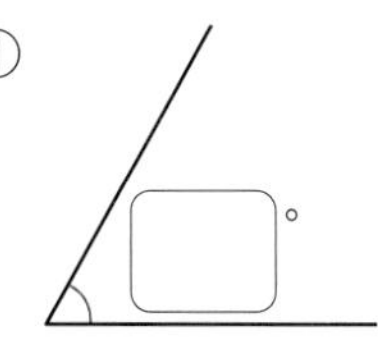 ② 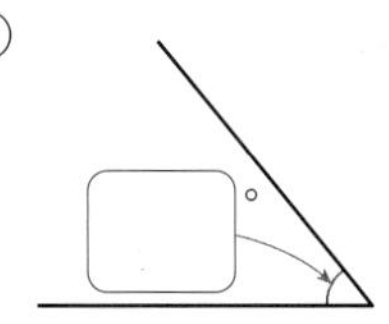

10 ① 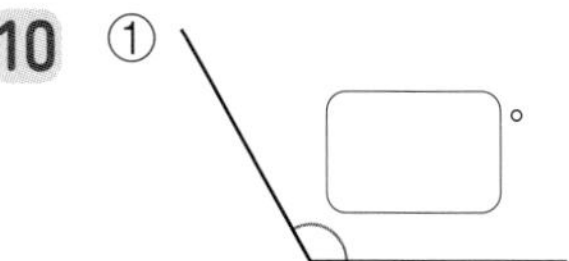 ② 

11 ① 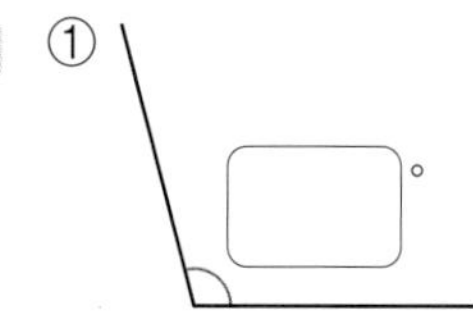 ② 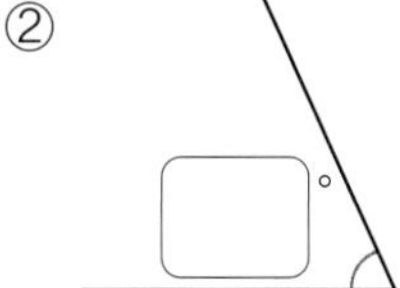

12 ① 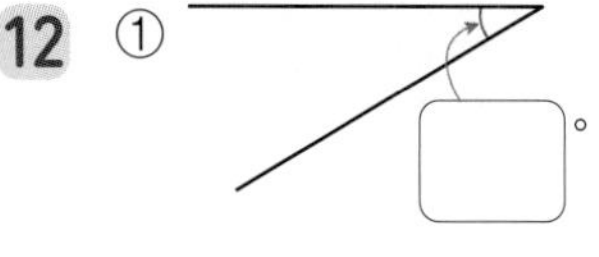 ② 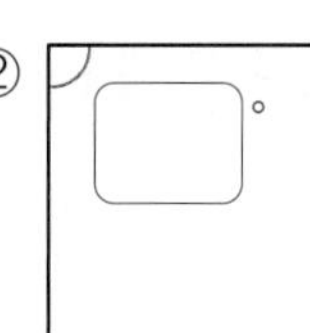

13 ① 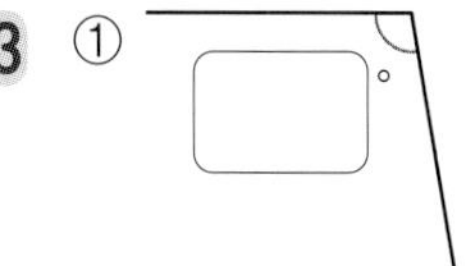 ② 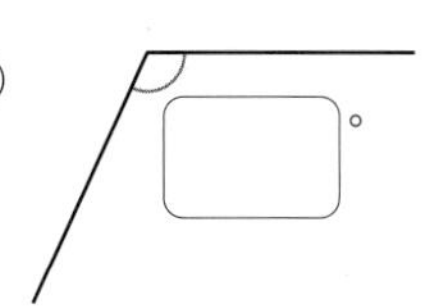

14 ① 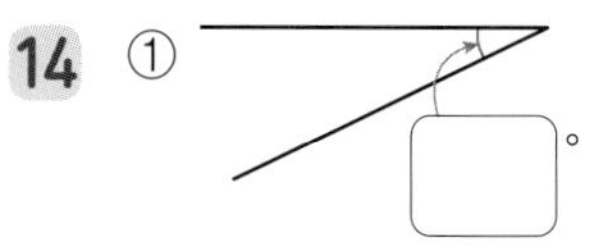 ② 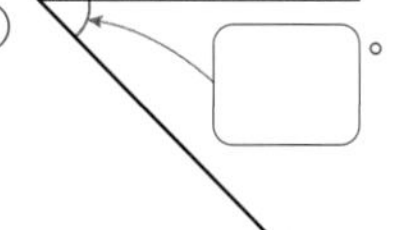

◆ 각도기를 이용하여 각도를 재어 보세요.

15 ① 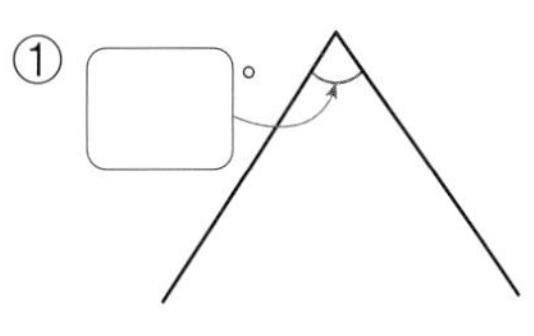 ② 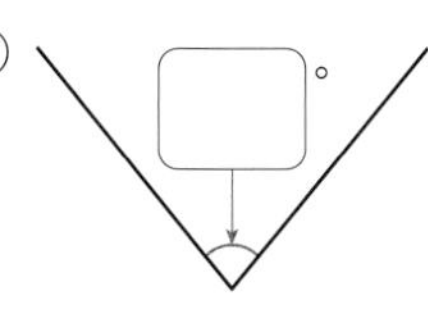

16 ① 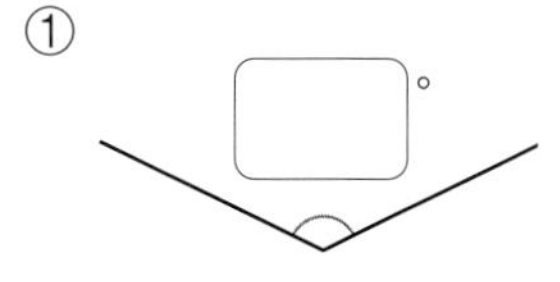 ② 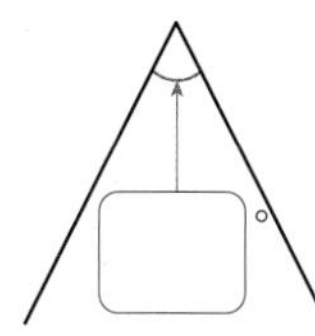

17 ① 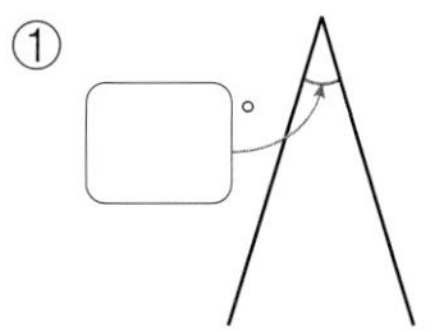 ② 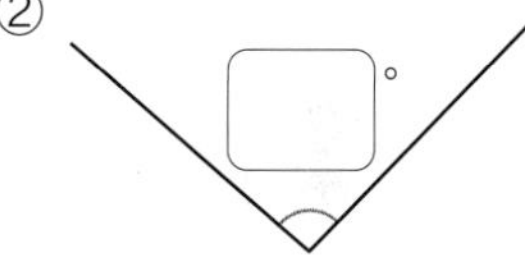

18 ① 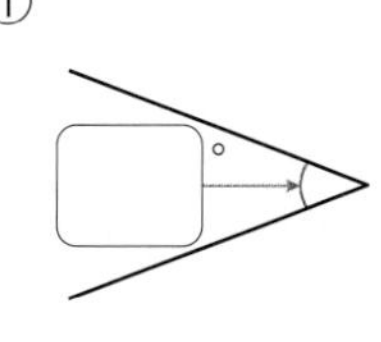 ② 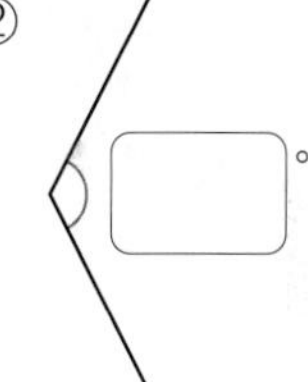

19 ① 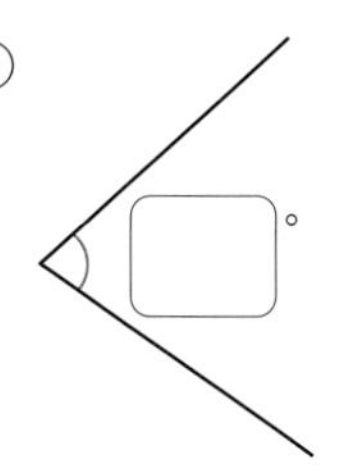 ② 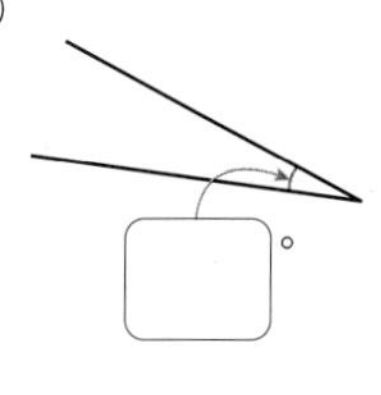

20 ① 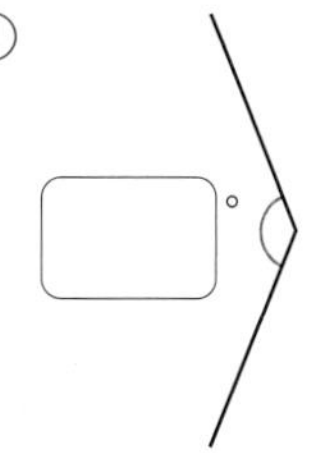 ② 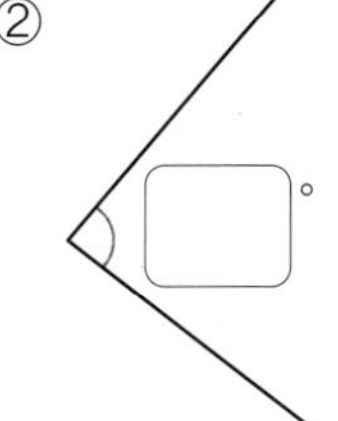

적용 각의 크기 재기

◆ 각도기를 이용하여 주변에서 볼 수 있는 각도를 재어 보세요.

21
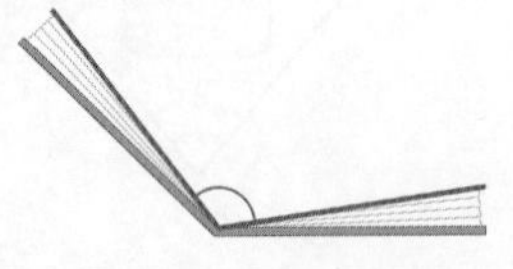

22
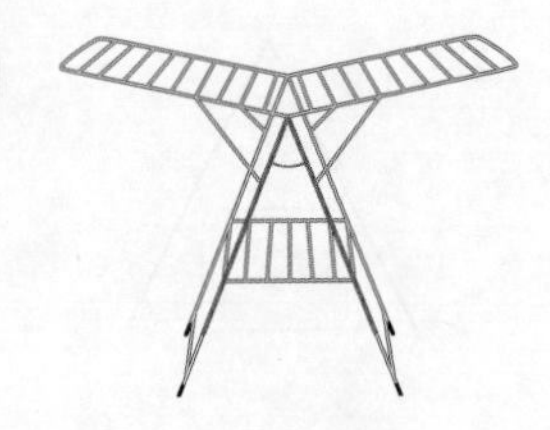
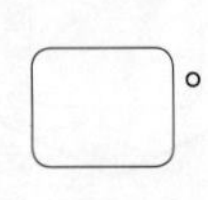

23

24

25

26
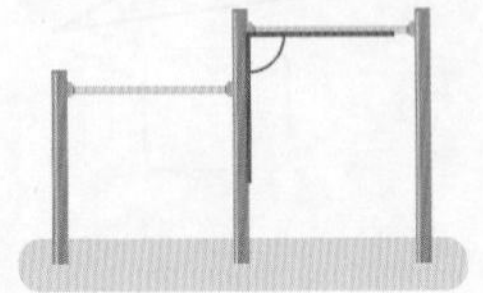
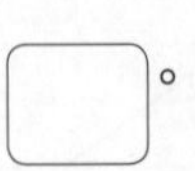

27
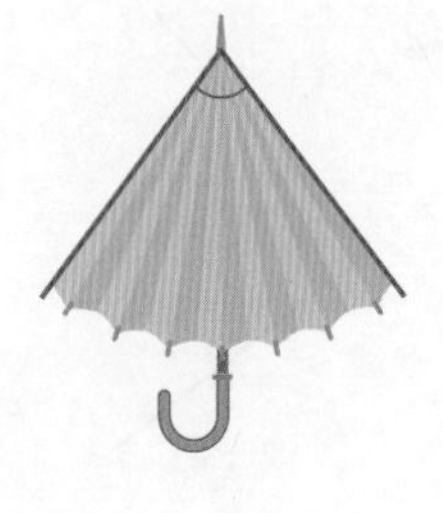
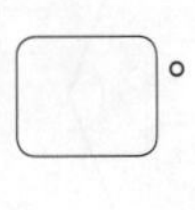

◆ 각도기를 이용하여 도형의 각도를 재어 보세요.

28
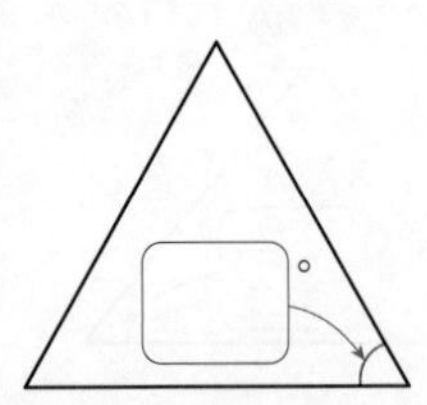

29
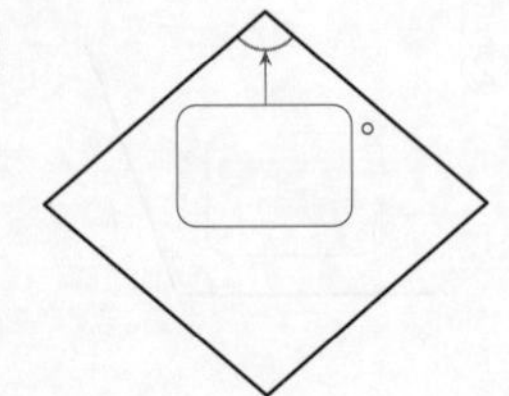

30
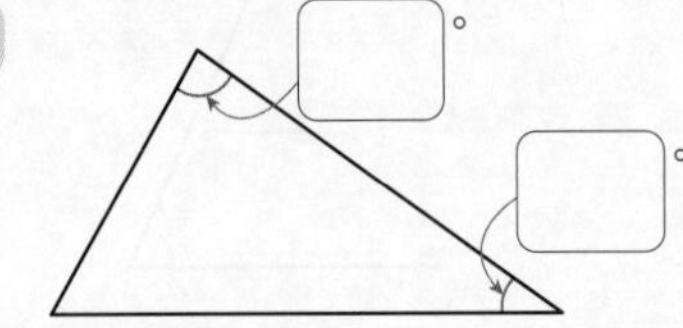

31
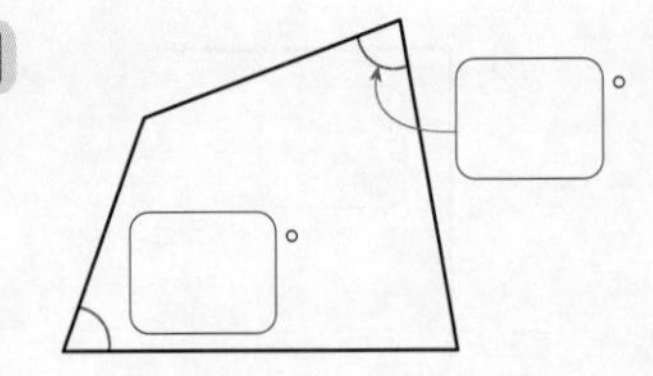

32
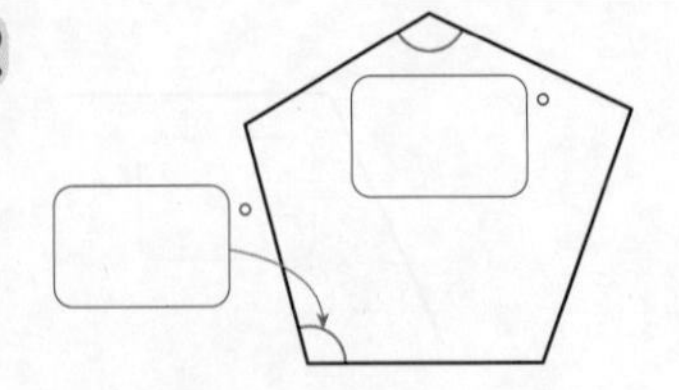

33
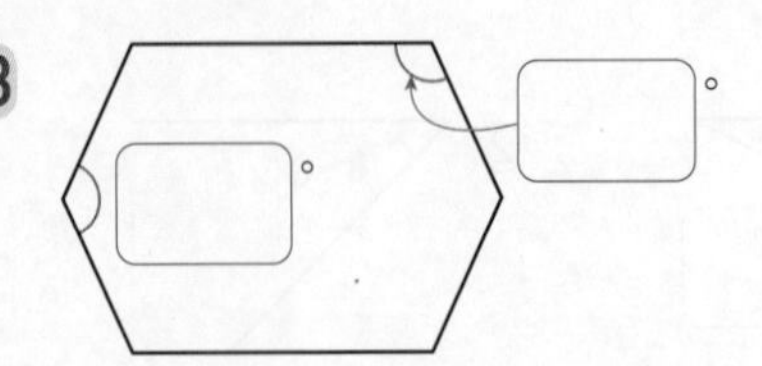

★ 완성 각의 크기 재기

정답 08쪽

◆ 5명의 친구들이 나누어 먹은 피자 조각입니다. 친구들이 먹은 피자 조각의 각도를 각각 구하세요.

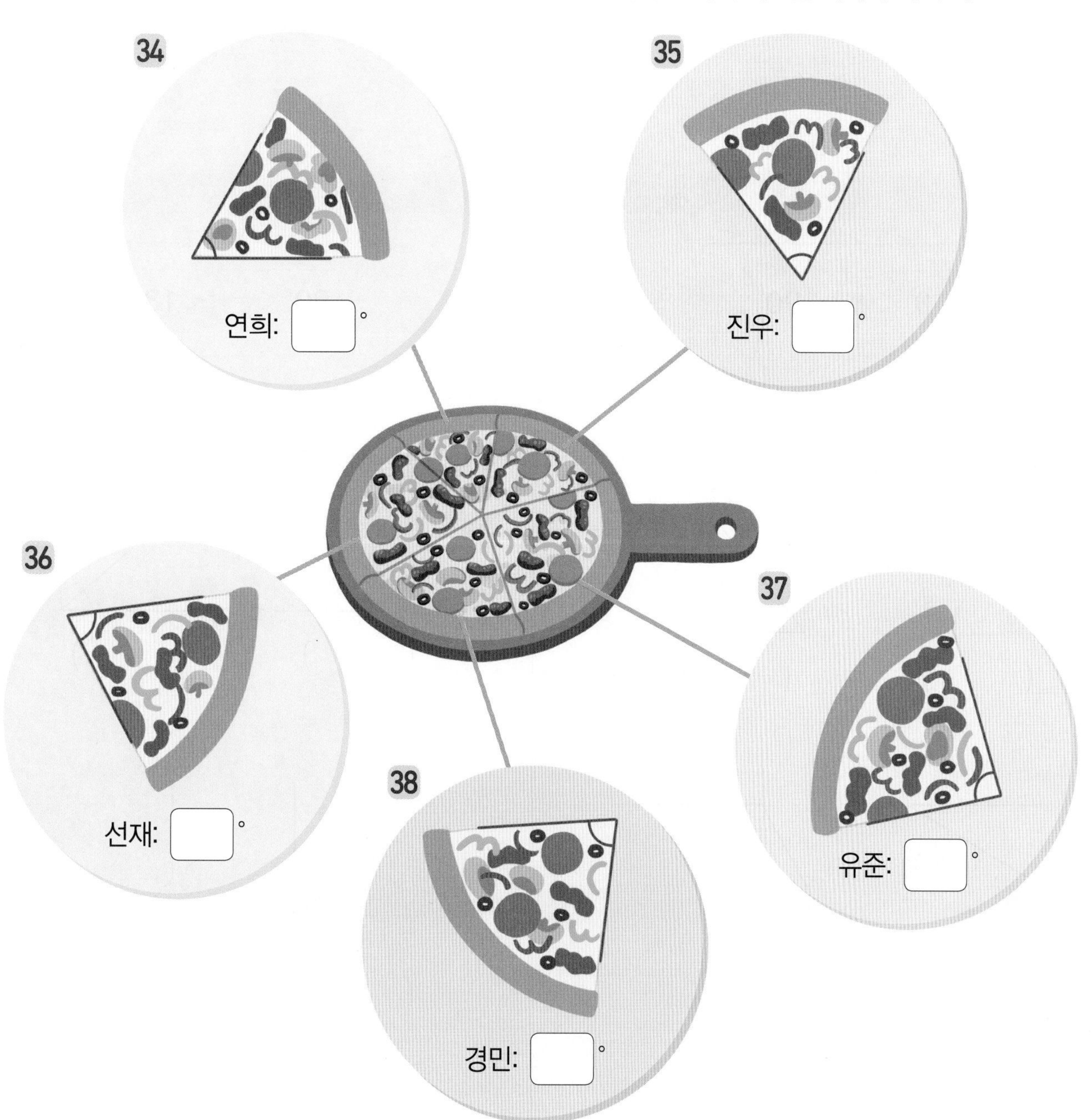

+ 문해력

39 각도를 재어 크기를 비교하려고 합니다. 더 큰 각의 기호를 쓰세요.

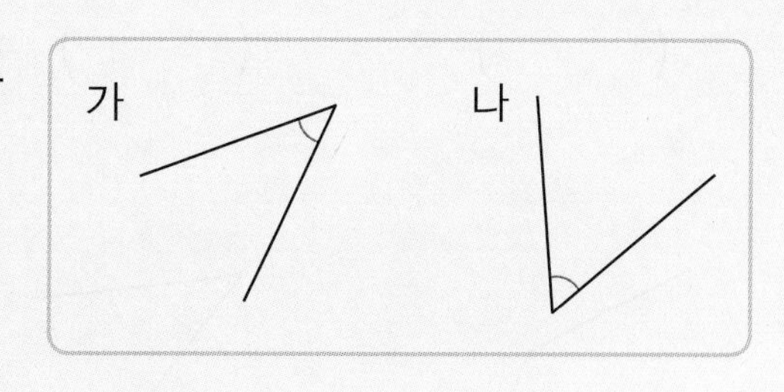

풀이 각도를 재어 보면 가는 □°, 나는 □°입니다.

→ 가: □° ○ 나: □°

답 더 큰 각의 기호를 쓰면 □입니다.

2단원 10회

예각, 둔각

각도가 0°보다 크고 직각보다 작은 각을 예각이라고 합니다.

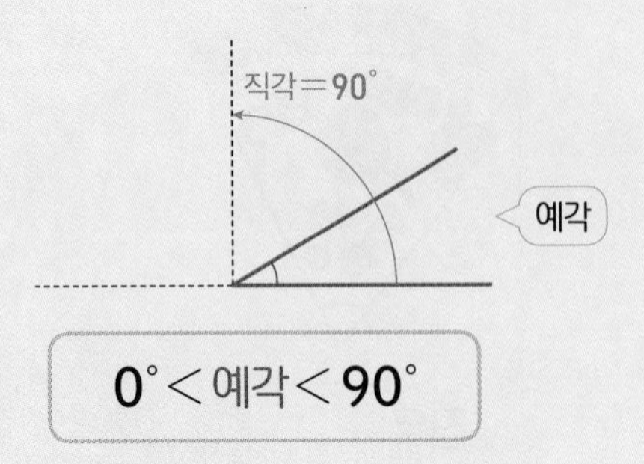

각도가 직각보다 크고 180°보다 작은 각을 둔각이라고 합니다.

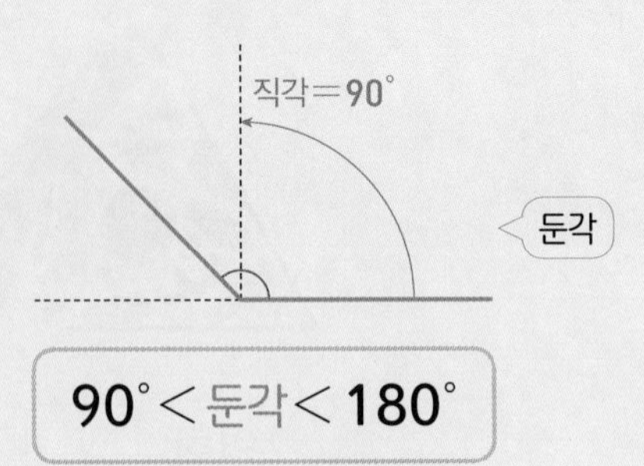

◆ 예각을 찾아 ○표 하세요.

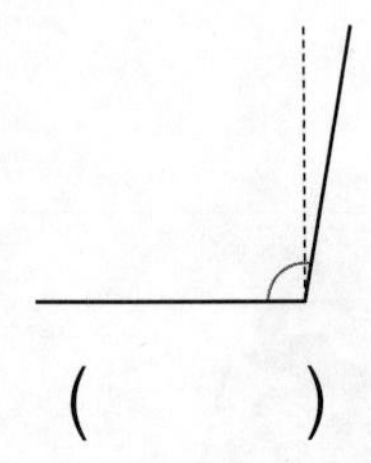
( )

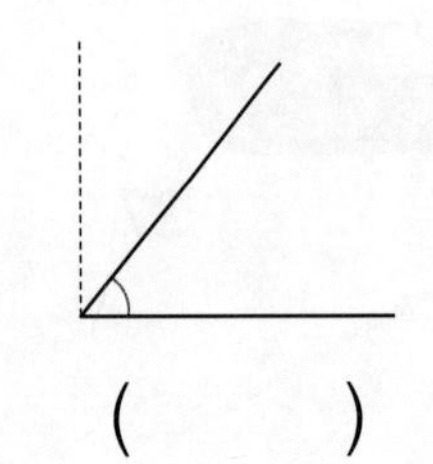
( )

2

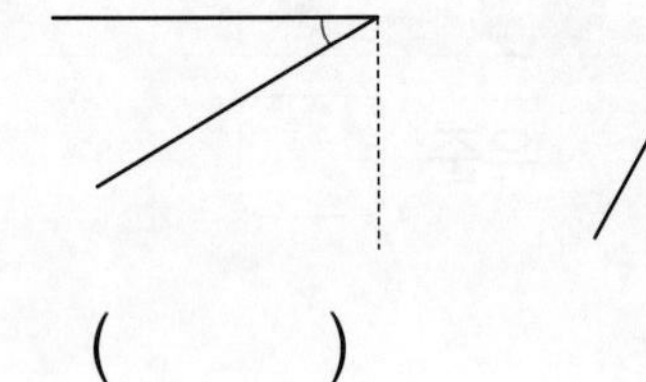
( )

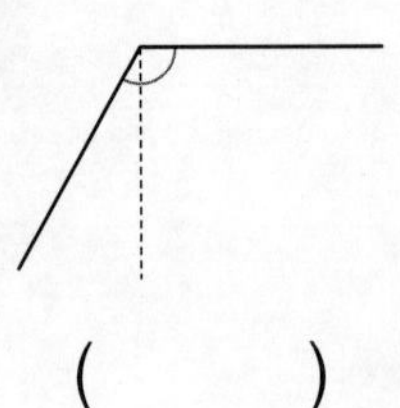
( )

3

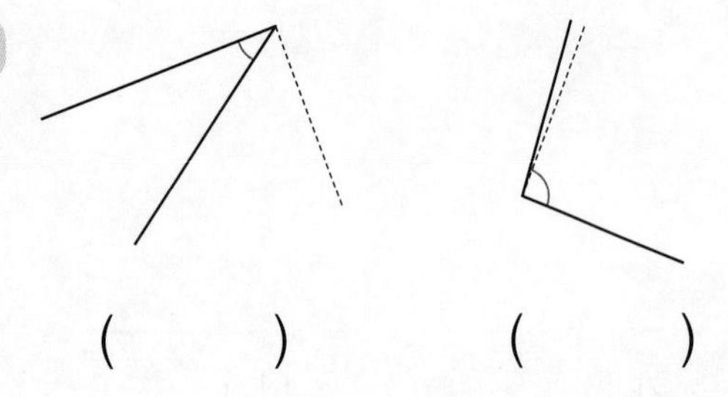
( ) ( )

4

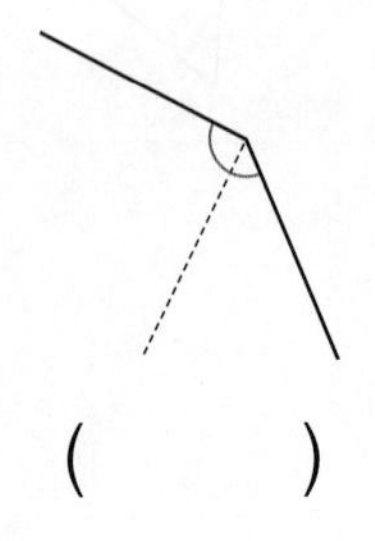
( )

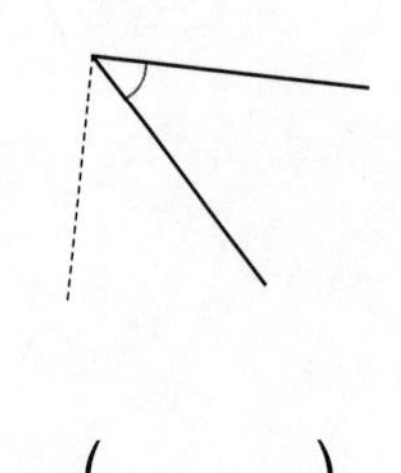
( )

◆ 둔각을 찾아 ○표 하세요.

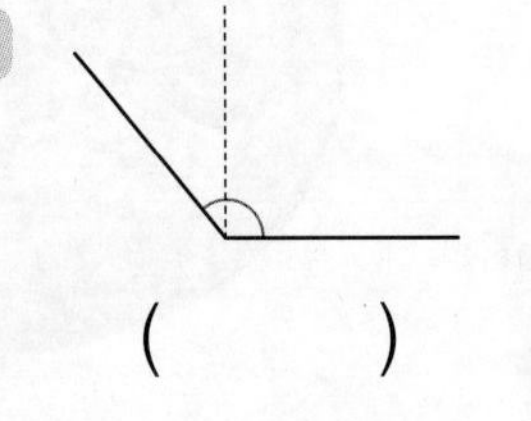
( )

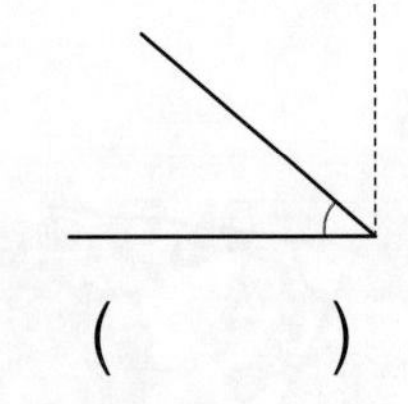
( )

6

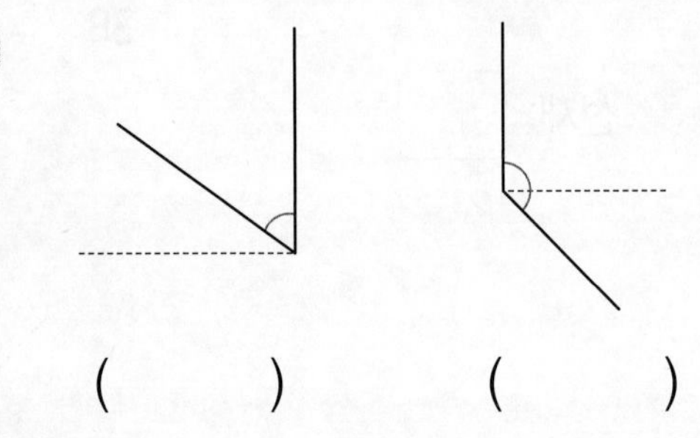
( ) ( )

7

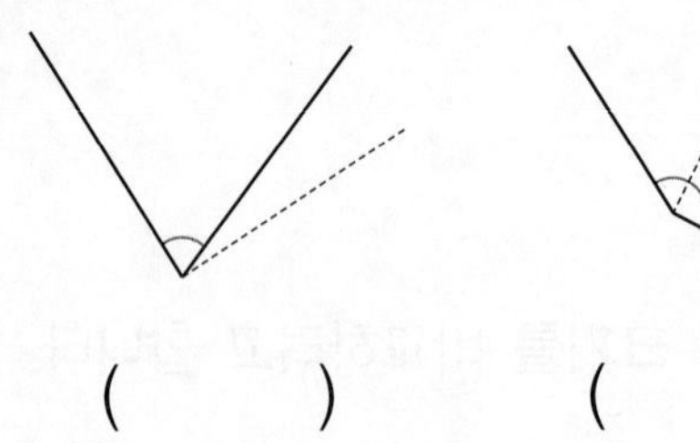
( ) ( )

8

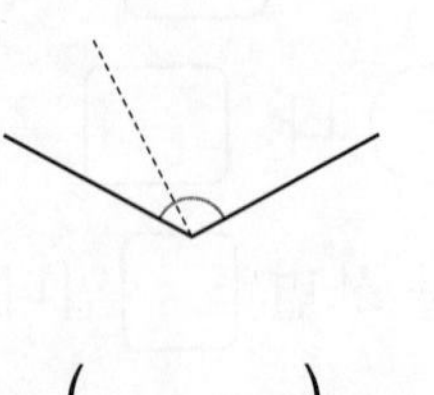
( )

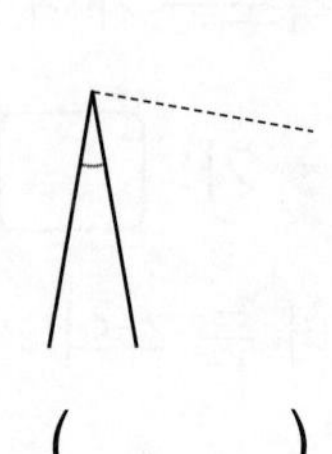
( )

연습 예각, 둔각

◆ 주어진 각을 예각, 직각, 둔각으로 분류하여 빈칸에 알맞은 기호를 써넣으세요.

9

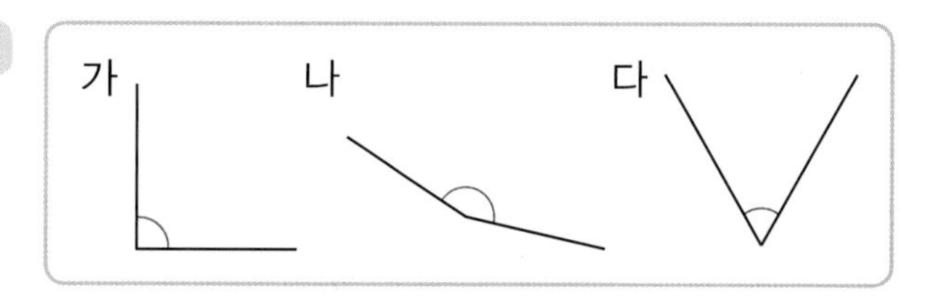

예각	직각	둔각

10

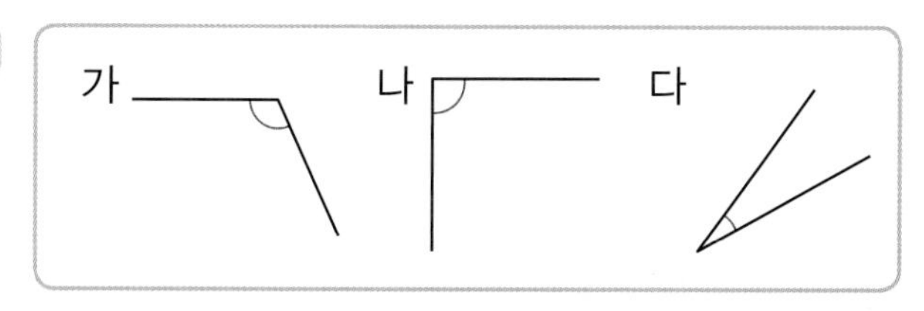

예각	직각	둔각

11

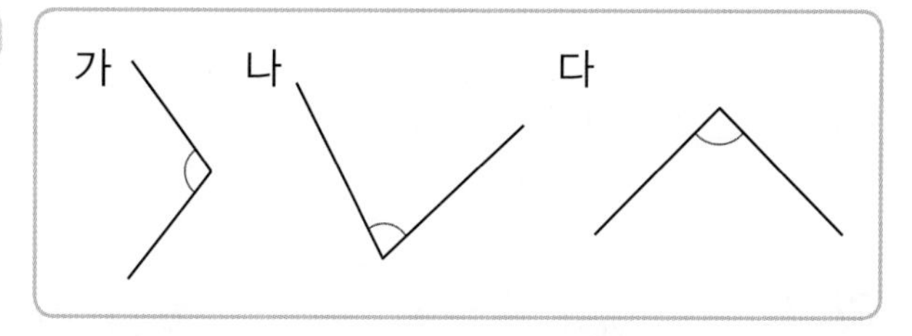

예각	직각	둔각

12

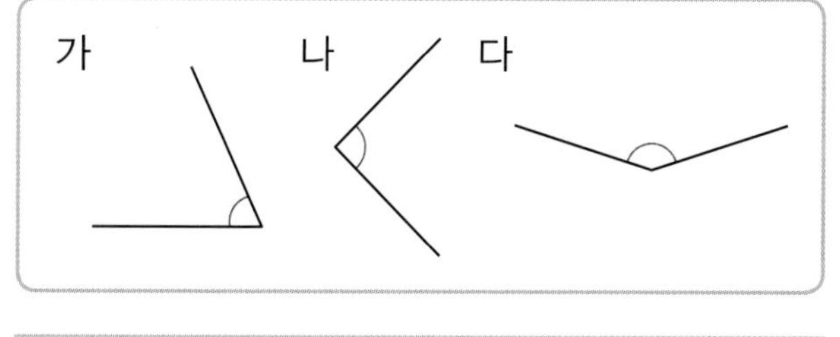

예각	직각	둔각

◆ 표시된 부분의 각이 예각이면 '예', 둔각이면 '둔'이라고 ☐ 안에 써넣으세요.

13

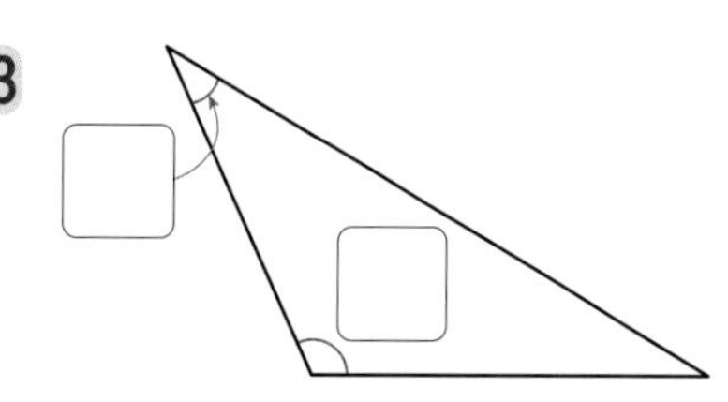

14

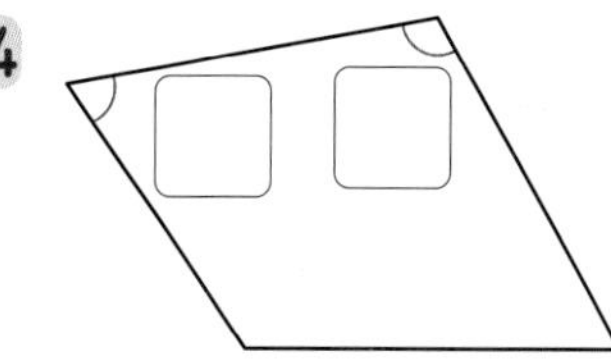

15

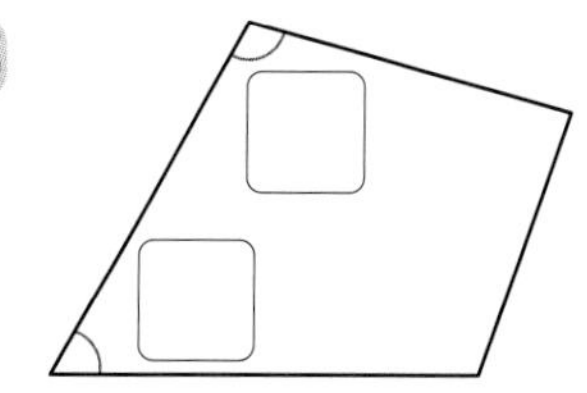

16

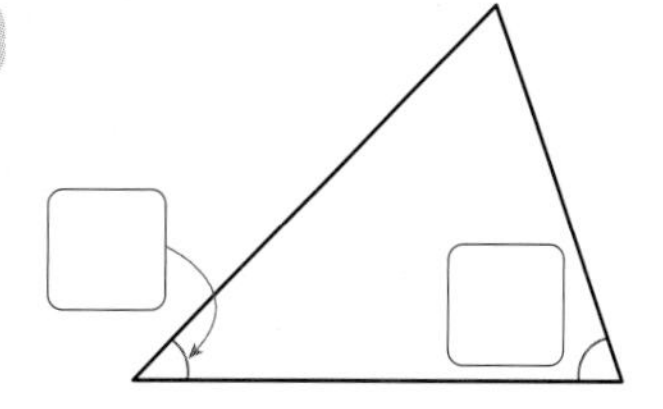

17

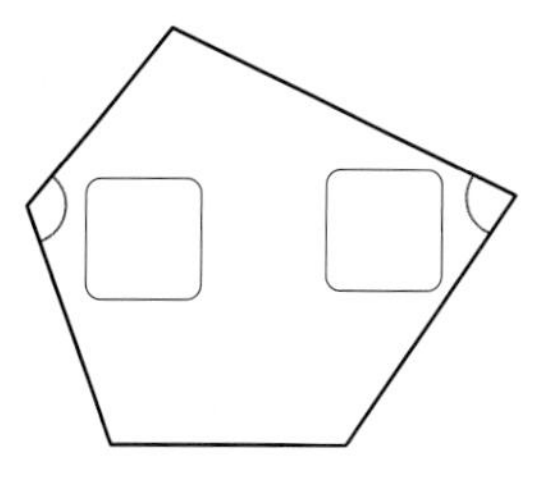

18

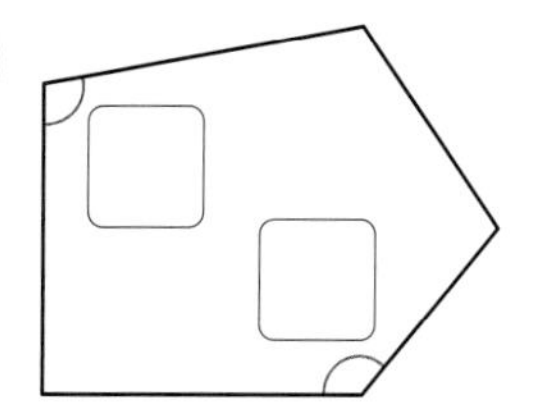

2단원 11회

적용 예각, 둔각

◆ 알맞은 것끼리 이어 보세요.

19

100° •　　　• 예각

20° •　　　• 둔각

95° •

20

35° •　　　• 예각

120° •　　　• 둔각

165° •

21

75° •　　　• 예각

80° •　　　• 둔각

140° •

22

110° •　　　• 예각

65° •　　　• 둔각

170° •

23

115° •　　　• 예각

50° •　　　• 둔각

45° •

◆ 주어진 선분을 이용하여 예각과 둔각을 각각 그려 보세요.

24

예각	둔각
	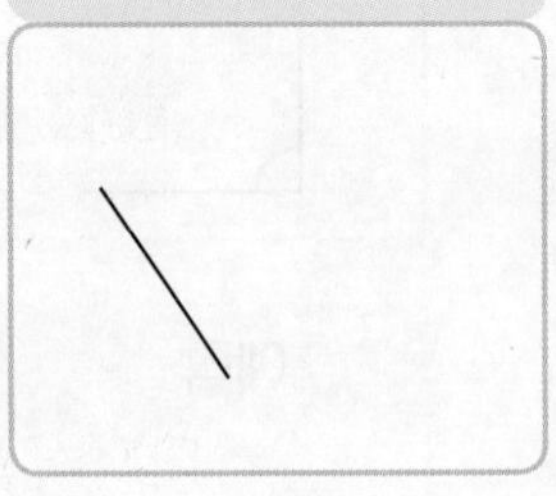

25

예각	둔각
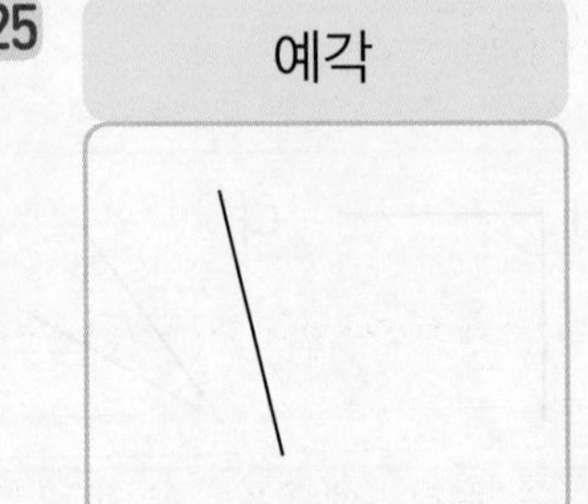	 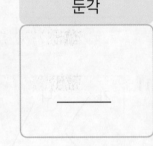

26

예각	둔각
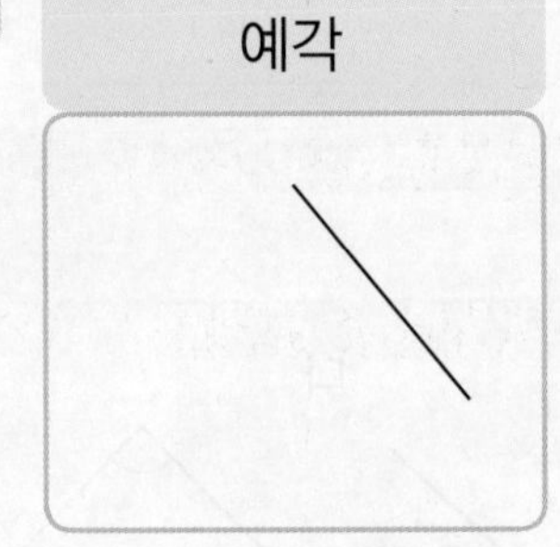	 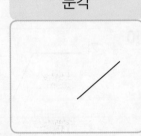

27

예각	둔각
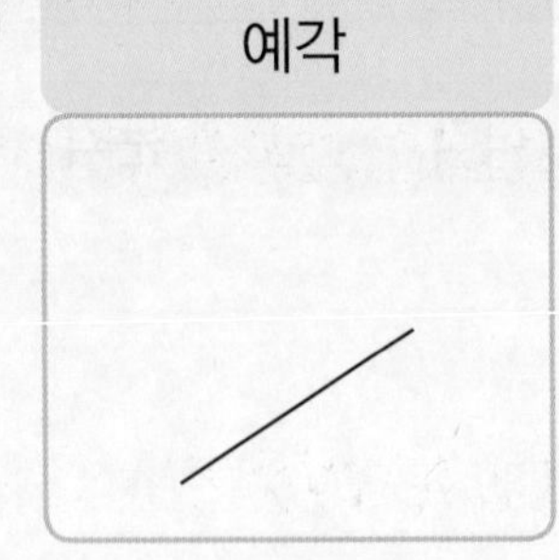	

28

예각	둔각
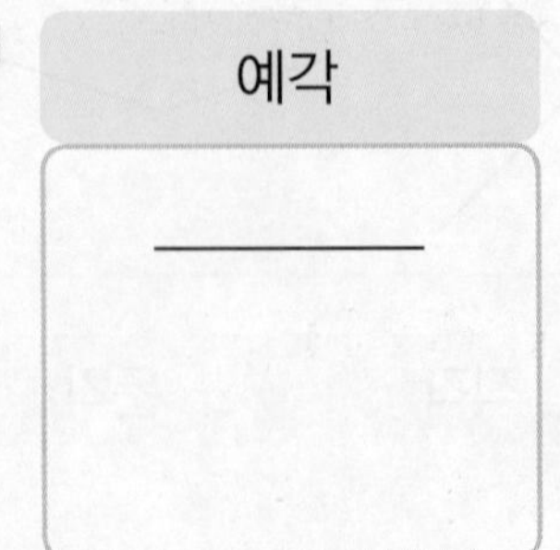	

정답 08쪽

★ 완성 예각, 둔각

◆ 현우가 표시된 부분의 각을 보고 알맞은 길을 따라갔을 때 받게 되는 선물을 찾아 ○표 하세요.

29

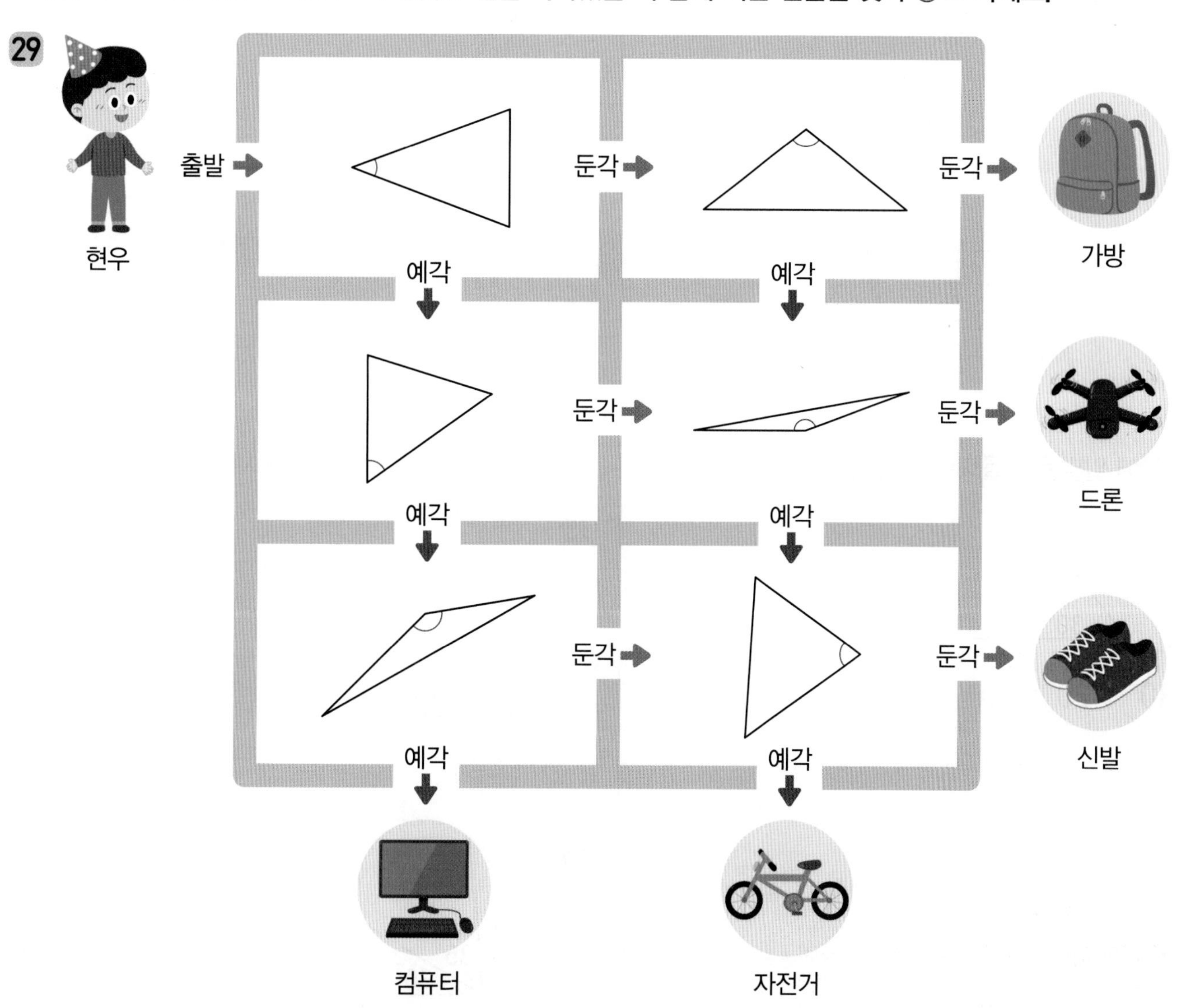

+문해력

30 시계의 긴바늘과 짧은바늘이 이루는 작은 쪽의 각이 예각인 것을 찾아 기호를 쓰세요.

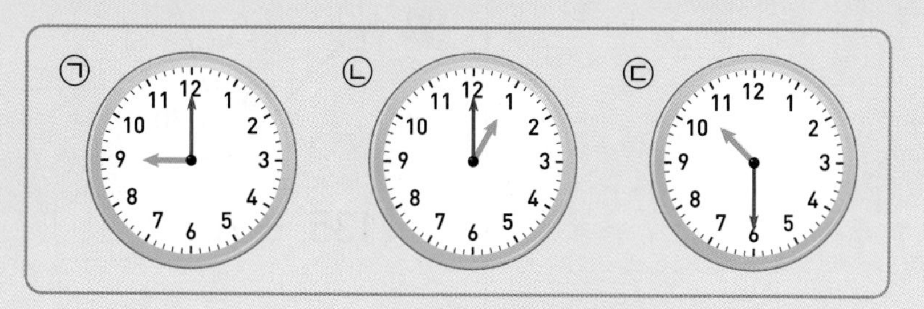

풀이 시계의 긴바늘과 짧은바늘이 이루는 작은 쪽의 각을 알아봅니다.

㉠: 직각, ㉡: ☐, ㉢: ☐

답 시계의 긴바늘과 짧은바늘이 이루는 작은 쪽의 각이 예각인 것은 ☐입니다.

2단원 11회

개념 각도의 합과 차

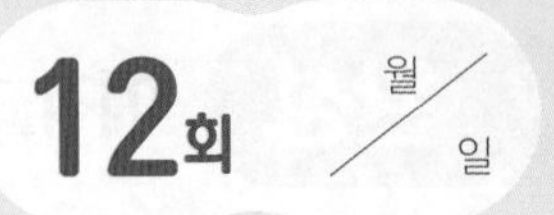

각도의 합은 자연수의 덧셈과 같은 방법으로 계산한 후 단위(°)를 붙입니다.

$50° + 30° = 80°$

$50 + 30 = 80$

각도의 차는 자연수의 뺄셈과 같은 방법으로 계산한 후 단위(°)를 붙입니다.

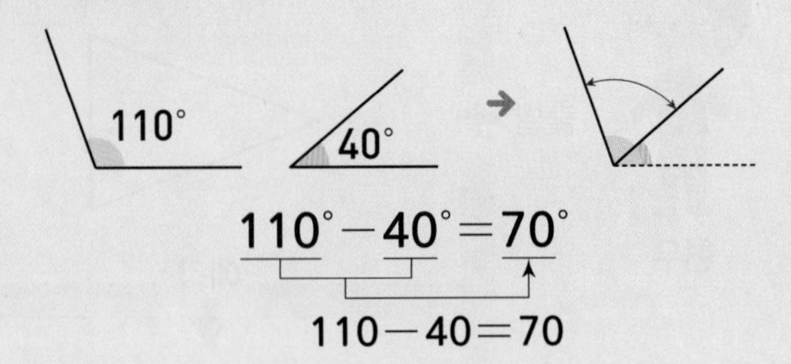

$110° - 40° = 70°$

$110 - 40 = 70$

◆ □ 안에 알맞은 수를 써넣으세요.

1

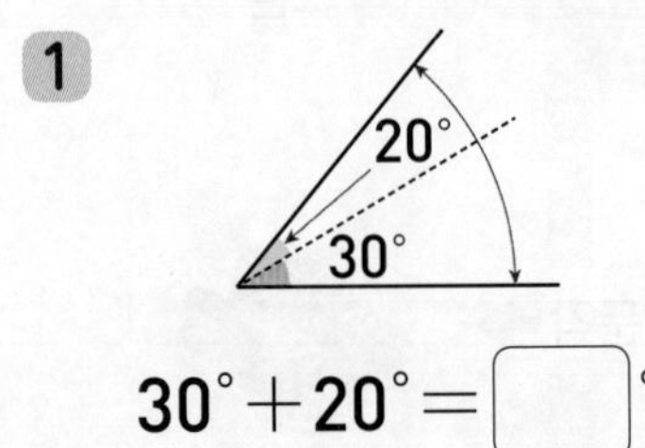

$30° + 20° = \square°$

2

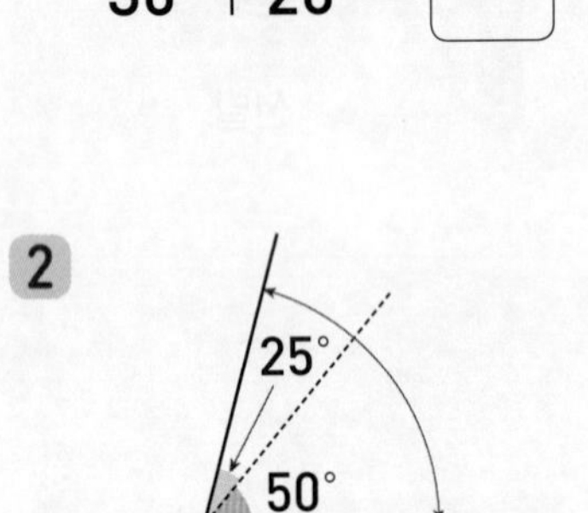

$50° + 25° = \square°$

3

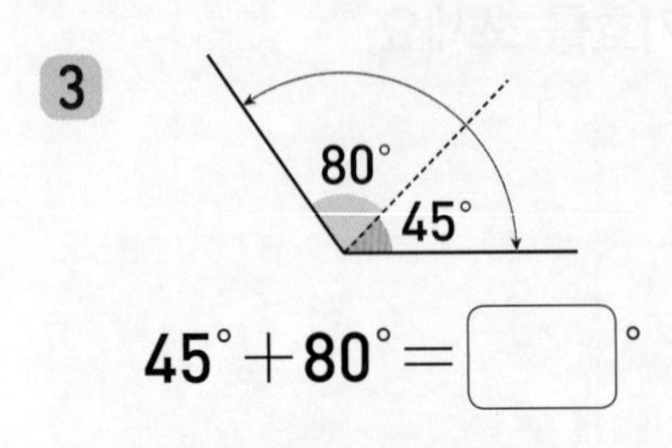

$45° + 80° = \square°$

4

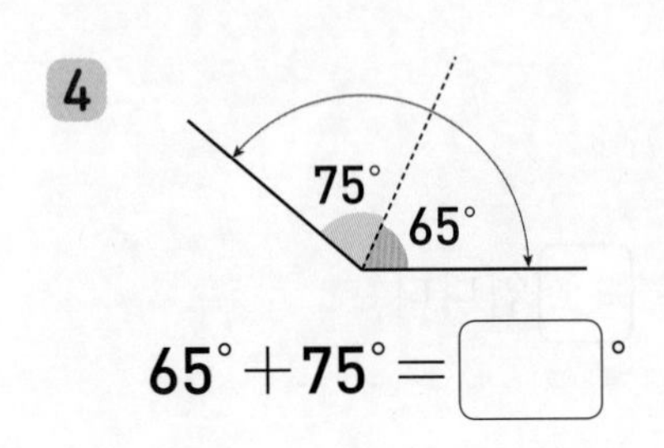

$65° + 75° = \square°$

◆ □ 안에 알맞은 수를 써넣으세요.

5

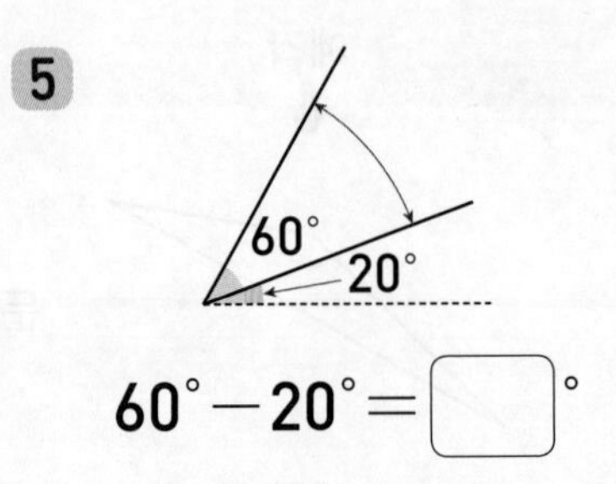

$60° - 20° = \square°$

6

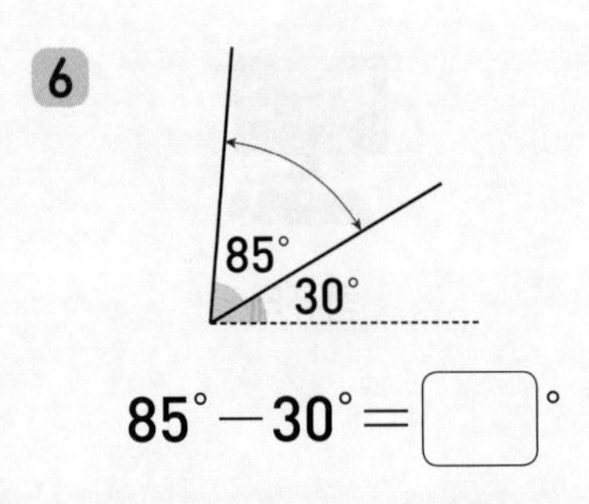

$85° - 30° = \square°$

7

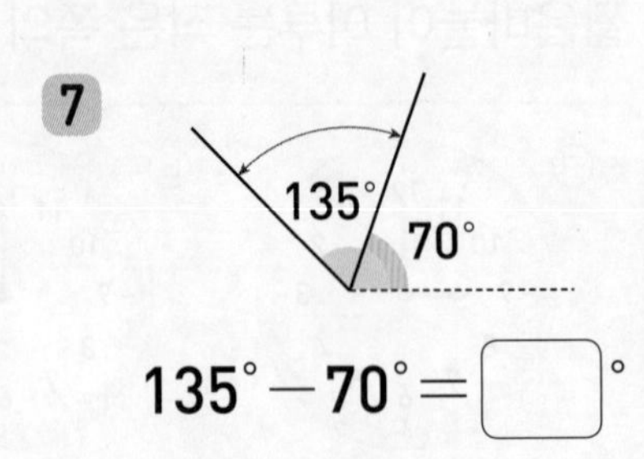

$135° - 70° = \square°$

8

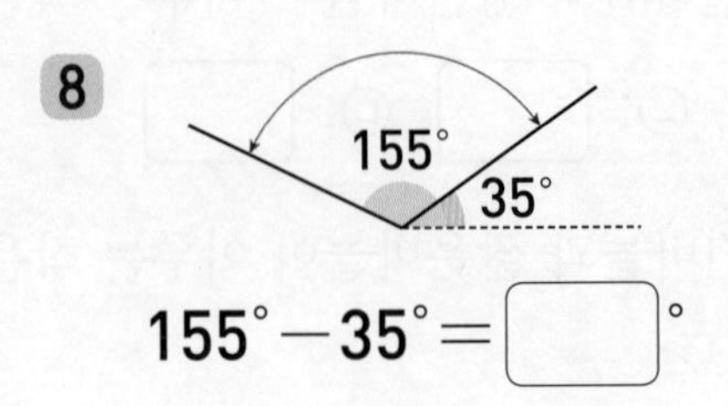

$155° - 35° = \square°$

각도의 합과 차

실수 콕! 9~23번 문제

$40^\circ + 15^\circ = 55$ ✕

$40^\circ + 15^\circ = 55^\circ$ ○

각도의 합과 차를 구할 때 계산 결과에 °를 빼고 쓰지 않도록 조심!

◆ 각도의 합을 구하세요.

9 ① $20^\circ + 40^\circ$

② $20^\circ + 55^\circ$

10 ① $35^\circ + 90^\circ$

② $35^\circ + 160^\circ$

11 ① $65^\circ + 60^\circ$

② $65^\circ + 85^\circ$

12 ① $90^\circ + 70^\circ$

② $90^\circ + 145^\circ$

13 ① $110^\circ + 15^\circ$

② $110^\circ + 40^\circ$

14 ① $125^\circ + 65^\circ$

② $125^\circ + 135^\circ$

15 ① $145^\circ + 60^\circ$

② $145^\circ + 160^\circ$

◆ 각도의 차를 구하세요.

16 ① $55^\circ - 25^\circ$

② $55^\circ - 40^\circ$

17 ① $70^\circ - 10^\circ$

② $70^\circ - 55^\circ$

18 ① $80^\circ - 15^\circ$

② $80^\circ - 60^\circ$

19 ① $95^\circ - 20^\circ$

② $95^\circ - 35^\circ$

20 ① $125^\circ - 75^\circ$

② $125^\circ - 105^\circ$

21 ① $140^\circ - 70^\circ$

② $140^\circ - 95^\circ$

22 ① $165^\circ - 95^\circ$

② $165^\circ - 145^\circ$

23 ① $180^\circ - 85^\circ$

② $180^\circ - 115^\circ$

적용 각도의 합과 차

◆ 두 각도의 합과 차를 각각 구하세요.

24

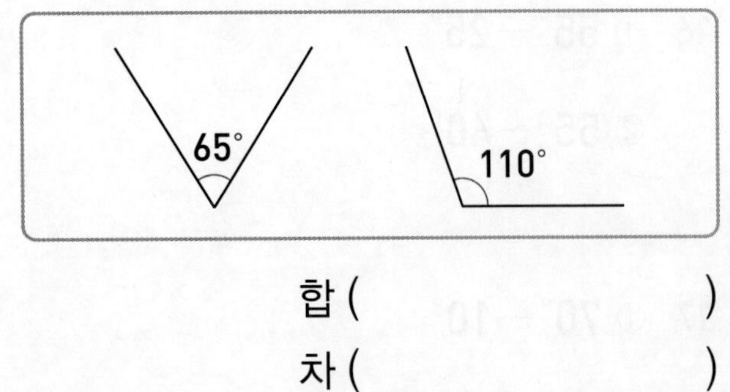

합 (　　　　　　　　)

차 (　　　　　　　　)

25

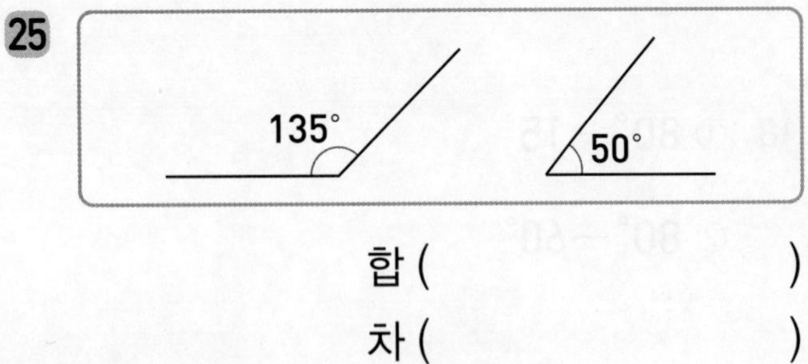

합 (　　　　　　　　)

차 (　　　　　　　　)

26

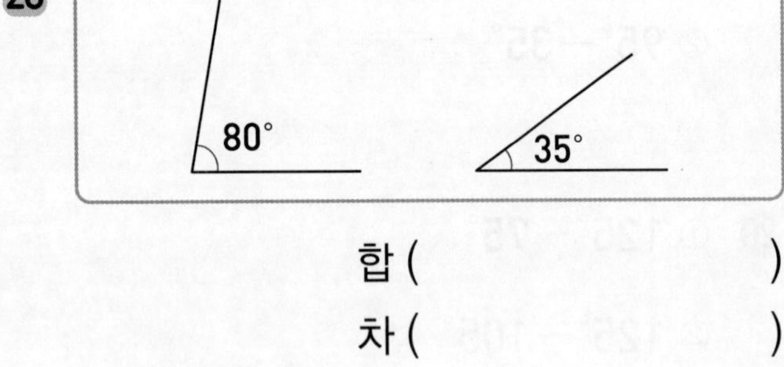

합 (　　　　　　　　)

차 (　　　　　　　　)

27

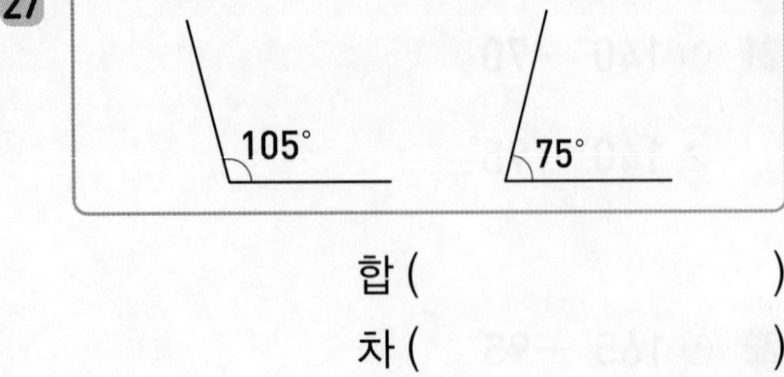

합 (　　　　　　　　)

차 (　　　　　　　　)

28

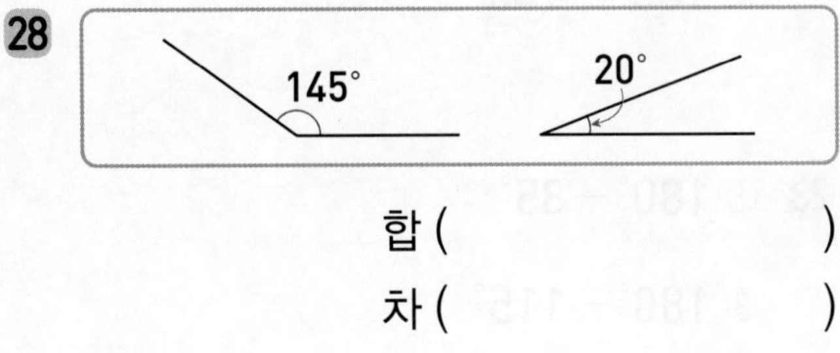

합 (　　　　　　　　)

차 (　　　　　　　　)

◆ 각도를 비교하여 ○ 안에 >, =, <를 알맞게 써넣으세요.

29 $60^\circ + 135^\circ$ ○ $50^\circ + 120^\circ$

30 $160^\circ + 75^\circ$ ○ $170^\circ + 45^\circ$

31 $130^\circ - 70^\circ$ ○ $100^\circ - 35^\circ$

32 $120^\circ - 65^\circ$ ○ $140^\circ - 80^\circ$

33 $110^\circ + 25^\circ$ ○ $160^\circ - 30^\circ$

34 $125^\circ + 40^\circ$ ○ $180^\circ - 15^\circ$

35 $155^\circ - 20^\circ$ ○ $95^\circ + 45^\circ$

36 $170^\circ - 75^\circ$ ○ $55^\circ + 35^\circ$

★ 완성 각도의 합과 차

◆ 계산 결과가 예각이면 빨간색, 둔각이면 노란색으로 색칠해 보세요.

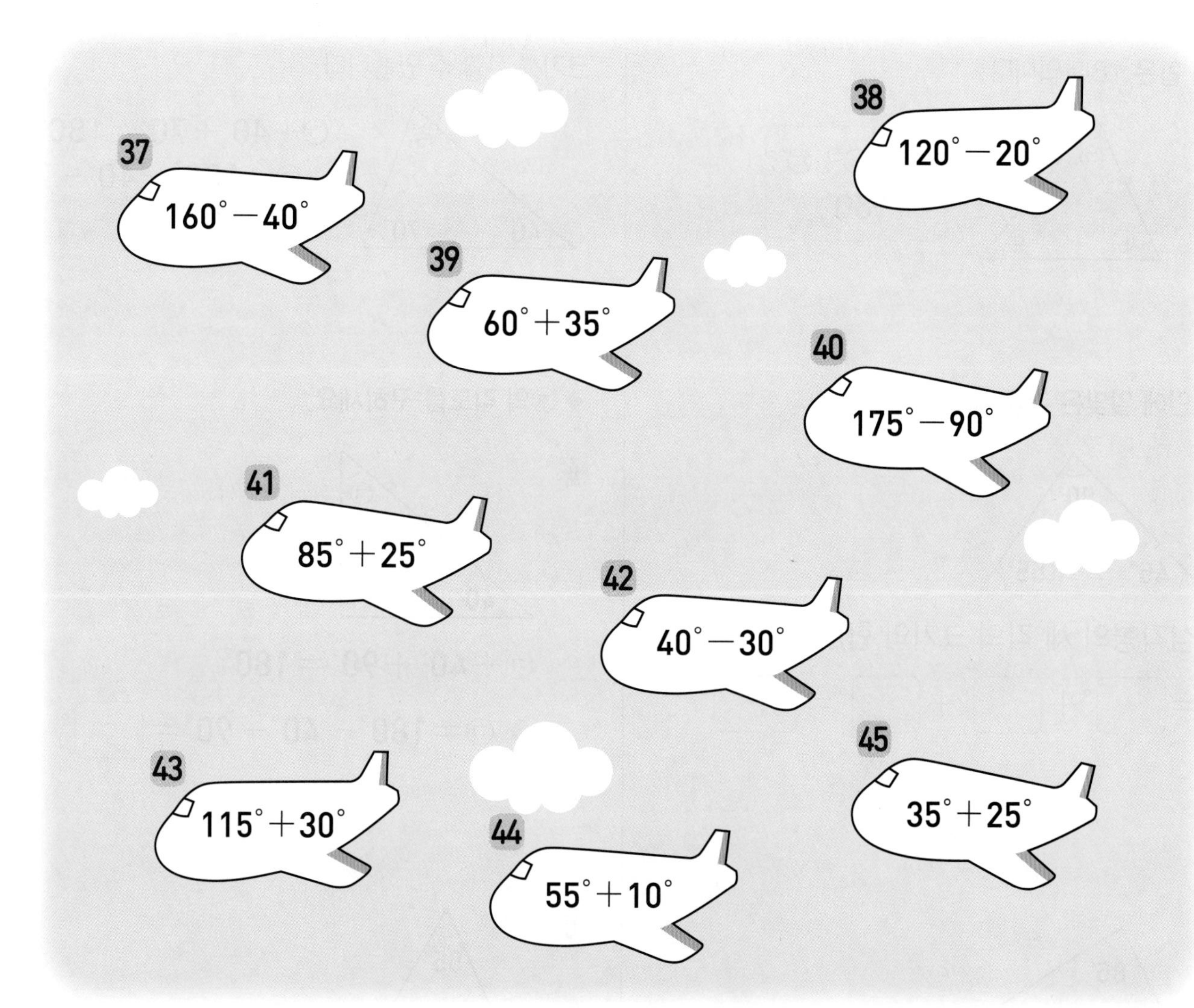

+문해력

46 처음에 가위를 펼친 각도를 재었더니 90°였습니다. 이 가위를 25°만큼 더 펼치면 가위를 펼친 각도는 몇 도가 될까요?

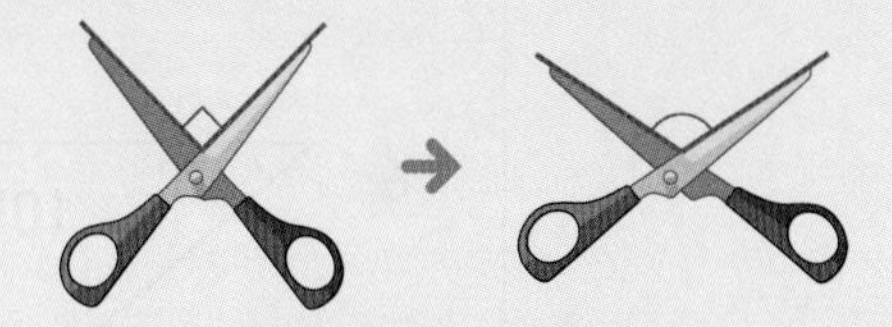

풀이 (처음에 가위를 펼친 각도)＋(더 펼친 각도)

＝□°＋□°＝□°

답 가위를 펼친 각도는 □°가 됩니다.

개념 삼각형의 세 각의 크기의 합

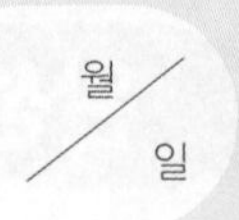

삼각형의 모양과 크기가 달라도 모든 삼각형의 세 각의 크기의 합은 180°입니다.

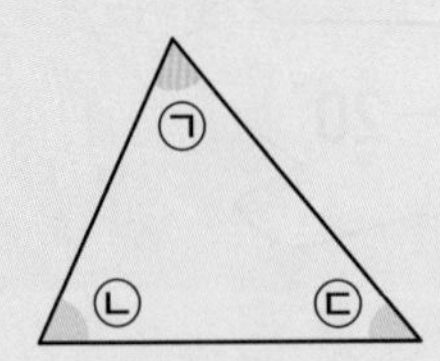

㉠+㉡+㉢
=180°

삼각형의 세 각 중 두 각의 크기를 알면 나머지 한 각의 크기를 구할 수 있습니다.

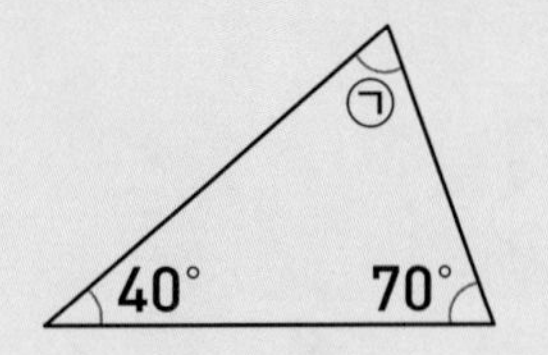

㉠+40°+70°=180°
→ ㉠=180°−40°−70°
=70°

◆ □ 안에 알맞은 수를 써넣으세요.

1

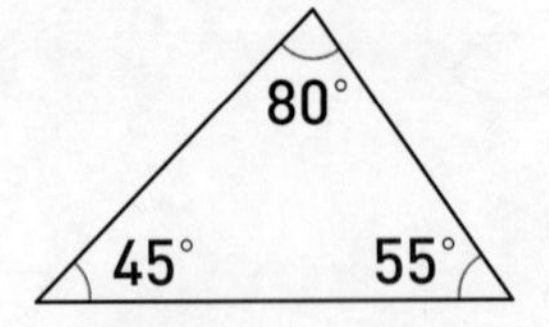

(삼각형의 세 각의 크기의 합)
=□°+□°+□°=□°

2

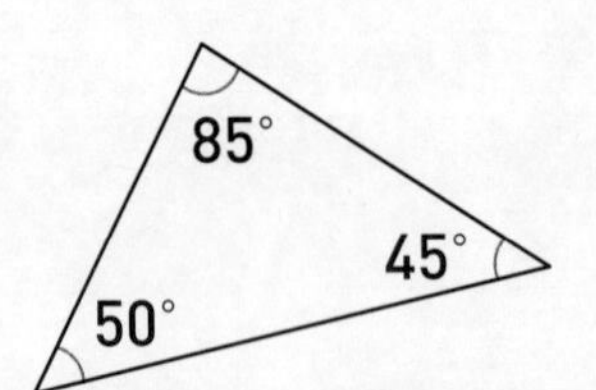

(삼각형의 세 각의 크기의 합)
=□°+□°+□°=□°

3

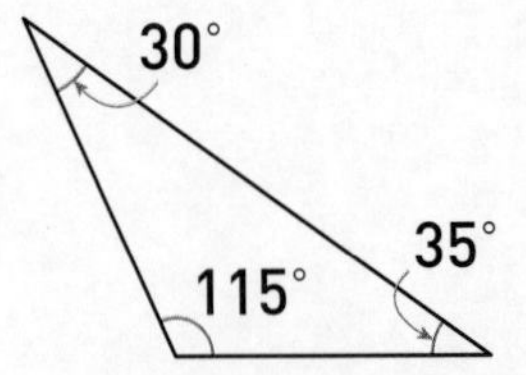

(삼각형의 세 각의 크기의 합)
=□°+□°+□°=□°

◆ ㉠의 각도를 구하세요.

4

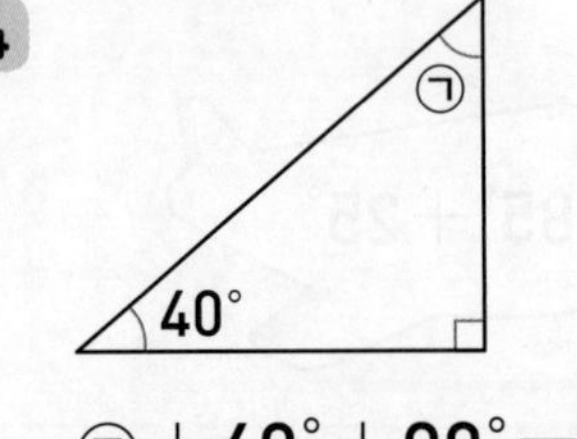

㉠+40°+90°=180°
→ ㉠=180°−40°−90°=□°

5

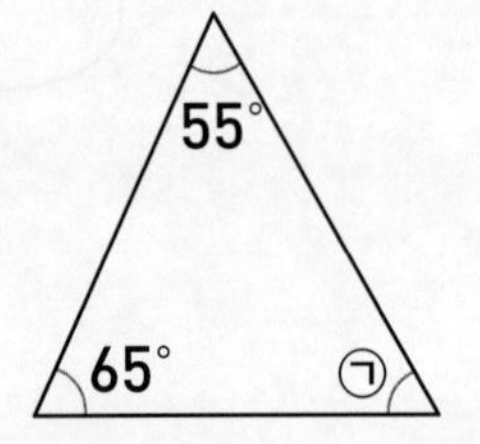

55°+65°+㉠=180°
→ ㉠=180°−55°−65°=□°

6

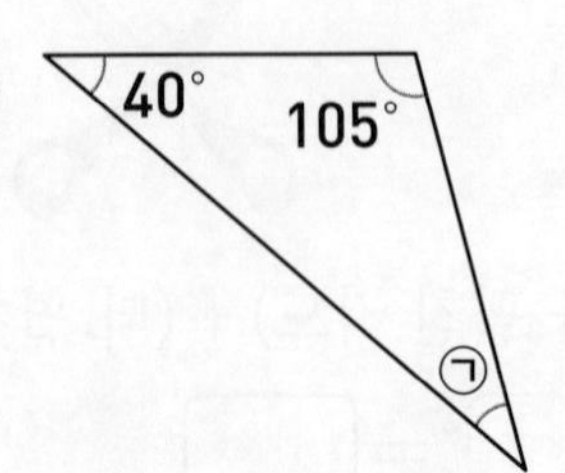

40°+㉠+105°=180°
→ ㉠=180°−40°−105°=□°

연습 삼각형의 세 각의 크기의 합

정답 10쪽

◆ ☐ 안에 알맞은 수를 써넣으세요.

7

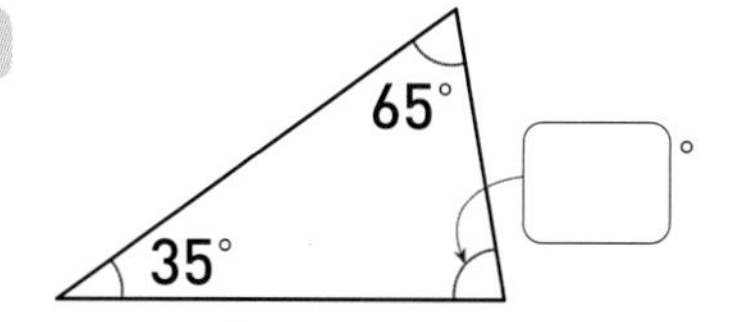

8

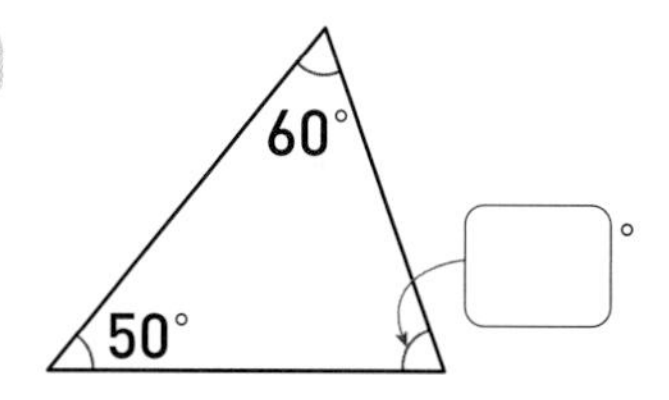

9

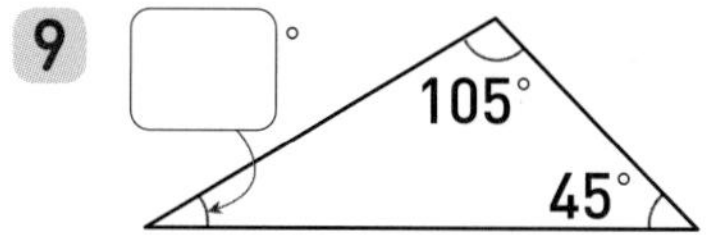

10

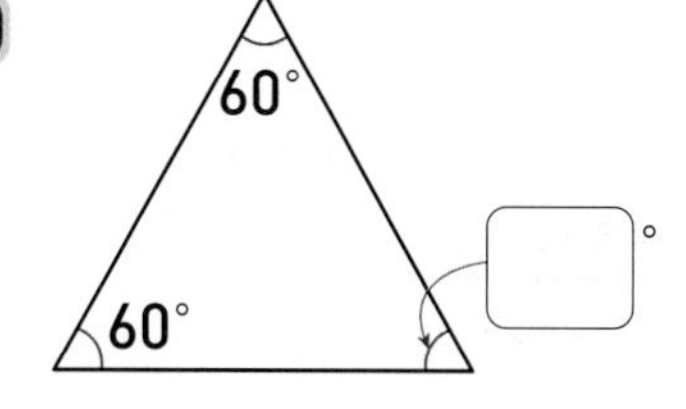

11

12

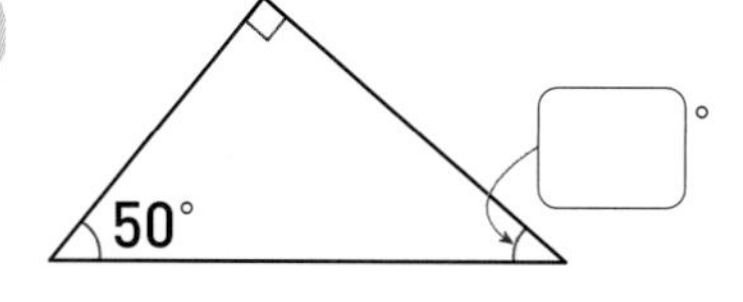

◆ ☐ 안에 알맞은 수를 써넣으세요.

13

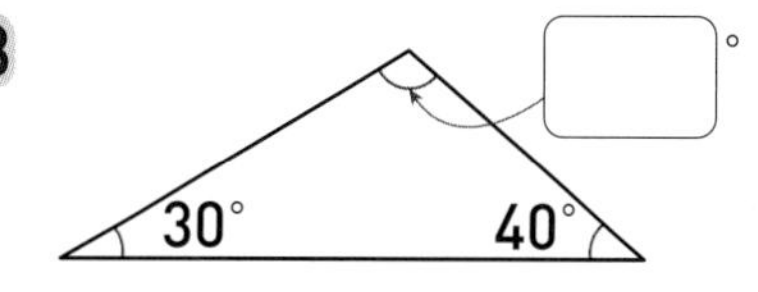

14

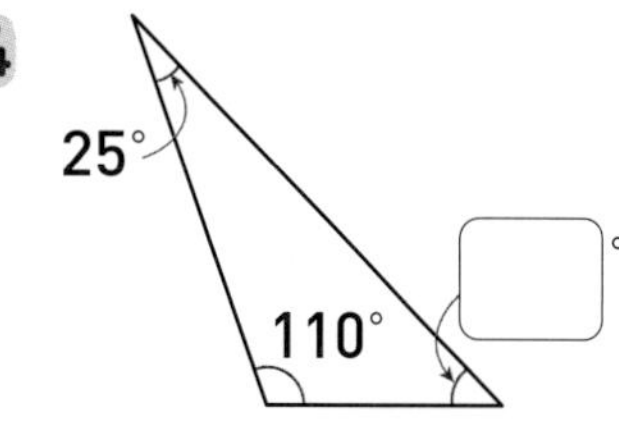

15

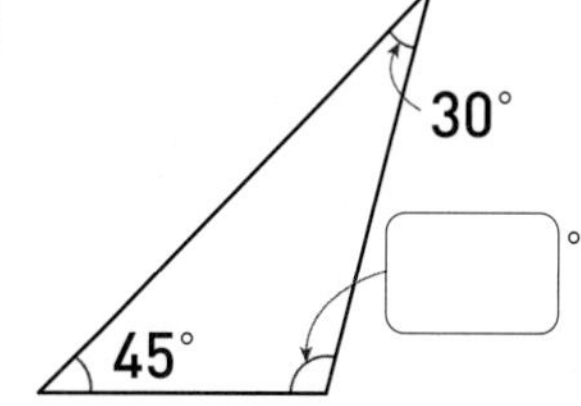

16

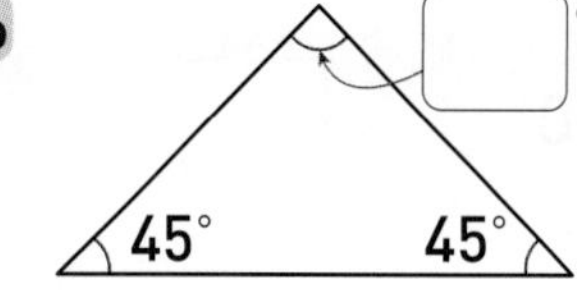

17

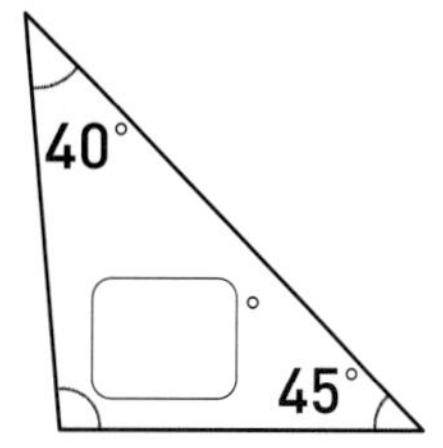

18

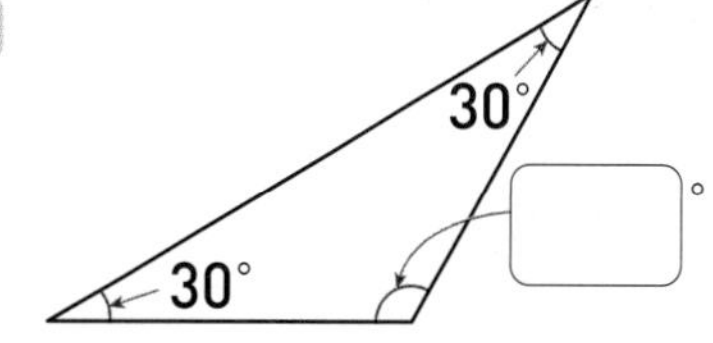

2단원 13회

적용 삼각형의 세 각의 크기의 합

◆ 삼각형의 두 각의 크기가 다음과 같을 때, 나머지 한 각의 크기를 구하세요.

19 30° 80° □°

20 40° 55° □°

21 70° 65° □°

22 80° 75° □°

23 45° 60° □°

24 130° 35° □°

25 120° 30° □°

26 20° 115° □°

◆ ㉠과 ㉡의 각도의 합을 구하세요.

27

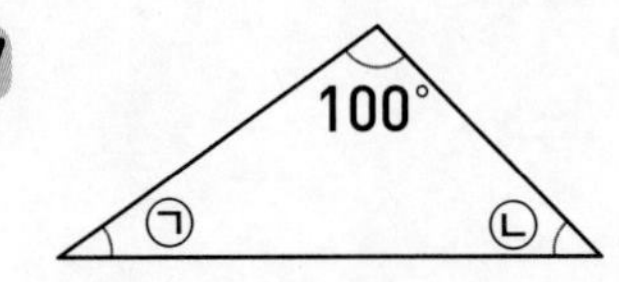

㉠+㉡=□°

28

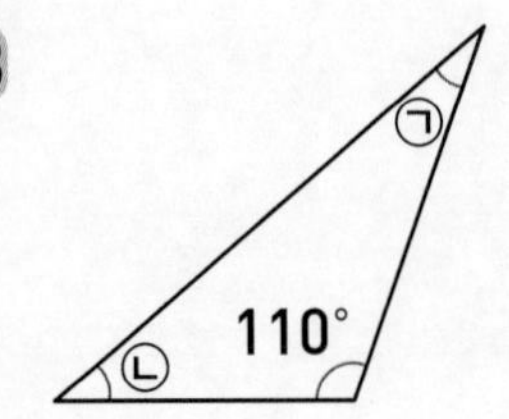

㉠+㉡=□°

29

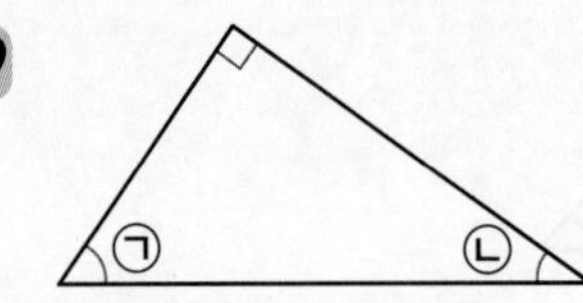

㉠+㉡=□°

30

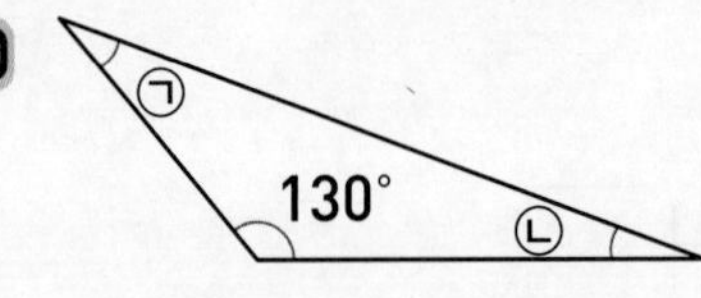

㉠+㉡=□°

31

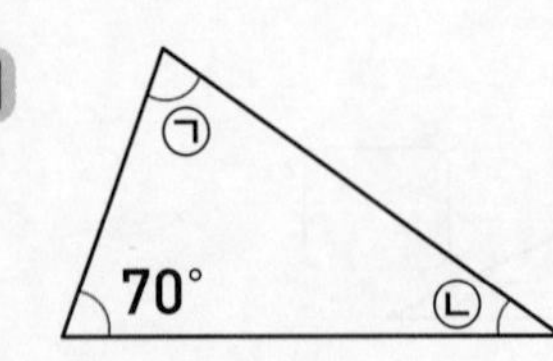

㉠+㉡=□°

32

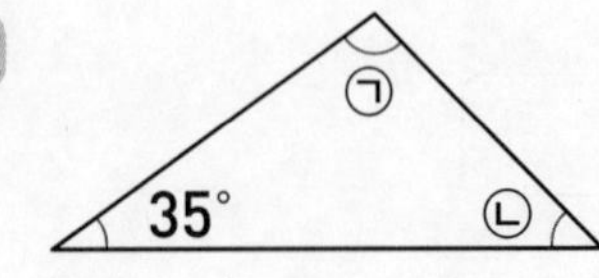

㉠+㉡=□°

정답 10쪽

완성 삼각형의 세 각의 크기의 합

◆ □ 안에 알맞은 각도가 적힌 두더지를 찾아 ○표 하세요.

33

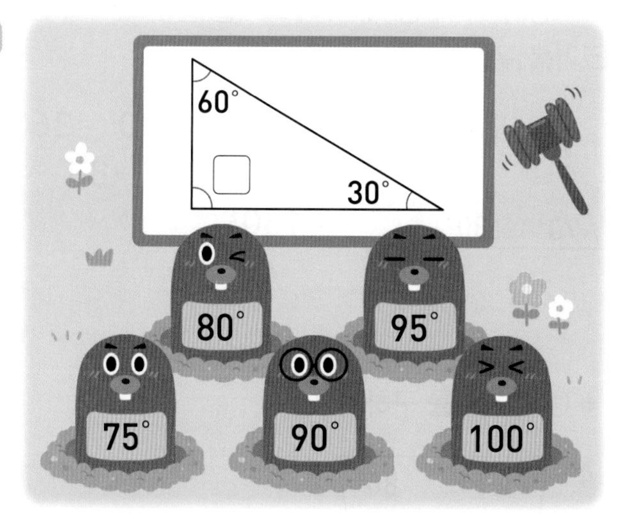

35

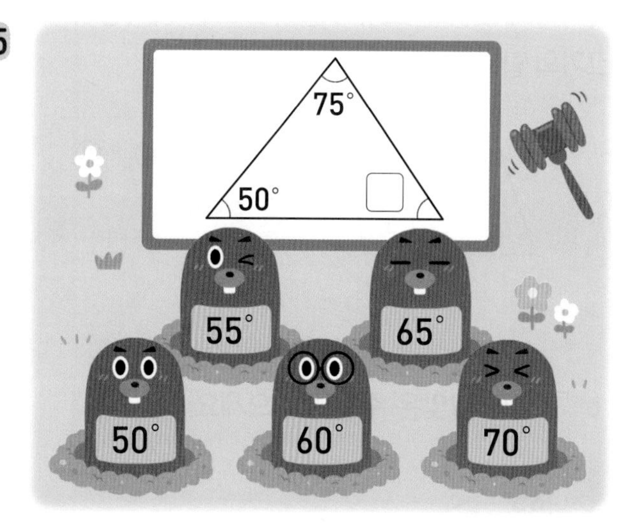

34

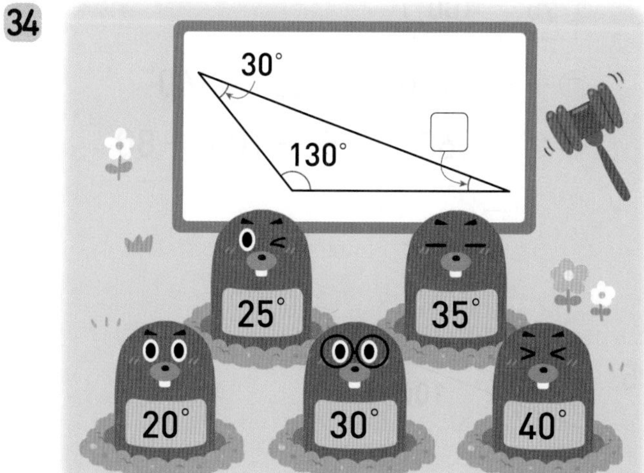

36

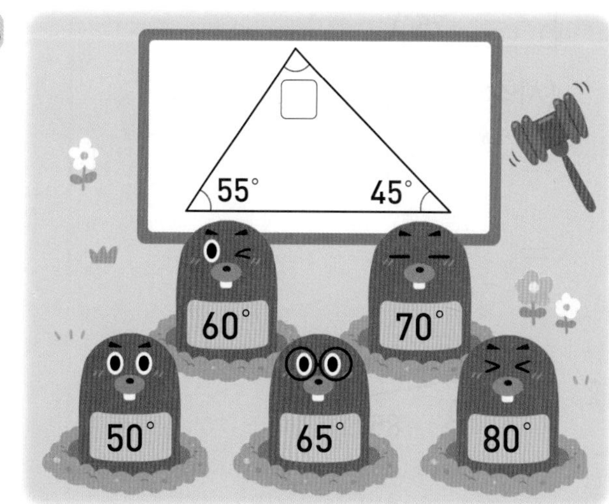

+문해력

37 삼각형의 세 각의 크기를 잘못 잰 사람은 누구일까요?

내가 잰 삼각형의 세 각의 크기는 각각 65°, 85°, 30°야.

내가 잰 삼각형의 세 각의 크기는 각각 50°, 75°, 65°야.

은서 하준

풀이 은서가 잰 삼각형의 세 각의 크기의 합: □° + □° + □° = □°

하준이가 잰 삼각형의 세 각의 크기의 합: □° + □° + □° = □°

답 삼각형의 세 각의 크기를 잘못 잰 사람은 □입니다.

2단원 13회

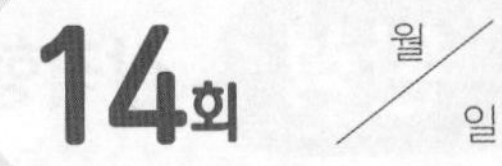

개념 사각형의 네 각의 크기의 합

사각형의 모양과 크기가 달라도 모든 사각형의 네 각의 크기의 합은 360°입니다.

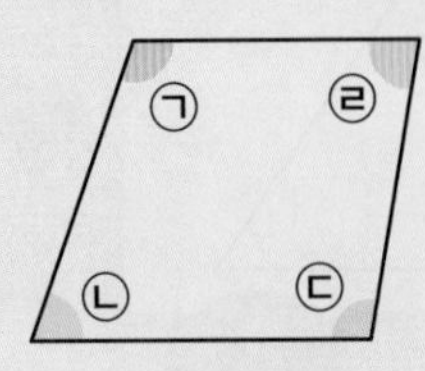

㉠+㉡+㉢+㉣
=360°

사각형의 네 각 중 세 각의 크기를 알면 나머지 한 각의 크기를 구할 수 있습니다.

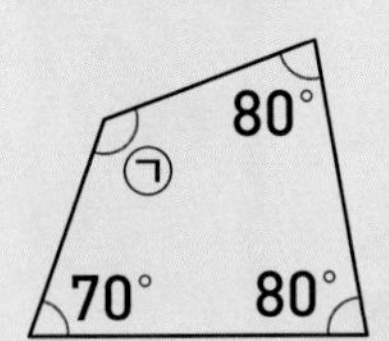

㉠+70°+80°+80°=360°
➔ ㉠=360°−70°−80°−80°
=130°

◆ □ 안에 알맞은 수를 써넣으세요.

1

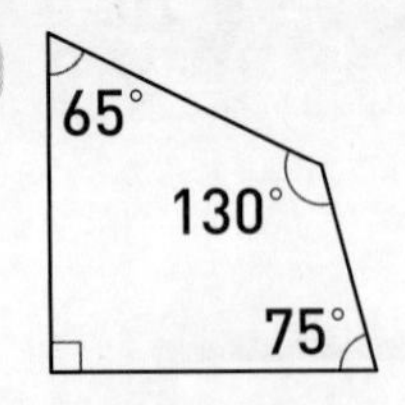

(사각형의 네 각의 크기의 합)
=□°+□°+□°+□°
=□°

2

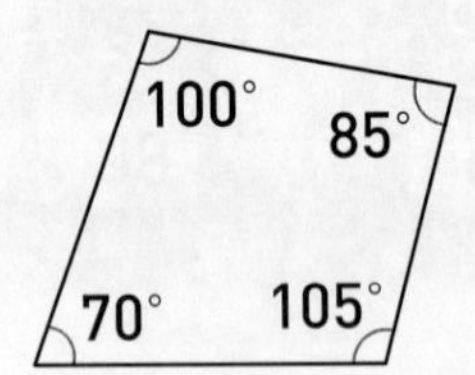

(사각형의 네 각의 크기의 합)
=□°+□°+□°+□°
=□°

3

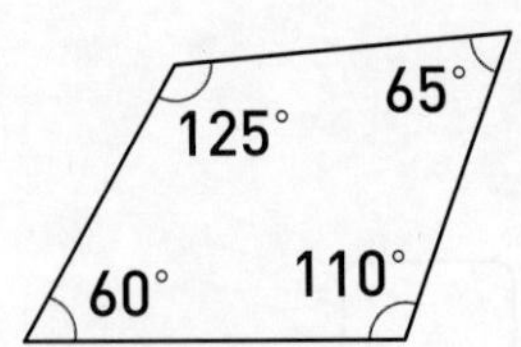

(사각형의 네 각의 크기의 합)
=□°+□°+□°+□°
=□°

◆ ㉠의 각도를 구하세요.

4

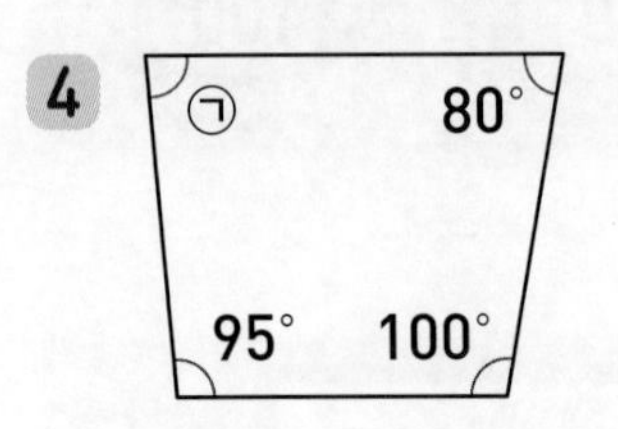

㉠+95°+100°+80°=360°
➔ ㉠=360°−95°−100°−80°
=□°

5

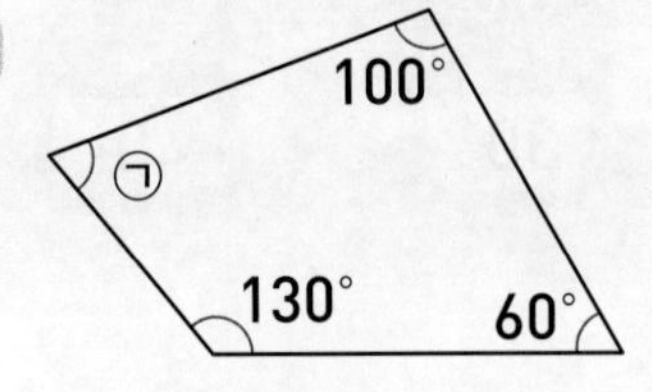

㉠+130°+60°+100°=360°
➔ ㉠=360°−130°−60°−100°
=□°

6

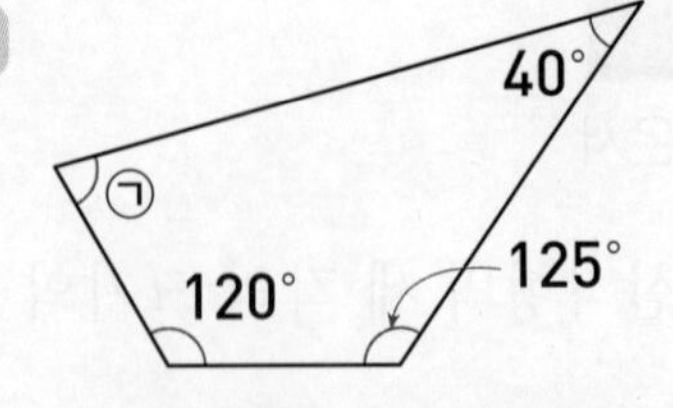

㉠+120°+125°+40°=360°
➔ ㉠=360°−120°−125°−40°
=□°

연습 사각형의 네 각의 크기의 합

정답 10쪽

◆ □ 안에 알맞은 수를 써넣으세요.

7

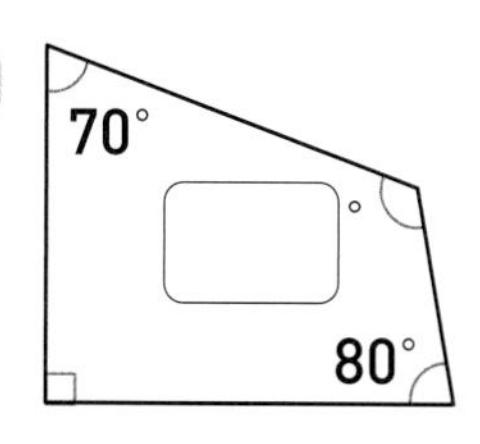

8

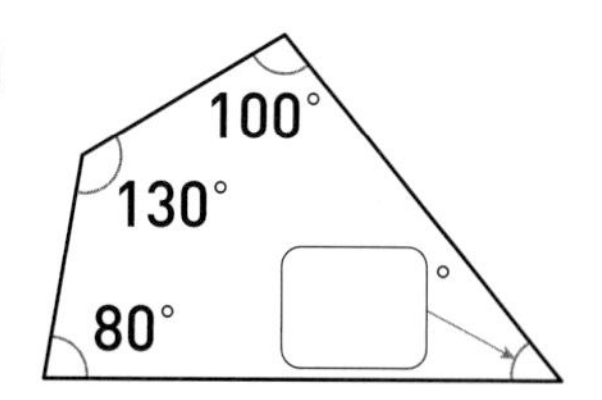

9

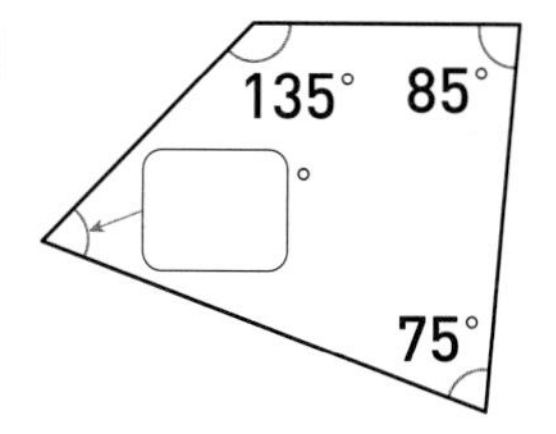

10

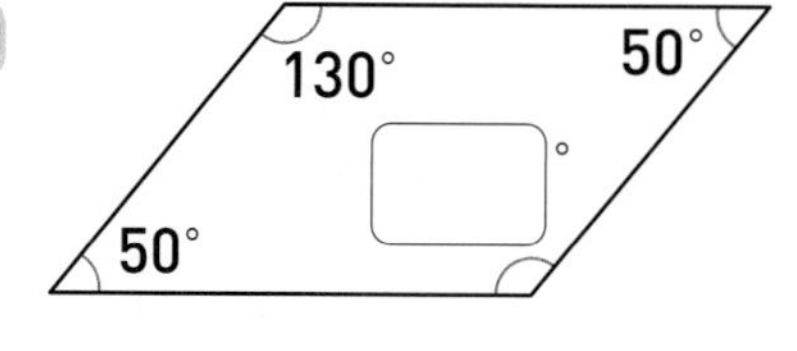

11

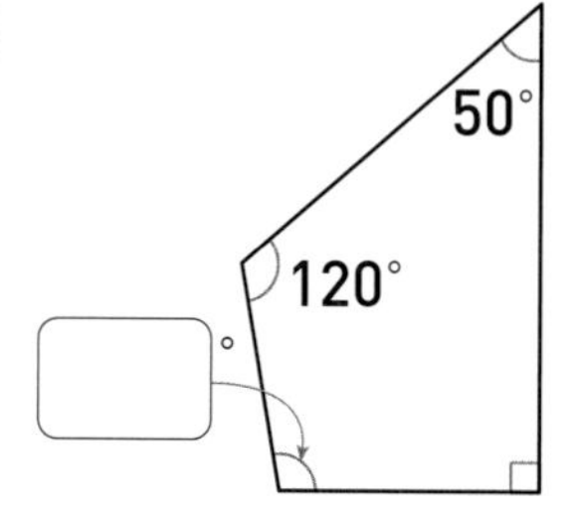

12

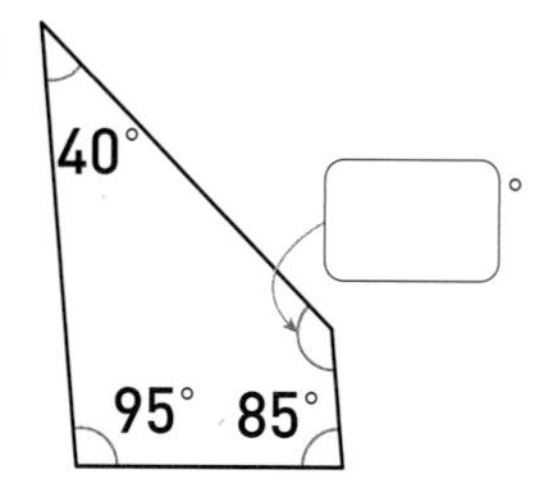

◆ □ 안에 알맞은 수를 써넣으세요.

13

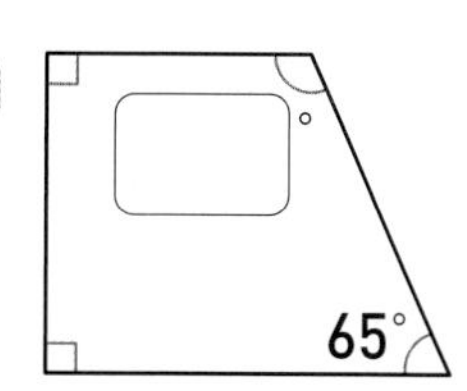

14

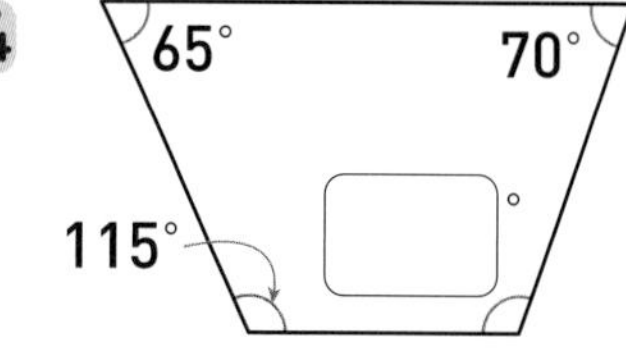

15

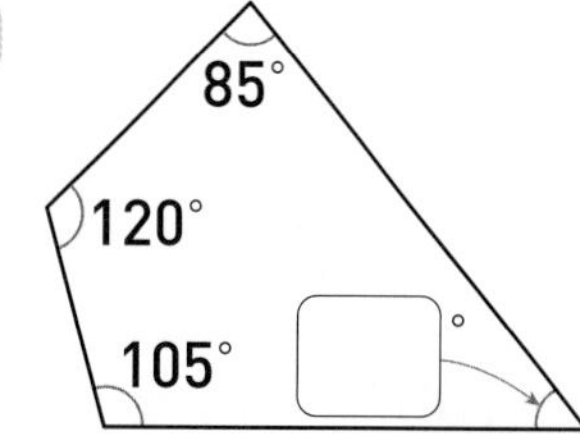

16

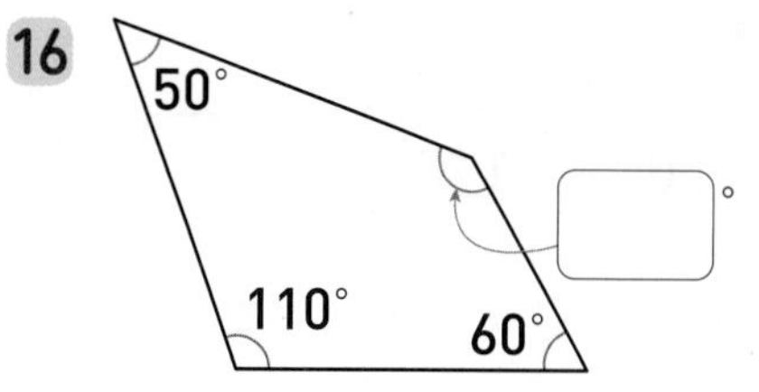

17

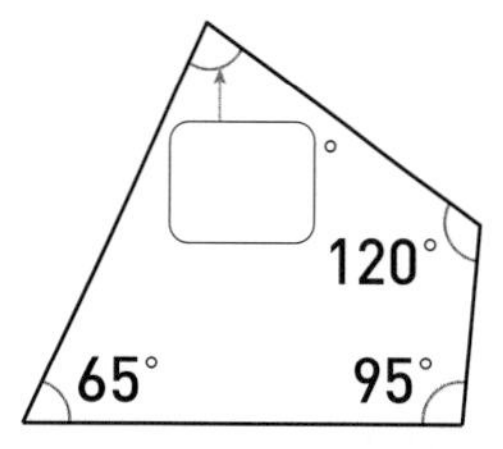

18

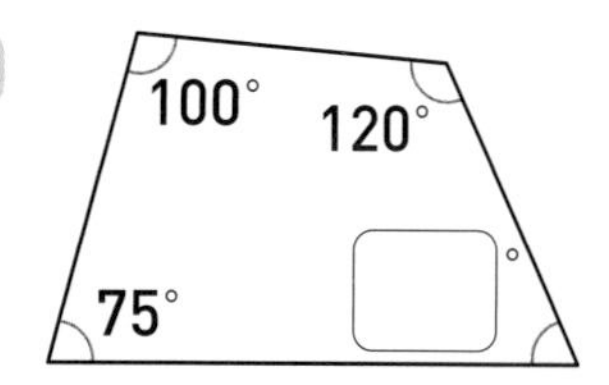

2단원 14회

적용 사각형의 네 각의 크기의 합

◆ 사각형의 세 각의 크기가 다음과 같을 때, 나머지 한 각의 크기를 구하세요.

19 50° 110° 70° □°

20 140° 65° 25° □°

21 45° 105° 140° □°

22 75° 95° 100° □°

23 105° 70° 110° □°

24 80° 115° 105° □°

25 60° 100° 70° □°

26 135° 60° 80° □°

◆ ㉠과 ㉡의 각도의 합을 구하세요.

27

㉠ 70° 80° ㉡

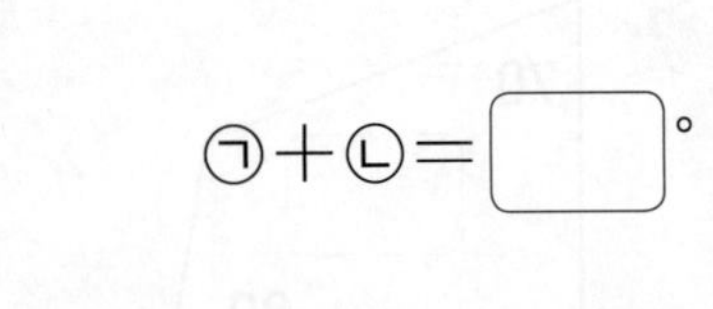

㉠+㉡= □°

28

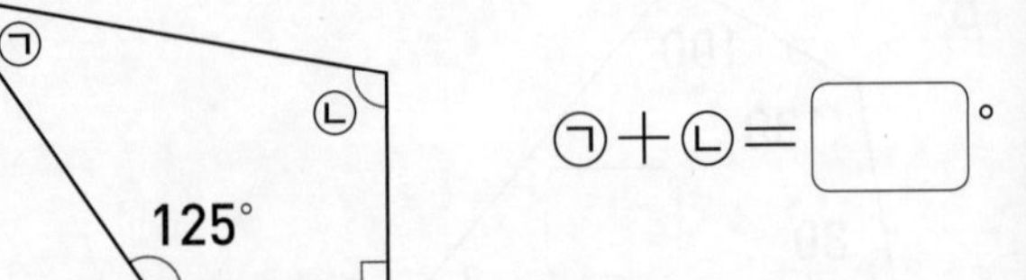

㉠+㉡= □°

29

㉠ 95° 60° ㉡

㉠+㉡= □°

30

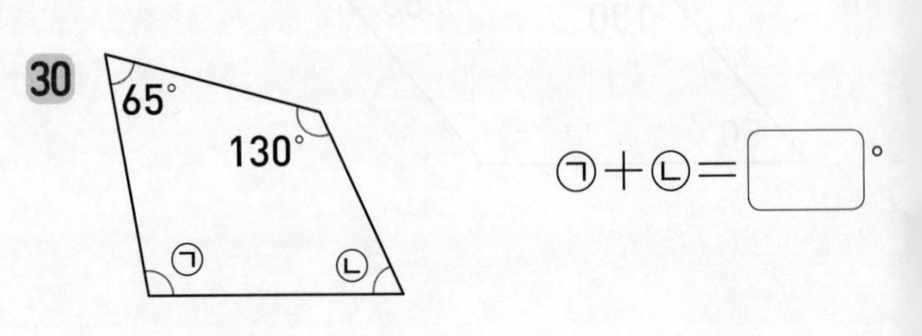

㉠+㉡= □°

31

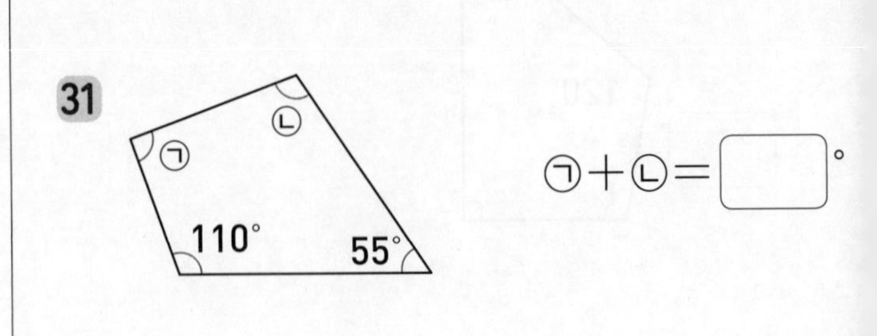

㉠+㉡= □°

32

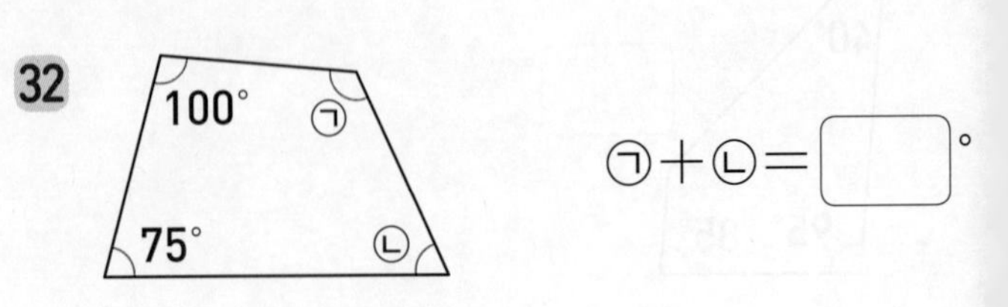

㉠+㉡= □°

정답 10쪽

★ 완성 사각형의 네 각의 크기의 합

◆ 사각형 모양의 연을 보고 ▢ 안에 알맞은 각도가 적힌 동물을 찾아 이어 보세요.

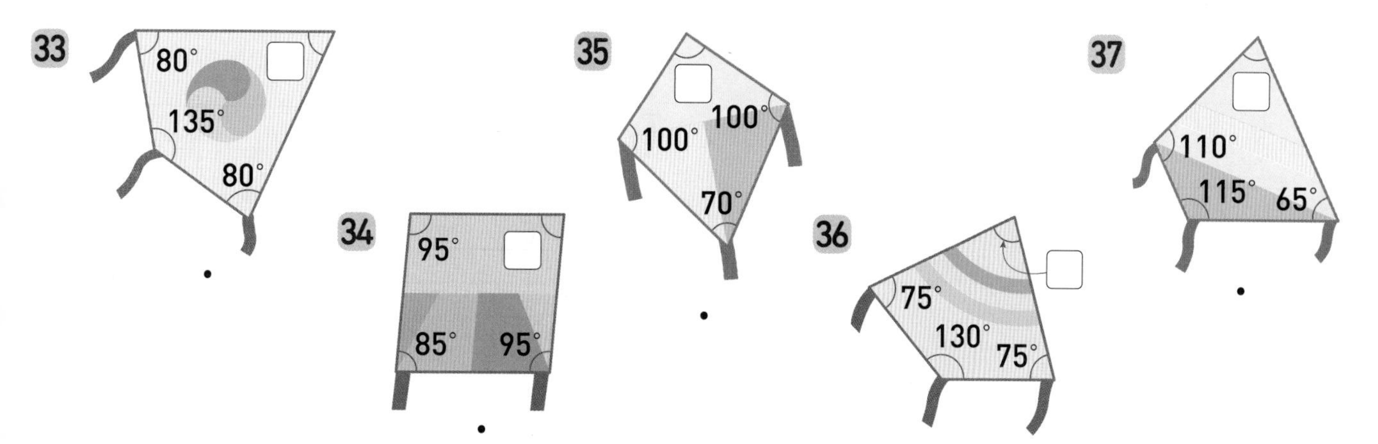

+문해력

38 ㉠과 ㉡의 각도의 차를 구하세요.

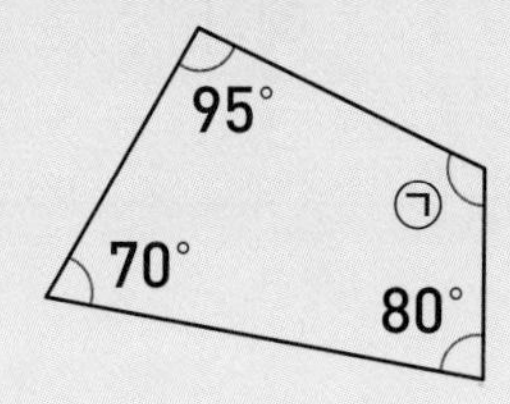

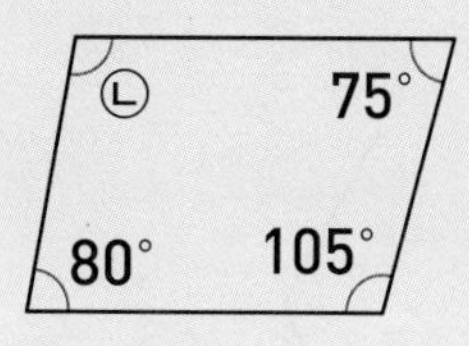

풀이 ㉠$=360^\circ-95^\circ-70^\circ-80^\circ=$ ▢°

㉡$=360^\circ-80^\circ-105^\circ-75^\circ=$ ▢°

→ ㉠−㉡= ▢° − ▢° = ▢°

답 ㉠과 ㉡의 각도의 차는 ▢°입니다.

◆ 각도기를 이용하여 각도를 재어 보세요.

1 ① ②

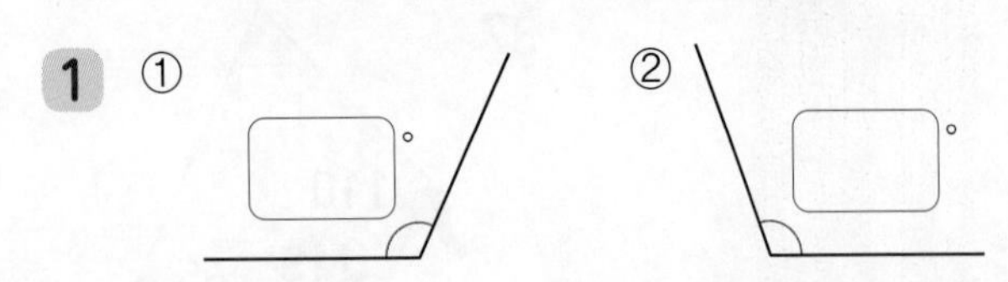

2 ① ②

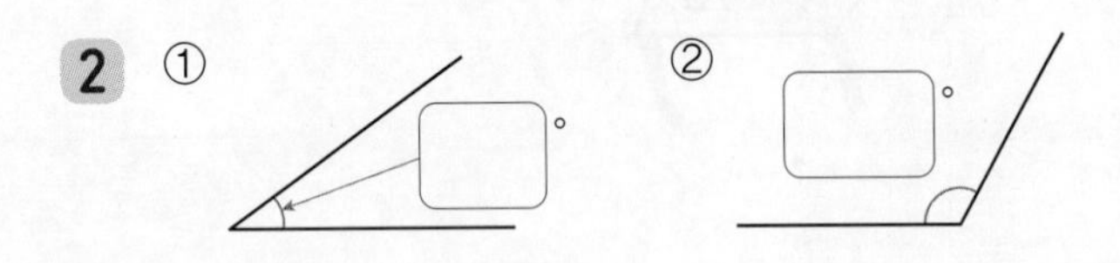

3 ① ②

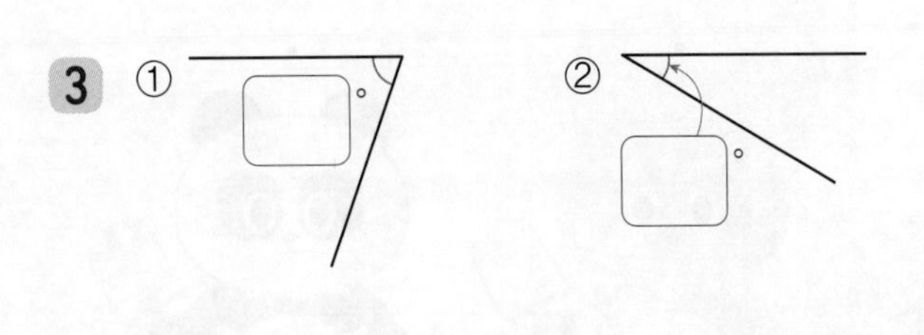

4 ① ②

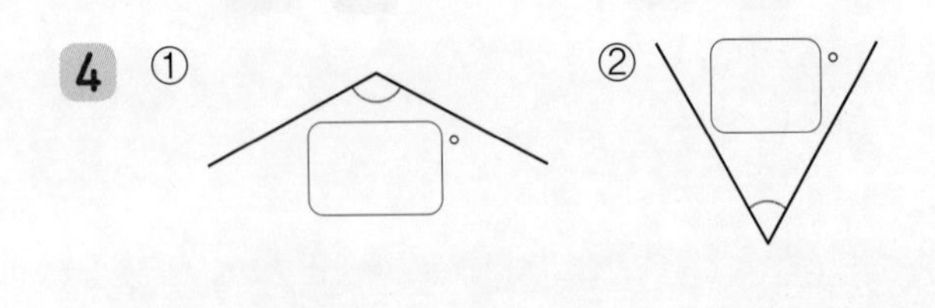

5 ① ②

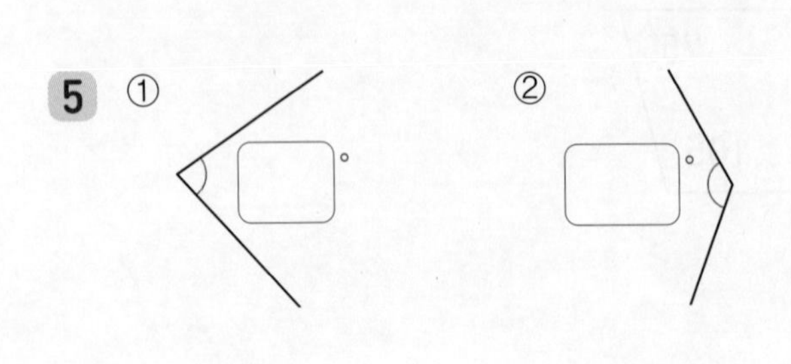

6 ① ②

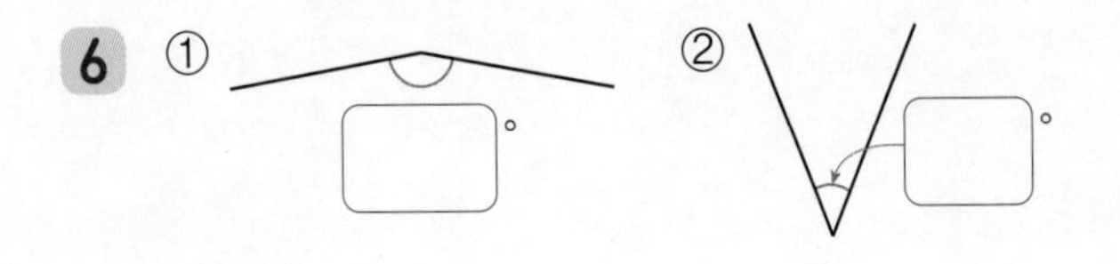

◆ 주어진 각을 예각, 직각, 둔각으로 분류하여 빈칸에 알맞은 기호를 써넣으세요.

7

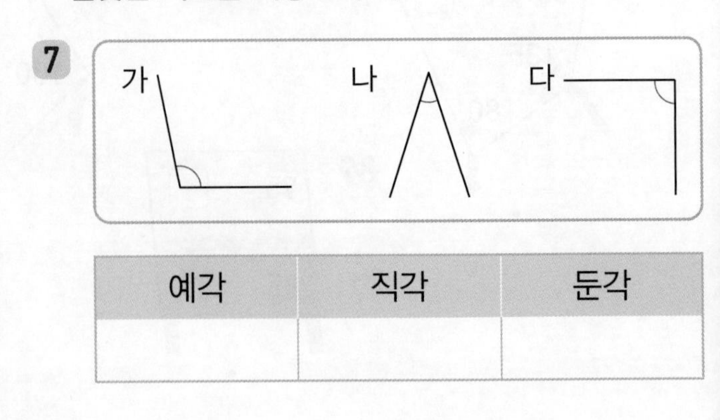

예각	직각	둔각

8

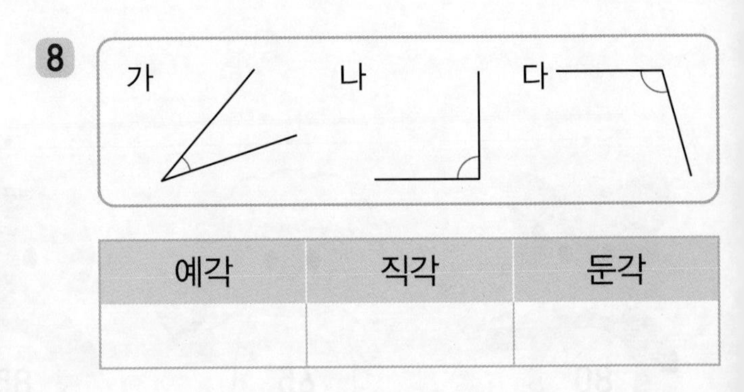

예각	직각	둔각

9

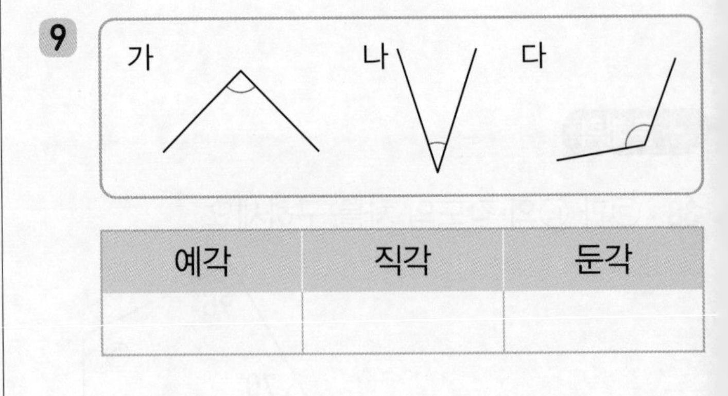

예각	직각	둔각

10

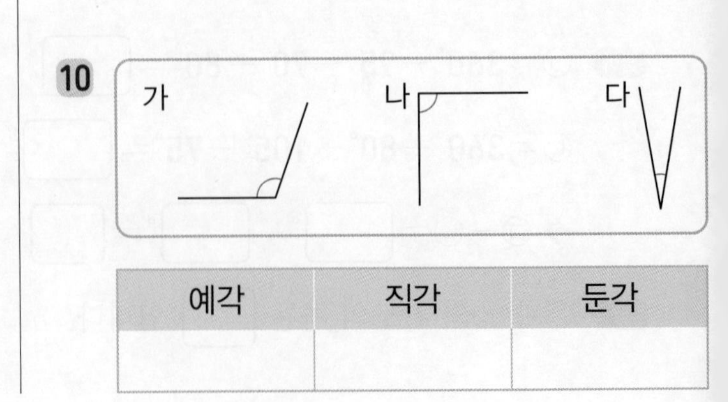

예각	직각	둔각

◆ 각도의 합과 차를 구하세요.

11 ① $90° + 35°$

② $120° - 35°$

12 ① $85° + 45°$

② $180° - 45°$

13 ① $35° + 65°$

② $155° - 65°$

14 ① $180° + 75°$

② $105° - 75°$

15 ① $155° + 80°$

② $170° - 80°$

16 ① $85° + 90°$

② $140° - 90°$

17 ① $105° + 110°$

② $165° - 110°$

◆ ▢ 안에 알맞은 수를 써넣으세요.

18

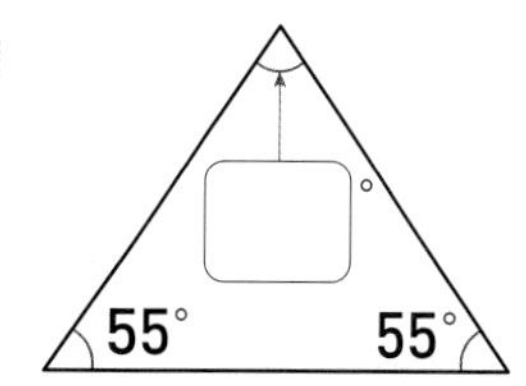

19

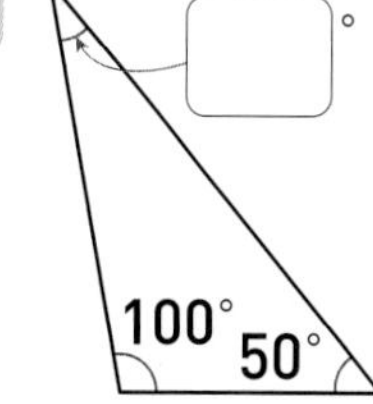

20

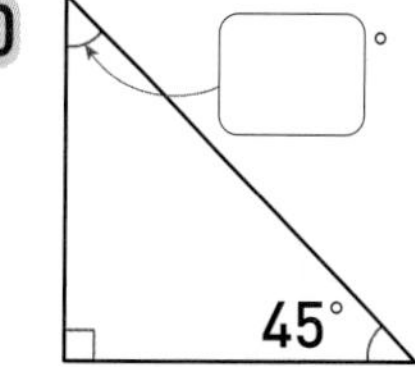

21

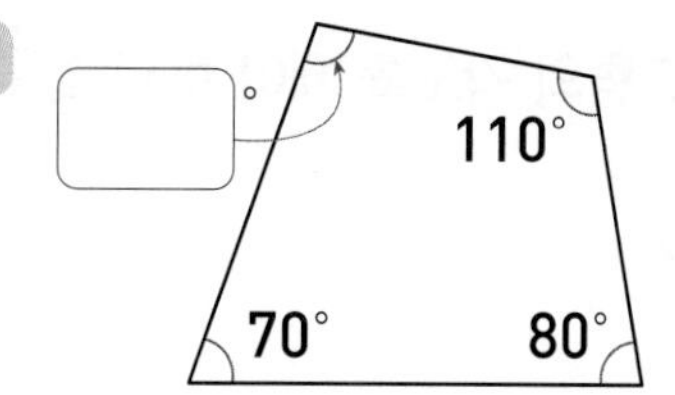

22

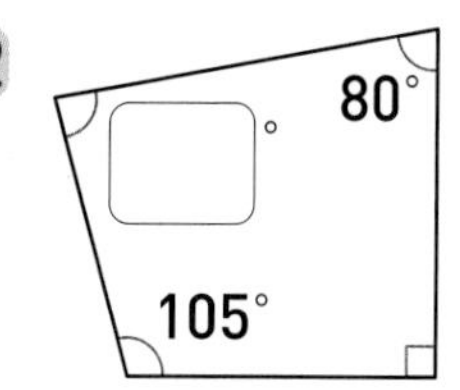

23

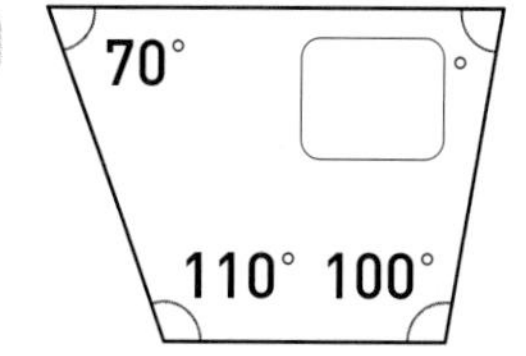

2단원 마무리

◆ 각도기를 이용하여 주변에서 볼 수 있는 각도를 재어 보세요.

1

2

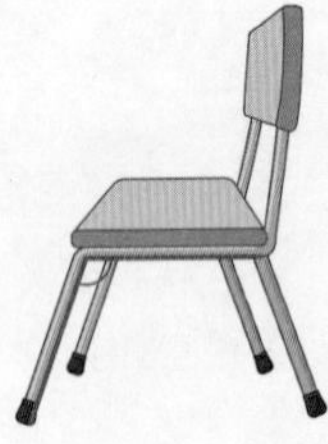

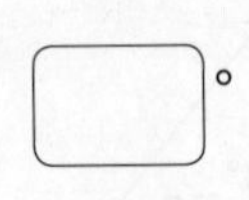

3

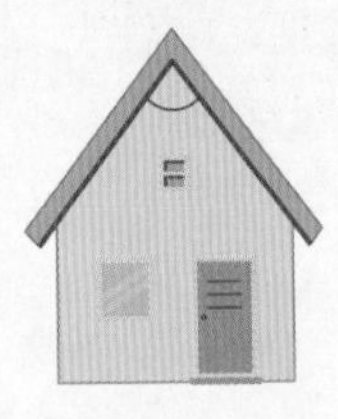

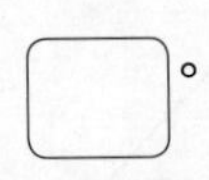

◆ 각도기를 이용하여 도형의 각도를 재어 보세요.

4

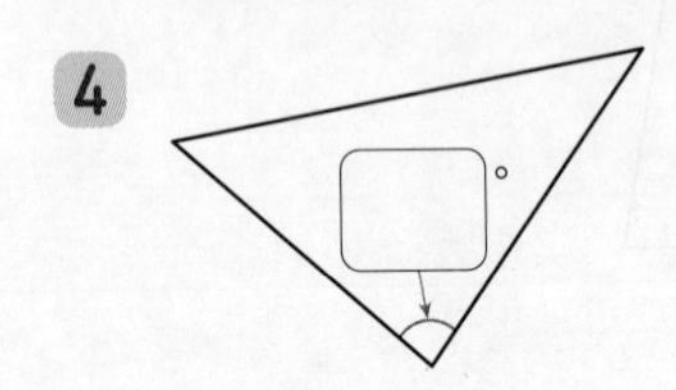

5

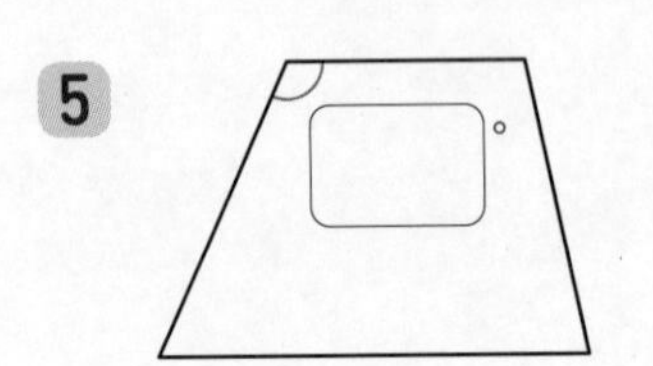

6

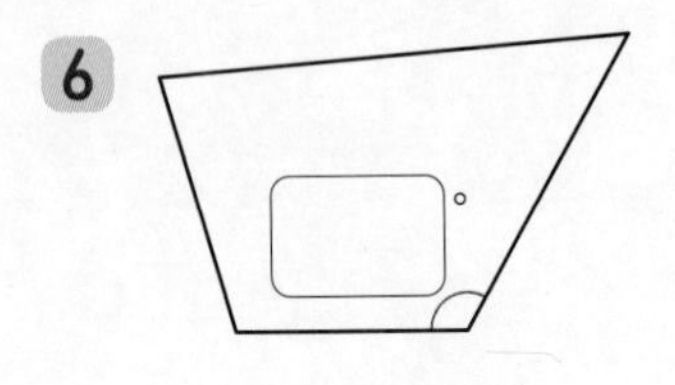

◆ 알맞은 것끼리 이어 보세요.

7 30° • / 135° • / 70° •

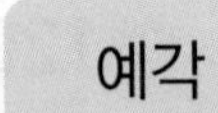

• 예각 / • 둔각

8 125° • / 40° • / 130° •

• 예각 / • 둔각

9 145° • / 160° • / 85° •

• 예각 / • 둔각

10 105° • / 15° • / 55° •

• 예각 / • 둔각

11 60° • / 150° • / 175° •

• 예각 / • 둔각

◆ 각도를 비교하여 ○ 안에 >, =, <를 알맞게 써넣으세요.

12 55°+95° ○ 115°+25°

13 65°+85° ○ 120°+30°

14 110°−40° ○ 90°−15°

15 125°−65° ○ 50°−35°

16 65°+45° ○ 105°−45°

17 50°+65° ○ 170°−35°

18 180°−95° ○ 55°+25°

19 150°−35° ○ 75°+45°

◆ ㉠과 ㉡의 각도의 합을 구하세요.

20

㉠ ㉡ 70°

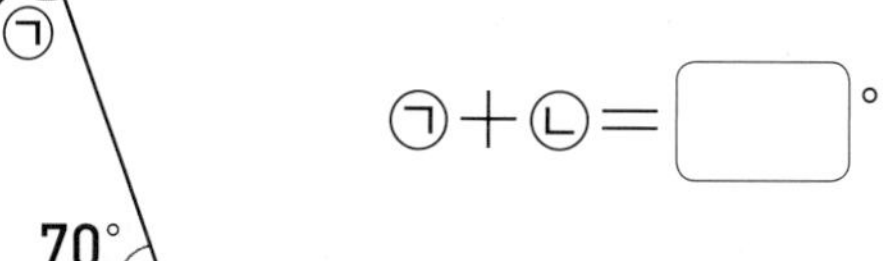

21

55° ㉠ ㉡

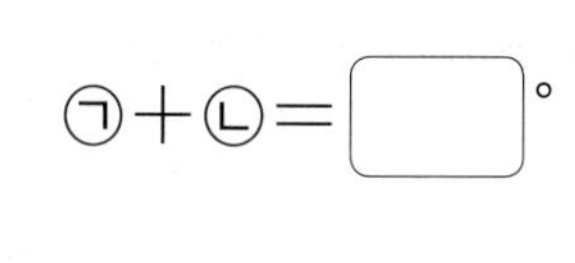

22

㉠ 120° ㉡

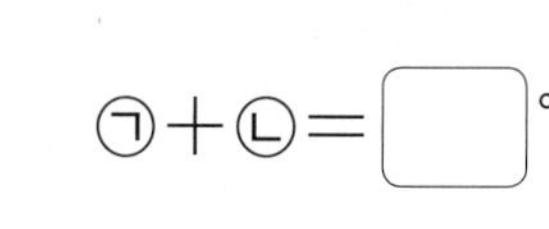

23

㉠ 105° ㉡ 70°

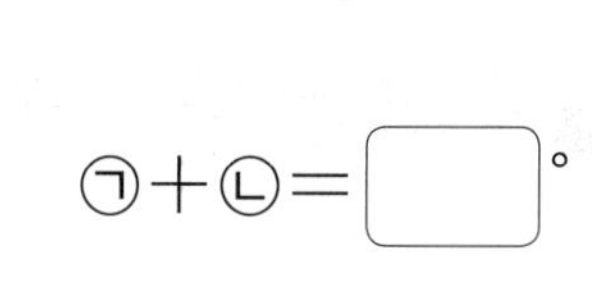

24

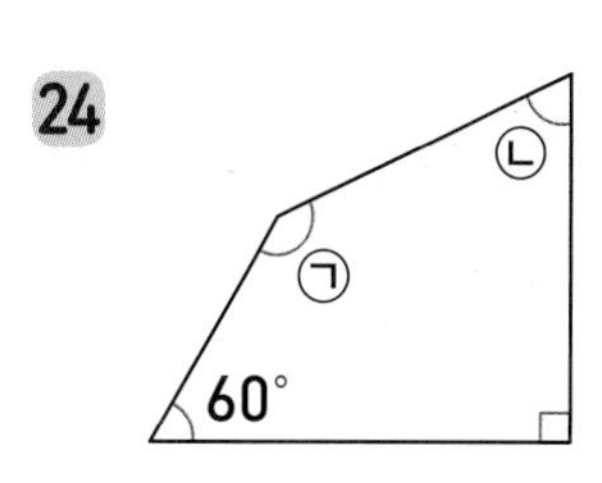

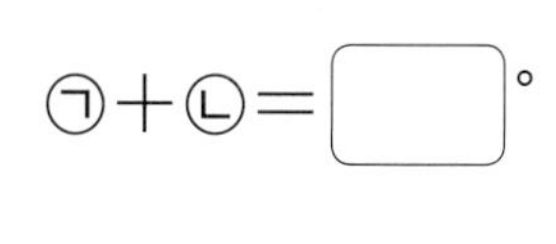

25

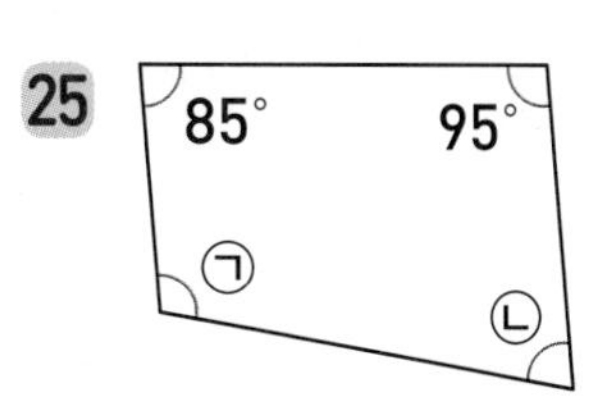

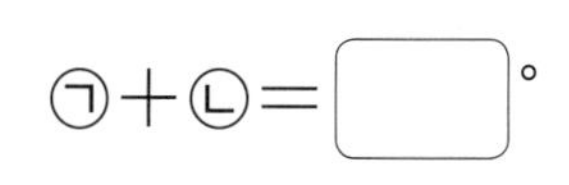

2단원 16회

곱셈과 나눗셈

(두 자리 수)
÷(두 자리 수)

(두 자리 수)
÷(몇십)

18회

(세 자리 수)
×(몇십몇)

학습을 끝낸 후
색칠하세요.

(세 자리 수)
×(몇십)

이전에 배운 내용

[3-2] 곱셈
(세 자리 수)×(한 자리 수)
(두 자리 수)×(두 자리 수)

[3-2] 나눗셈
(두 자리 수)÷(한 자리 수)
(세 자리 수)÷(한 자리 수)

다음에 배울 내용

[5-2] 분수의 곱셈

(분수) × (자연수)

(자연수) × (분수)

(분수) × (분수)

평가 B

평가 A

(세 자리 수)
÷(두 자리 수) (3)

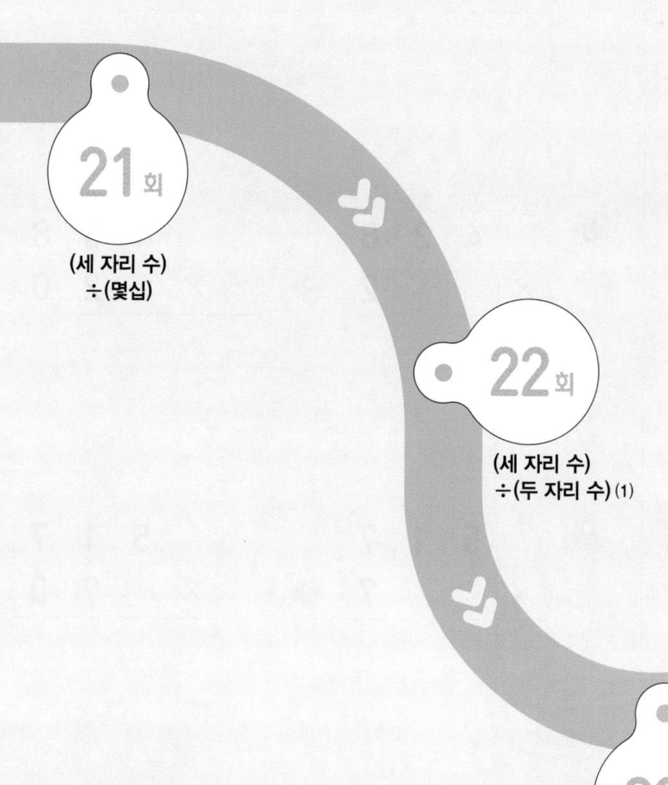

21회 (세 자리 수)
÷(몇십)

22회 (세 자리 수)
÷(두 자리 수) (1)

23회 (세 자리 수)
÷(두 자리 수) (2)

(세 자리 수)×(몇십)

413×20의 계산은 413×2의 값에 0을 1개 붙입니다.

$$413\times20=413\times2\times10$$
$$=826\times10$$
$$=8260$$

231×30의 계산은 231×3의 값에 0을 1개 붙입니다.

$$\begin{array}{r} 231 \\ \times\quad 3 \\ \hline 693 \end{array} \rightarrow \begin{array}{r} 231 \\ \times\quad 30 \\ \hline 6930 \end{array}$$

◆ ▢ 안에 알맞은 수를 써넣으세요.

1 5×7=▢

➜ 500×70=▢

2 6×4=▢

➜ 600×40=▢

3 364×20=364×▢×10

=▢×10

=▢

4 481×60=481×▢×10

=▢×10

=▢

5 723×40=723×▢×10

=▢×10

=▢

◆ 곱셈을 해 보세요.

6

	3
×	5

➜

		3	0	0
	×		5	0

7

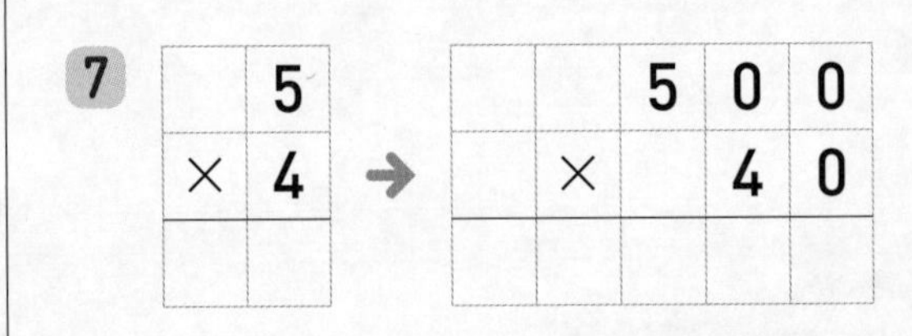

	5
×	4

➜

		5	0	0
	×		4	0

8

	4	3	8
×			2

➜

		4	3	8
	×		2	0

9

	5	1	7
×			7

➜

		5	1	7
	×		7	0

10

	6	5	3
×			5

➜

		6	5	3
	×		5	0

(세 자리 수) × (몇십)

정답 12쪽

실수 콕! 11~24번 문제

$$\begin{array}{r} 253 \\ \times \quad 30 \\ \hline 7590 \end{array} \quad \text{(O)} \qquad \begin{array}{r} 253 \\ \times \quad 30 \\ \hline 759 \end{array} \quad \text{(X)}$$

0을 꼭 붙여 써야 해.
(세 자리 수) × (몇)의 계산 결과를 쓰지 않도록 조심!

◆ 곱셈을 해 보세요.

11 ① $\begin{array}{r} 200 \\ \times \quad 20 \\ \hline \end{array}$ ② $\begin{array}{r} 200 \\ \times \quad 40 \\ \hline \end{array}$

12 ① $\begin{array}{r} 310 \\ \times \quad 20 \\ \hline \end{array}$ ② $\begin{array}{r} 310 \\ \times \quad 60 \\ \hline \end{array}$

13 ① $\begin{array}{r} 430 \\ \times \quad 40 \\ \hline \end{array}$ ② $\begin{array}{r} 430 \\ \times \quad 50 \\ \hline \end{array}$

14 ① $\begin{array}{r} 357 \\ \times \quad 30 \\ \hline \end{array}$ ② $\begin{array}{r} 357 \\ \times \quad 60 \\ \hline \end{array}$

15 ① $\begin{array}{r} 536 \\ \times \quad 20 \\ \hline \end{array}$ ② $\begin{array}{r} 536 \\ \times \quad 50 \\ \hline \end{array}$

16 ① $\begin{array}{r} 714 \\ \times \quad 40 \\ \hline \end{array}$ ② $\begin{array}{r} 714 \\ \times \quad 70 \\ \hline \end{array}$

◆ 곱셈을 해 보세요.

17 ① 400×20

② 900×20

18 ① 700×30

② 800×30

19 ① 420×40

② 520×40

20 ① 350×60

② 410×60

21 ① 367×50

② 628×50

22 ① 489×70

② 634×70

23 ① 493×80

② 728×80

24 ① 521×90

② 819×90

적용 (세 자리 수) × (몇십)

◆ 빈칸에 알맞은 수를 써넣으세요.

25

600	50	
30		

26

220	60	
80		

27

348	30	
50		

28

561	40	
90		

29

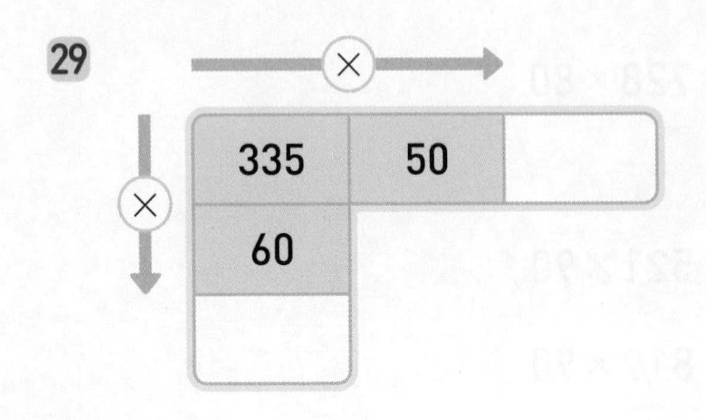

◆ 곱의 크기를 비교하여 ○ 안에 >, =, <를 알맞게 써넣으세요.

30 200×70 ○ 400×30

31 500×90 ○ 800×60

32 215×50 ○ 154×80

33 208×90 ○ 746×20

34 638×40 ○ 725×30

35 514×60 ○ 829×50

36 620×30 ○ 426×40

37 524×50 ○ 913×30

★ 완성 (세 자리 수)×(몇십)

◆ 계산 결과를 찾아 이어 보세요.

38 200×90 • • 10950

39 570×30 •

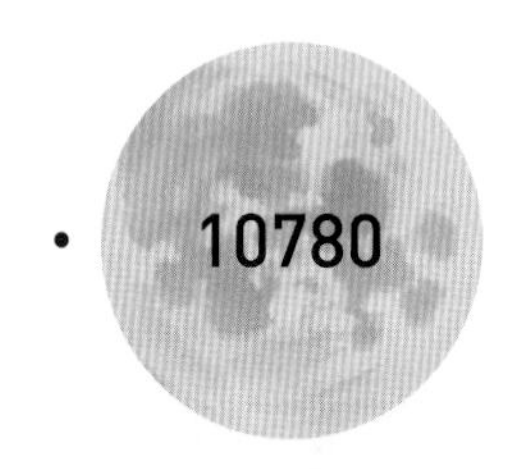

40 219×50 •

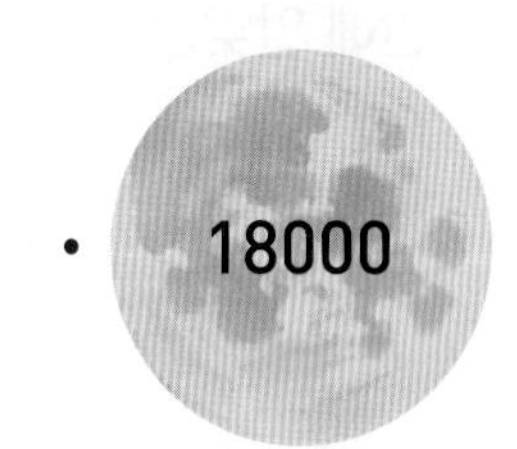

41

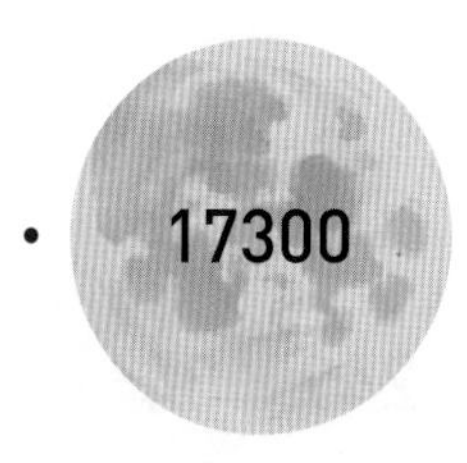

42

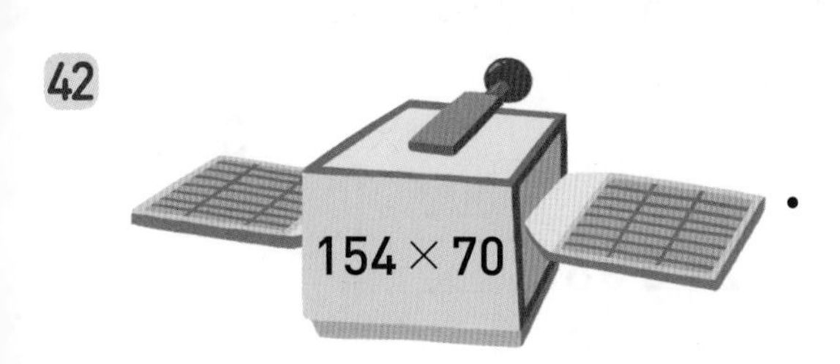

+문해력

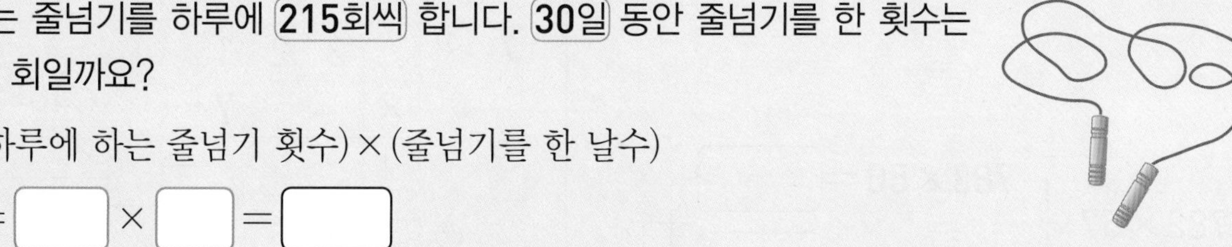

43 수영이는 줄넘기를 하루에 215회씩 합니다. 30일 동안 줄넘기를 한 횟수는 모두 몇 회일까요?

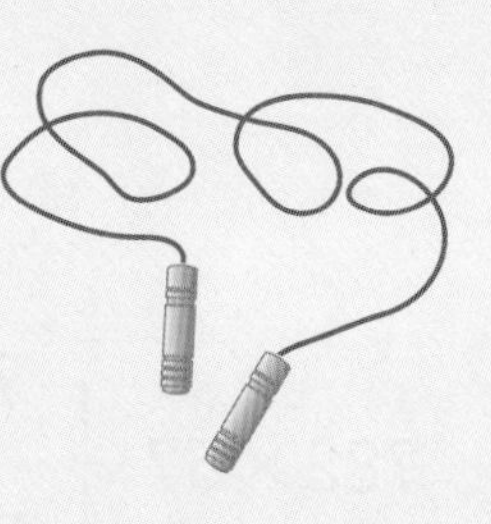

풀이 (하루에 하는 줄넘기 횟수)×(줄넘기를 한 날수)

=☐×☐=☐

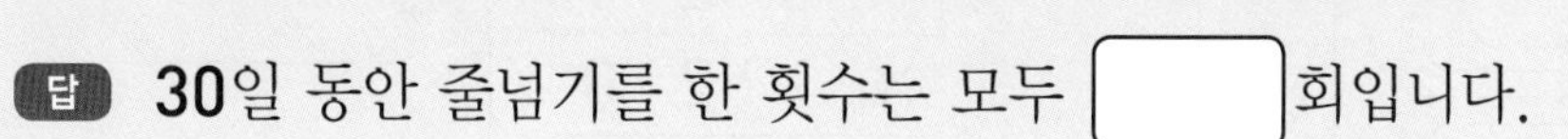

답 30일 동안 줄넘기를 한 횟수는 모두 ☐회입니다.

개념 (세 자리 수)×(몇십몇)

195×13의 계산은 곱하는 수 13을 10과 3으로 나누어서 195에 10과 3을 각각 곱한 후 두 계산 결과를 더합니다.

195×13 — 195×10= 1950, 195× 3= 585 → (+) 2535

245×28의 계산은 245×8과 245×20의 값을 각각 구하여 더합니다.

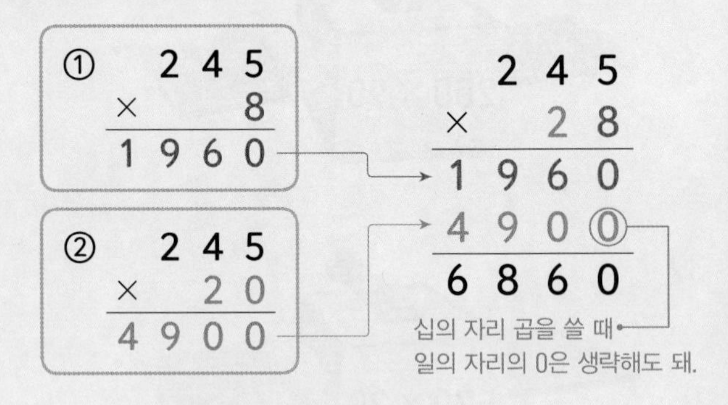

◆ ☐ 안에 알맞은 수를 써넣으세요.

1 134×25 — 134×20=☐, 134× 5=☐ → (+) ☐

2 249×34 — 249×30=☐, 249× 4=☐ → (+) ☐

3 386×16 — 386×10=☐, 386× 6=☐ → (+) ☐

4 783×57 — 783×50=☐, 783× 7=☐ → (+) ☐

◆ 곱셈을 해 보세요.

5

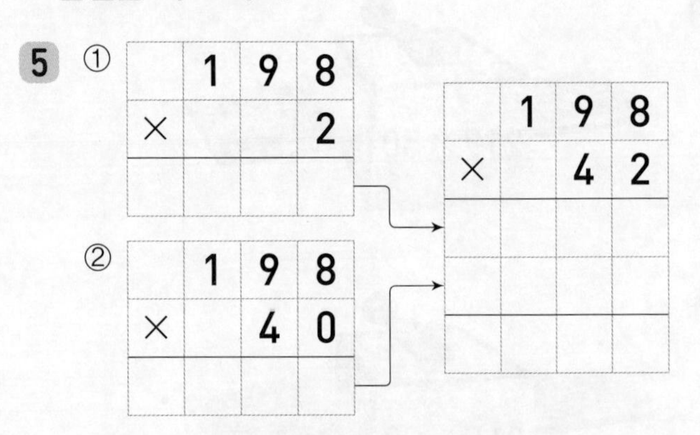

6

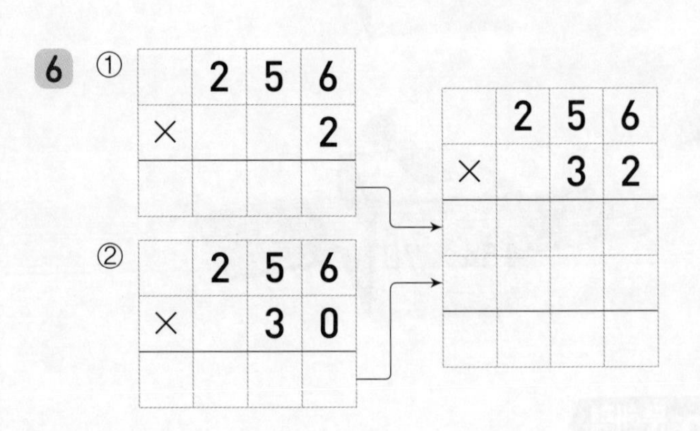

7

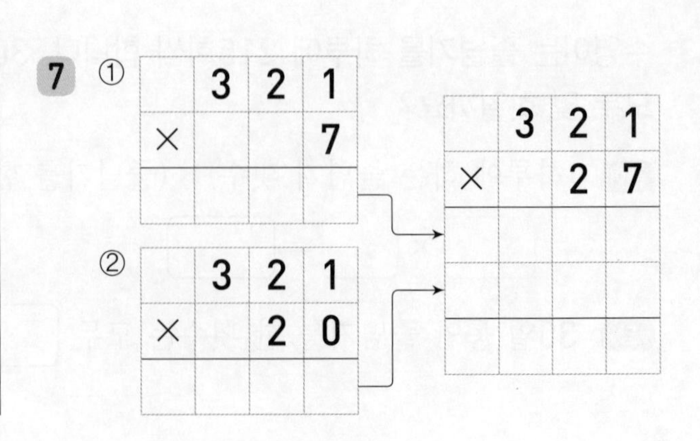

연습 (세 자리 수)×(몇십몇)

실수 콕! 8~21번 문제

```
    8 2 4          8 2 4
  ×   4 2        ×   4 2
  ---------      ---------
    1 6 4 8        1 6 4 8
  3 2 9 6          3 2 9 6
  ---------      ---------
  3 4 6 0 8        4 9 4 4
```

십의 자리 곱에서 0을 생략하여 쓸 때 일의 자리부터 쓰면 안 돼!

◆ 곱셈을 해 보세요.

8 ① 312×28 ② 312×43

9 ① 369×37 ② 369×86

10 ① 437×27 ② 437×53

11 ① 516×38 ② 516×67

12 ① 621×46 ② 621×71

13 ① 734×24 ② 734×62

◆ 곱셈을 해 보세요.

14 ① 243×19

② 327×19

15 ① 288×21

② 629×21

16 ① 323×35

② 578×35

17 ① 338×43

② 416×43

18 ① 511×48

② 659×48

19 ① 297×54

② 823×54

20 ① 427×63

② 592×63

21 ① 265×72

② 528×72

적용 (세 자리 수) × (몇십몇)

◆ 빈칸에 알맞은 수를 써넣으세요.

22

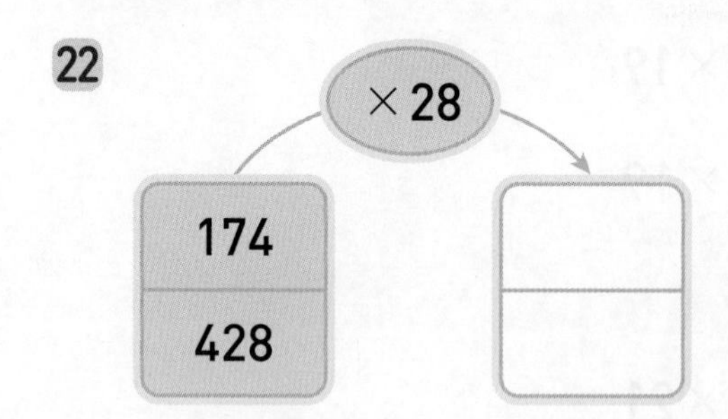

23

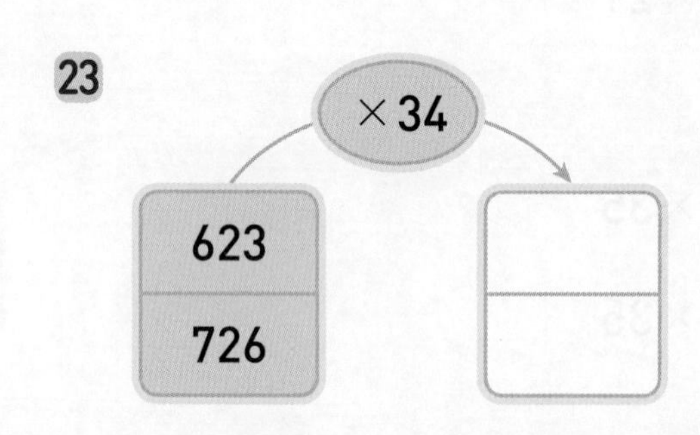

24

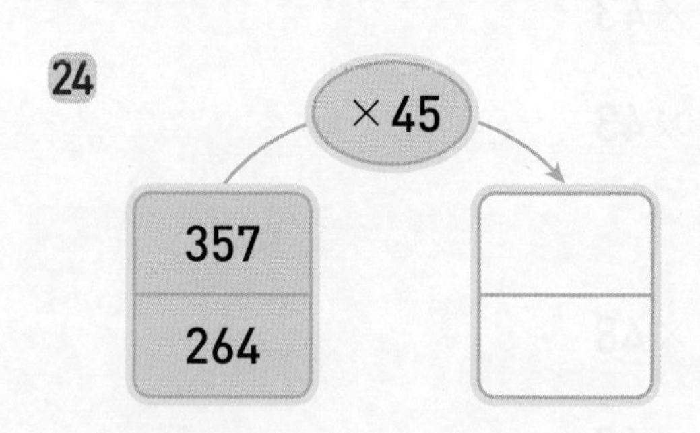

25

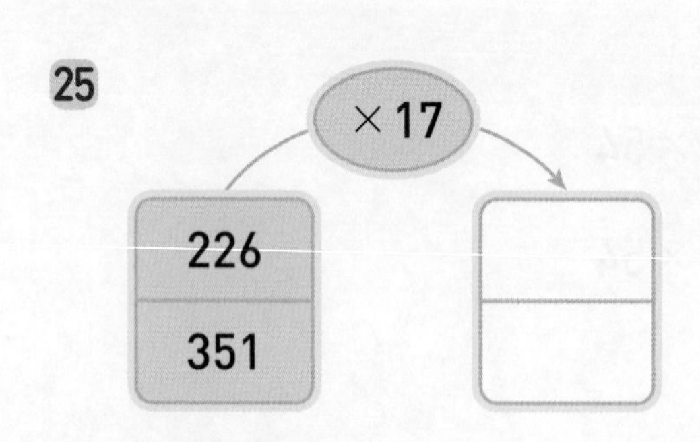

26

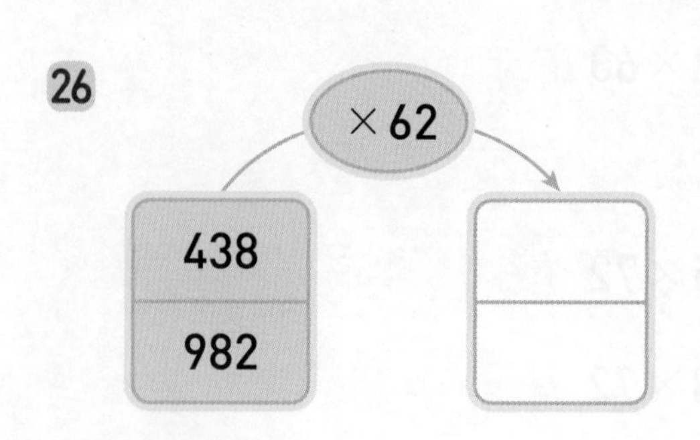

◆ 계산 결과가 더 큰 것에 ○표 하세요.

27 226×18 (　　) 352×12 (　　)

28 617×31 (　　) 528×35 (　　)

29 338×27 (　　) 234×45 (　　)

30 613×39 (　　) 724×28 (　　)

31 926×14 (　　) 833×21 (　　)

32 854×22 (　　) 553×34 (　　)

33 632×42 (　　) 925×26 (　　)

★ 완성 (세 자리 수)×(몇십몇)

◆ 원숭이가 덩굴을 따라 내려가며 만나는 수를 곱한 결과를 빈칸에 써넣으세요.

내려가다가 가로줄이 있으면 꺾어야 해.

34

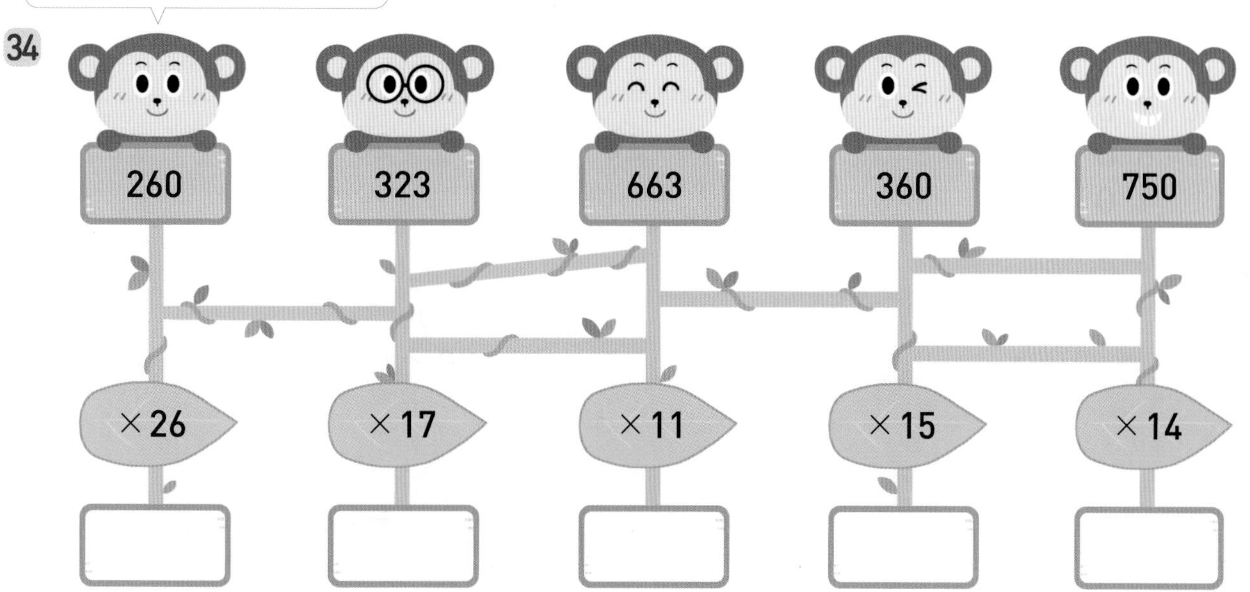

35

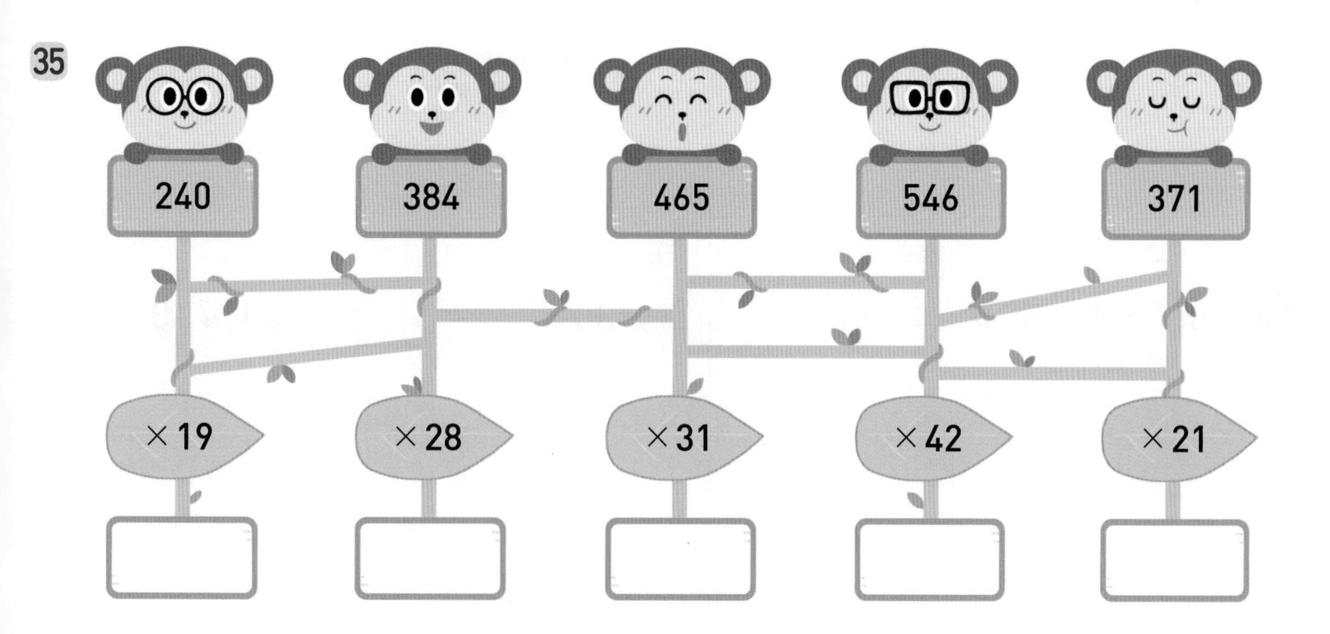

+문해력

36 축구공 한 개의 무게는 435 g입니다. 축구공 23개의 무게는 모두 몇 g일까요?

풀이 (축구공 한 개의 무게)×(축구공의 수)

=□×□=□

답 축구공 23개의 무게는 모두 □ g입니다.

개념 (두 자리 수)÷(몇십)

75÷20의 계산은 75와 20의 십의 자리를 보고 몫을 예상한 다음 나눗셈에 알맞은 몫을 찾습니다.

$$\begin{array}{r} 3 \\ 20\overline{)70} \\ 60 \\ \hline 10 \end{array} \rightarrow \begin{array}{r} 3 \\ 20\overline{)75} \\ 60 \\ \hline 15 \end{array}$$

$75 \div 20 = 3 \cdots 15$

확인 $20 \times 3 = 60,\ 60 + 15 = 75$

계산한 결과가 맞는지 확인해.

61에 20이 3번 들어가므로 몫은 3이고 나머지는 1입니다.

$$\begin{array}{r} 2 \\ 20\overline{)61} \\ 40 \\ \hline 21 \end{array} \xrightarrow{\text{몫을 1 크게}} \begin{array}{r} 3 \\ 20\overline{)61} \\ 60 \\ \hline 1 \end{array} \xleftarrow{\text{몫을 1 작게}} \begin{array}{r} 4 \\ 20\overline{)61} \\ 80 \\ \hline \end{array}$$

나머지가 20보다 작아야 해.

61에서 80을 뺄 수 없어.

$61 \div 20 = 3 \cdots 1$

확인 $20 \times 3 = 60,\ 60 + 1 = 61$

◆ 나눗셈을 해 보세요.

1

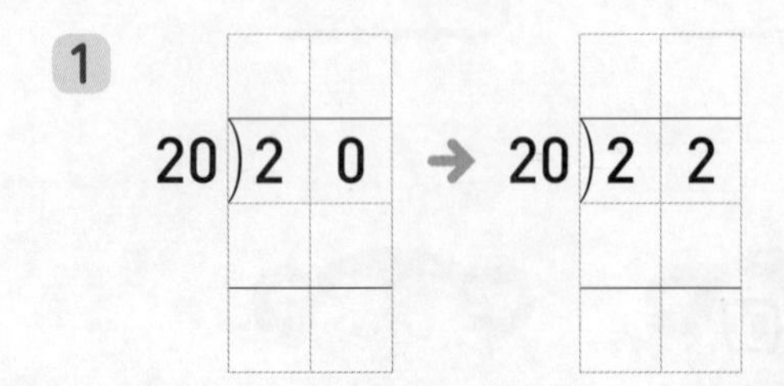

$20\overline{)20} \rightarrow 20\overline{)22}$

2 $50\overline{)50} \rightarrow 50\overline{)54}$

3 $30\overline{)70} \rightarrow 30\overline{)78}$

4 $60\overline{)80} \rightarrow 60\overline{)81}$

◆ □ 안에 알맞은 수를 써넣고, 나눗셈을 해 보세요.

5 $20 \times$ 1 $=$ □ $\rightarrow$ $\begin{array}{r} 1 \\ 20\overline{)25} \end{array}$

나눗셈의 몫을 구할 수 있는 곱셈식을 써야 해.

6 $30 \times$ □ $=$ □ $\rightarrow 30\overline{)43}$

7 $60 \times$ □ $=$ □ $\rightarrow 60\overline{)77}$

8 $40 \times$ □ $=$ □ $\rightarrow 40\overline{)86}$

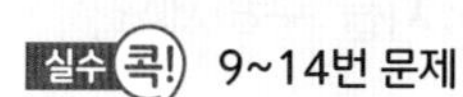

연습 (두 자리 수)÷(몇십)

실수 콕! 9~14번 문제

$20\overline{)52}$ → 몫 2, $52-40=12$ (○)

$20\overline{)52}$ → 몫 1, $52-20=32$ (×)

나머지가 나누는 수보다 작은지 꼭 확인해!

◆ 나눗셈을 해 보세요.

9 ① $20\overline{)60}$ ② $30\overline{)60}$

10 ① $20\overline{)80}$ ② $40\overline{)80}$

11 ① $30\overline{)85}$ ② $40\overline{)85}$

12 ① $60\overline{)89}$ ② $70\overline{)89}$

13 ① $30\overline{)91}$ ② $50\overline{)91}$

14 ① $20\overline{)97}$ ② $80\overline{)97}$

◆ 보기 와 같이 나눗셈의 몫과 나머지를 구하고, 계산이 맞는지 확인해 보세요.

보기

$87\div20=4\cdots7$

확인 $20\times4=80$, $80+7=87$

15 $56\div40=\square\cdots\square$

확인 ______

16 $73\div50=\square\cdots\square$

확인 ______

17 $82\div70=\square\cdots\square$

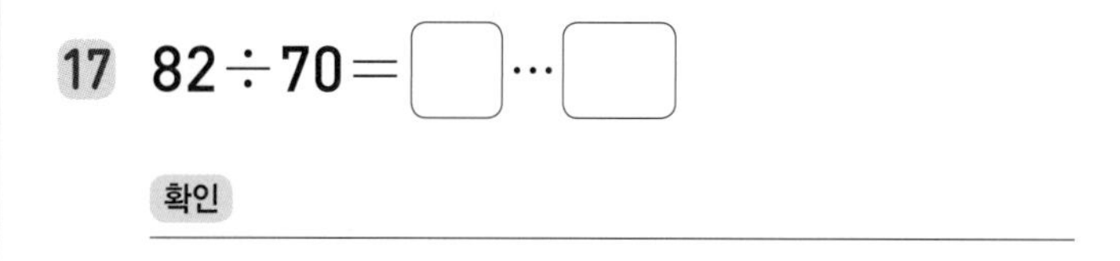

확인 ______

18 $93\div20=\square\cdots\square$

확인 ______

19 $94\div30=\square\cdots\square$

확인 ______

20 $98\div20=\square\cdots\square$

확인 ______

3단원 19회

적용 (두 자리 수)÷(몇십)

◆ □ 안에 몫을 쓰고, ◯ 안에 나머지를 써넣으세요.

21 67
- ÷20 = □ ··· ◯
- ÷30 = □ ··· ◯

22 83
- ÷30 = □ ··· ◯
- ÷60 = □ ··· ◯

23 95
- ÷40 = □ ··· ◯
- ÷50 = □ ··· ◯

24 74
- ÷20 = □ ··· ◯
- ÷60 = □ ··· ◯

25 91
- ÷40 = □ ··· ◯
- ÷70 = □ ··· ◯

26 85
- ÷20 = □ ··· ◯
- ÷50 = □ ··· ◯

◆ 큰 수를 작은 수로 나눈 몫과 나머지를 구하세요.

27 20 81

→ 몫: □, 나머지: □

28 88 30

→ 몫: □, 나머지: □

29 50 61

→ 몫: □, 나머지: □

30 72 30

→ 몫: □, 나머지: □

31 79 20

→ 몫: □, 나머지: □

32 60 86

→ 몫: □, 나머지: □

★ 완성 (두 자리 수)÷(몇십)

◆ 출발부터 도착까지 알맞은 길을 따라 선을 그려 유령이 지나간 길을 나타내세요.

33

나눗셈의 몫이 2인 길을 따라가!

출발 → (79÷30)

90÷60	99÷20	68÷40	77÷50
66÷50	92÷40	48÷20	69÷30
79÷30	56÷20	86÷20	93÷40
36÷20	98÷30	81÷70	54÷20

(54÷20) → 도착

34

나눗셈의 몫이 3인 길을 따라가!

출발 → (73÷20)

68÷30	99÷50	92÷20	96÷30
73÷20	98÷40	77÷20	64÷20
92÷30	65÷20	97÷30	89÷30
55÷40	95÷60	84÷50	83÷20

(96÷30) → 도착

+문해력

35 복숭아 94개를 한 상자에 20개씩 나누어 담으려고 합니다. 몇 상자까지 담을 수 있고, 남는 복숭아는 몇 개일까요?

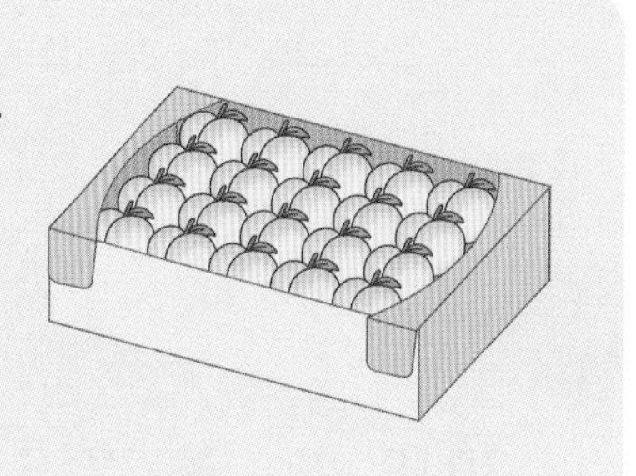

풀이 (전체 복숭아의 수)÷(한 상자에 담는 복숭아의 수)

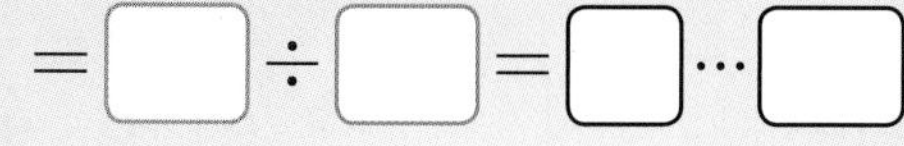

= □÷□=□…□

답 □상자까지 담을 수 있고, 남는 복숭아는 □개입니다.

개념 (두 자리 수)÷(두 자리 수)

85÷23의 계산은 85와 23의 십의 자리를 보고 몫을 예상한 다음 나눗셈에 알맞은 몫을 찾습니다.

$23\overline{)85} \rightarrow 20\overline{)80}$ (몫 4)

$23\times4=92>85(\times)$

$23\times3=69<85(\bigcirc)$

$$\begin{array}{r} 3 \\ 23\overline{)85} \\ 69 \\ \hline 16 \end{array}$$

$85\div23=3\cdots16$

확인 $23\times3=69,\ 69+16=85$

76에 15가 5번 들어가므로 몫은 5이고 나머지는 1입니다.

$$\begin{array}{r} 4 \\ 15\overline{)76} \\ 60 \\ \hline 16 \end{array} \rightarrow \begin{array}{r} 5 \\ 15\overline{)76} \\ 75 \\ \hline 1 \end{array} \leftarrow \begin{array}{r} 6 \\ 15\overline{)76} \\ 90 \end{array}$$

몫을 1 크게 / 몫을 1 작게

나머지가 15보다 작아야 해.

76에서 90을 뺄 수 없어.

$76\div15=5\cdots1$

확인 $15\times5=75,\ 75+1=76$

◆ 나눗셈을 해 보세요.

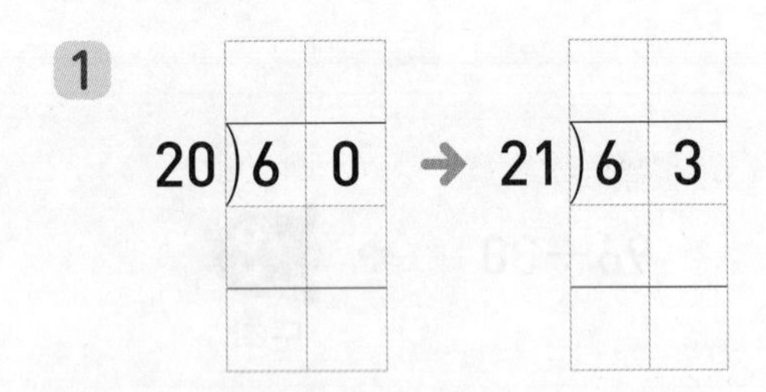

1 $20\overline{)60} \rightarrow 21\overline{)63}$

2 $30\overline{)70} \rightarrow 38\overline{)76}$

3 $10\overline{)70} \rightarrow 11\overline{)79}$

4 $30\overline{)80} \rightarrow 37\overline{)89}$

◆ ☐ 안에 알맞은 수를 써넣고, 나눗셈을 해 보세요.

5 $17\times$ 3 $=$ ☐ $\rightarrow 17\overline{)51}$ (몫 3)

6 $26\times$ ☐ $=$ ☐ $\rightarrow 26\overline{)52}$

7 $35\times$ ☐ $=$ ☐ $\rightarrow 35\overline{)72}$

8 $41\times$ ☐ $=$ ☐ $\rightarrow 41\overline{)84}$

연습 (두 자리 수)÷(두 자리 수)

정답 14쪽

실수 콕! 9~14번 문제

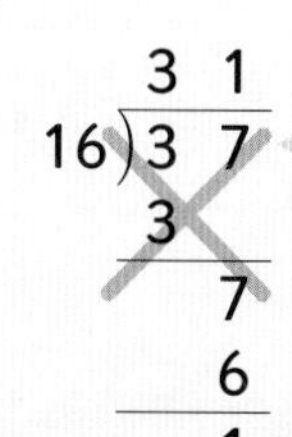

$$\begin{array}{r} 2 \\ 16\overline{)37} \\ 32 \\ \hline 5 \end{array} \qquad \begin{array}{r} 31 \\ 16\overline{)37} \\ 3 \\ \hline 7 \\ 6 \\ \hline 1 \end{array}$$

십의 자리 수끼리, 일의 자리 수끼리 각각 나눗셈을 하여 몫을 쓰면 안 돼.

◆ 나눗셈을 해 보세요.

9 ① $12\overline{)56}$ ② $22\overline{)56}$

10 ① $11\overline{)58}$ ② $13\overline{)58}$

11 ① $22\overline{)67}$ ② $25\overline{)67}$

12 ① $13\overline{)75}$ ② $23\overline{)75}$

13 ① $21\overline{)83}$ ② $32\overline{)83}$

14 ① $24\overline{)91}$ ② $31\overline{)91}$

◆ 보기 와 같이 나눗셈의 몫과 나머지를 구하고, 계산이 맞는지 확인해 보세요.

보기
$58 \div 14 = 4 \cdots 2$
확인 $14 \times 4 = 56$, $56 + 2 = 58$

15 $73 \div 25 = \square \cdots \square$
확인 ______

16 $87 \div 12 = \square \cdots \square$
확인 ______

17 $94 \div 31 = \square \cdots \square$
확인 ______

18 $62 \div 26 = \square \cdots \square$
확인 ______

19 $75 \div 32 = \square \cdots \square$
확인 ______

20 $98 \div 15 = \square \cdots \square$
확인 ______

적용 (두 자리 수)÷(두 자리 수)

◆ □ 안에 몫을 쓰고, ◯ 안에 나머지를 써넣으세요.

21

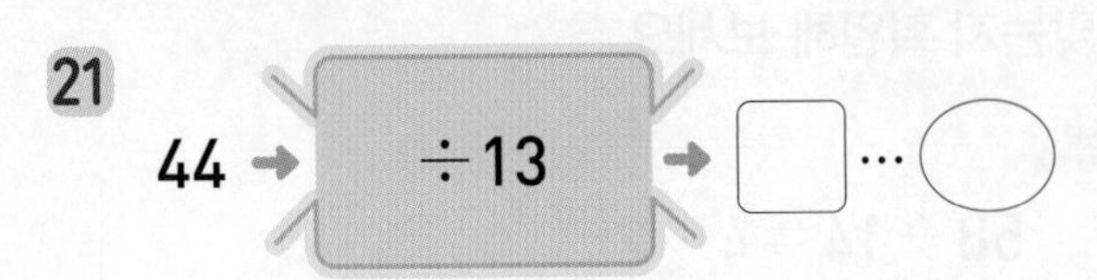

22 56 → ÷26 → □ … ◯

23 45 → ÷32 → □ … ◯

24 67 → ÷12 → □ … ◯

25 95 → ÷42 → □ … ◯

26 50 → ÷35 → □ … ◯

27 94 → ÷28 → □ … ◯

◆ 나눗셈의 몫을 찾아 이어 보세요.

28

68÷17 •　　　　• 2

54÷27 •　　　　• 3

　　　　　　　　• 4

29

74÷34 •　　　　• 2

98÷29 •　　　　• 3

　　　　　　　　• 4

30

58÷15 •　　　　• 2

49÷21 •　　　　• 3

　　　　　　　　• 4

31

72÷23 •　　　　• 3

61÷13 •　　　　• 4

　　　　　　　　• 5

32

99÷24 •　　　　• 2

85÷37 •　　　　• 4

　　　　　　　　• 6

★ 완성 (두 자리 수)÷(두 자리 수)

◆ 나눗셈의 나머지가 같은 잎끼리 같은 색으로 칠해 보세요.

33

72÷52

65÷12

69÷19

78÷33

51÷46

35

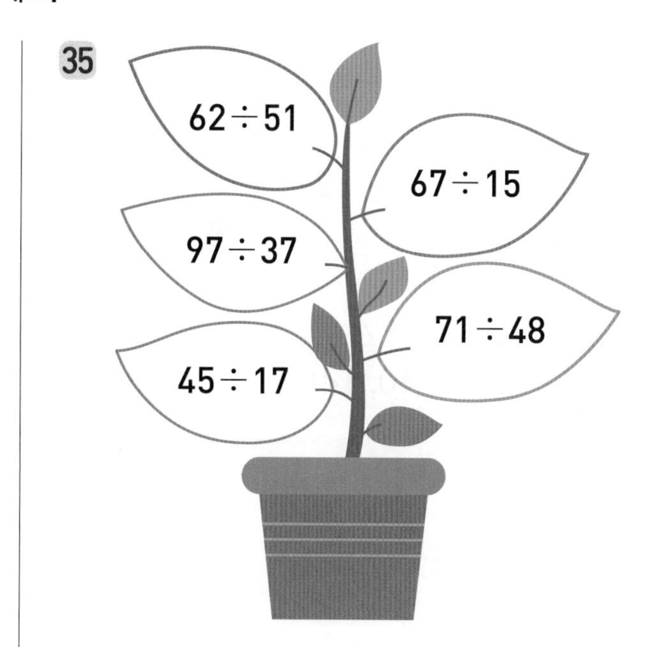

34

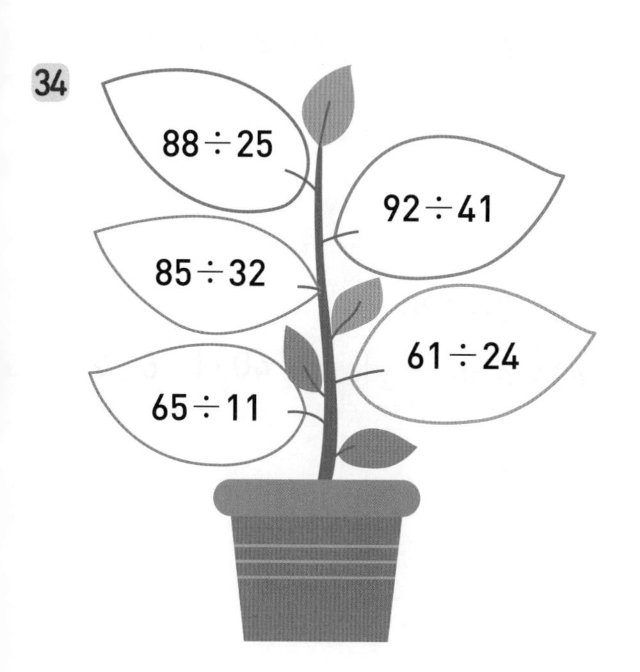

36

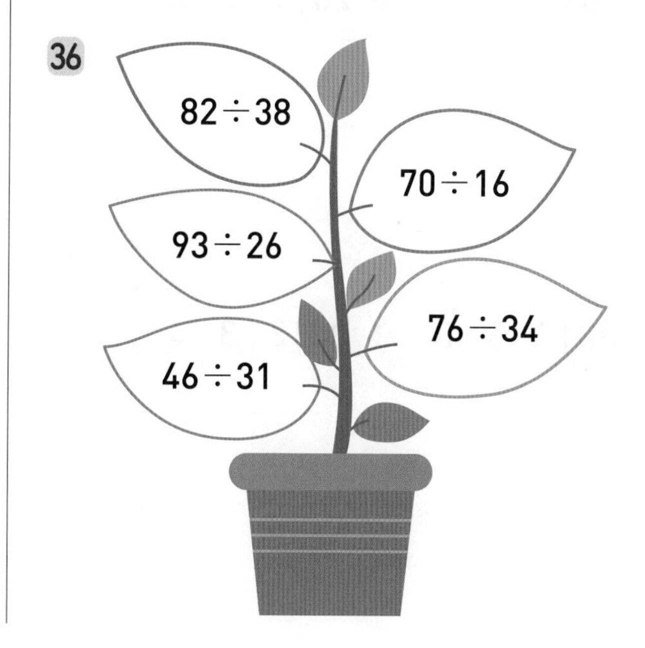

+문해력

37 꽃다발 한 개를 만드는 데 장미 15송이가 필요합니다. 장미 79송이로 꽃다발을 몇 개까지 만들 수 있고, 남는 장미는 몇 송이일까요?

풀이 (전체 장미의 수)÷(꽃다발 한 개를 만드는 데 필요한 장미의 수)

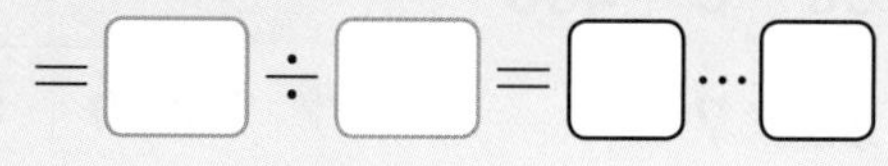

=□÷□=□…□

답 꽃다발을 □개까지 만들 수 있고, 남는 장미는 □송이입니다.

개념 (세 자리 수)÷(몇십)

152÷20의 계산은 152를 150으로 어림하여 몫을 예상한 다음 나눗셈에 알맞은 몫을 찾습니다.

```
     7                  7
20)1 5 0   →   20)1 5 2
   1 4 0          1 4 0
     1 0            1 2
```

$152 \div 20 = 7 \cdots 12$

확인 $20 \times 7 = 140$, $140 + 12 = 152$

183에 30이 6번 들어가므로 몫은 6이고 나머지는 3입니다.

$30 \times 5 = 150 < 183$
$30 \times 6 = 180 < 183$
$30 \times 7 = 210 > 183$

```
      6
30)1 8 3
   1 8 0
       3
```

$183 \div 30 = 6 \cdots 3$

확인 $30 \times 6 = 180$, $180 + 3 = 183$

◆ 나눗셈을 해 보세요.

1

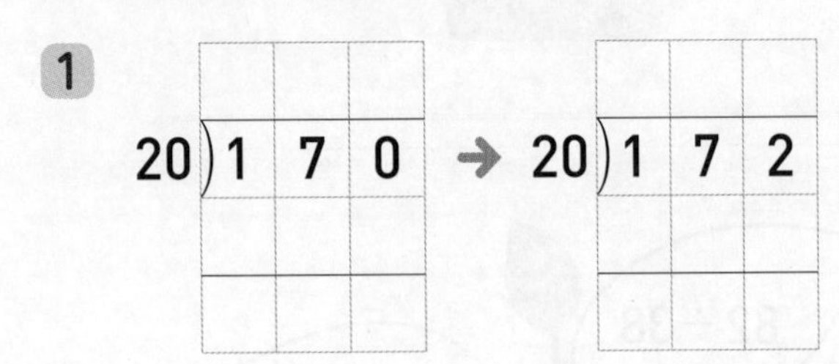

20)1 7 0 → 20)1 7 2

2

30)2 3 0 → 30)2 3 4

3

40)2 6 0 → 40)2 6 8

4

70)3 8 0 → 70)3 8 5

◆ ☐ 안에 알맞은 수를 써넣고, 나눗셈을 해 보세요.

5

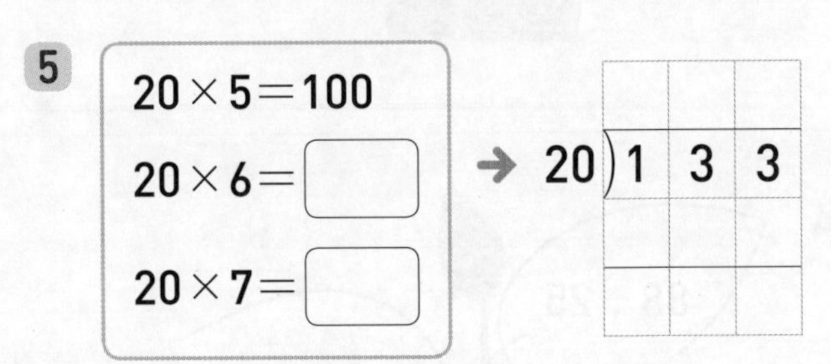

$20 \times 5 = 100$
$20 \times 6 =$ ☐
$20 \times 7 =$ ☐

→ 20)1 3 3

6

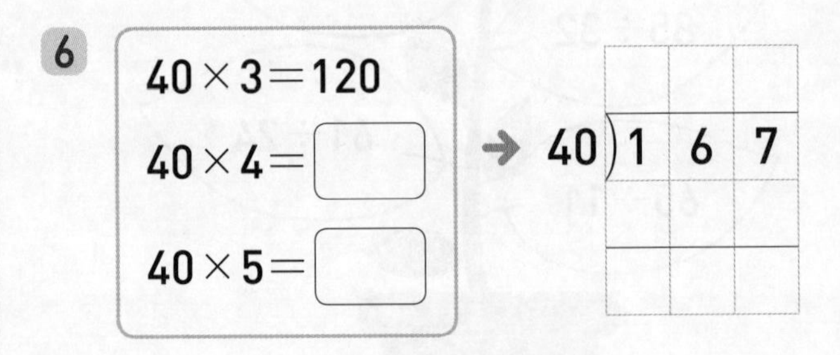

$40 \times 3 = 120$
$40 \times 4 =$ ☐
$40 \times 5 =$ ☐

→ 40)1 6 7

7

$50 \times 7 = 350$
$50 \times 8 =$ ☐
$50 \times 9 =$ ☐

→ 50)4 2 5

8

$80 \times 6 = 480$
$80 \times 7 =$ ☐
$80 \times 8 =$ ☐

→ 80)6 1 6

연습 (세 자리 수)÷(몇십)

정답 14쪽

실수 콕! 9~14번 문제

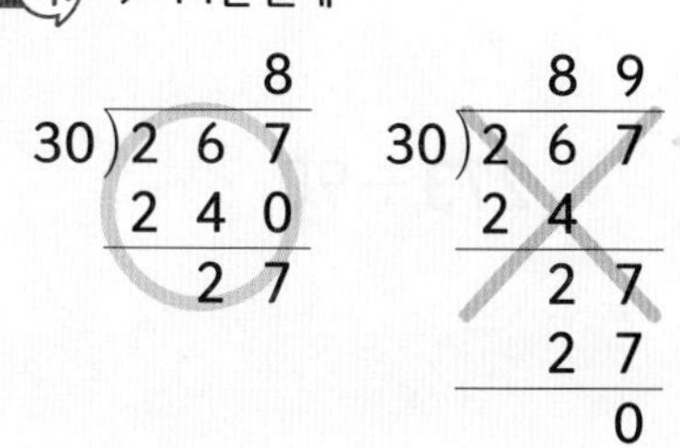

30으로 나누어야 하는데 3으로 나눈 몫을 구하지 않도록 조심!

◆ 나눗셈을 해 보세요.

9 ① $30\overline{)240}$ ② $40\overline{)240}$

10 ① $40\overline{)293}$ ② $50\overline{)293}$

11 ① $40\overline{)373}$ ② $60\overline{)373}$

12 ① $50\overline{)485}$ ② $60\overline{)485}$

13 ① $70\overline{)508}$ ② $80\overline{)508}$

14 ① $80\overline{)631}$ ② $90\overline{)631}$

◆ 보기 와 같이 나눗셈의 몫과 나머지를 구하고, 계산이 맞는지 확인해 보세요.

> 보기
>
> $227 \div 40 = 5 \cdots 27$
>
> 확인 $40 \times 5 = 200$, $200 + 27 = 227$

15 $180 \div 50 = \square \cdots \square$

확인 ______

16 $464 \div 80 = \square \cdots \square$

확인 ______

17 $371 \div 90 = \square \cdots \square$

확인 ______

18 $553 \div 60 = \square \cdots \square$

확인 ______

19 $625 \div 70 = \square \cdots \square$

확인 ______

20 $812 \div 90 = \square \cdots \square$

확인 ______

적용 (세 자리 수)÷(몇십)

◆ □ 안에 몫을 쓰고, ◯ 안에 나머지를 써넣으세요.

21

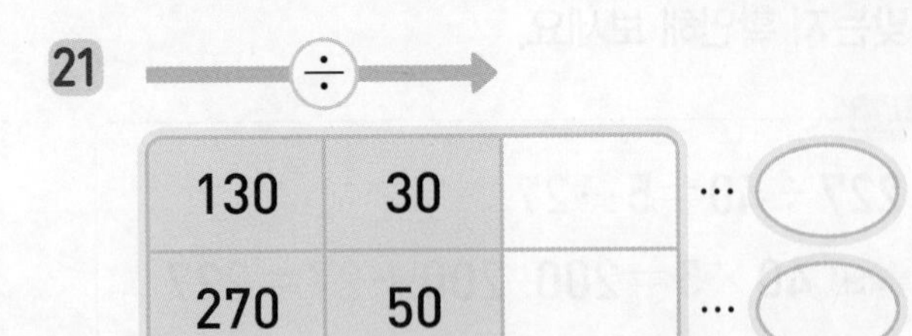

130	30		… ◯
270	50		… ◯

22 ÷

328	60		… ◯
456	70		… ◯

23 ÷

423	50		… ◯
513	90		… ◯

24 ÷

195	20		… ◯
249	60		… ◯

25 ÷

502	60		… ◯
304	40		… ◯

26 ÷

435	70		… ◯
265	80		… ◯

◆ 몫의 크기를 비교하여 ◯ 안에 >, =, <를 알맞게 써넣으세요.

27 $418 \div 50$ ◯ $273 \div 90$

28 $646 \div 80$ ◯ $729 \div 90$

29 $365 \div 60$ ◯ $471 \div 50$

30 $239 \div 50$ ◯ $154 \div 30$

31 $631 \div 70$ ◯ $821 \div 90$

32 $296 \div 40$ ◯ $429 \div 70$

33 $731 \div 80$ ◯ $373 \div 50$

34 $638 \div 90$ ◯ $584 \div 70$

★ 완성 (세 자리 수)÷(몇십)

◆ 북극곰이 집을 찾아가려고 합니다. 나눗셈의 몫을 따라가며 선을 그리고, 도착한 곳에 ○표 하세요.

35

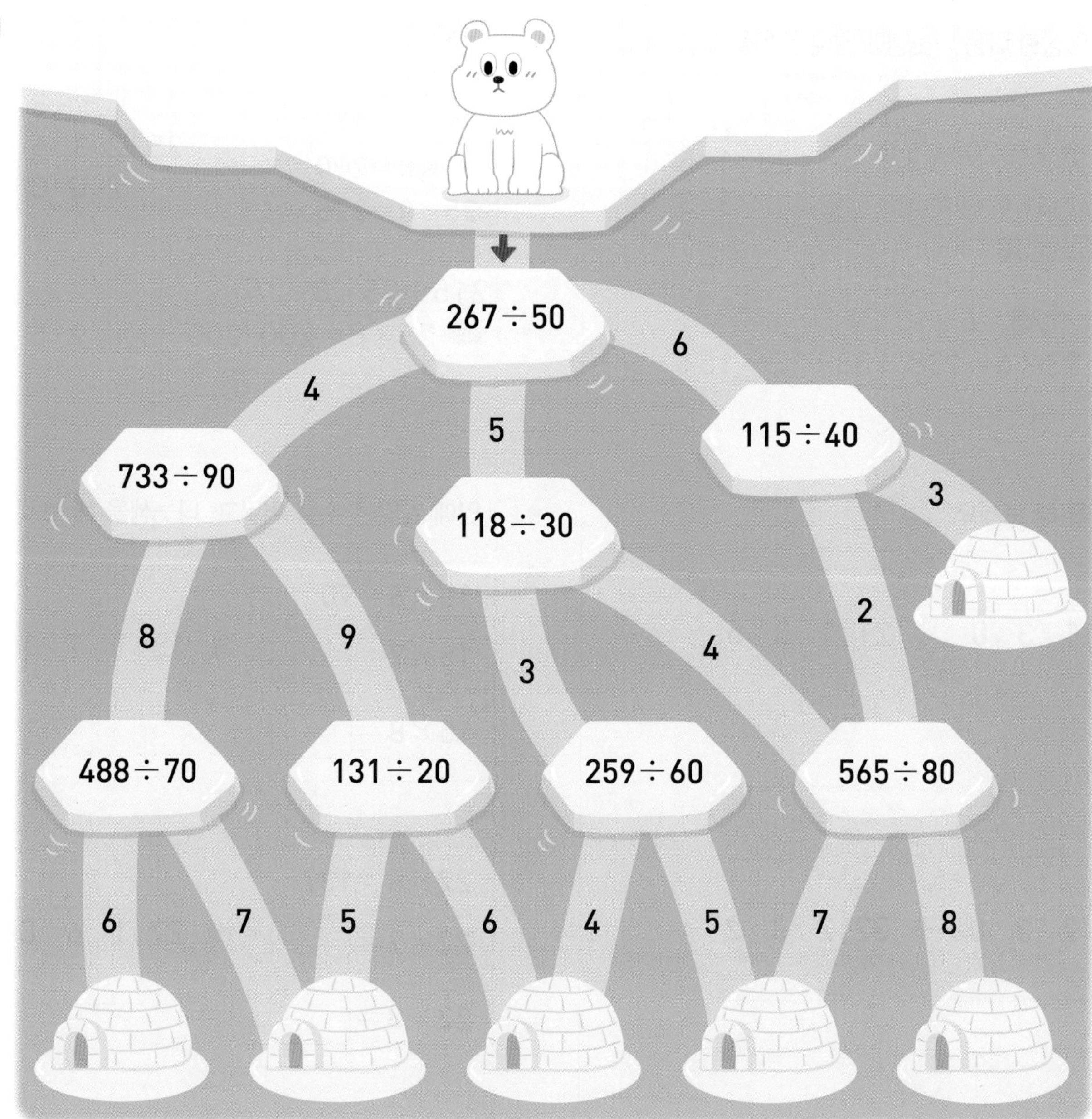

+문해력

36 달걀 285개를 한 판에 30개씩 담아 포장하려고 합니다. 몇 판까지 포장할 수 있고, 남는 달걀은 몇 개일까요?

풀이 (전체 달걀의 수)÷(한 판에 담는 달걀의 수)

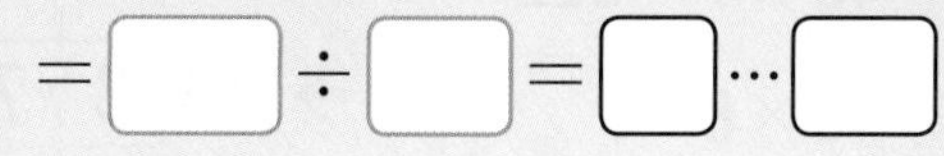

= ☐ ÷ ☐ = ☐ ⋯ ☐

답 ☐ 판까지 포장할 수 있고, 남는 달걀은 ☐ 개입니다.

(세 자리 수)÷(두 자리 수) (1)

≫ 몫이 한 자리 수인 경우

151÷23의 계산은 151, 23을 각각 150, 20으로 어림하여 몫을 예상한 다음 나눗셈에 알맞은 몫을 찾습니다.

23)151 → 20)150 (몫 7)

23×7=161 > 151(×)

23×6=138 < 151(○)

$$\begin{array}{r} 6 \\ 23\overline{)151} \\ 138 \\ \hline 13 \end{array}$$

151÷23=6…13

확인 23×6=138, 138+13=151

215에 25가 8번 들어가므로 몫은 8이고 나머지는 15입니다.

25×7=175 < 215

25×8=200 < 215

25×9=225 > 215

$$\begin{array}{r} 8 \\ 25\overline{)215} \\ 200 \\ \hline 15 \end{array}$$

215÷25=8…15

확인 25×8=200, 200+15=215

◆ 나눗셈을 해 보세요.

1 20)130 → 21)135

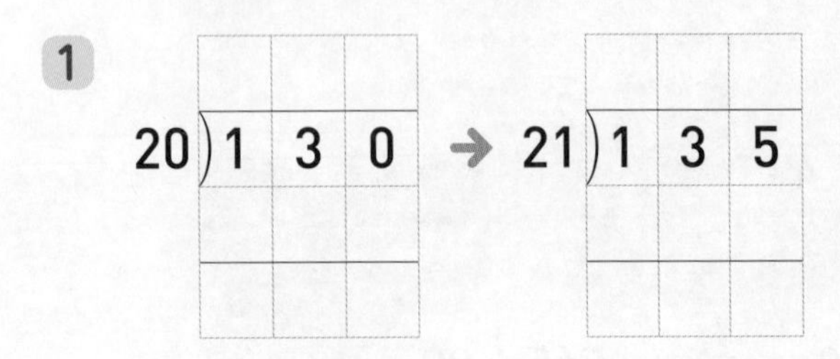

2 30)230 → 32)232

3 40)270 → 43)279

4 60)320 → 62)321

◆ ☐ 안에 알맞은 수를 써넣고, 나눗셈을 해 보세요.

5 15×6=90, 15×7=☐, 15×8=☐ → 15)111

6 22×6=132, 22×7=☐, 22×8=☐ → 22)168

7 31×5=155, 31×6=☐, 31×7=☐ → 31)193

8 46×7=322, 46×8=☐, 46×9=☐ → 46)375

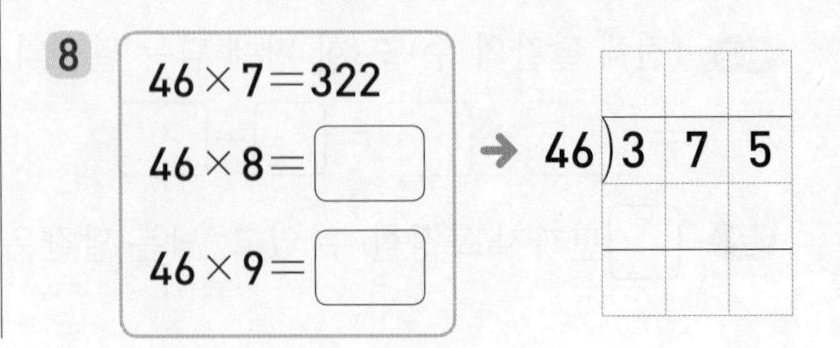

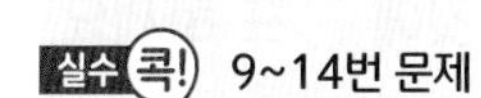

(세 자리 수)÷(두 자리 수) (1)

 9~14번 문제

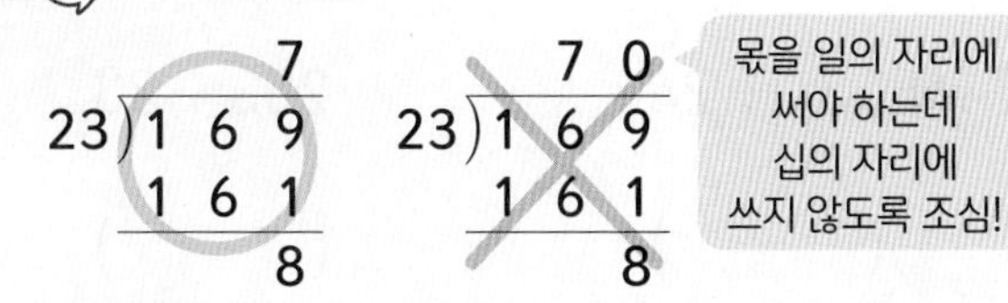
묷을 일의 자리에
써야 하는데
십의 자리에
쓰지 않도록 조심!

◆ 나눗셈을 해 보세요.

9 ① $26\overline{)172}$ ② $36\overline{)172}$

10 ① $25\overline{)218}$ ② $33\overline{)218}$

11 ① $33\overline{)285}$ ② $41\overline{)285}$

12 ① $43\overline{)373}$ ② $51\overline{)373}$

13 ① $45\overline{)426}$ ② $52\overline{)426}$

14 ① $73\overline{)590}$ ② $85\overline{)590}$

◆ 보기 와 같이 나눗셈의 몫과 나머지를 구하고, 계산이 맞는지 확인해 보세요.

> 보기
> $108 \div 16 = 6 \cdots 12$
> 확인 $16 \times 6 = 96$, $96 + 12 = 108$

15 $121 \div 17 = \square \cdots \square$

확인

16 $257 \div 28 = \square \cdots \square$

확인

17 $309 \div 35 = \square \cdots \square$

확인

18 $328 \div 64 = \square \cdots \square$

확인

19 $483 \div 71 = \square \cdots \square$

확인

20 $632 \div 84 = \square \cdots \square$

확인

3단원 22회

적용 (세 자리 수)÷(두 자리 수)(1)

◆ □ 안에 몫을 쓰고, ◯ 안에 나머지를 써넣으세요.

21

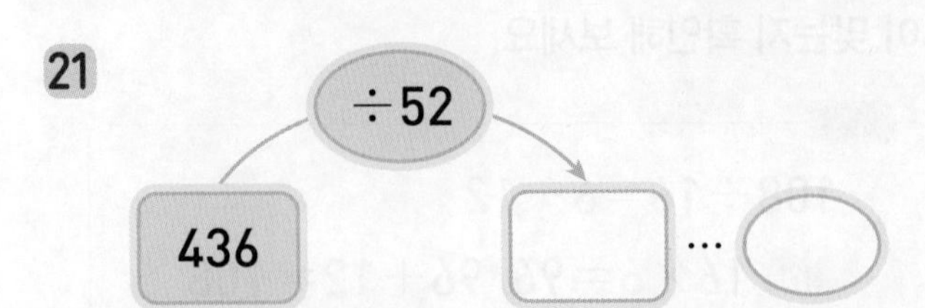

22

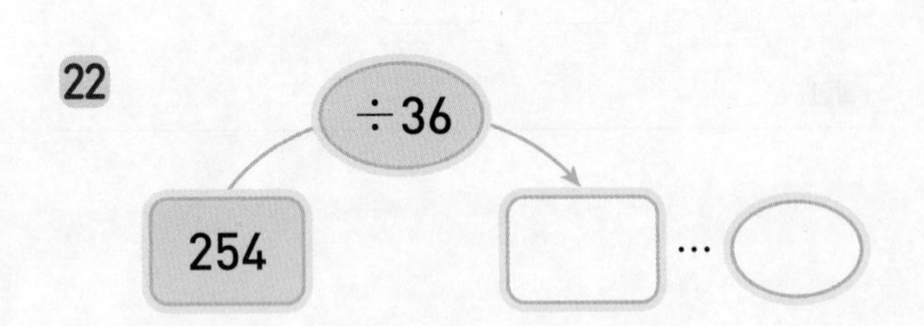

23

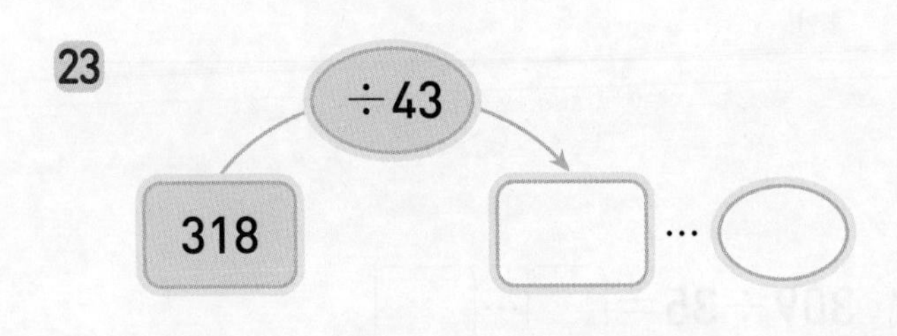

24

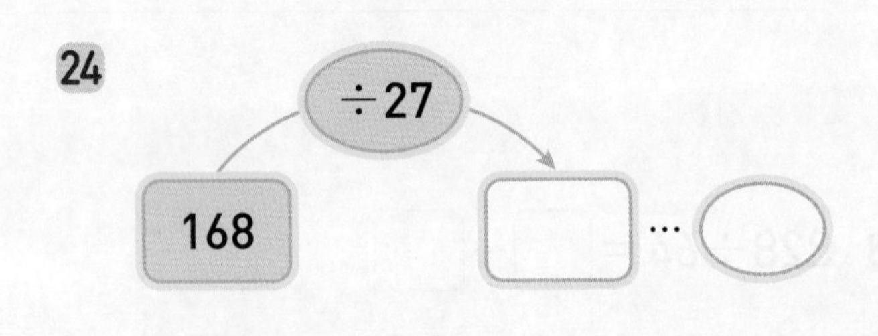

25

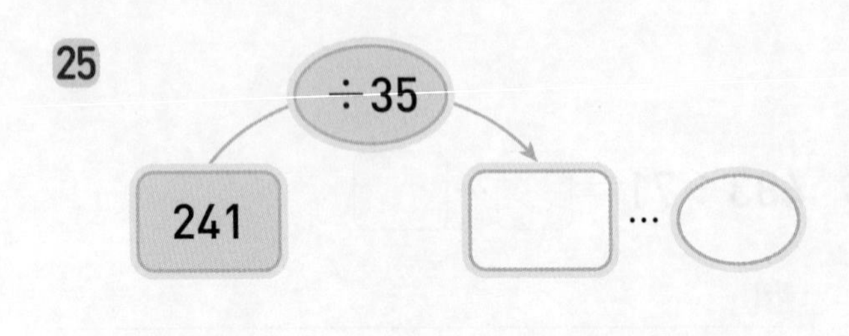

26

÷38

327 → □ … ◯

◆ 나머지의 크기를 비교하여 더 큰 것에 ○표 하세요.

27 $134 \div 24$ (   )　$253 \div 33$ (   )

28 $152 \div 42$ (   )　$218 \div 36$ (   )

29 $164 \div 25$ (   )　$301 \div 35$ (   )

30 $239 \div 28$ (   )　$354 \div 41$ (   )

31 $316 \div 43$ (   )　$227 \div 33$ (   )

32 $202 \div 36$ (   )　$163 \div 19$ (   )

33 $183 \div 24$ (   )　$334 \div 62$ (   )

★ 완성 (세 자리 수)÷(두 자리 수) (1)

◆ 계산을 하고, 나눗셈의 몫을 차례로 써넣어 보물 상자의 비밀번호를 구하세요.

34

㉠ $173\div27=\square\cdots\square$

㉡ $391\div46=\square\cdots\square$

㉢ $161\div39=\square\cdots\square$

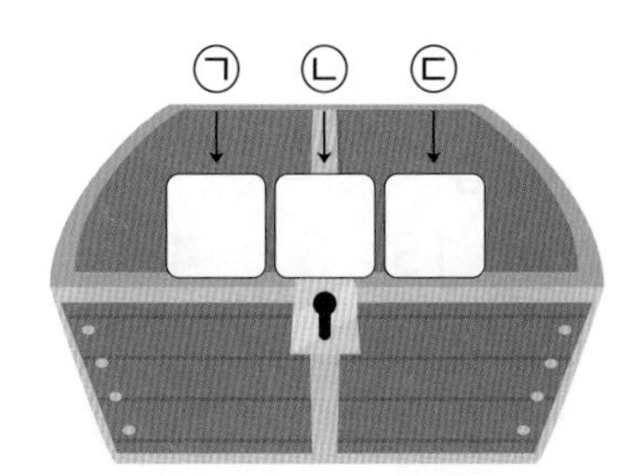

36

㉠ $244\div73=\square\cdots\square$

㉡ $354\div38=\square\cdots\square$

㉢ $127\div24=\square\cdots\square$

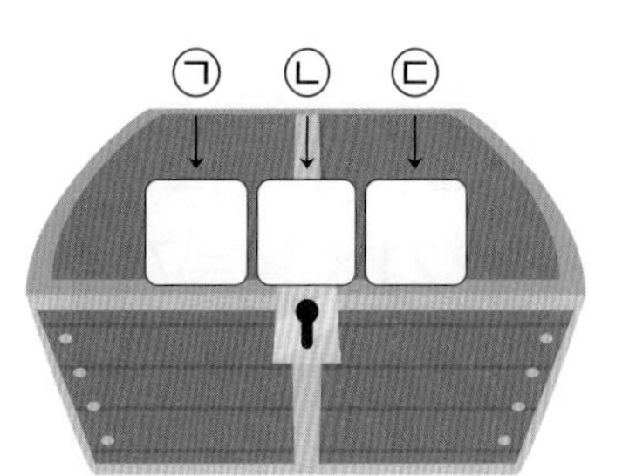

35

㉠ $355\div64=\square\cdots\square$

㉡ $419\div44=\square\cdots\square$

㉢ $264\div83=\square\cdots\square$

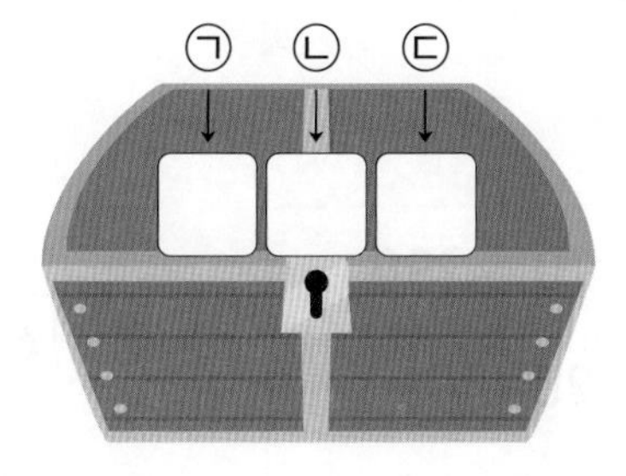

37

㉠ $178\div63=\square\cdots\square$

㉡ $583\div82=\square\cdots\square$

㉢ $423\div52=\square\cdots\square$

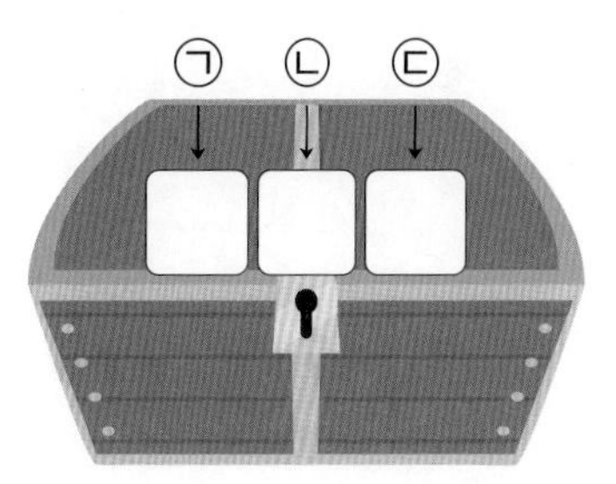

+문해력

38 은석이가 195쪽인 소설책을 모두 읽으려고 합니다. 하루에 25쪽씩 읽는다면 다 읽는 데 모두 며칠이 걸릴까요?

풀이 (전체 쪽수)÷(하루에 읽는 쪽수)

$=\square\div\square=\square\cdots\square$

→ 하루에 25쪽씩 □일 동안 읽고, 남은 □쪽도 읽어야 합니다.

답 하루에 25쪽씩 읽는다면 다 읽는데 모두 □일이 걸립니다.

개념 (세 자리 수)÷(두 자리 수) (2)

≫ 나머지가 없고 몫이 두 자리 수인 경우

714÷21의 계산은 몫의 십의 자리를 먼저 구한 다음 남은 수 84를 21로 나누어 몫의 일의 자리를 구합니다.

```
      3                 3 4
21)7 1 4    →   21)7 1 4
   6 3                6 3 ↓
     8                  8 4
                        8 4
                          0
```

$714 \div 21 = 34$

확인 $21 \times 34 = 714$

480은 450보다 크고 600보다 작으므로 480÷15의 몫은 30보다 크고 40보다 작습니다.

$15 \times 20 = 300 < 480$

$15 \times 30 = 450 < 480$

$15 \times 40 = 600 > 480$

└ 몫의 십의 자리를 예상할 수 있어.

```
        3 2
15)4 8 0
   4 5 0
     3 0
     3 0
       0
```

$480 \div 15 = 32$

확인 $15 \times 32 = 480$

◆ 나눗셈을 해 보세요.

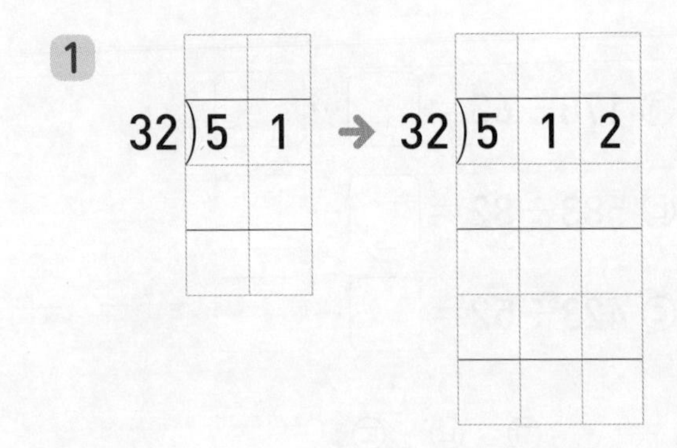

1. 32)5 1 → 32)5 1 2

2. 17)5 9 → 17)5 9 5

3. 25)6 7 → 25)6 7 5

◆ □ 안에 알맞은 수를 써넣고, 나눗셈을 해 보세요.

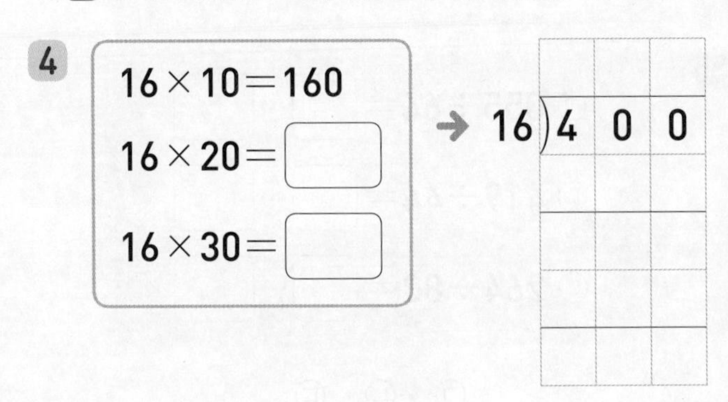

4. $16 \times 10 = 160$
$16 \times 20 =$ □
$16 \times 30 =$ □
→ 16)4 0 0

5. $29 \times 10 = 290$
$29 \times 20 =$ □
$29 \times 30 =$ □
→ 29)6 3 8

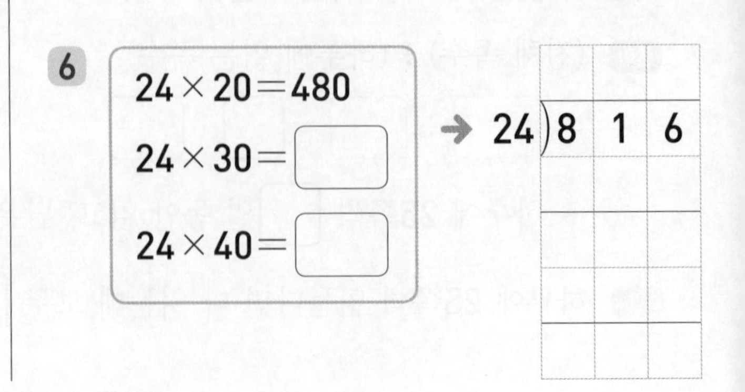

6. $24 \times 20 = 480$
$24 \times 30 =$ □
$24 \times 40 =$ □
→ 24)8 1 6

정답 16쪽

연습 (세 자리 수)÷(두 자리 수) (2)

실수 콕! 7~12번 문제

$$24\overline{)504} = 21$$

24<50 → 몫: 두 자리 수

나누어지는 수의 왼쪽 두 자리 수가 나누는 수보다 크거나 같으면 몫이 두 자리 수야. 한 자리 수로 구하지 않게 조심!

◆ 나눗셈을 해 보세요.

7 ① $14\overline{)252}$ ② $21\overline{)252}$

8 ① $13\overline{)364}$ ② $26\overline{)364}$

9 ① $16\overline{)448}$ ② $32\overline{)448}$

10 ① $16\overline{)576}$ ② $18\overline{)576}$

11 ① $18\overline{)630}$ ② $21\overline{)630}$

12 ① $48\overline{)768}$ ② $64\overline{)768}$

◆ 보기 와 같이 나눗셈의 몫을 구하고, 계산이 맞는지 확인해 보세요.

보기

$224 \div 14 = 16$

확인 $14 \times 16 = 224$

13 $253 \div 23 = \square$

확인 ______

14 $429 \div 13 = \square$

확인 ______

15 $546 \div 21 = \square$

확인 ______

16 $612 \div 36 = \square$

확인 ______

17 $768 \div 24 = \square$

확인 ______

18 $832 \div 52 = \square$

확인 ______

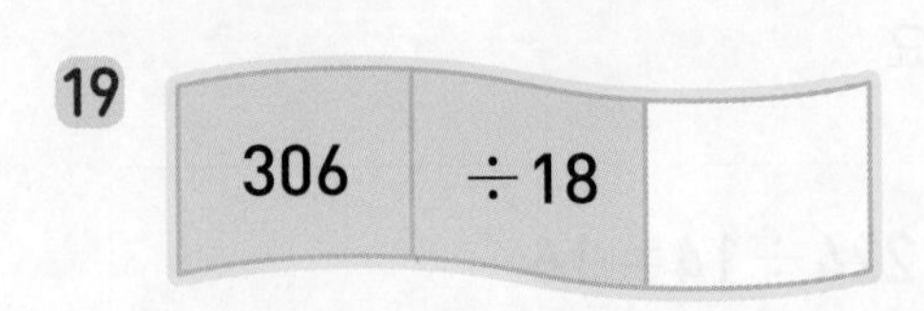

적용 (세 자리 수)÷(두 자리 수)(2)

◆ 빈칸에 알맞은 수를 써넣으세요.

19 | 306 | ÷18 | |

20 | 504 | ÷36 | |

21 | 782 | ÷23 | |

22 | 874 | ÷46 | |

23 | 864 | ÷27 | |

24 | 792 | ÷33 | |

25 | 952 | ÷28 | |

◆ 나눗셈의 몫이 다른 하나를 찾아 ○표 하세요.

26 $544 \div 34$ $420 \div 28$ $656 \div 41$

27 $552 \div 24$ $713 \div 31$ $968 \div 44$

28 $527 \div 17$ $512 \div 16$ $832 \div 26$

29 $936 \div 52$ $496 \div 31$ $352 \div 22$

30 $688 \div 16$ $903 \div 21$ $957 \div 29$

31 $532 \div 28$ $819 \div 39$ $798 \div 42$

32 $650 \div 13$ $950 \div 19$ $931 \div 19$

33 $476 \div 17$ $728 \div 28$ $672 \div 24$

완성 (세 자리 수)÷(두 자리 수) (2)

◆ 다람쥐가 도토리를 찾으러 가는 길이 올바른 나눗셈식이 되도록 선을 그려 보세요.

34

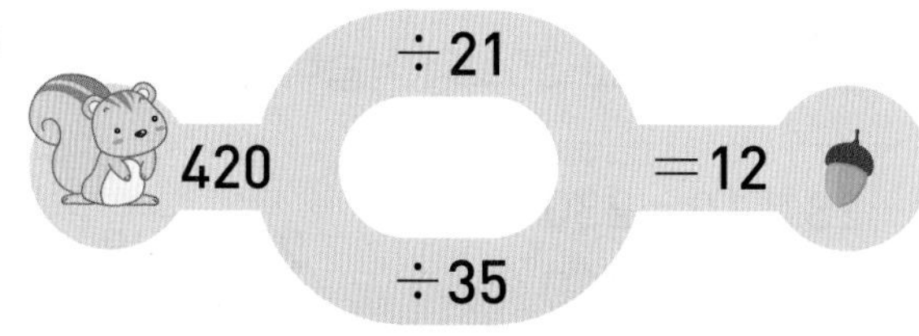

35

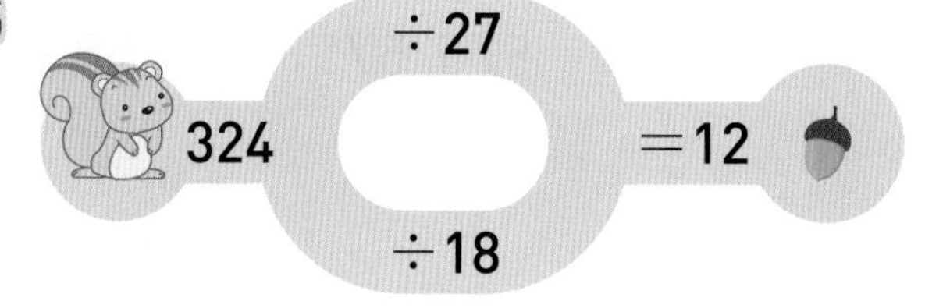

36

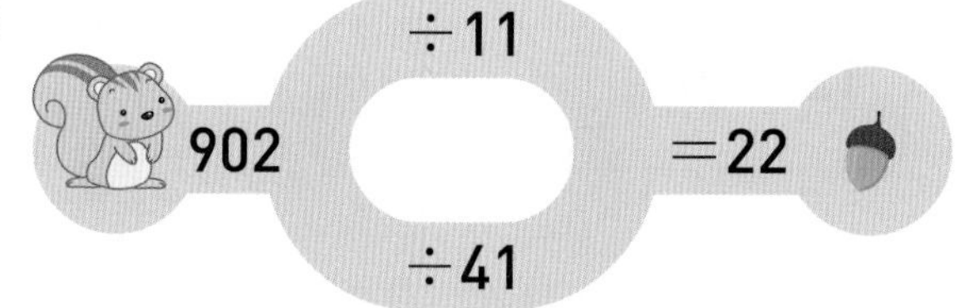

37

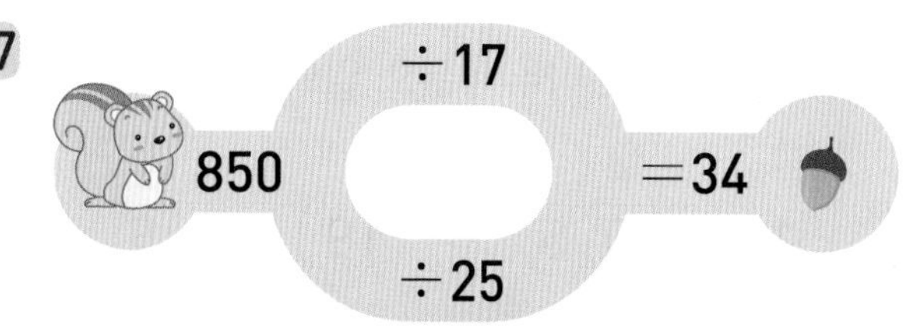

38

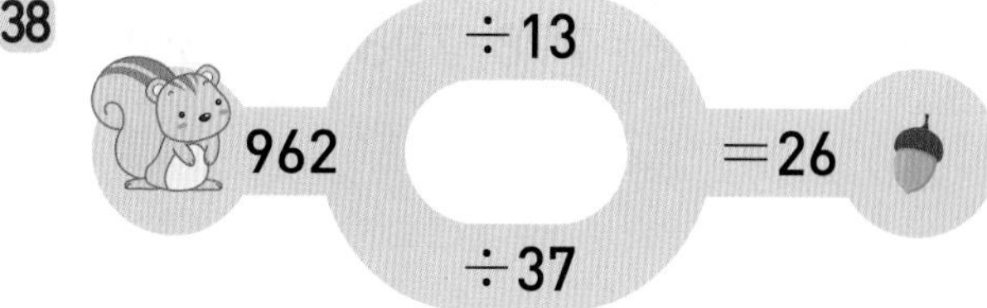

39

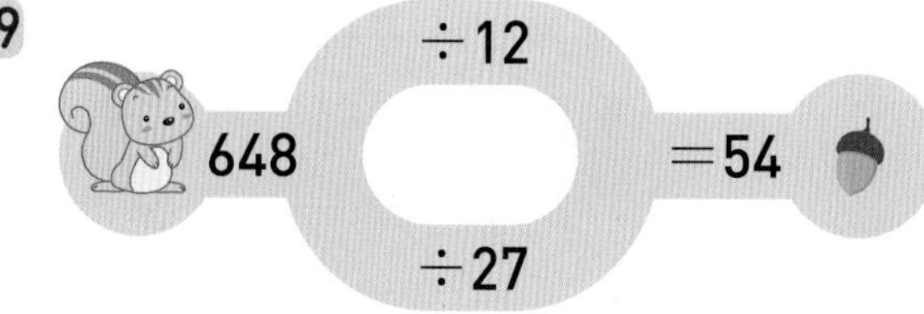

+문해력

40 지수네 반 친구들이 모종 208포기를 학교 화단에 심었습니다. 한 줄에 13포기씩 심었다면 심은 모종은 모두 몇 줄일까요?

풀이 (전체 모종의 수)÷(한 줄에 심은 모종의 수)

=□÷□=□

답 지수네 반 친구들이 심은 모종은 모두 □줄입니다.

(세 자리 수)÷(두 자리 수) (3)

≫ 나머지가 있고 몫이 두 자리 수인 경우

805÷19의 계산은 몫의 십의 자리를 먼저 구한 다음 남은 수 45를 19로 나누어 몫의 일의 자리를 구합니다.

```
     4                 4 2
19)8 0 5   →   19)8 0 5
   7 6             7 6
     4               4 5
                     3 8
                       7
```

805÷19=42⋯7

확인 19×42=798, 798+7=805

585는 460보다 크고 690보다 작으므로 585÷23의 몫은 20보다 크고 30보다 작습니다.

23×10=230<585
23×20=460<585
23×30=690>585

```
       2 5
23)5 8 5
   4 6
   1 2 5
   1 1 5
     1 0
```

585÷23=25⋯10

확인 23×25=575, 575+10=585

◆ 나눗셈을 해 보세요.

1 15)39 → 15)394

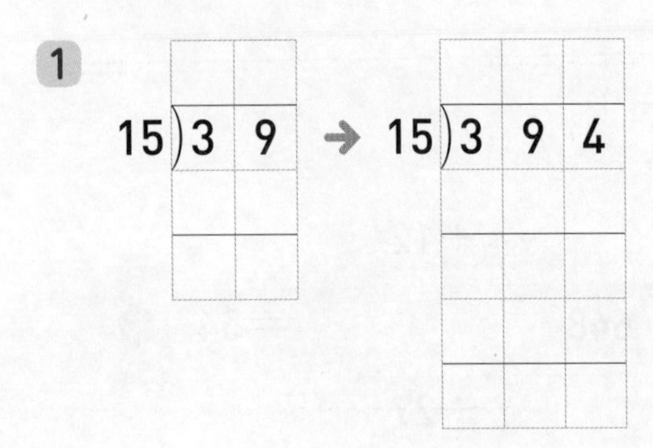

2 36)54 → 36)543

3 42)90 → 42)902

◆ □ 안에 알맞은 수를 써넣고, 나눗셈을 해 보세요.

4

12×20=240
12×30=□
12×40=□

→ 12)430

5

31×10=310
31×20=□
31×30=□

→ 31)758

6

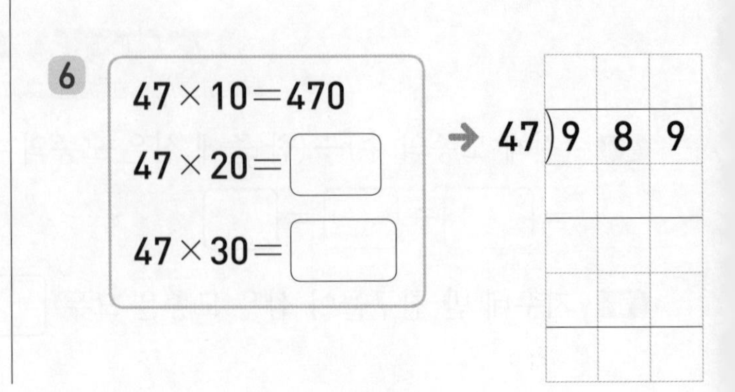

47×10=470
47×20=□
47×30=□

→ 47)989

연습 (세 자리 수)÷(두 자리 수)(3)

실수 콕! 8, 11번 문제

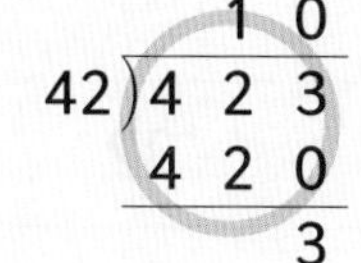

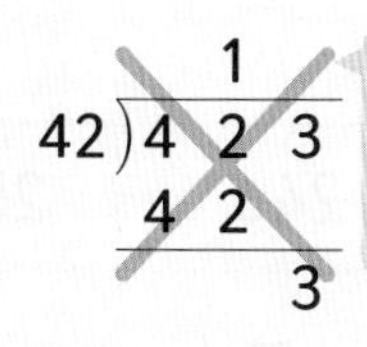

몫의 십의 자리를 구하고 남은 수가 나누는 수보다 작으면 몫의 일의 자리에 0을 써야 해.

◆ 나눗셈을 해 보세요.

7 ① $22\overline{)343}$ ② $31\overline{)343}$

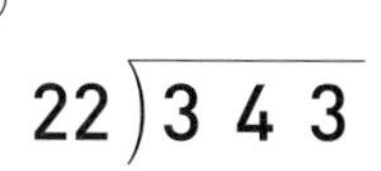

8 ① $15\overline{)379}$ ② $37\overline{)379}$

9 ① $14\overline{)455}$ ② $21\overline{)455}$

10 ① $36\overline{)507}$ ② $45\overline{)507}$

실수 콕!

11 ① $26\overline{)592}$ ② $59\overline{)592}$

12 ① $16\overline{)601}$ ② $24\overline{)601}$

◆ 보기 와 같이 나눗셈의 몫과 나머지를 구하고, 계산이 맞는지 확인해 보세요.

보기

$217 \div 18 = 12 \cdots 1$

확인 $18 \times 12 = 216$, $216 + 1 = 217$

13 $462 \div 23 = \square \cdots \square$

확인

14 $278 \div 17 = \square \cdots \square$

확인

15 $335 \div 21 = \square \cdots \square$

확인

16 $706 \div 13 = \square \cdots \square$

확인

17 $826 \div 43 = \square \cdots \square$

확인

18 $956 \div 56 = \square \cdots \square$

확인

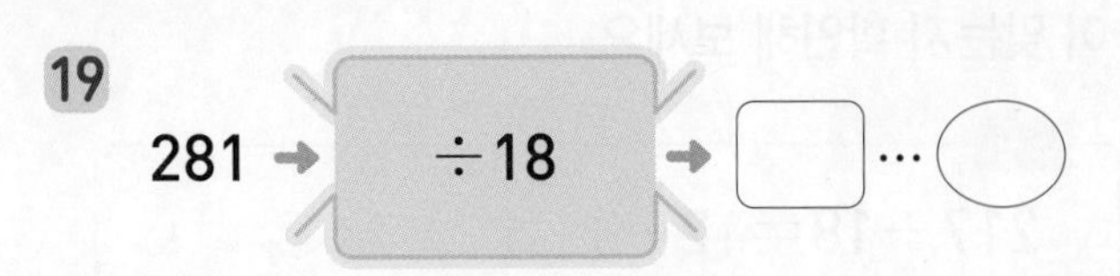

◆ □ 안에 몫을 쓰고, ◯ 안에 나머지를 써넣으세요.

19 281 → ÷18 → □ … ◯

20 231 → ÷16 → □ … ◯

21 397 → ÷23 → □ … ◯

22 497 → ÷28 → □ … ◯

23 728 → ÷31 → □ … ◯

24 779 → ÷42 → □ … ◯

25 598 → ÷19 → □ … ◯

◆ 가장 큰 수를 가장 작은 수로 나눈 몫과 나머지를 구하세요.

26 332 246 25 32

몫 ( )

나머지 ( )

27 139 218 14 23

몫 ( )

나머지 ( )

28 910 853 35 32

몫 ( )

나머지 ( )

29 396 32 287 23

몫 ( )

나머지 ( )

30 515 574 42 38

몫 ( )

나머지 ( )

31 36 72 799 804

몫 ( )

나머지 ( )

★ 완성 (세 자리 수)÷(두 자리 수) (3)

◆ 계산을 하고, 그림에서 나머지가 같은 칸을 찾아 주어진 색으로 칠해 보세요.

32 465÷38= □ ··· □

33 741÷17= □ ··· □

34 783÷24= □ ··· □

35 580÷43= □ ··· □

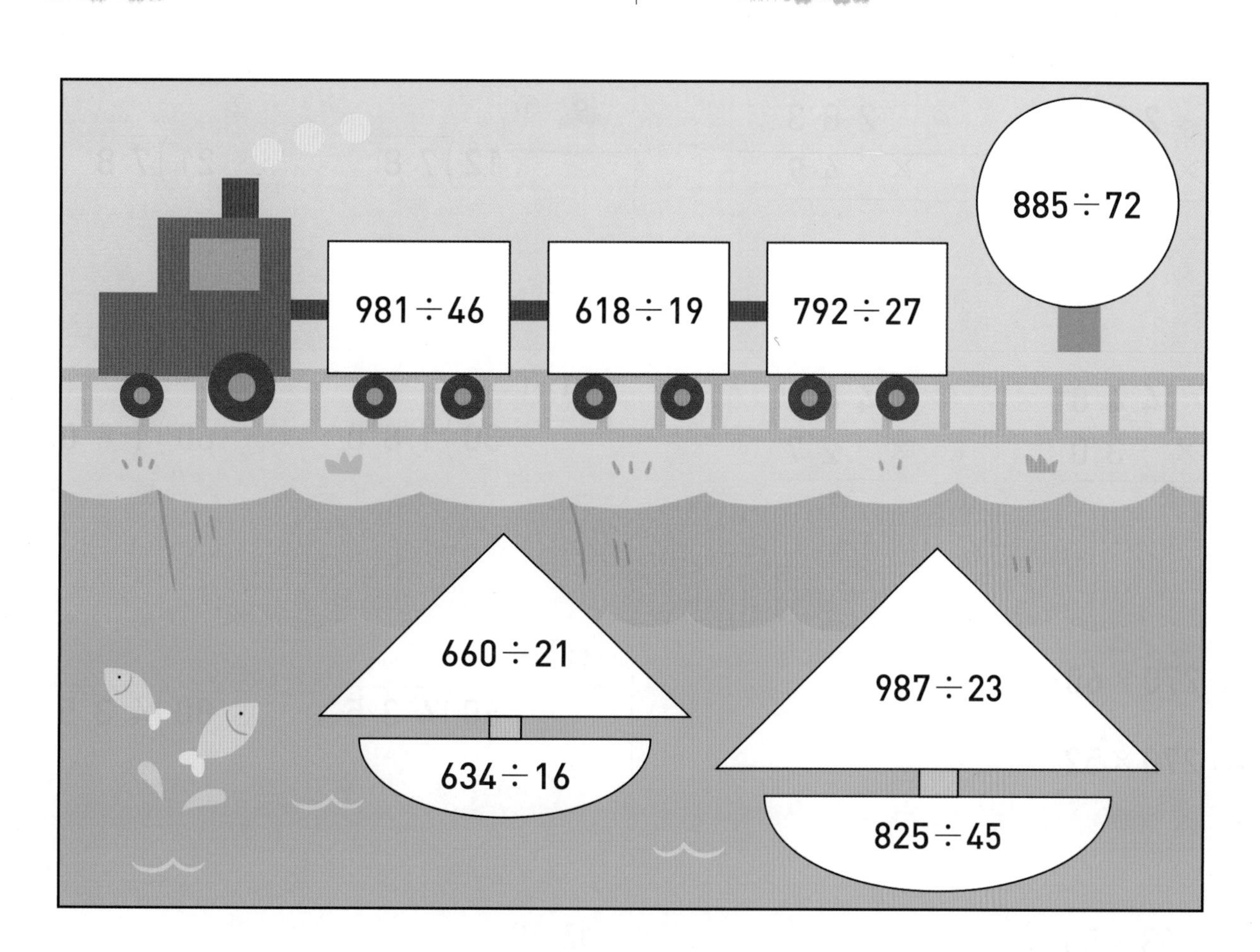

+문해력

36 현서네 학교 4학년 학생 314명이 체험 학습을 가려고 합니다. 버스 한 대에 28명씩 탄다면 버스는 적어도 몇 대 필요할까요?

풀이 (전체 학생 수)÷(버스 한 대에 타는 학생 수)

= □ ÷ □ = □ ··· □

➔ 버스 한 대에 28명씩 □ 대에 타고, 남은 □ 명도 타야 합니다.

답 버스 한 대에 28명씩 탄다면 버스는 적어도 □ 대 필요합니다.

◆ 곱셈을 해 보세요.

1 ① $\begin{array}{r} 360 \\ \times\ 40 \\ \hline \end{array}$ ② $\begin{array}{r} 360 \\ \times\ 73 \\ \hline \end{array}$

2 ① $\begin{array}{r} 283 \\ \times\ 20 \\ \hline \end{array}$ ② $\begin{array}{r} 283 \\ \times\ 49 \\ \hline \end{array}$

3 ① $\begin{array}{r} 448 \\ \times\ 30 \\ \hline \end{array}$ ② $\begin{array}{r} 448 \\ \times\ 27 \\ \hline \end{array}$

4 ① 270×60

② 270×52

5 ① 363×50

② 363×73

6 ① 486×50

② 486×64

7 ① 524×70

② 524×98

◆ 나눗셈을 해 보세요.

8 ① $30\overline{)81}$ ② $40\overline{)81}$

9 ① $12\overline{)78}$ ② $21\overline{)78}$

10 ① $30\overline{)180}$ ② $60\overline{)180}$

11 ① $60\overline{)435}$ ② $80\overline{)435}$

12 ① $23\overline{)125}$ ② $16\overline{)125}$

13 ① $32\overline{)352}$ ② $18\overline{)352}$

14 ① $46\overline{)598}$ ② $52\overline{)598}$

◆ 나눗셈을 해 보세요.

15 ① $99 \div 30$

② $99 \div 40$

16 ① $86 \div 23$

② $86 \div 35$

17 ① $160 \div 40$

② $160 \div 80$

18 ① $358 \div 40$

② $358 \div 60$

19 ① $421 \div 50$

② $421 \div 70$

20 ① $285 \div 36$

② $285 \div 42$

21 ① $442 \div 34$

② $442 \div 18$

22 ① $648 \div 24$

② $648 \div 22$

◆ 보기 와 같이 나눗셈의 몫과 나머지를 구하고, 계산이 맞는지 확인해 보세요.

보기

$127 \div 30 = 4 \cdots 7$

확인 $30 \times 4 = 120$, $120 + 7 = 127$

23 $74 \div 30 = \square \cdots \square$

확인

24 $96 \div 25 = \square \cdots \square$

확인

25 $77 \div 17 = \square \cdots \square$

확인

26 $395 \div 70 = \square \cdots \square$

확인

27 $149 \div 24 = \square \cdots \square$

확인

28 $884 \div 52 = \square$

확인

29 $902 \div 72 = \square \cdots \square$

확인

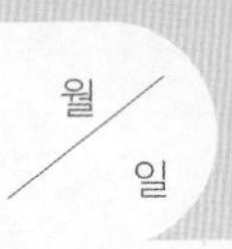

◆ 빈칸에 알맞은 수를 써넣으세요.

1

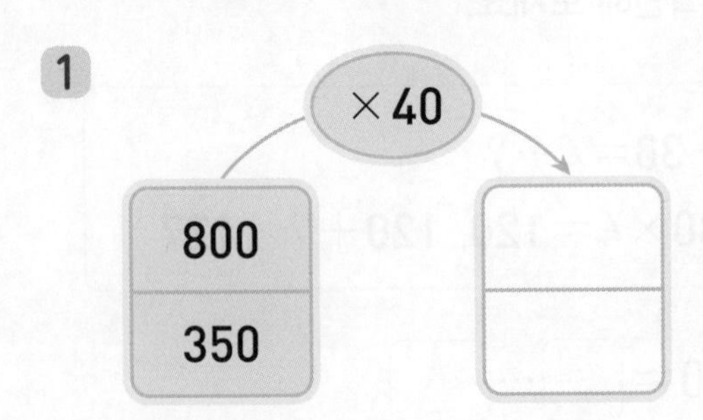

2

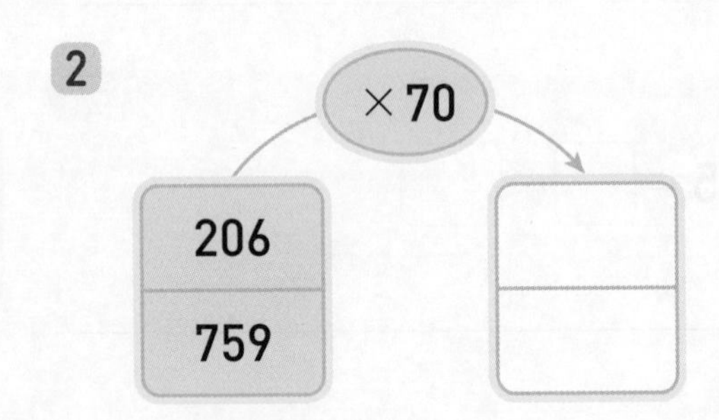

3

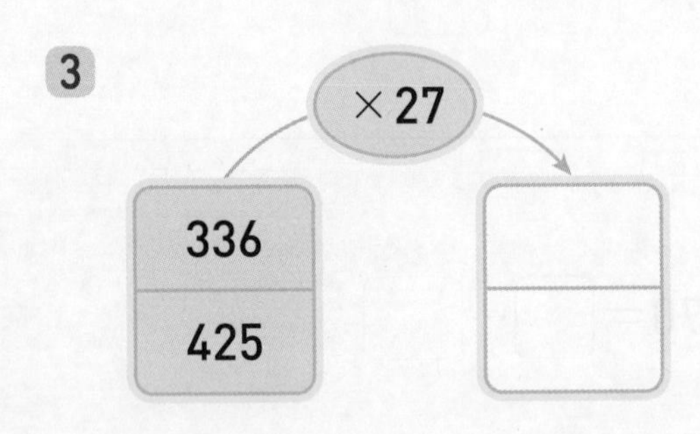

4

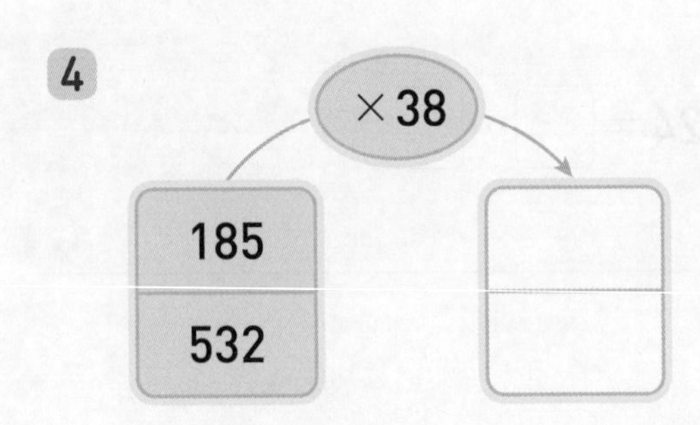

5

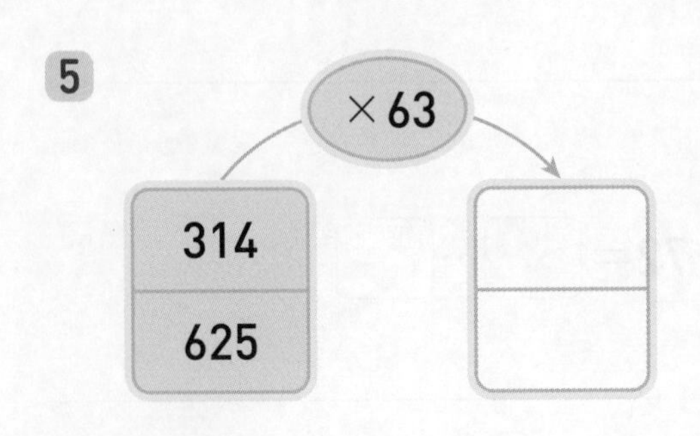

◆ 곱의 크기를 비교하여 ○ 안에 >, =, <를 알맞게 써넣으세요.

6 900×30 ○ 400×70

7 210×80 ○ 500×20

8 477×60 ○ 721×40

9 645×50 ○ 362×90

10 552×16 ○ 328×24

11 842×37 ○ 695×42

12 967×22 ○ 524×41

13 384×72 ○ 787×33

◆ 큰 수를 작은 수로 나눈 몫과 나머지를 구하세요.

14 94 40

→ 몫: ☐, 나머지: ☐

15 21 88

→ 몫: ☐, 나머지: ☐

16 30 257

→ 몫: ☐, 나머지: ☐

17 251 62

→ 몫: ☐, 나머지: ☐

18 281 49

→ 몫: ☐, 나머지: ☐

19 324 17

→ 몫: ☐, 나머지: ☐

20 38 969

→ 몫: ☐, 나머지: ☐

◆ 몫의 크기를 비교하여 더 큰 것에 ○표 하세요.

21 $120 \div 30$ ( ) $72 \div 20$ ( )

22 $77 \div 15$ ( ) $255 \div 40$ ( )

23 $237 \div 33$ ( ) $172 \div 12$ ( )

24 $95 \div 30$ ( ) $155 \div 70$ ( )

25 $92 \div 27$ ( ) $162 \div 35$ ( )

26 $896 \div 28$ ( ) $912 \div 32$ ( )

27 $993 \div 24$ ( ) $587 \div 16$ ( )

4 평면도형의 이동

평면도형
뒤집기

학습을 끝낸 후
색칠하세요.

이전에 배운 내용

평면도형
밀기

[3-1] 평면도형
각, 직각 알아보기
직각삼각형 알아보기
직사각형, 정사각형 알아보기

다음에 배울 내용

[4-2] 사각형

사다리꼴 알아보기

평행사변형 알아보기

마름모 알아보기

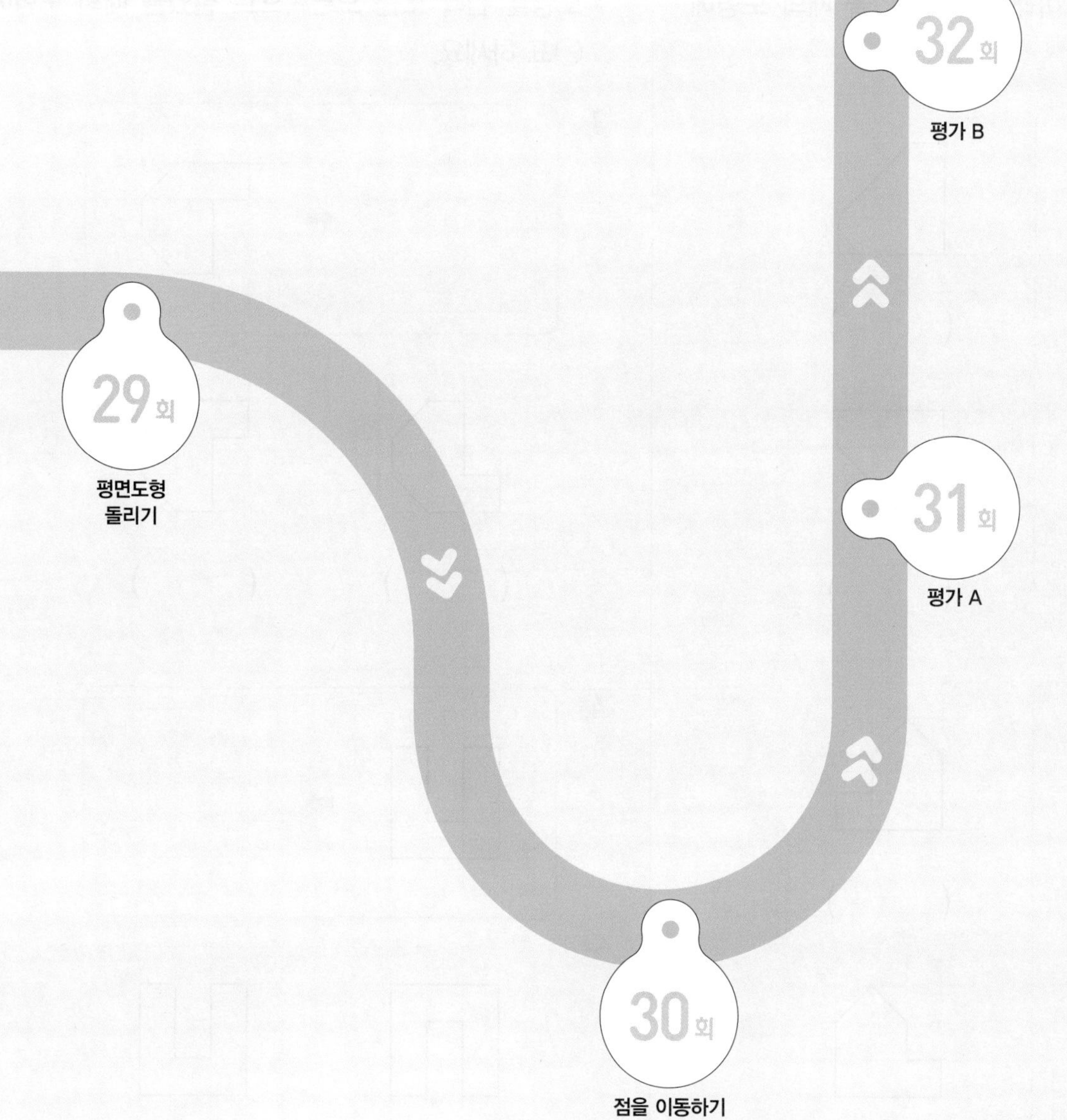

개념 # 평면도형 밀기

27회 월 일

도형을 위쪽 또는 아래쪽으로 밀면 모양은 변하지 않고 위치만 변합니다.

위쪽으로 밀기

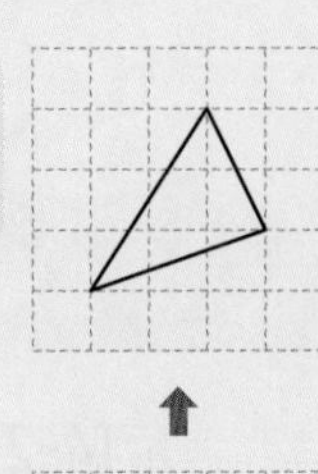

아래쪽으로 밀기

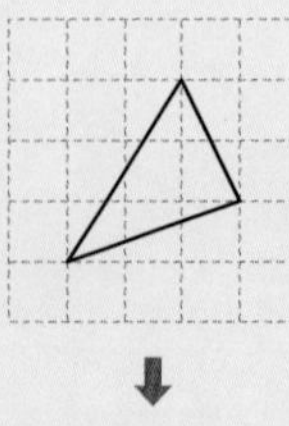

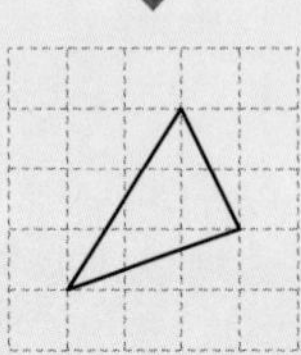

도형을 왼쪽 또는 오른쪽으로 밀면 모양은 변하지 않고 위치만 변합니다.

왼쪽으로 밀기

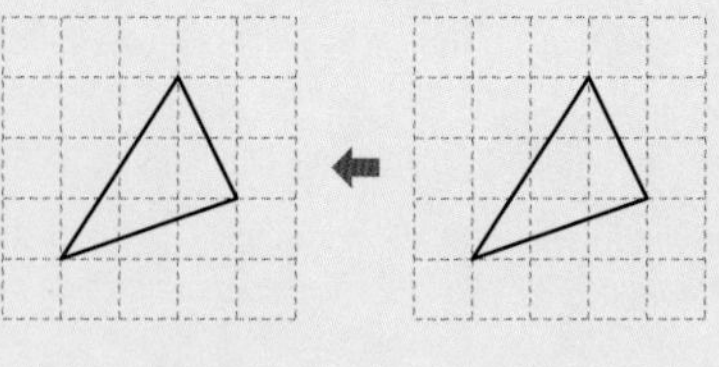

오른쪽으로 밀기

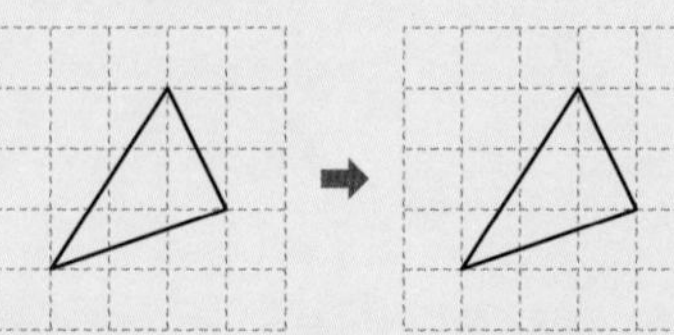

◆ 도형을 위쪽 또는 아래쪽으로 밀었을 때의 도형에 ○표 하세요.

1

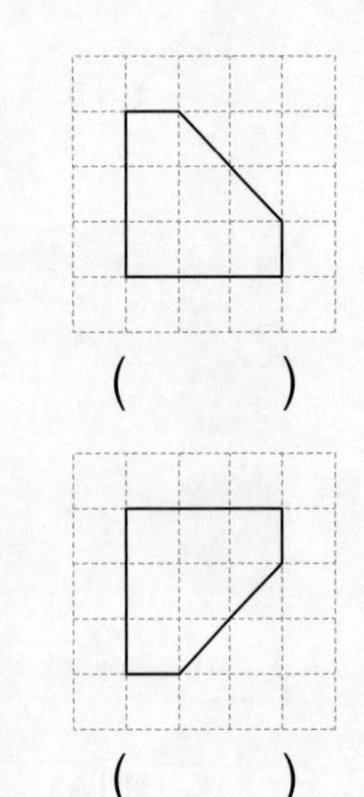

(　　　)

(　　　)

2

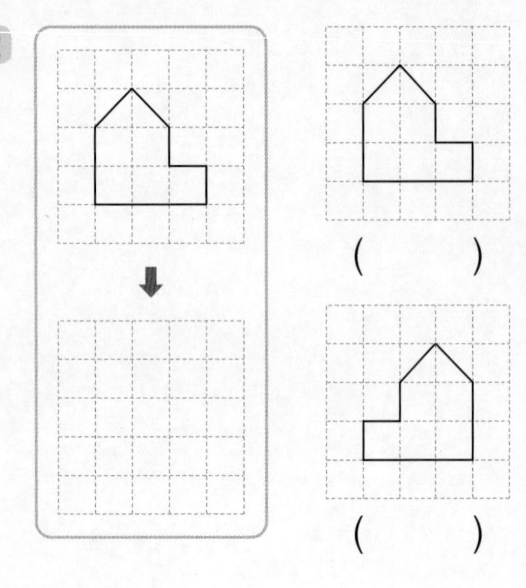

(　　　)

(　　　)

◆ 도형을 왼쪽 또는 오른쪽으로 밀었을 때의 도형에 ○표 하세요.

3

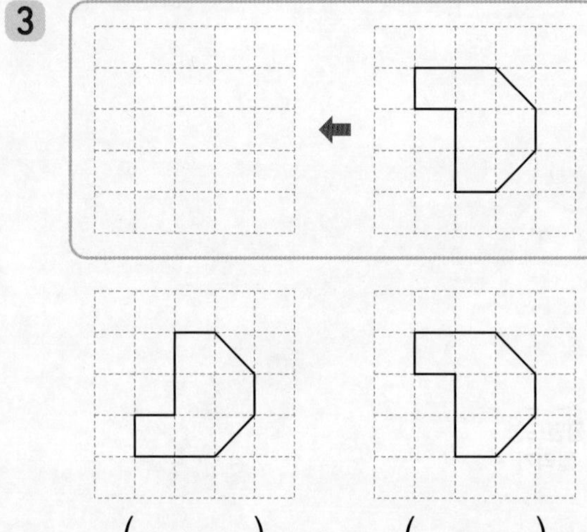

(　　　)　(　　　)

4

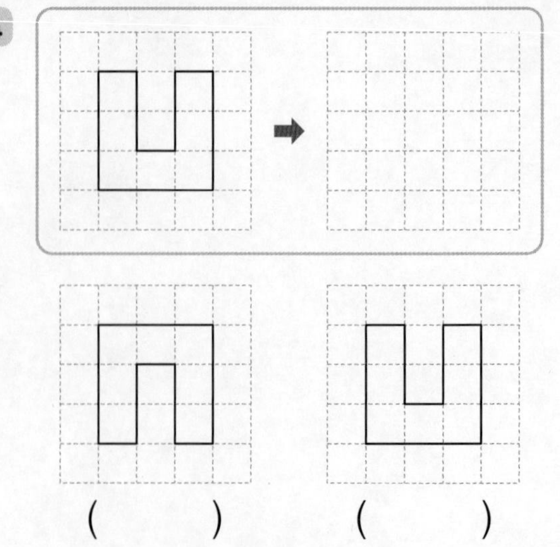

(　　　)　(　　　)

정답 20쪽

연습 평면도형 밀기

◆ 도형을 위쪽 또는 아래쪽으로 밀었을 때의 도형을 그려 보세요.

5 ① 

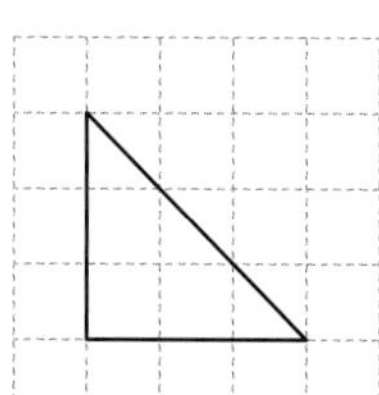

② 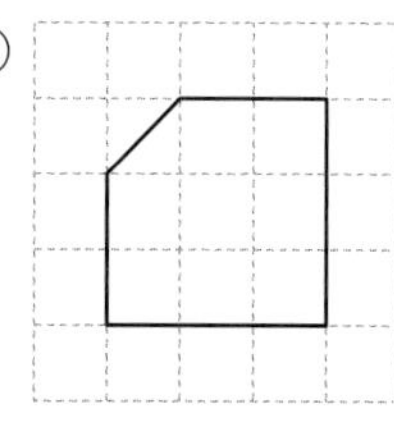

6 ① 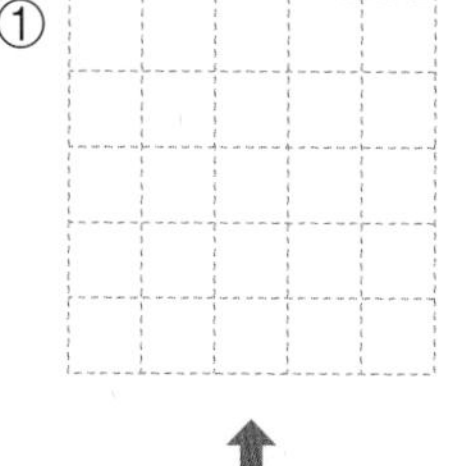

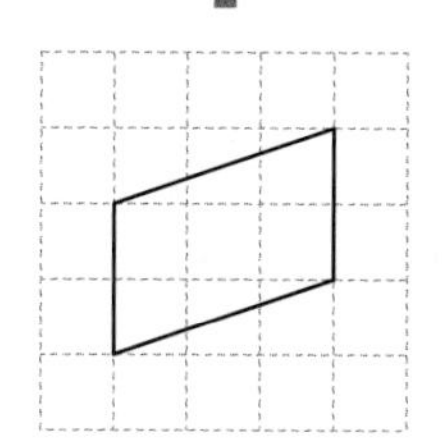

② 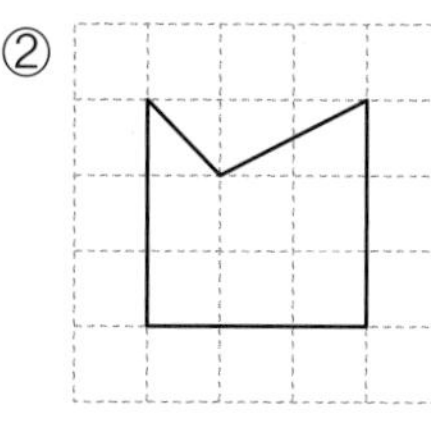

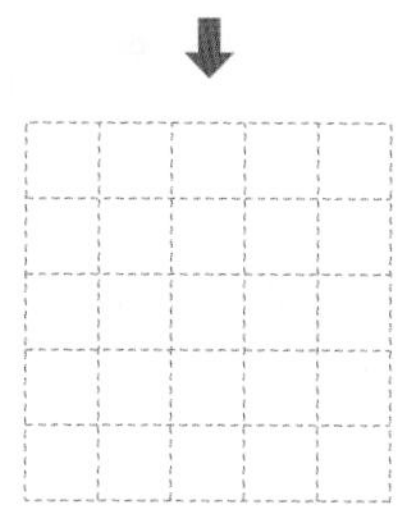

7 ① 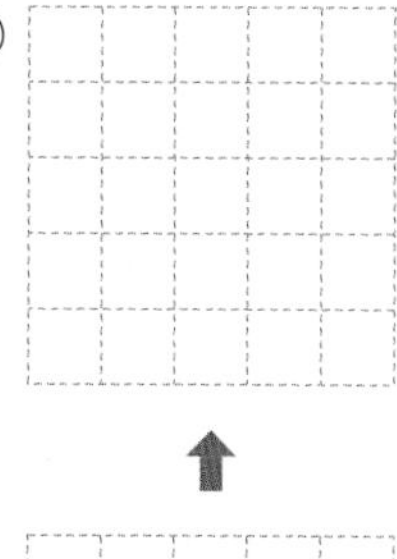

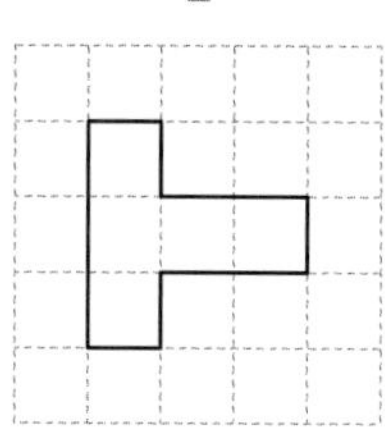

② 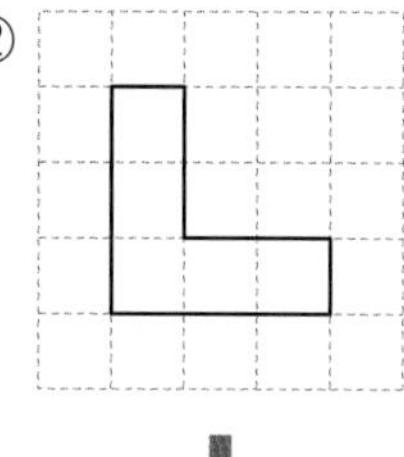

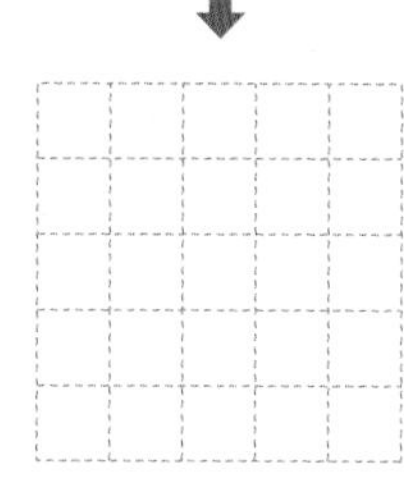

◆ 도형을 왼쪽 또는 오른쪽으로 밀었을 때의 도형을 그려 보세요.

8 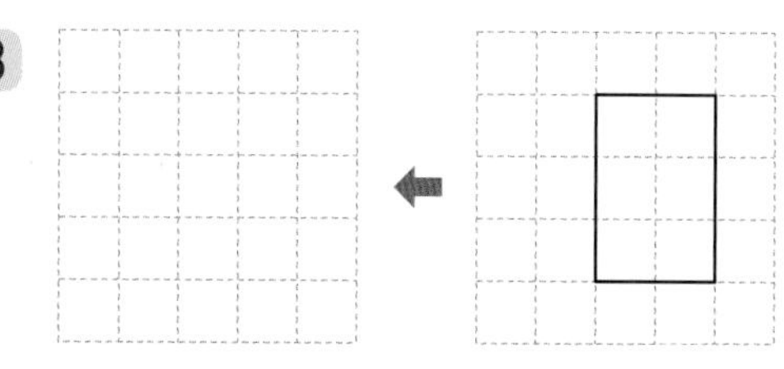

9 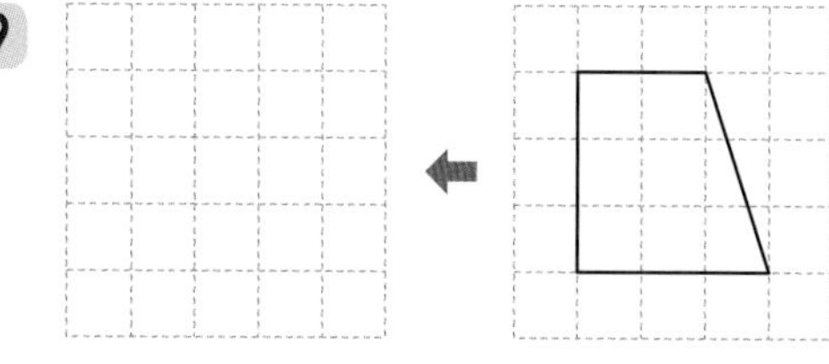

10 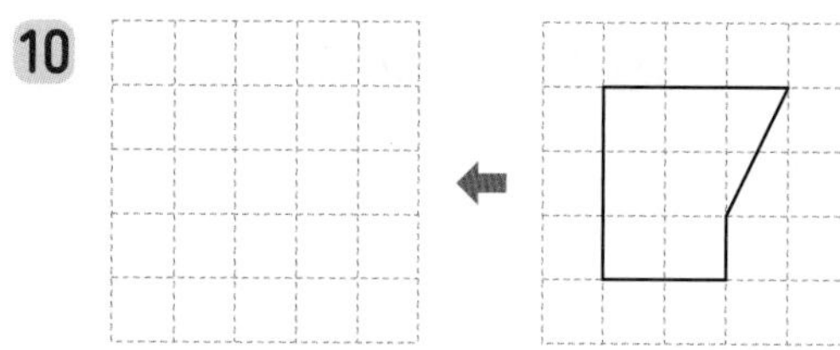

11 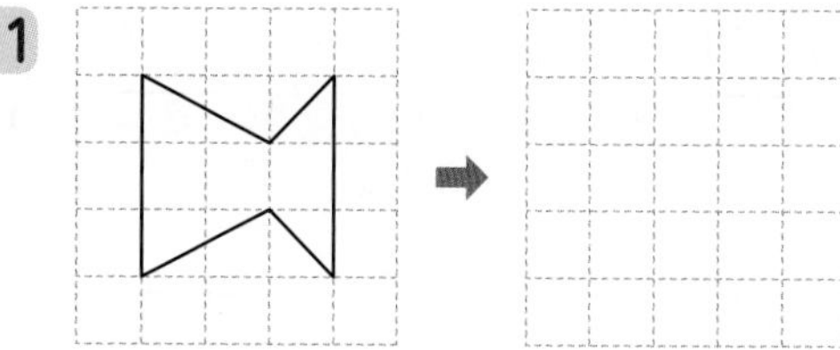

12 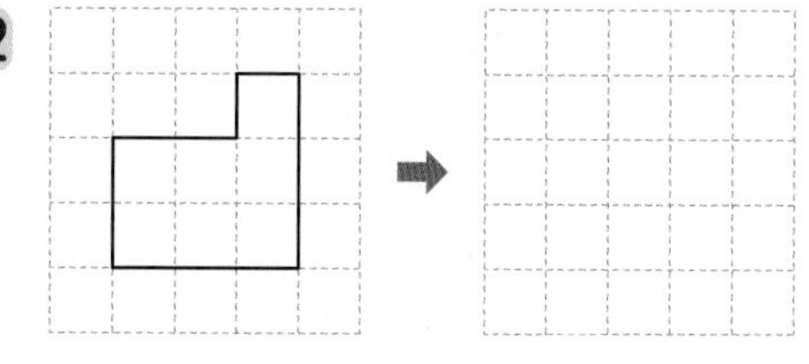

13 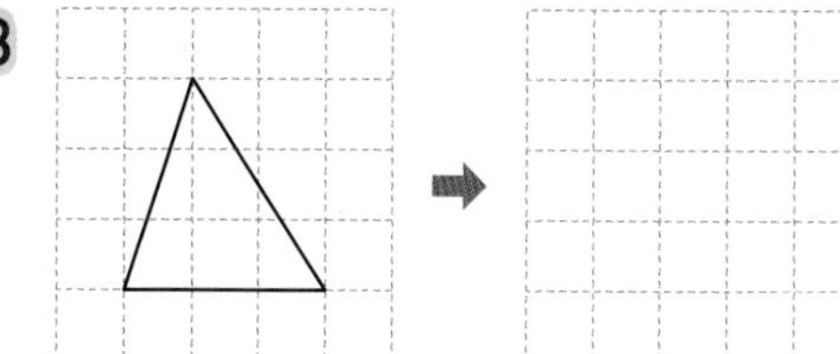

4단원 27회

적용 평면도형 밀기

◆ 왼쪽 도형을 주어진 방향으로 밀었을 때의 도형을 찾아 이어 보세요.

14 오른쪽으로 밀기

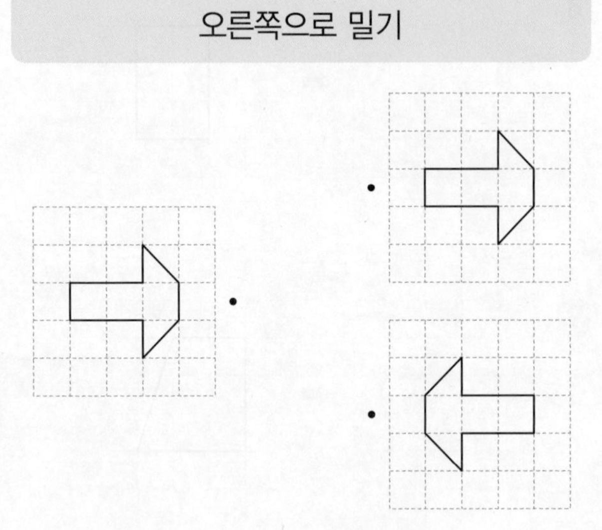

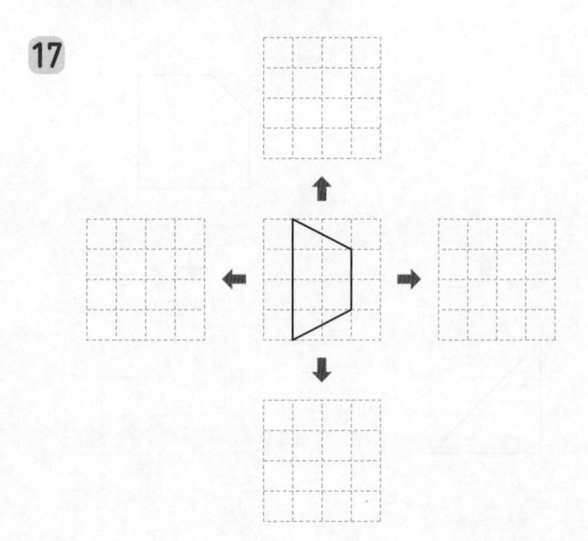

15 왼쪽으로 밀기

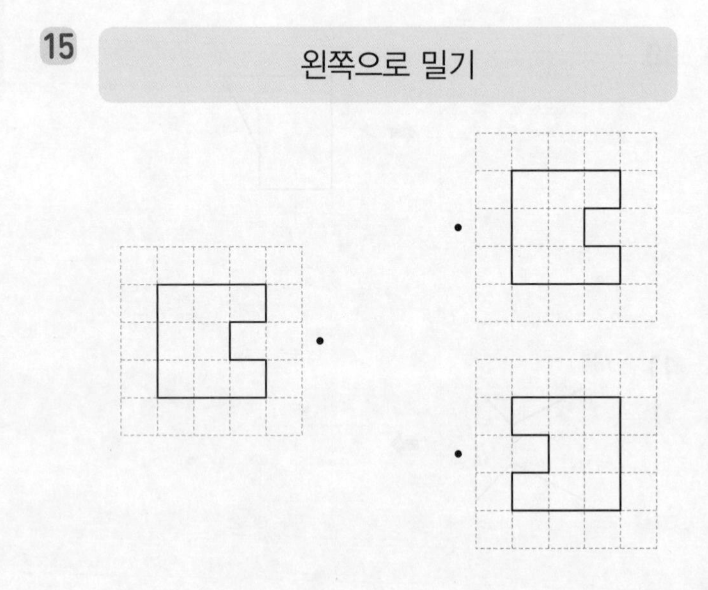

16 위쪽으로 밀기

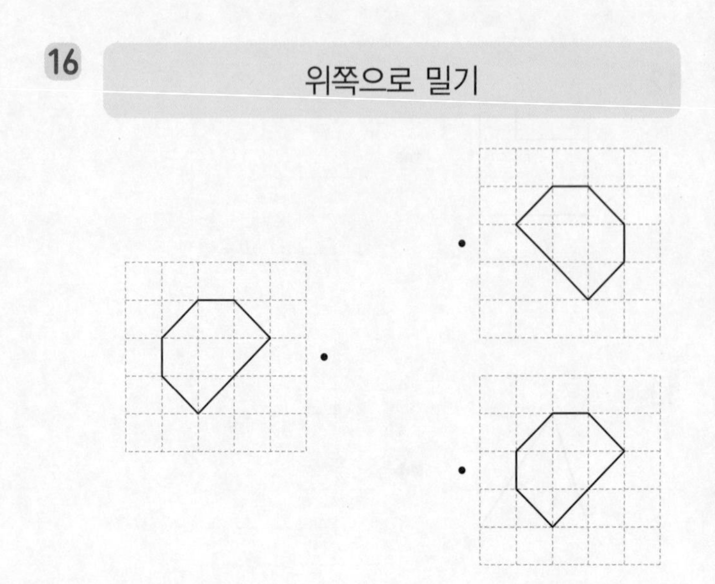

◆ 도형을 위쪽, 아래쪽, 왼쪽, 오른쪽으로 밀었을 때의 도형을 각각 그려 보세요.

17

18

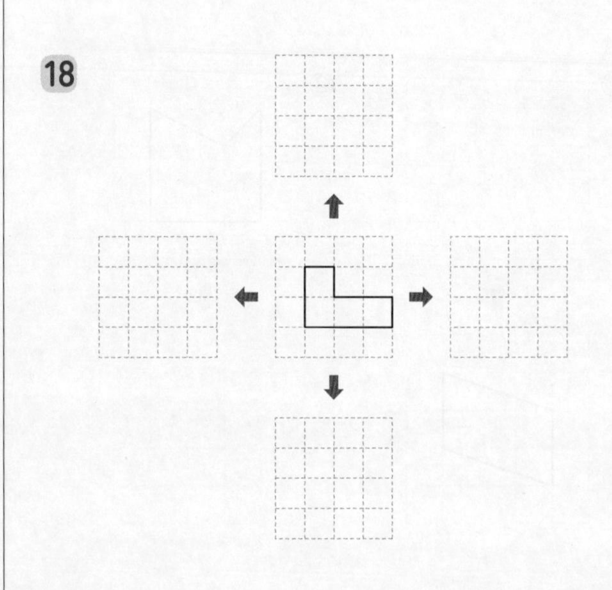

19

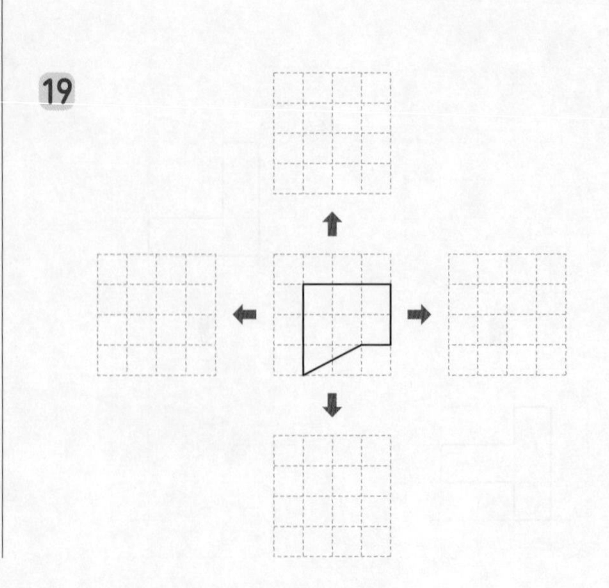

★ 완성 평면도형 밀기

◆ 도형을 아래쪽으로 밀었을 때의 도형을 미끄럼틀을 타고 내려온 곳에 각각 그려 보세요.

20

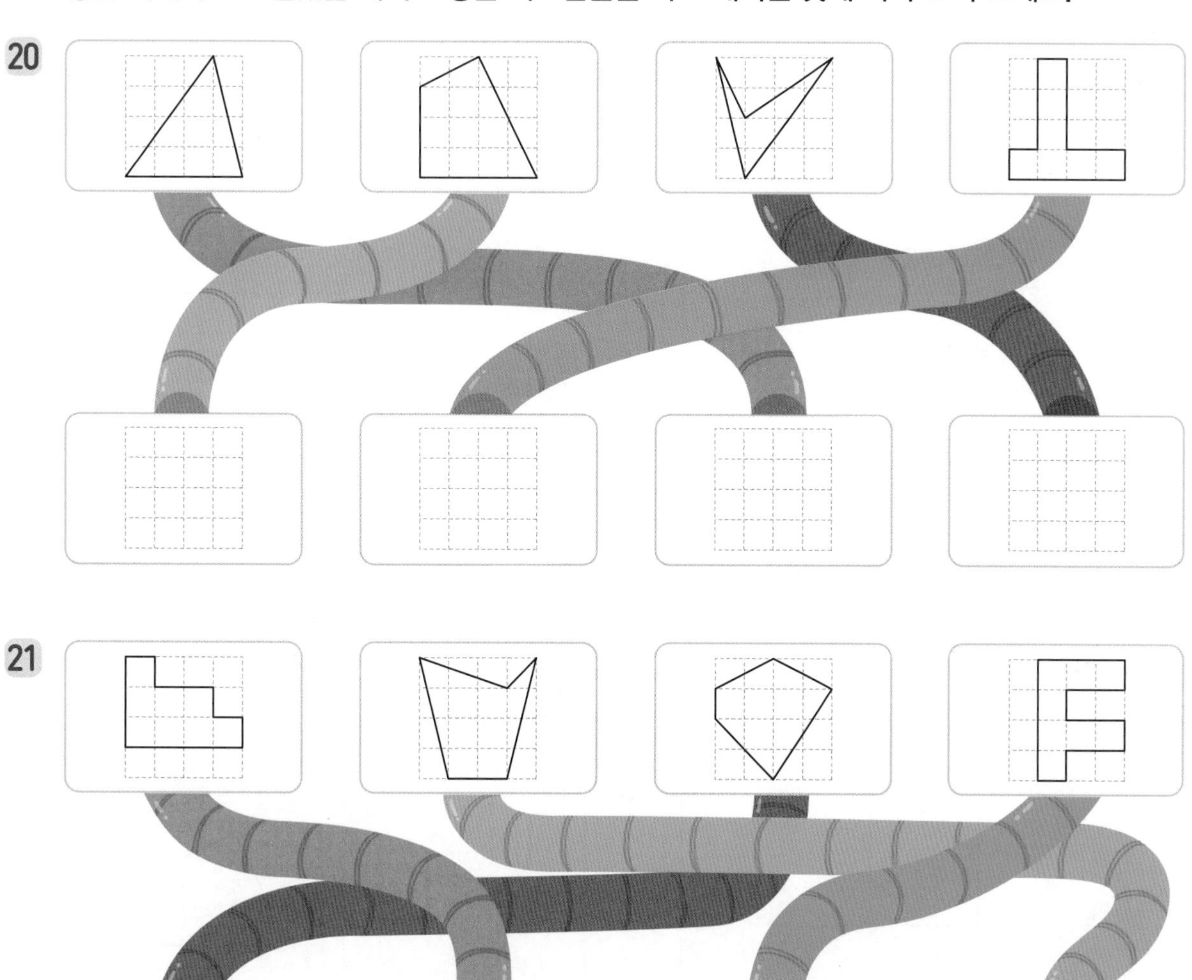

21

+문해력

22 연서와 준호가 주어진 도형을 위쪽으로 밀었을 때의 도형을 각각 그린 것입니다. 바르게 그린 사람은 누구일까요?

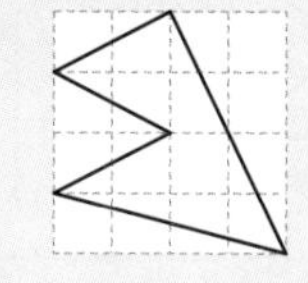

연서

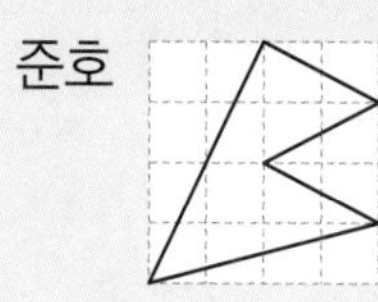

준호

풀이 도형을 위쪽으로 밀면 도형의 (모양 , 위치)만 변합니다.

주어진 도형과 (모양 , 위치)이/가 같은 도형을 그린 사람은 ☐입니다.

답 바르게 그린 사람은 ☐입니다.

개념 평면도형 뒤집기

도형을 위쪽 또는 아래쪽으로 뒤집으면 위쪽과 아래쪽이 서로 바뀝니다.

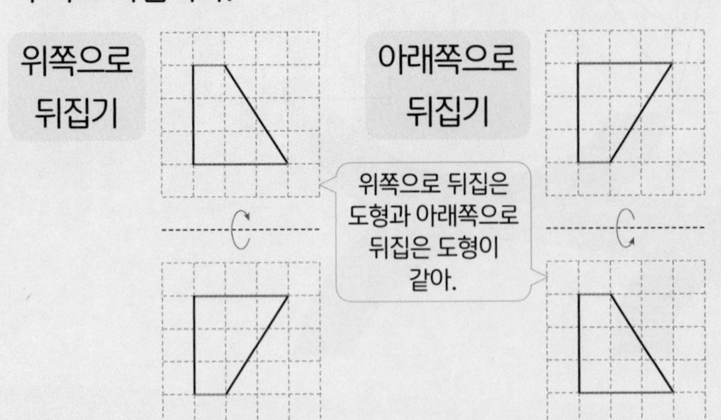
위쪽으로 뒤집기
아래쪽으로 뒤집기
위쪽으로 뒤집은 도형과 아래쪽으로 뒤집은 도형이 같아.

도형을 왼쪽 또는 오른쪽으로 뒤집으면 왼쪽과 오른쪽이 서로 바뀝니다.

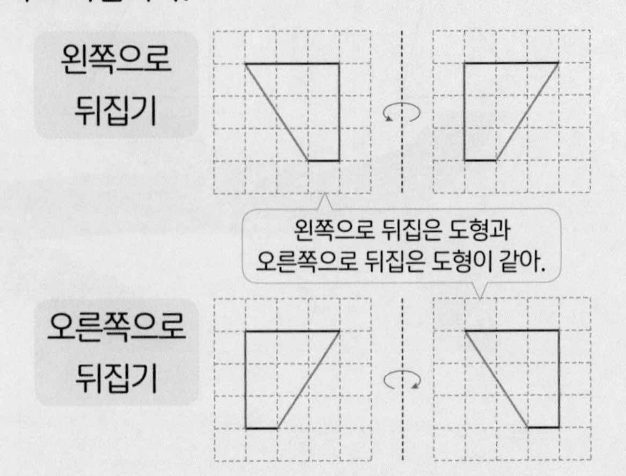
왼쪽으로 뒤집기
오른쪽으로 뒤집기
왼쪽으로 뒤집은 도형과 오른쪽으로 뒤집은 도형이 같아.

◆ 도형을 위쪽 또는 아래쪽으로 뒤집었을 때의 도형에 ○표 하세요.

1

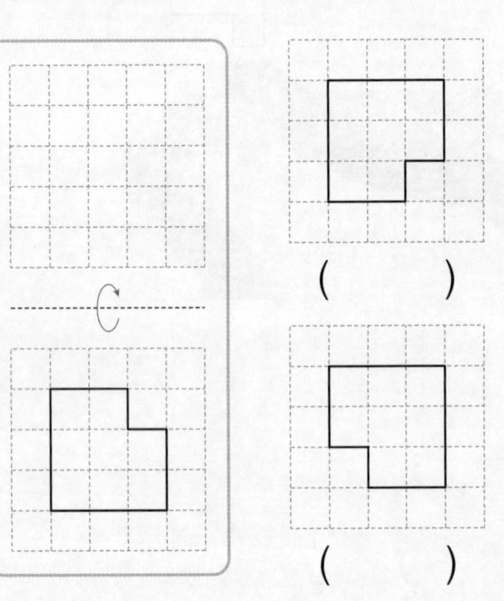

( )

( )

2

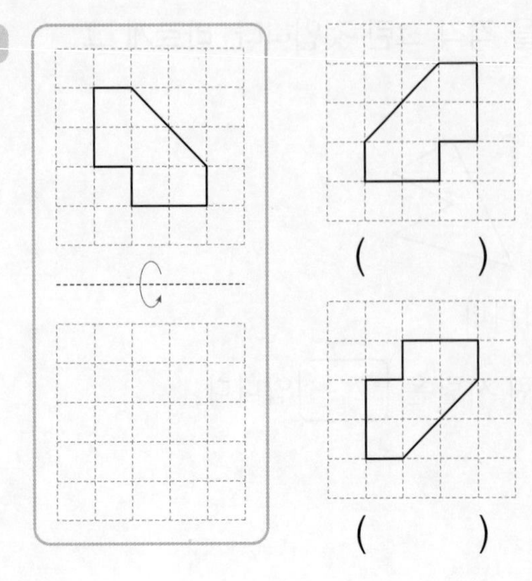

( )

( )

◆ 도형을 왼쪽 또는 오른쪽으로 뒤집었을 때의 도형에 ○표 하세요.

3

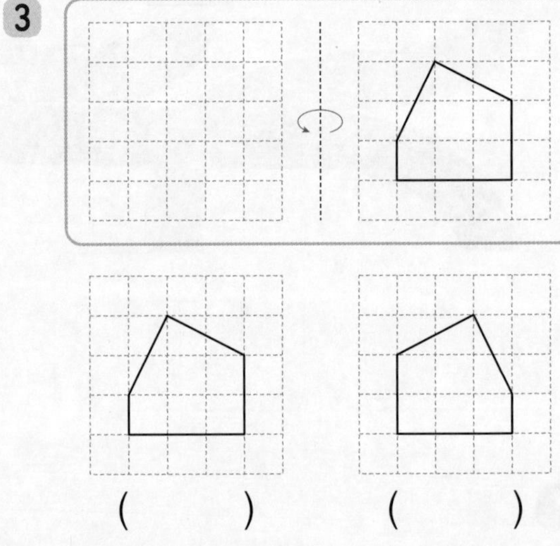

( ) ( )

4

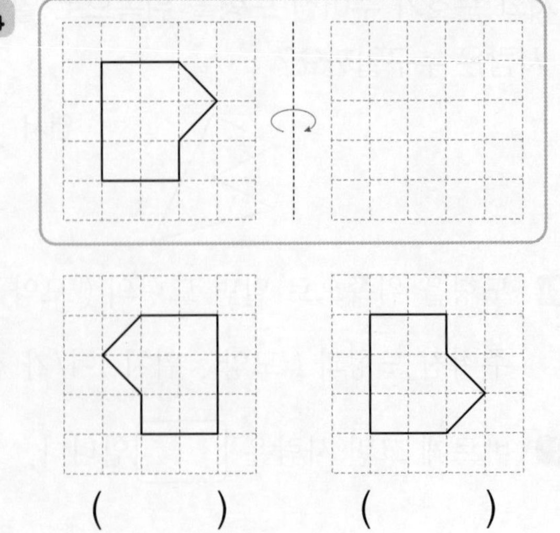

( ) ( )

연습 평면도형 뒤집기

◆ 도형을 위쪽 또는 아래쪽으로 뒤집었을 때의 도형을 그려 보세요.

5 ①

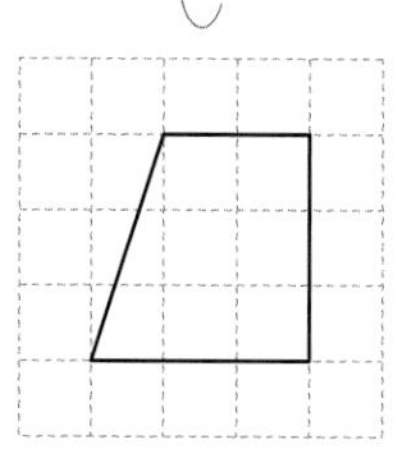

②

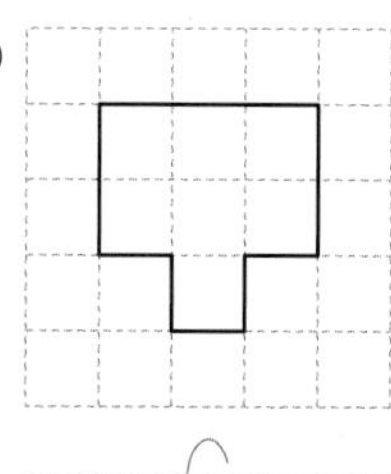

6 ①

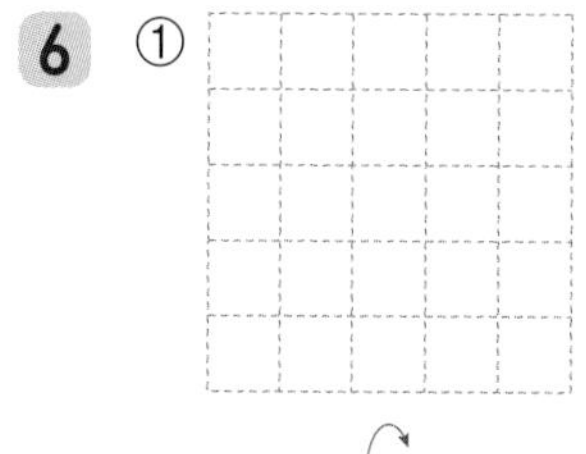

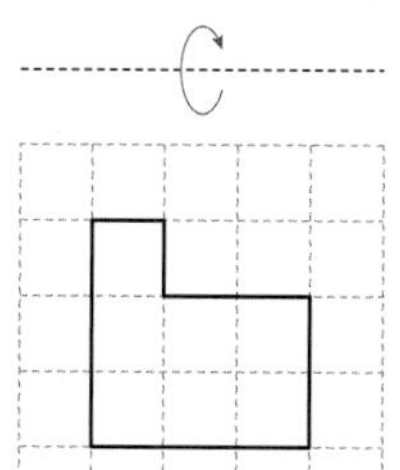

②

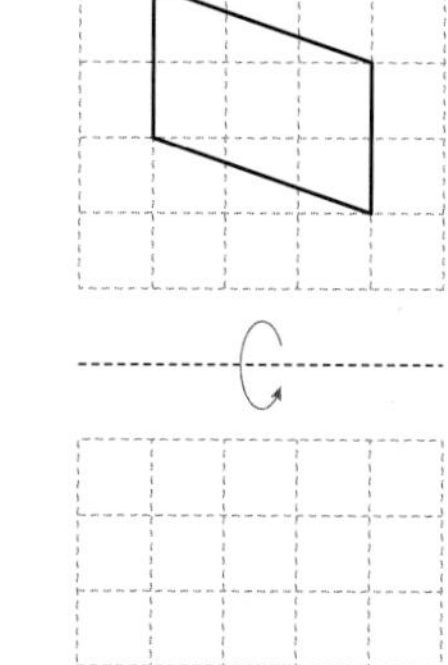

7 ①

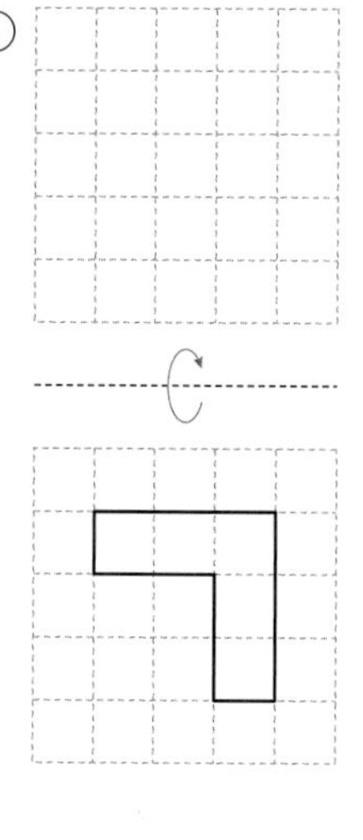

②

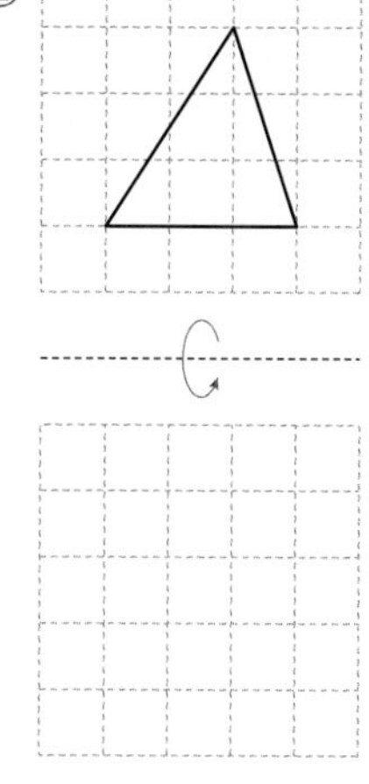

◆ 도형을 왼쪽 또는 오른쪽으로 뒤집었을 때의 도형을 그려 보세요.

8

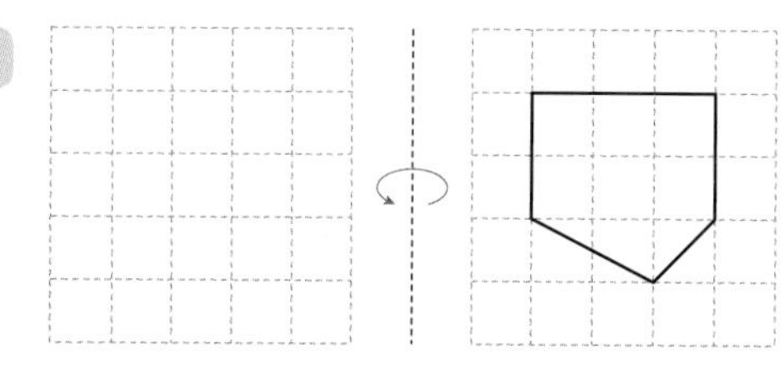

9

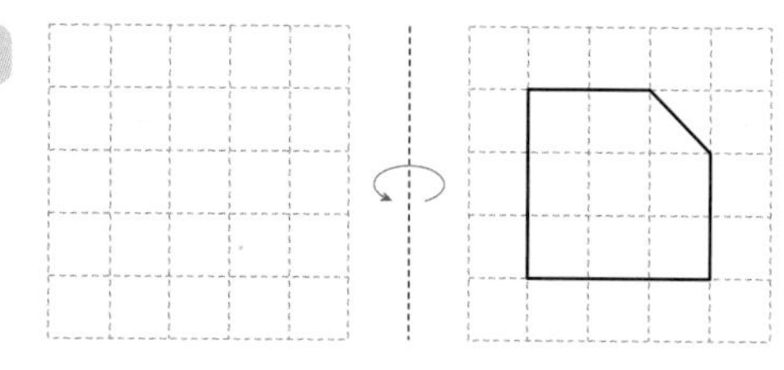

10

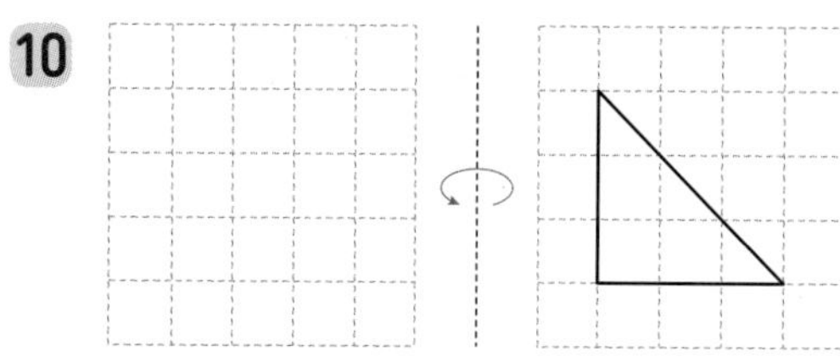

11

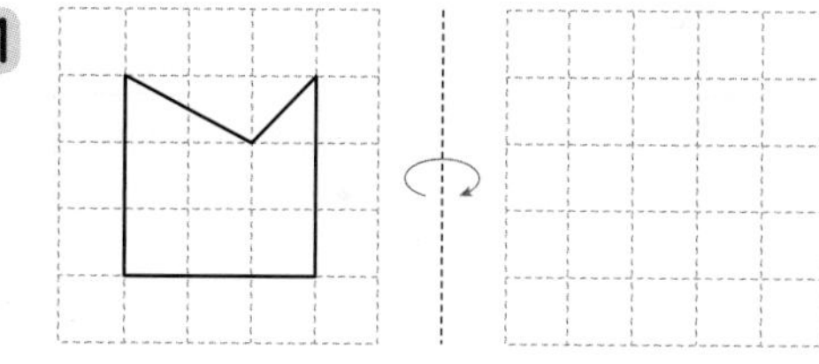

12

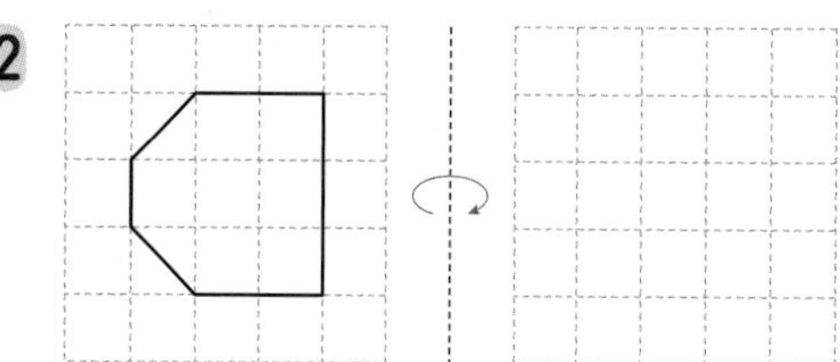

13

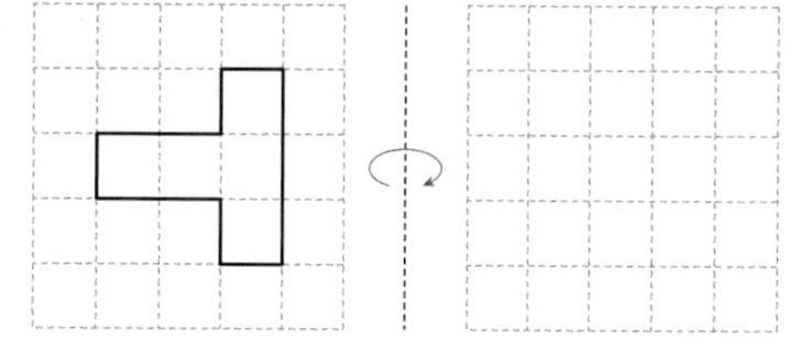

적용 평면도형 뒤집기

◆ 왼쪽 도형을 주어진 방향으로 뒤집었을 때의 도형을 찾아 이어 보세요.

14 위쪽으로 뒤집기

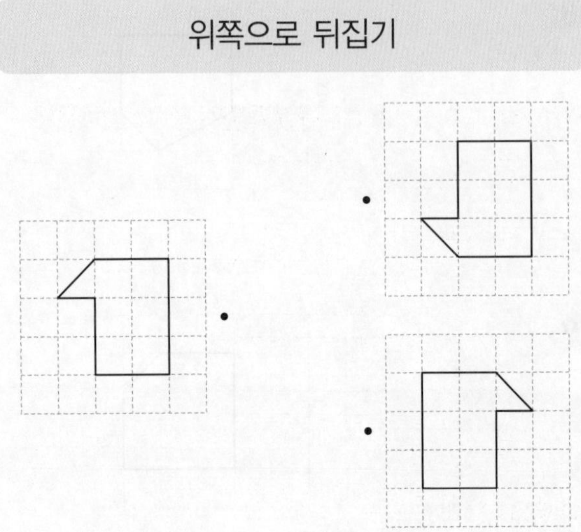

15 왼쪽으로 뒤집기

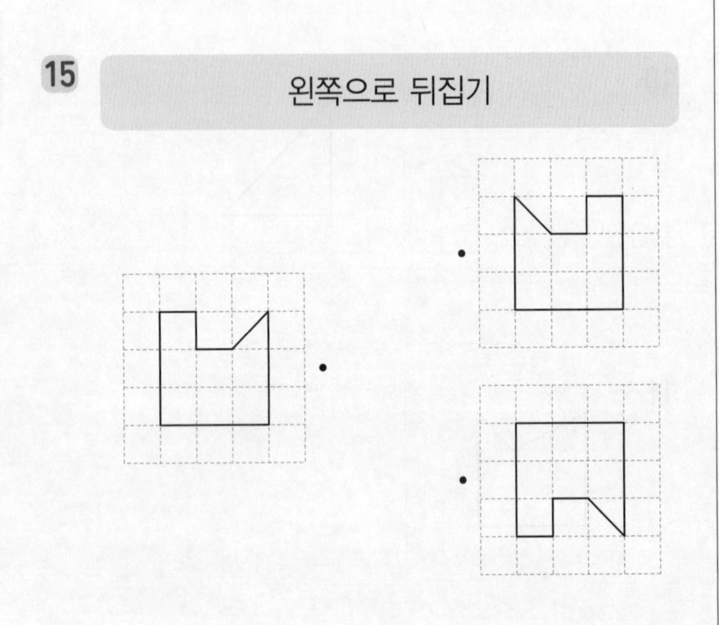

16 아래쪽으로 뒤집기

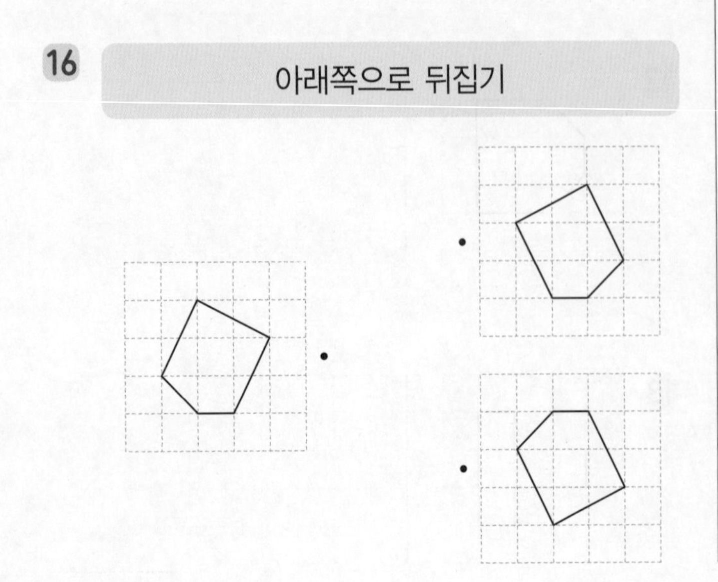

◆ 도형을 위쪽, 아래쪽, 왼쪽, 오른쪽으로 뒤집었을 때의 도형을 각각 그려 보세요.

17

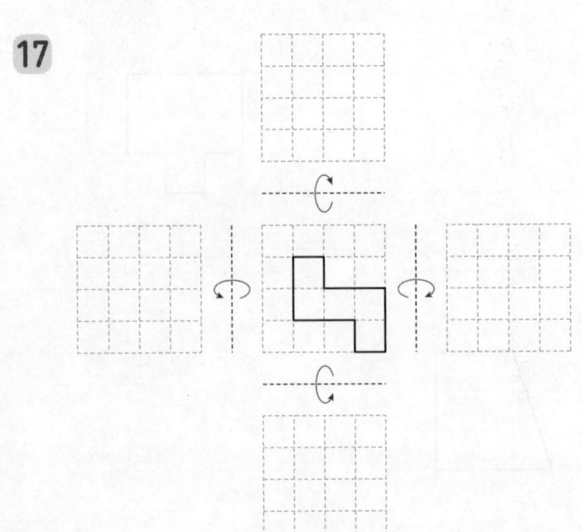

18

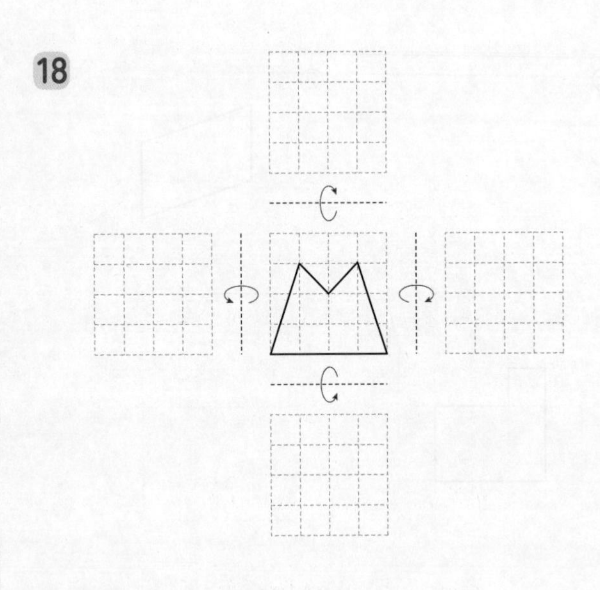

19

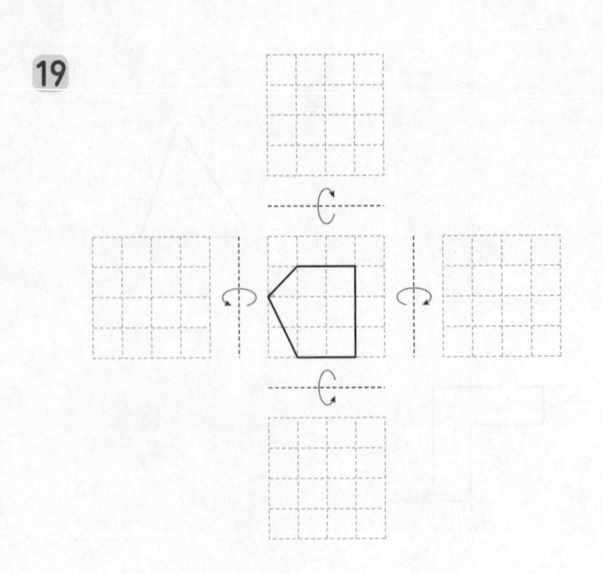

정답 21쪽

★ 완성 평면도형 뒤집기

◆ 카드를 넣으면 주어진 방향으로 뒤집어진 카드가 나오는 마법 상자가 있습니다. 마법 상자에 넣기 전 모양과 넣은 후 모양이 같은 카드를 모두 찾아 ◯표 하세요.

20 위쪽으로 뒤집기

21 아래쪽으로 뒤집기

22 오른쪽으로 뒤집기

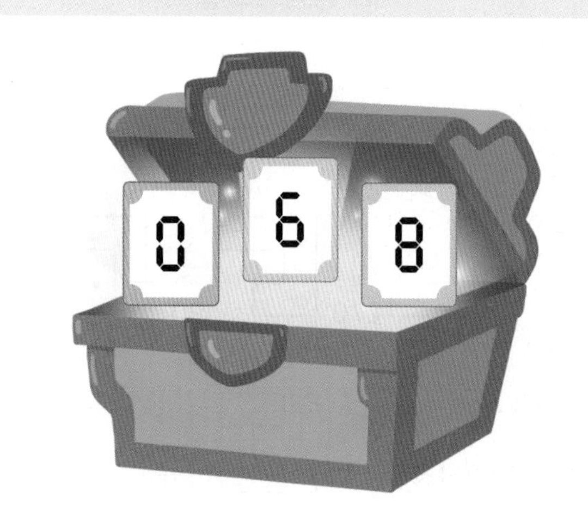

23 왼쪽으로 뒤집기

+문해력

24 수 카드를 오른쪽으로 뒤집었을 때 나오는 수와 처음 수의 합을 구하세요.

풀이 5를 오른쪽으로 뒤집었을 때 나오는 수는 (5 , 2)입니다.

➔ (오른쪽으로 뒤집었을 때 나오는 수)+(처음 수)

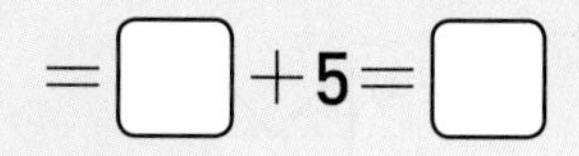

=□+5=□

답 오른쪽으로 뒤집었을 때 나오는 수와 처음 수의 합은 □입니다.

개념 평면도형 돌리기

도형을 시계 방향으로 돌리면 도형의 위쪽 부분이 오른쪽 → 아래쪽 → 왼쪽 → 위쪽으로 이동합니다.

시계 방향으로 돌리기

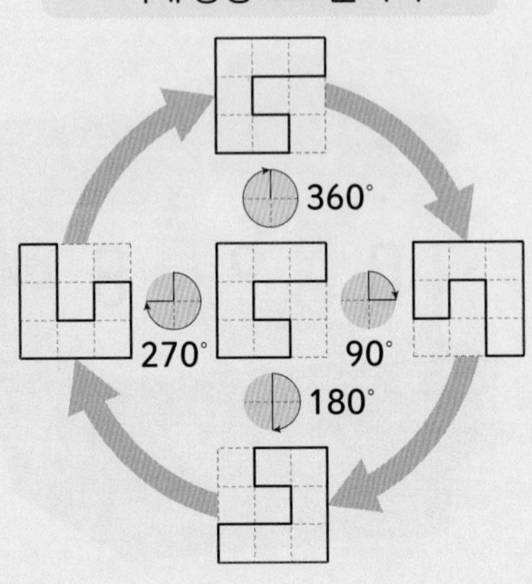

도형을 시계 반대 방향으로 돌리면 도형의 위쪽 부분이 왼쪽 → 아래쪽 → 오른쪽 → 위쪽으로 이동합니다.

시계 반대 방향으로 돌리기

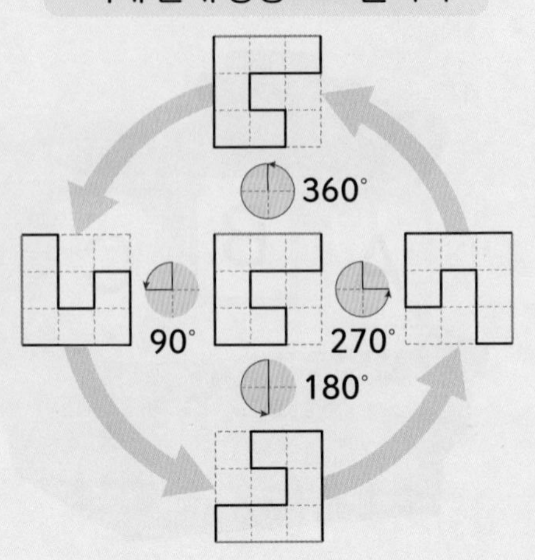

◆ 도형을 시계 방향으로 주어진 각도만큼 돌렸을 때의 도형을 찾아 ○표 하세요.

1

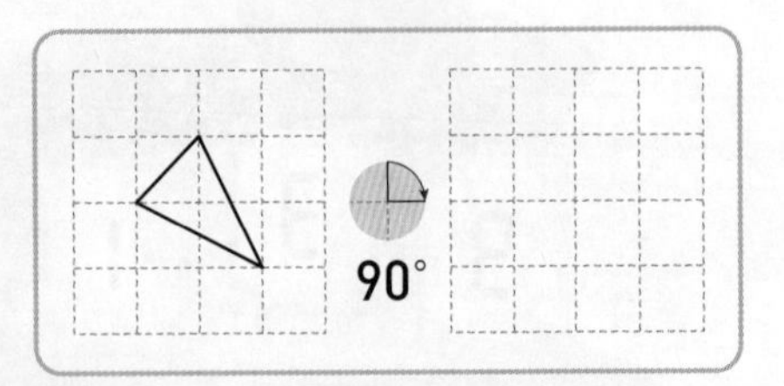

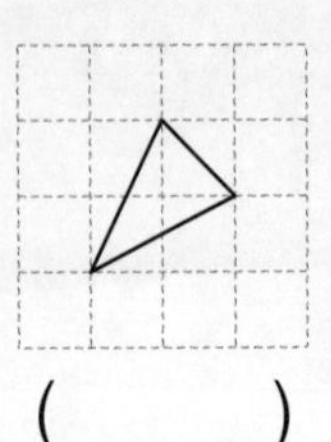

( ) ( ) ( )

2

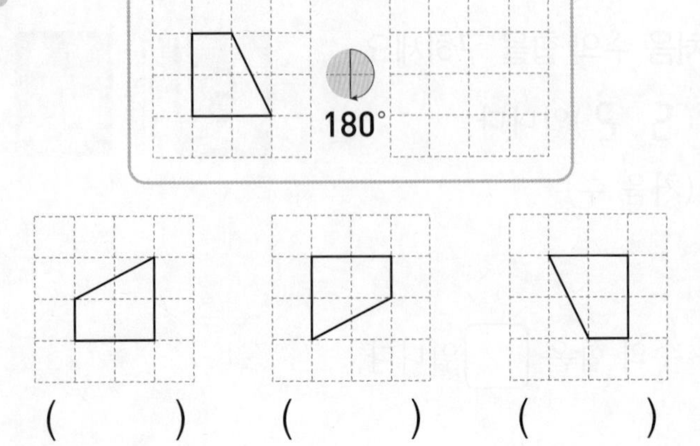

( ) ( ) ( )

◆ 도형을 시계 반대 방향으로 주어진 각도만큼 돌렸을 때의 도형을 찾아 ○표 하세요.

3

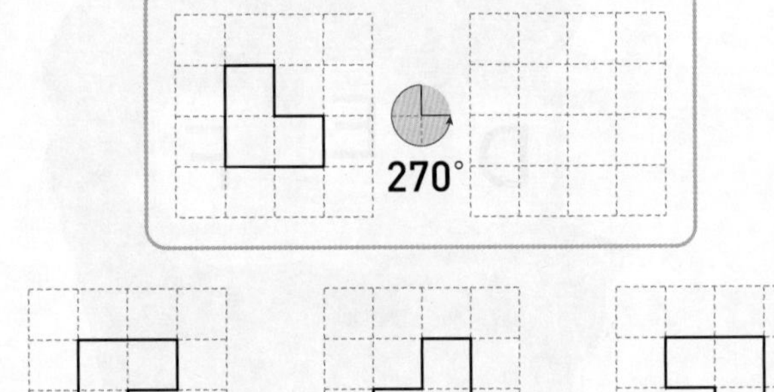

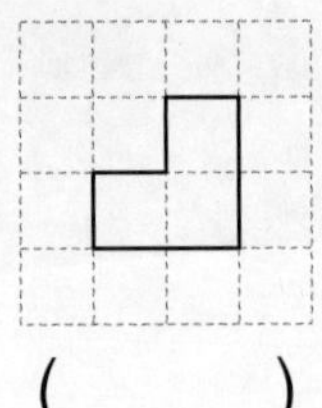

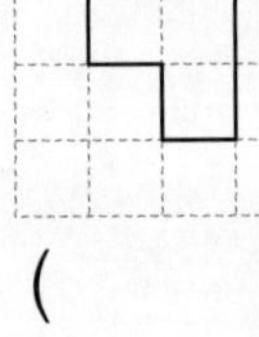

( ) ( ) ( )

4

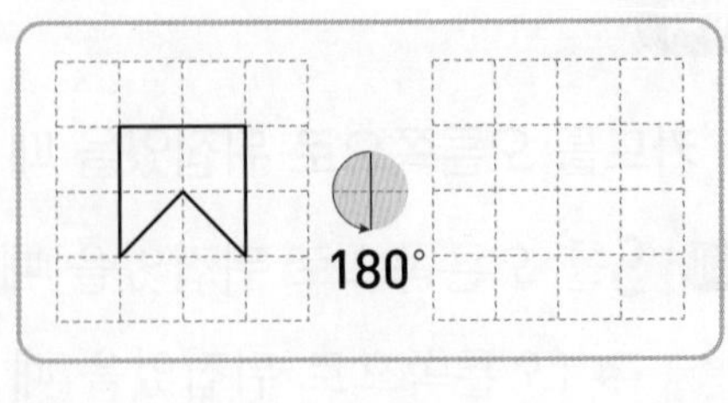

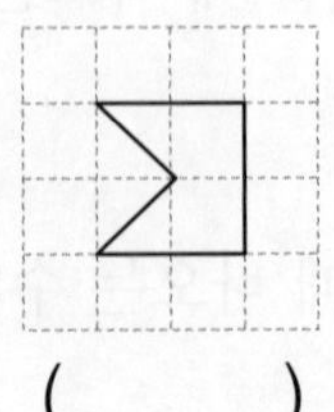

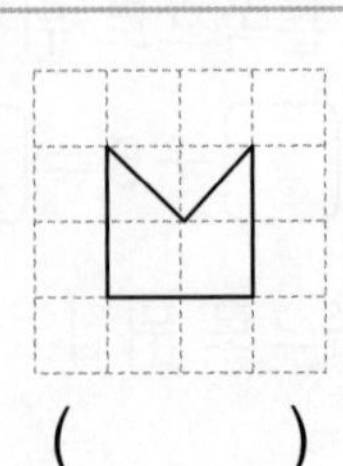

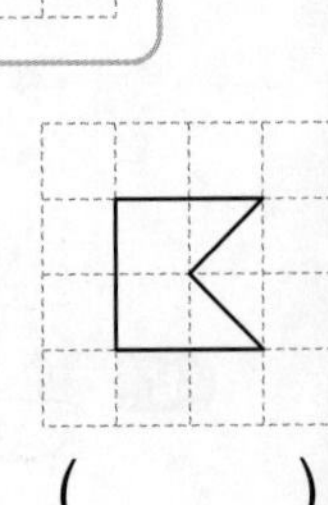

( ) ( ) ( )

연습 평면도형 돌리기

실수 콕! 5~15번 문제

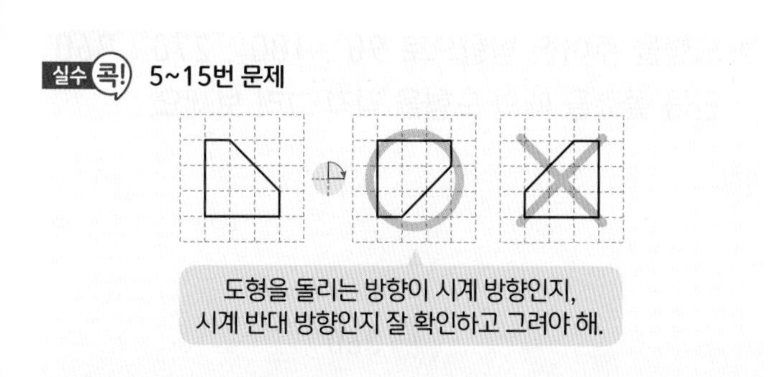

도형을 돌리는 방향이 시계 방향인지,
시계 반대 방향인지 잘 확인하고 그려야 해.

◆ 도형을 시계 방향으로 주어진 각도만큼 돌렸을 때의 도형을 그려 보세요.

5

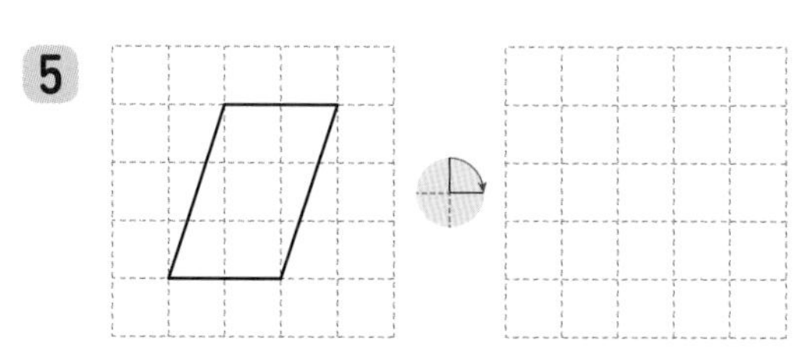

6

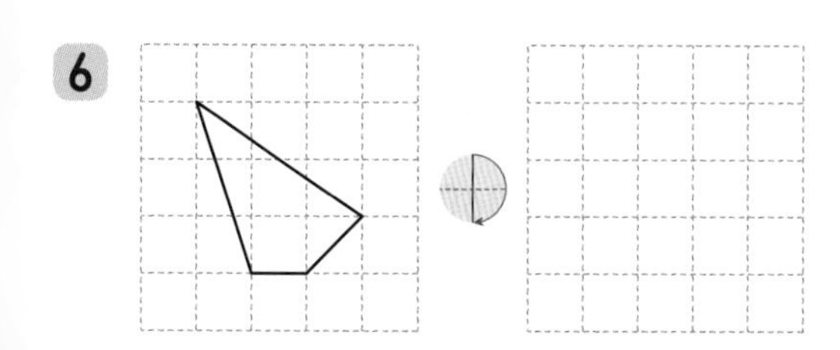

7

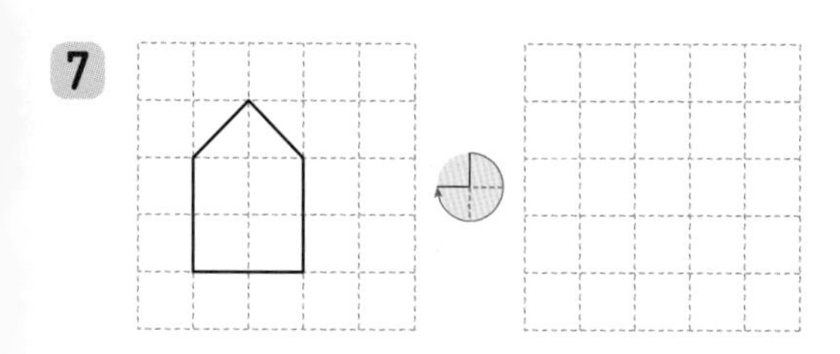

8

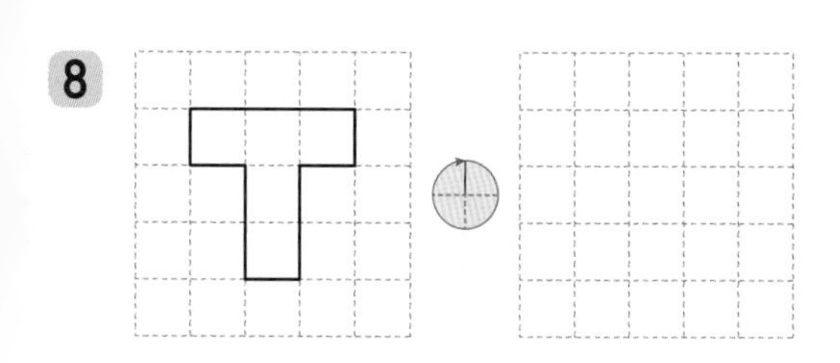

9

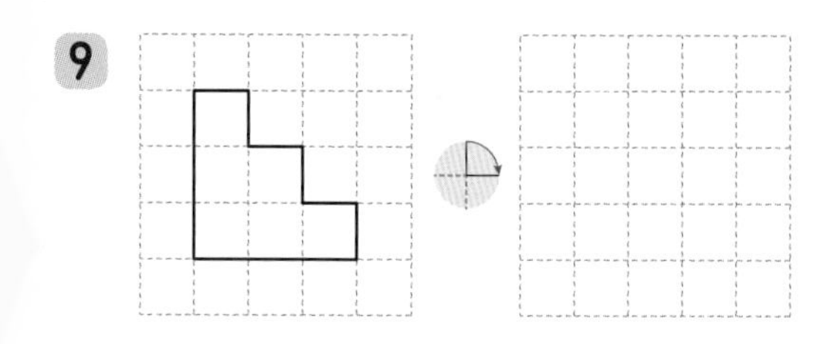

◆ 도형을 시계 반대 방향으로 주어진 각도만큼 돌렸을 때의 도형을 그려 보세요.

10

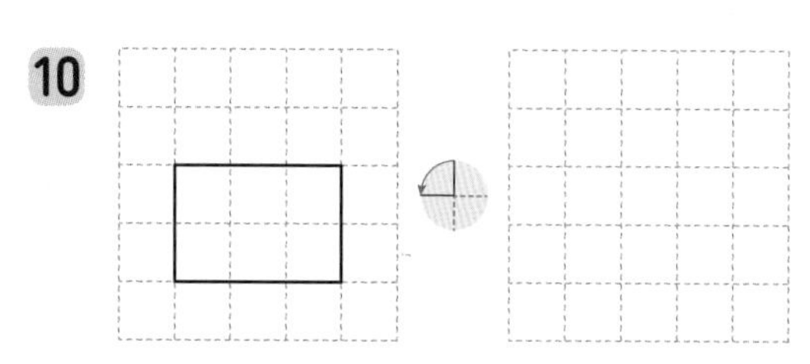

11

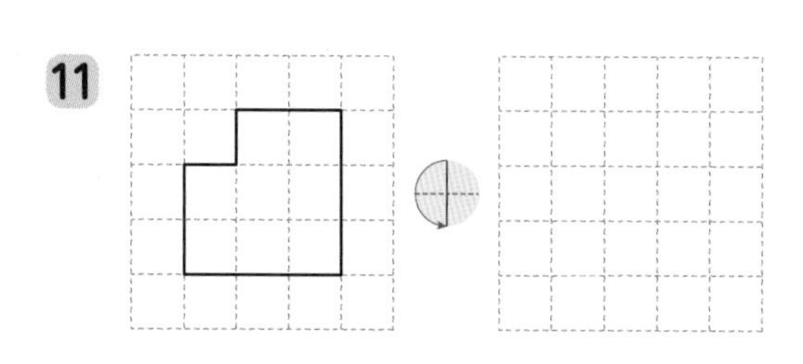

12

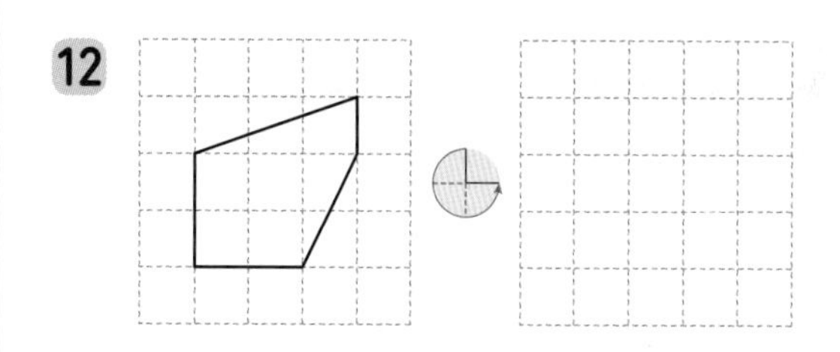

13

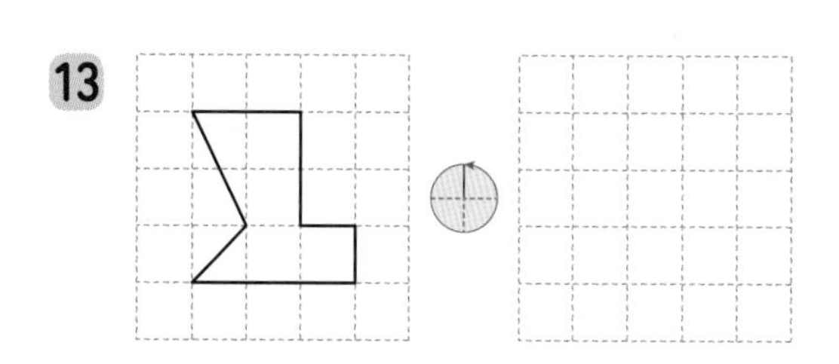

14

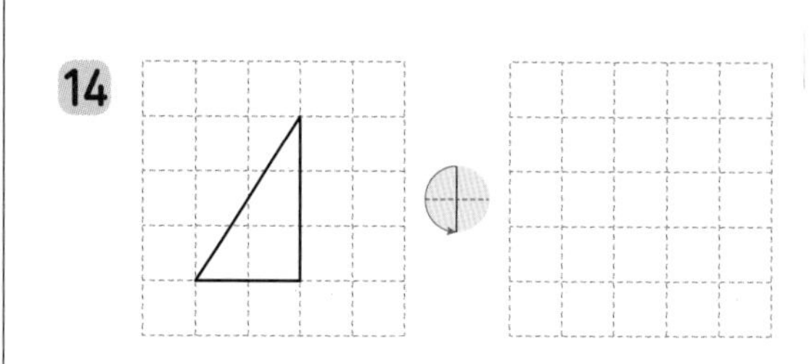

15

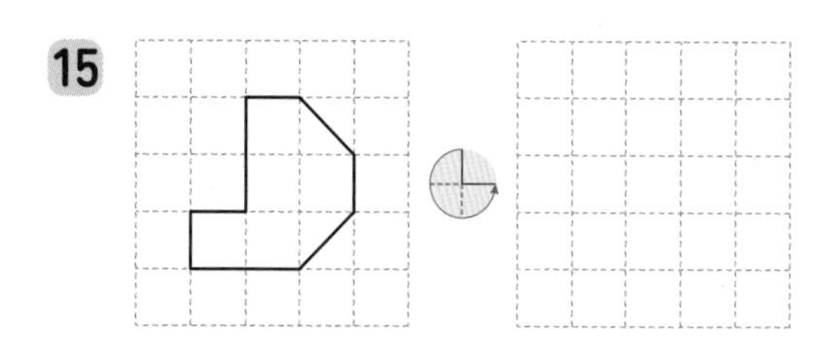

적용 평면도형 돌리기

◆ 왼쪽 도형을 주어진 방향으로 주어진 각도만큼 돌렸을 때의 도형을 찾아 이어 보세요.

16

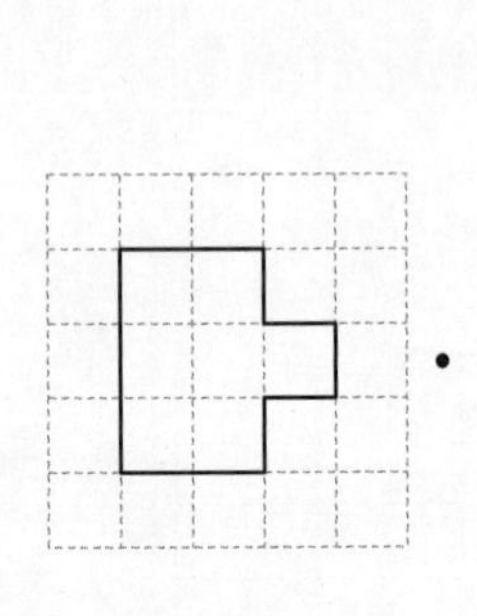

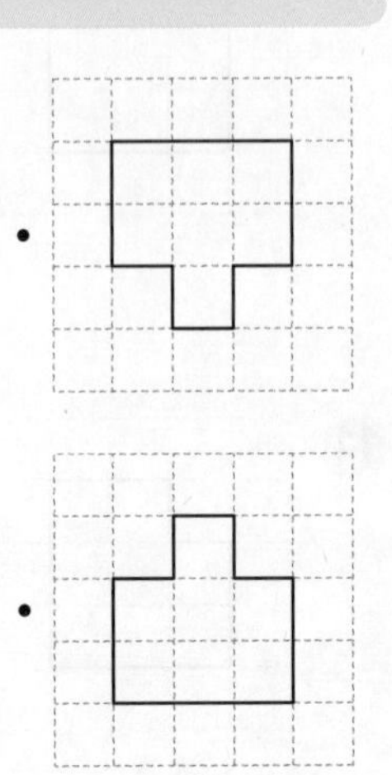

17 시계 방향으로 180°만큼 돌리기

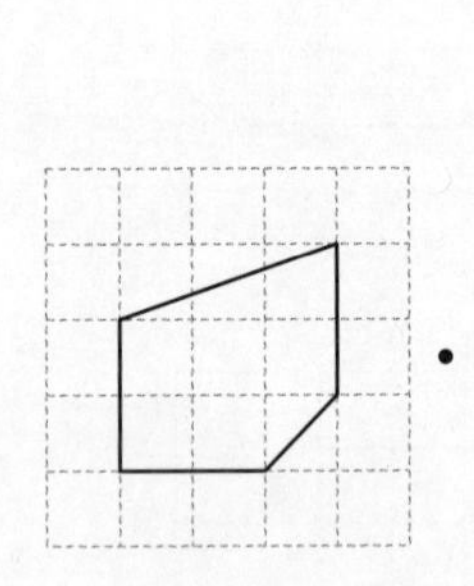

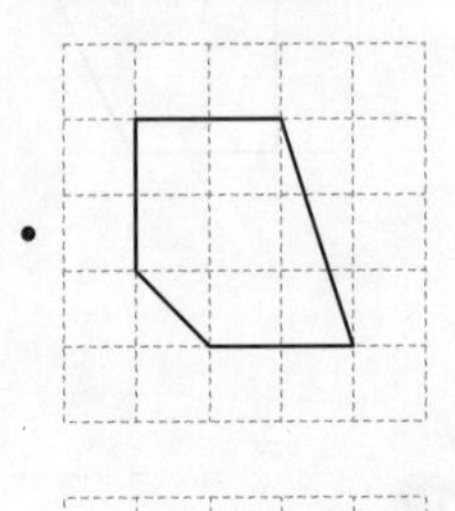

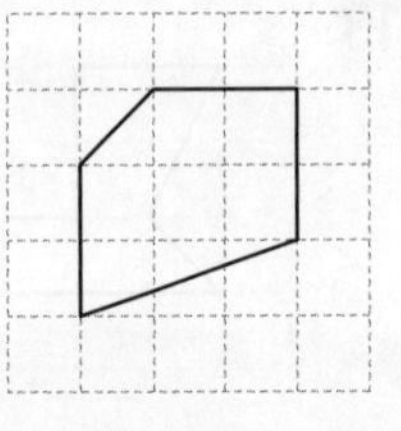

18 시계 반대 방향으로 270°만큼 돌리기

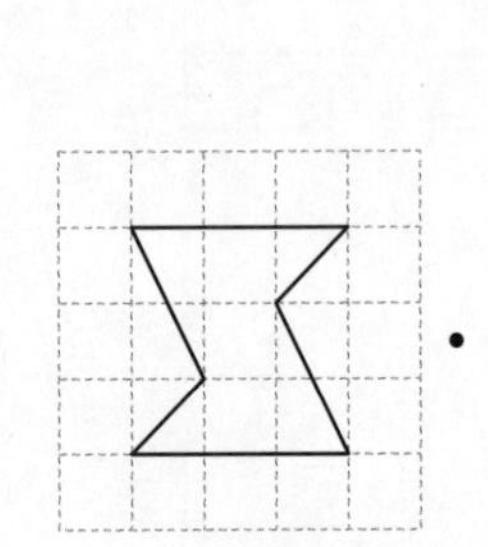

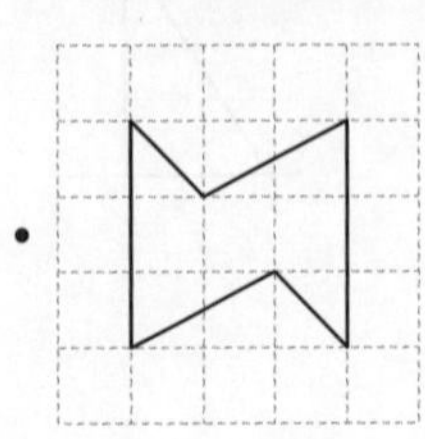

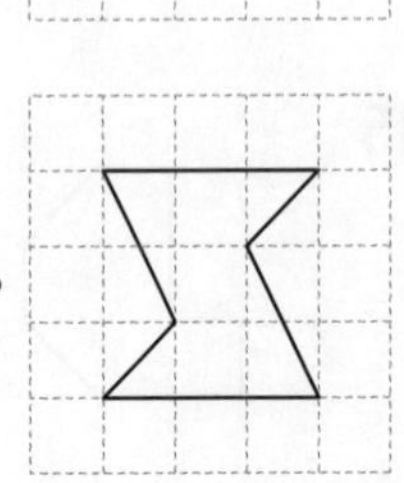

◆ 도형을 주어진 방향으로 90°, 180°, 270°, 360° 만큼 돌렸을 때의 도형을 각각 그려 보세요.

19

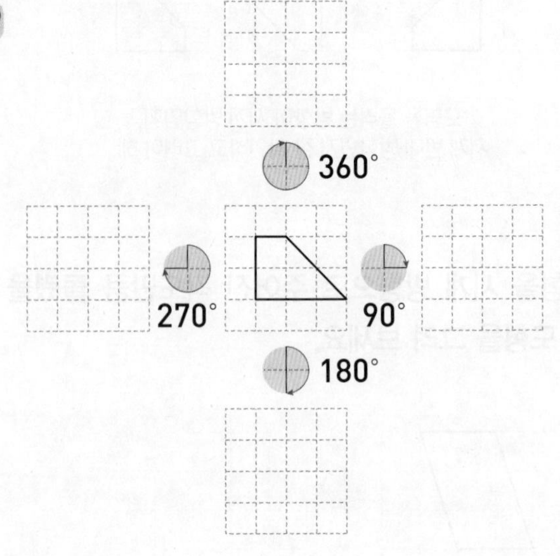

20

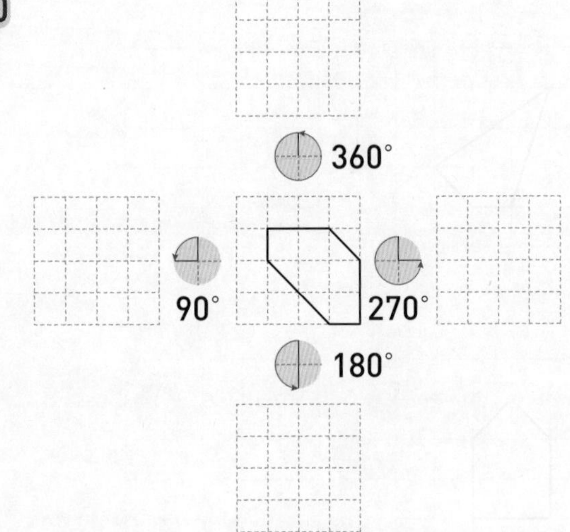

21

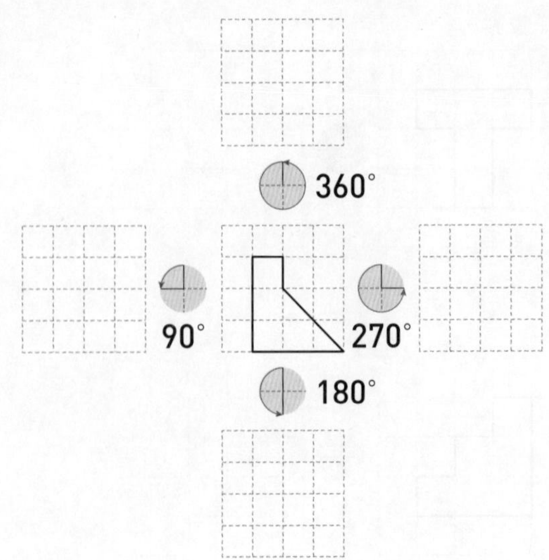

★ 완성 평면도형 돌리기

◆ ?에 알맞은 도형을 찾아 길을 따라가며 선을 그리고, 도착한 곳에 ○표 하세요.

22

+문해력

23 시계 방향으로 180°만큼 돌렸을 때의 도형이 처음 도형과 같은 것을 찾아 기호를 쓰세요.

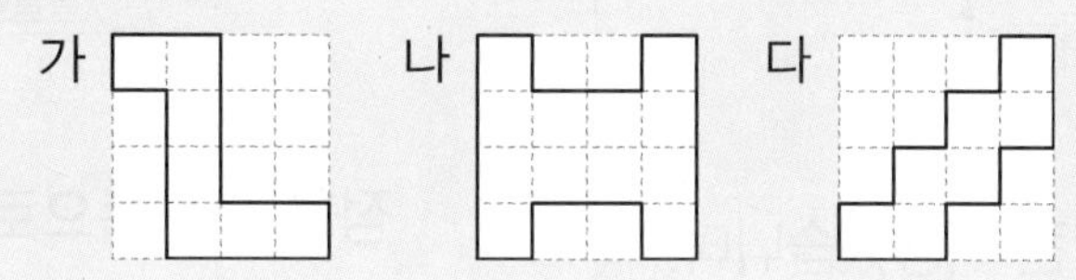

풀이 시계 방향으로 180°만큼 돌렸을 때의 도형을 각각 그려 봅니다.

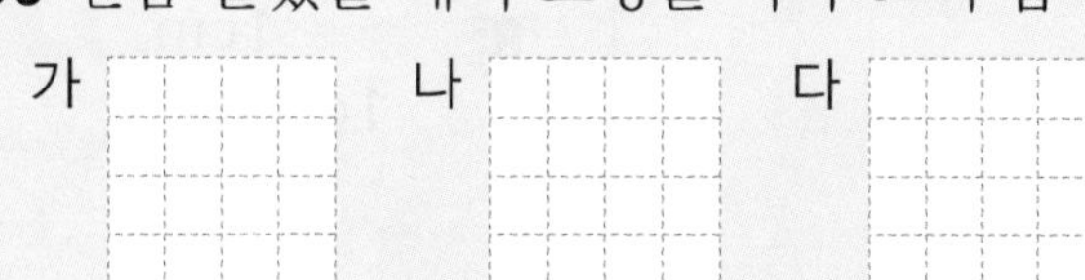

답 시계 방향으로 180°만큼 돌렸을 때의 도형이 처음 도형과 같은 것은 ☐입니다.

개념 점을 이동하기

점을 위쪽, 아래쪽, 왼쪽, 오른쪽으로 ■칸 이동했을 때의 점의 위치를 각각 알아봅니다.

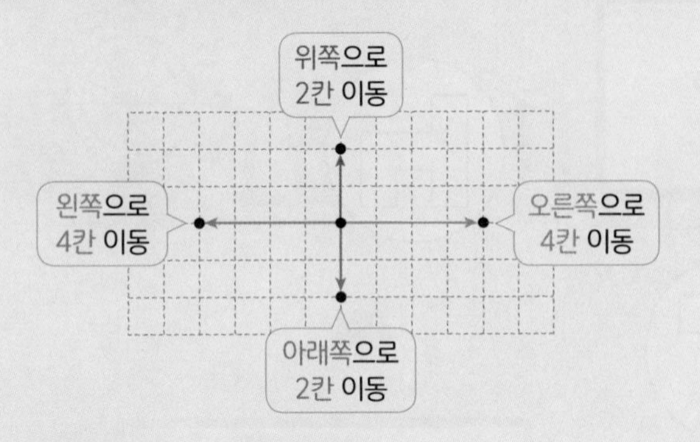

점을 위쪽, 아래쪽, 왼쪽, 오른쪽으로 ■ cm 이동했을 때의 점의 위치를 각각 알아봅니다.

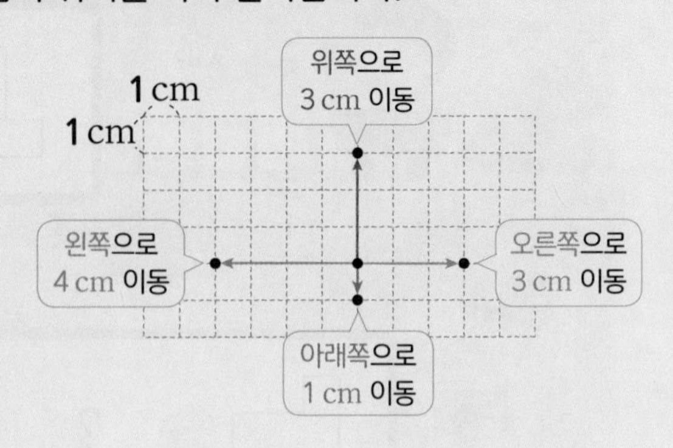

◆ 알맞은 말에 ○표 하세요.

1

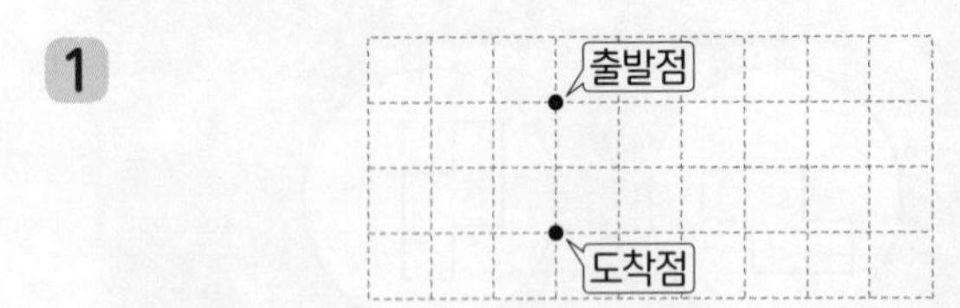

점을 (위쪽 , 아래쪽)으로 2칸 이동했습니다.

2

점을 (위쪽 , 아래쪽)으로 1칸 이동했습니다.

3

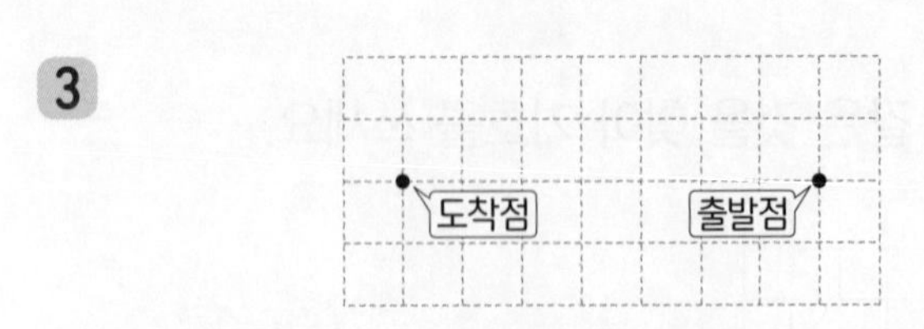

점을 (왼쪽 , 오른쪽)으로 7칸 이동했습니다.

4

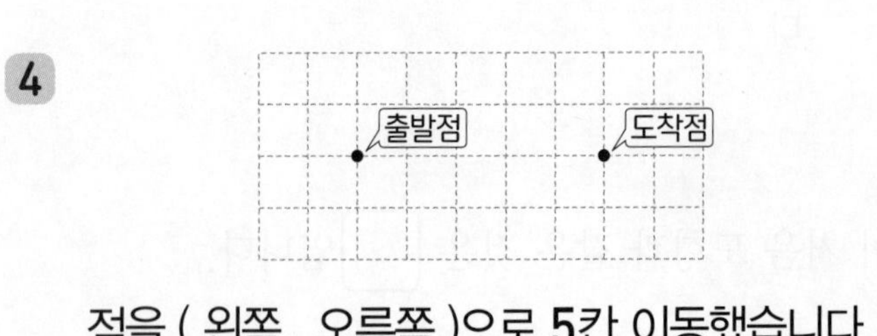

점을 (왼쪽 , 오른쪽)으로 5칸 이동했습니다.

◆ □ 안에 알맞은 수를 써넣으세요.

5

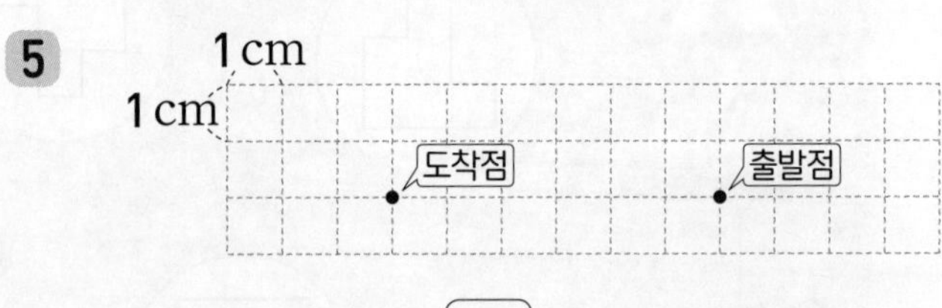

점을 왼쪽으로 □ cm 이동했습니다.

6

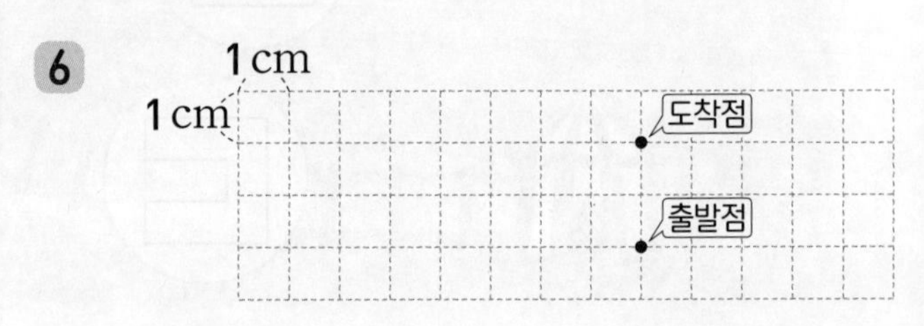

점을 위쪽으로 □ cm 이동했습니다.

7

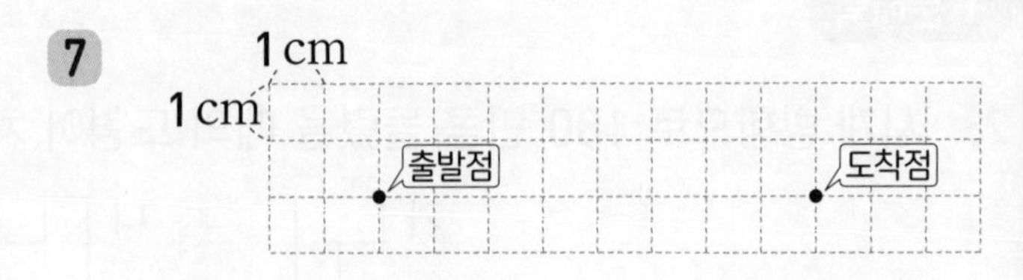

점을 오른쪽으로 □ cm 이동했습니다.

8

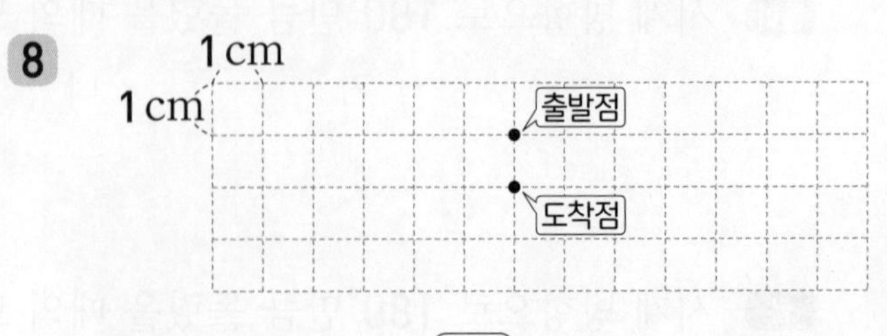

점을 아래쪽으로 □ cm 이동했습니다.

점을 이동하기

정답 23쪽

◆ 점 ㄱ이 이동한 곳에 점을 찍어 보세요.

9 오른쪽으로 7칸 이동했습니다.

10 왼쪽으로 5칸 이동했습니다.

11 위쪽으로 2칸 이동했습니다.

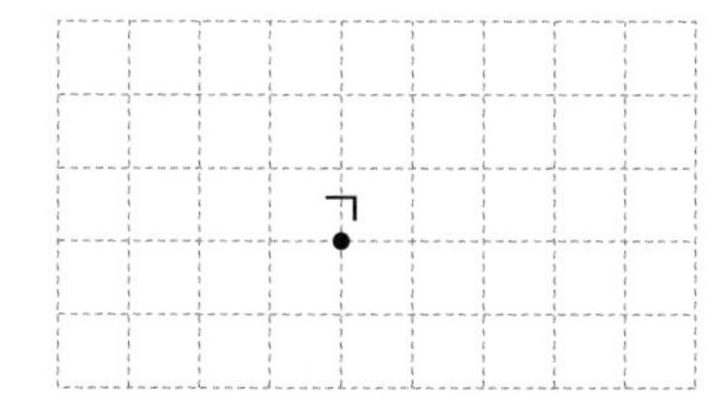

12 아래쪽으로 3칸 이동했습니다.

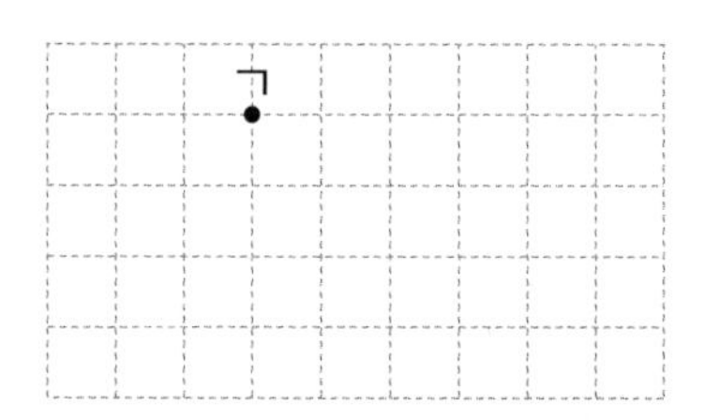

13 아래쪽으로 2칸, 왼쪽으로 3칸 이동했습니다.

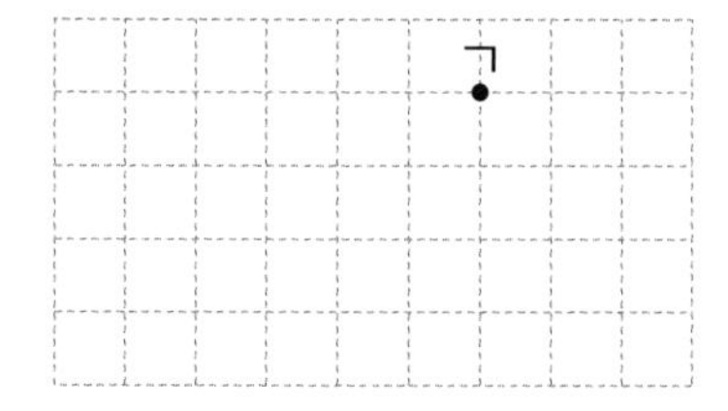

◆ 점 ㄱ이 이동한 곳에 점을 찍어 보세요.

14 왼쪽으로 6 cm 이동했습니다.

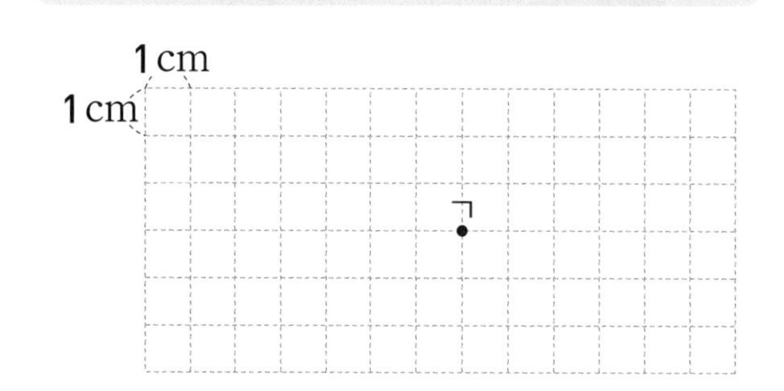

15 오른쪽으로 8 cm 이동했습니다.

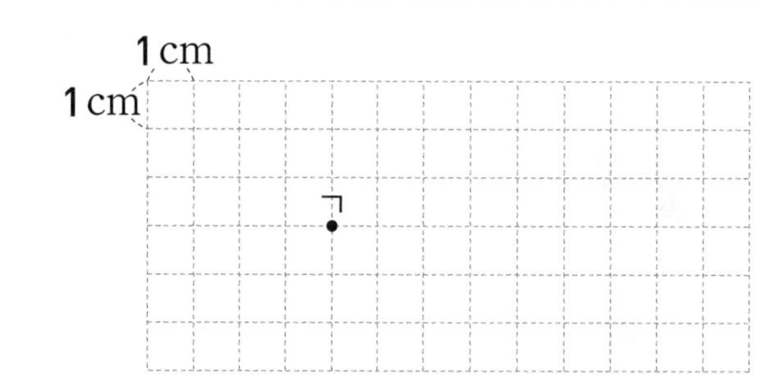

16 아래쪽으로 4 cm 이동했습니다.

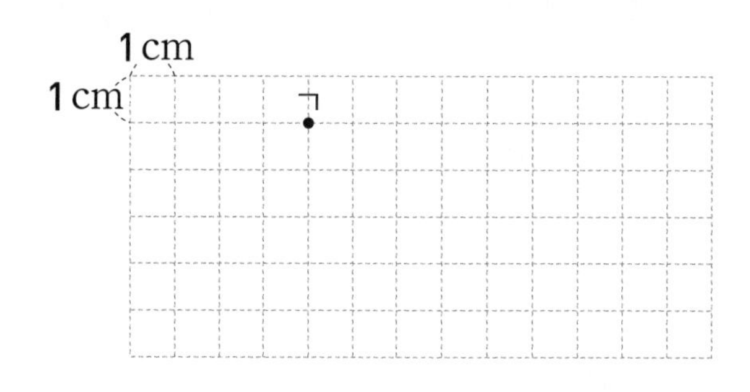

17 오른쪽으로 3 cm, 위쪽으로 4 cm 이동했습니다.

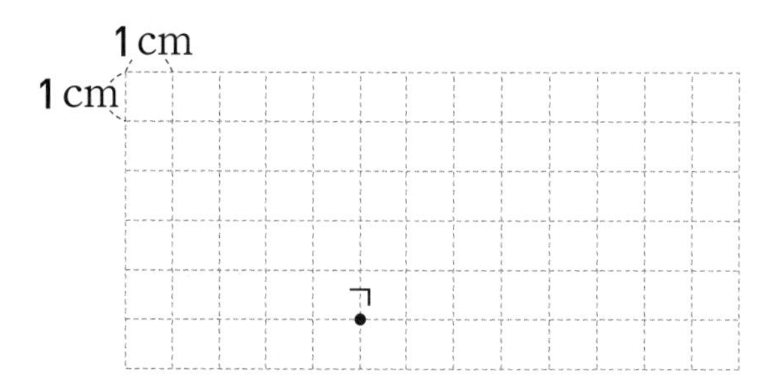

적용 점을 이동하기

◆ 점이 이동한 위치를 찾아 ○표 하세요.

18

위쪽으로 5칸, 왼쪽으로 3칸 이동했어.

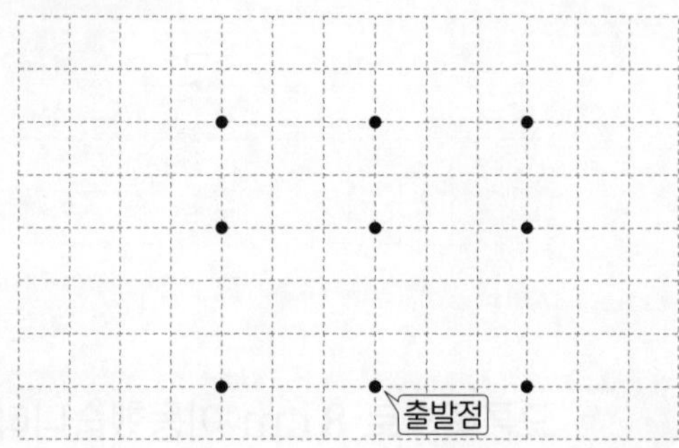

19

오른쪽으로 6칸, 아래쪽으로 6칸 이동했어.

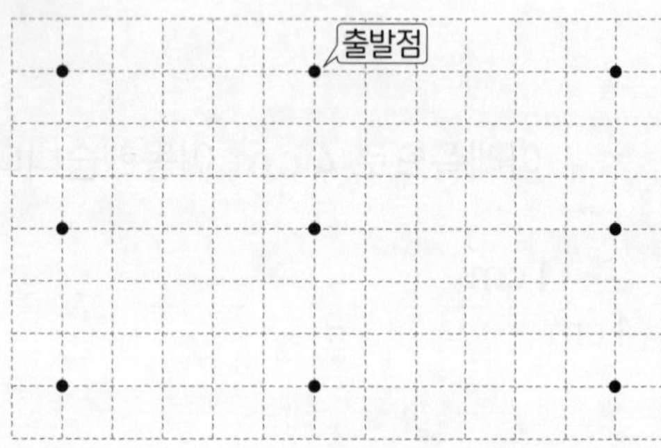

20

왼쪽으로 4칸, 위쪽으로 2칸 이동했어.

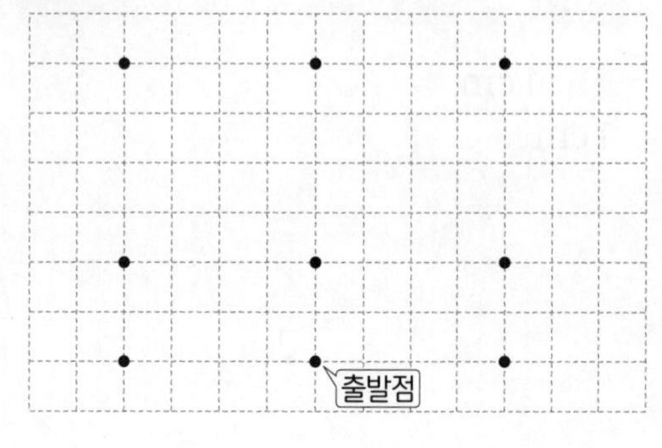

◆ 분홍색 단추가 이동한 위치를 찾아 색칠해 보세요.

21

위쪽으로 7 cm, 왼쪽으로 4 cm 이동했습니다.

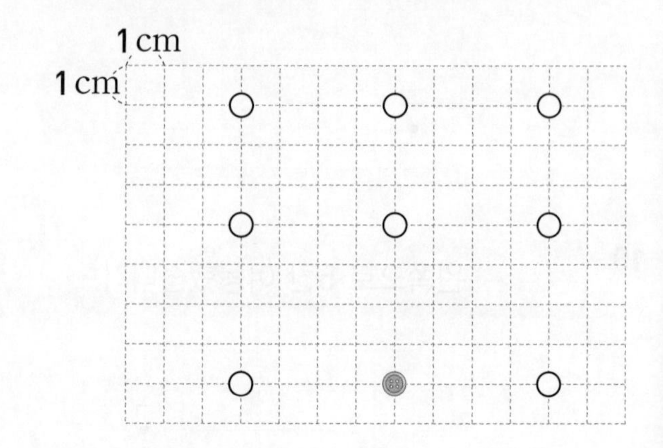

22

오른쪽으로 9 cm, 위쪽으로 4 cm 이동했습니다.

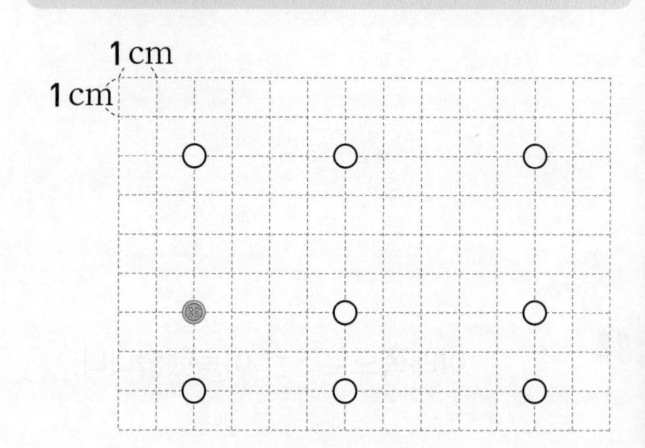

23

아래쪽으로 3 cm, 왼쪽으로 5 cm 이동했습니다.

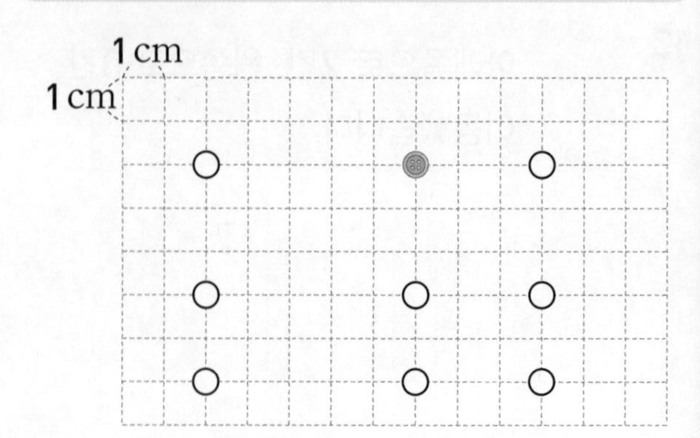

★ 완성 점을 이동하기

정답 23쪽

◆ 개미가 과자를 가지고 집까지 이동하려고 합니다. 모눈종이에 있는 선을 따라갈 때 가장 빠른 길로 갈 수 있도록 ☐ 안에 알맞은 수를 써넣으세요.

24 1 cm 1 cm 출발점 집

오른쪽으로 ☐ cm, 아래쪽으로 ☐ cm 이동해야 합니다.

25 1 cm 1 cm 출발점 집

왼쪽으로 ☐ cm, 아래쪽으로 ☐ cm 이동해야 합니다.

26 1 cm 1 cm 집 출발점

위쪽으로 ☐ cm, 왼쪽으로 ☐ cm 이동해야 합니다.

27 1 cm 1 cm 집 출발점

오른쪽으로 ☐ cm, 위쪽으로 ☐ cm 이동해야 합니다.

+문해력

28 흰 바둑돌을 처음 위치에서 오른쪽으로 4칸, 아래쪽으로 5칸 이동하려고 합니다. 미나와 선호 중에서 바르게 이동한 사람은 누구일까요?

처음 위치

미나

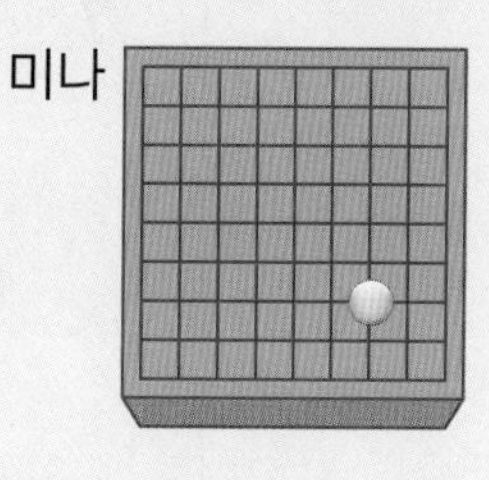

선호

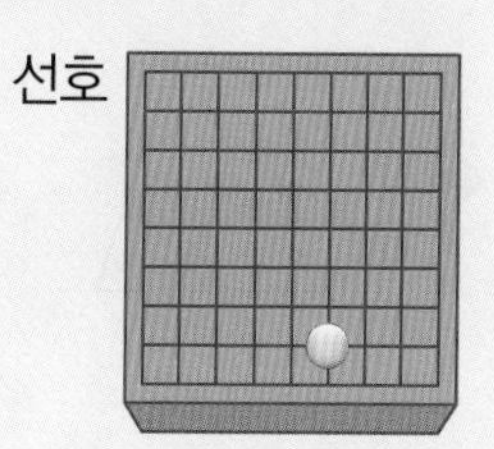

풀이 미나: 흰 바둑돌을 오른쪽으로 ☐칸, 아래쪽으로 ☐칸 이동했습니다.

선호: 흰 바둑돌을 오른쪽으로 ☐칸, 아래쪽으로 ☐칸 이동했습니다.

답 흰 바둑돌을 바르게 이동한 사람은 ☐입니다.

4단원 30회

4단원 마무리

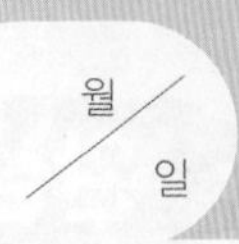

◆ 도형을 주어진 방향으로 밀었을 때의 도형을 그려 보세요.

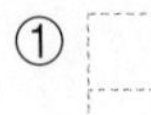

1 ①

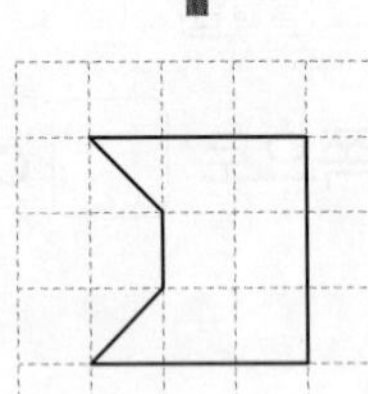

②

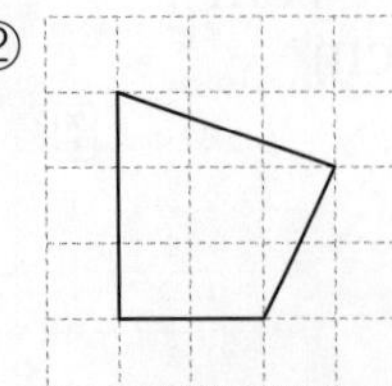

2 ①

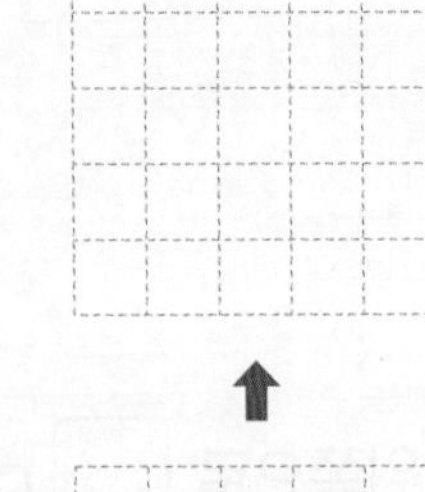

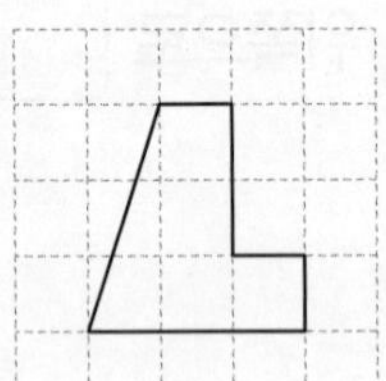

②

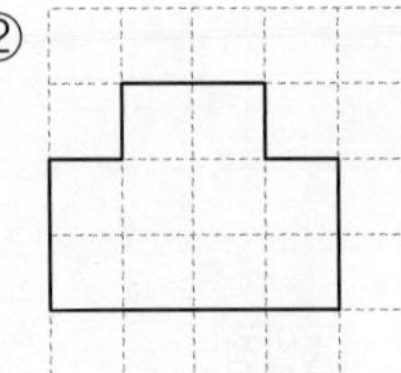

3

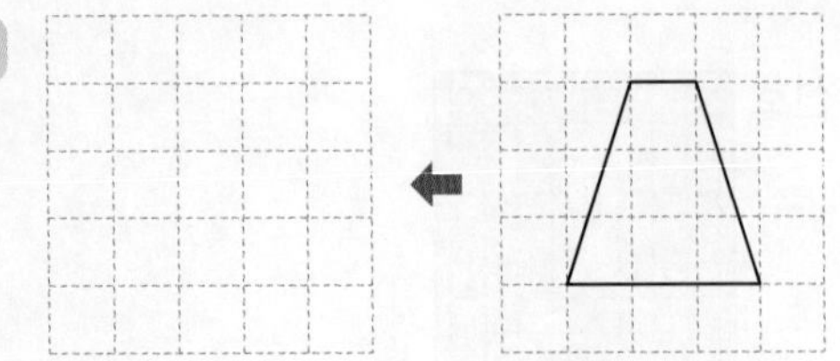

4

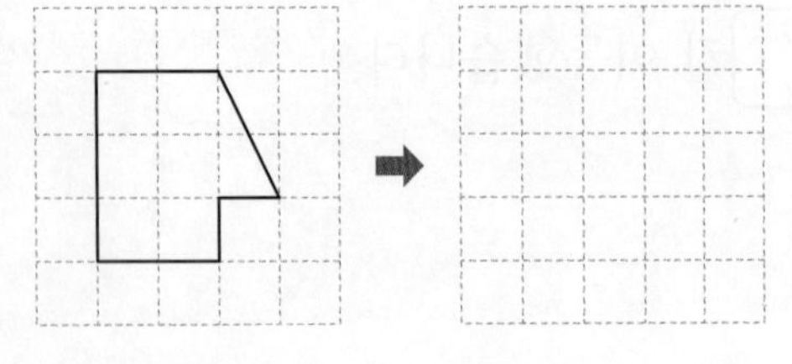

◆ 도형을 주어진 방향으로 뒤집었을 때의 도형을 그려 보세요.

5 ①

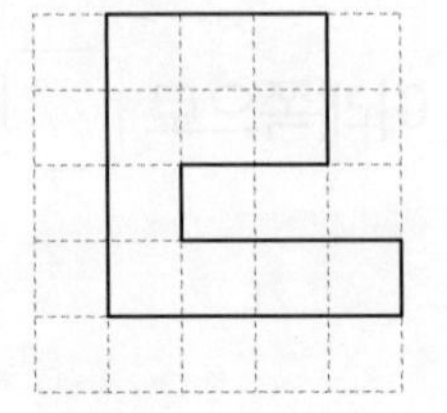

②

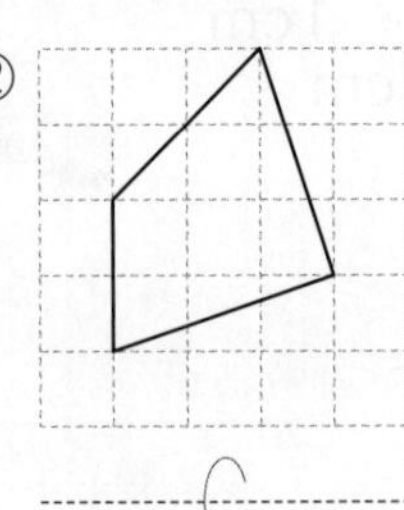

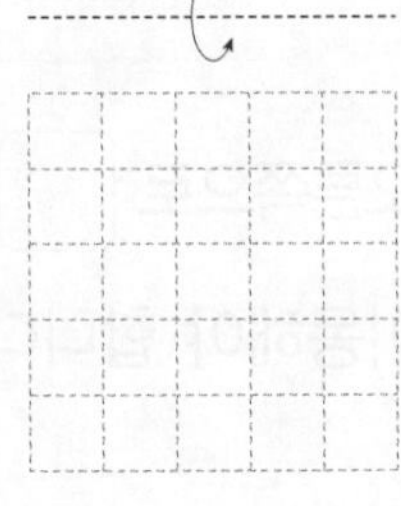

6 ①

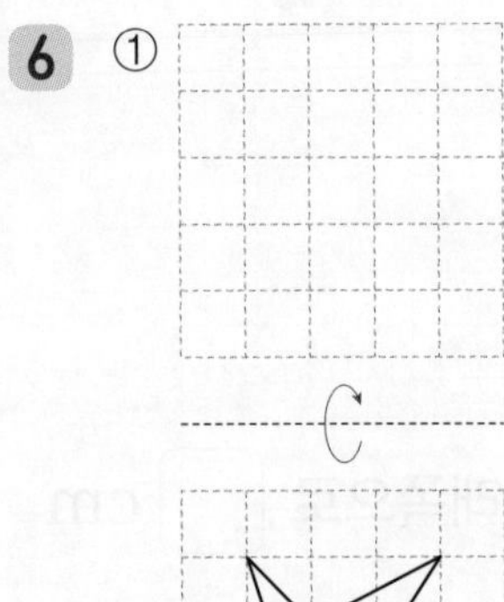

②

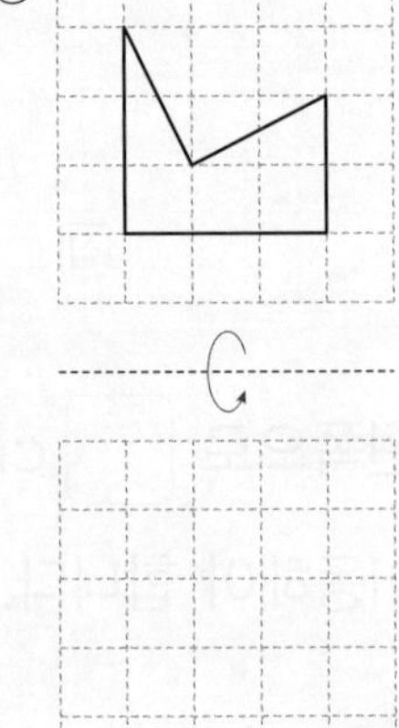

7

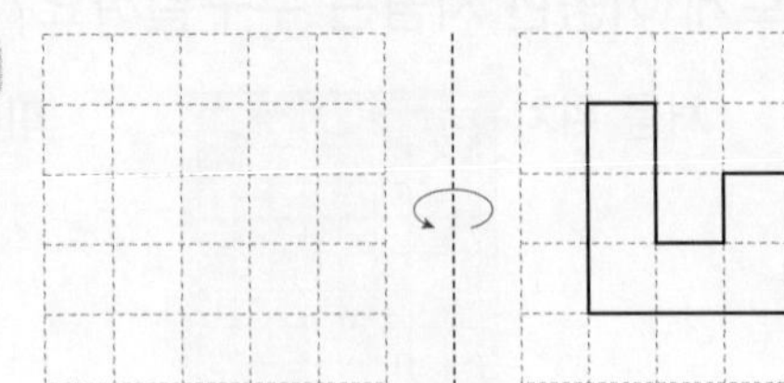

8

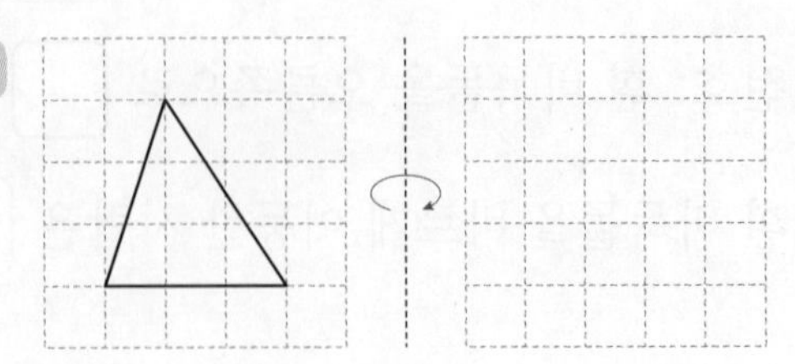

◆ 도형을 주어진 방향으로 주어진 각도만큼 돌렸을 때의 도형을 그려 보세요.

9

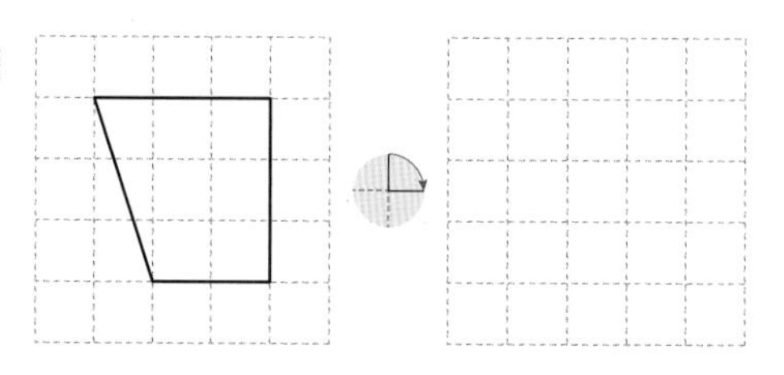

10

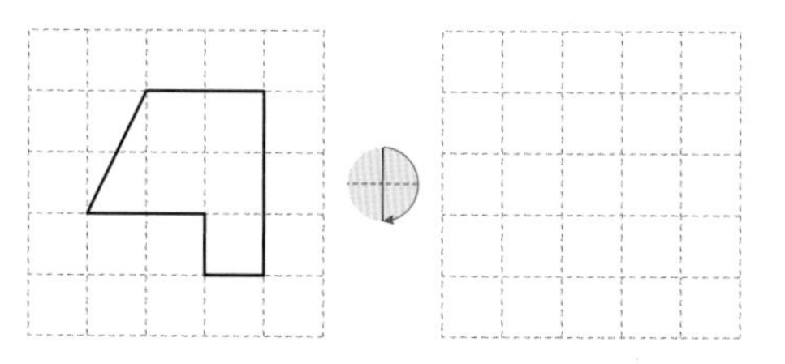

11

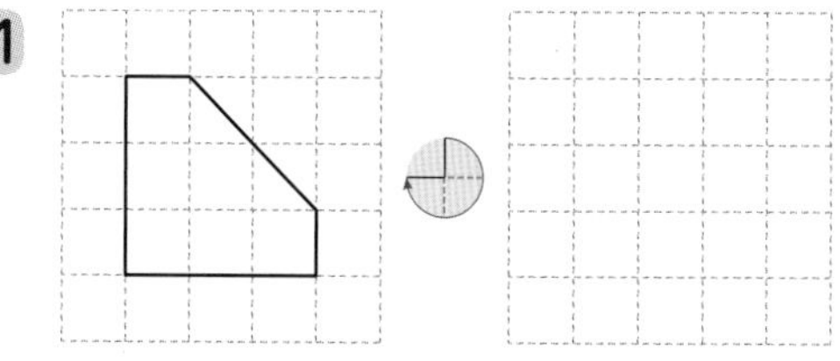

12

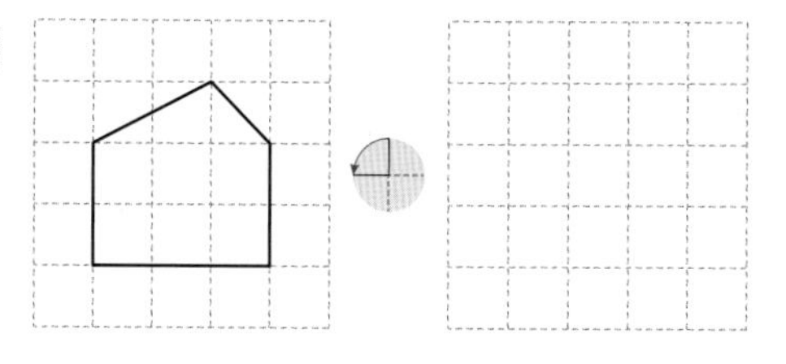

13

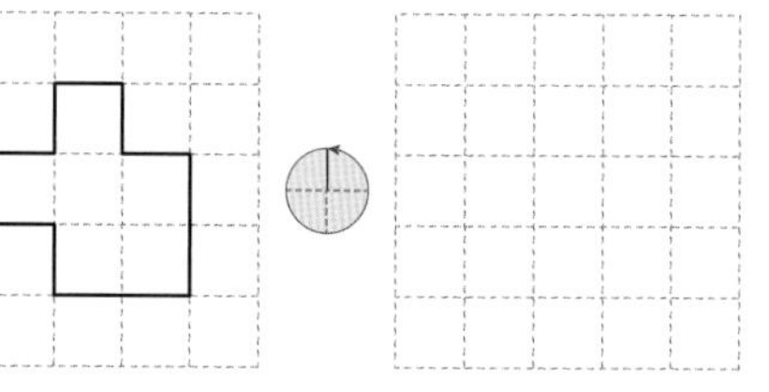

14

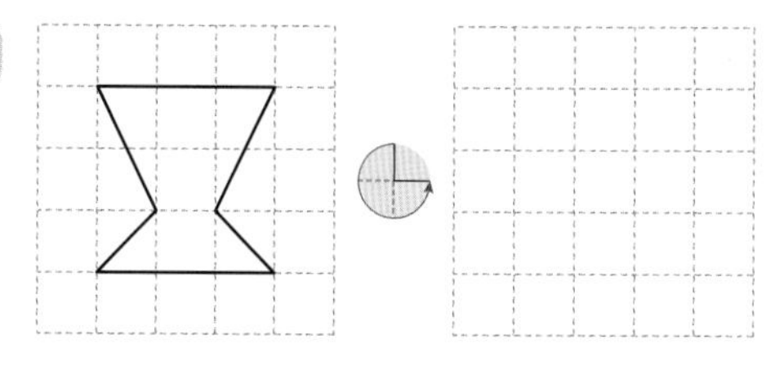

◆ 점 ㄱ이 이동한 곳에 점을 찍어 보세요.

15 오른쪽으로 5칸 이동했습니다.

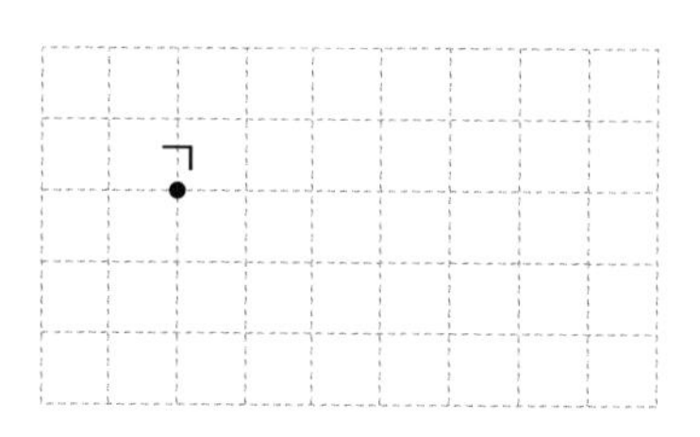

16 위쪽으로 3칸, 왼쪽으로 4칸 이동했습니다.

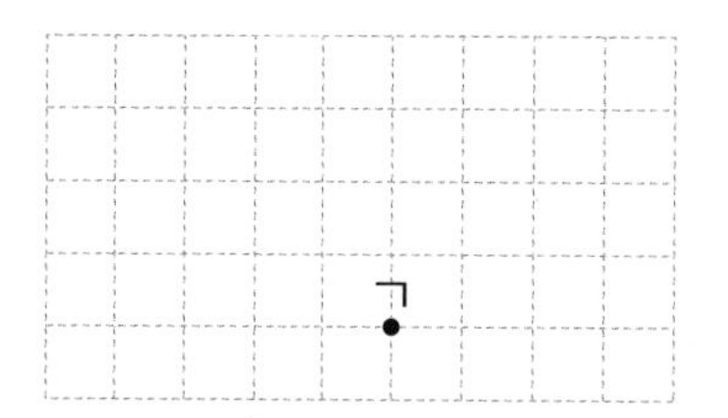

17 아래쪽으로 3 cm, 왼쪽으로 5 cm 이동했습니다.

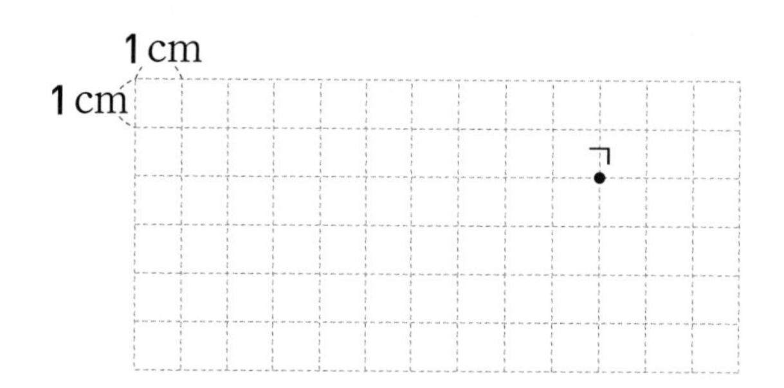

18 위쪽으로 3 cm, 오른쪽으로 8 cm 이동했습니다.

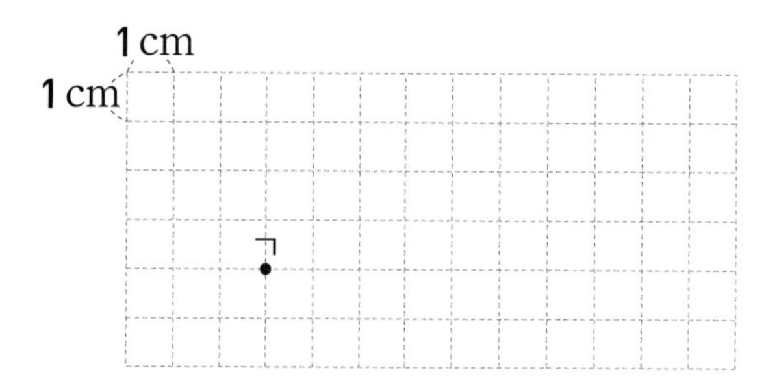

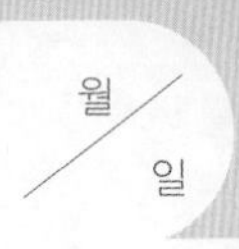

◆ 도형을 위쪽, 아래쪽, 왼쪽, 오른쪽으로 밀었을 때의 도형을 각각 그려 보세요.

1

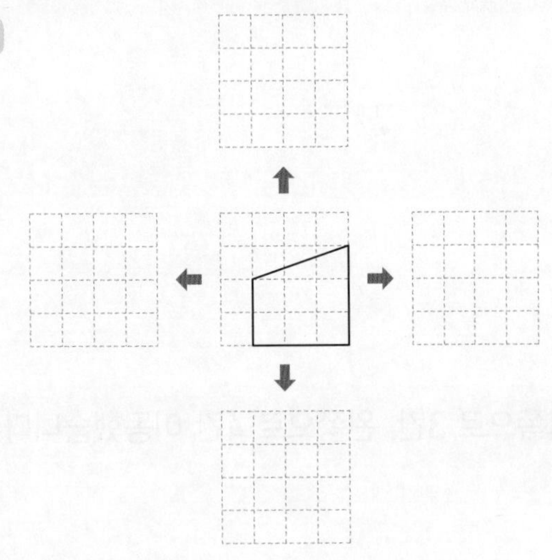

2

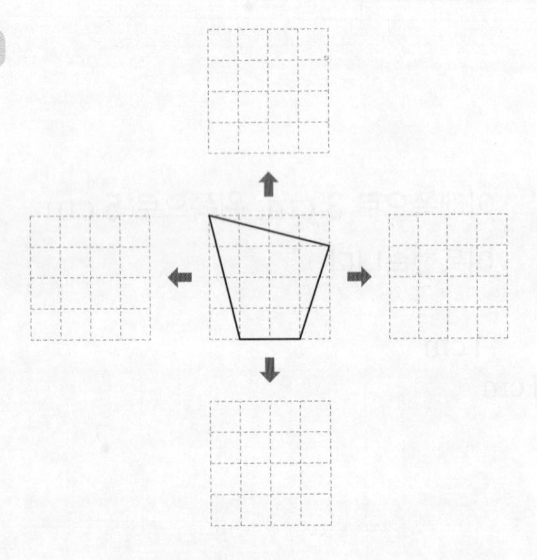

3

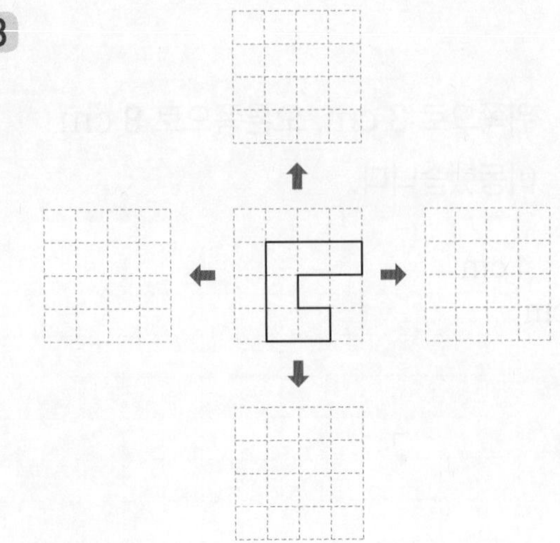

◆ 도형을 위쪽, 아래쪽, 왼쪽, 오른쪽으로 뒤집었을 때의 도형을 각각 그려 보세요.

4

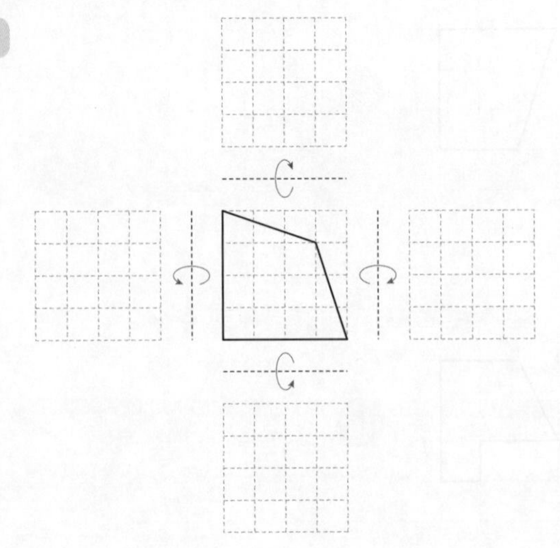

5

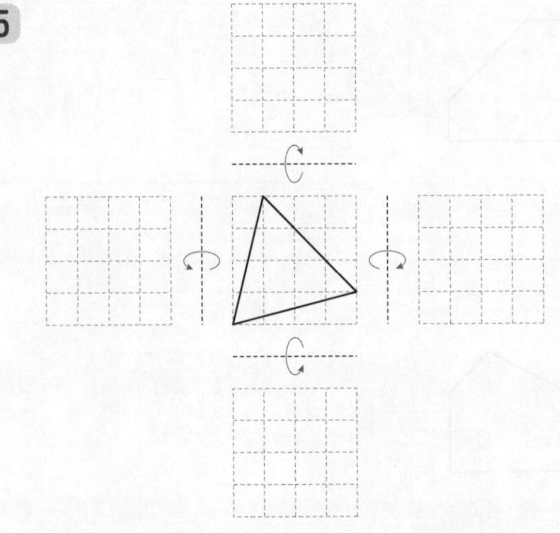

6

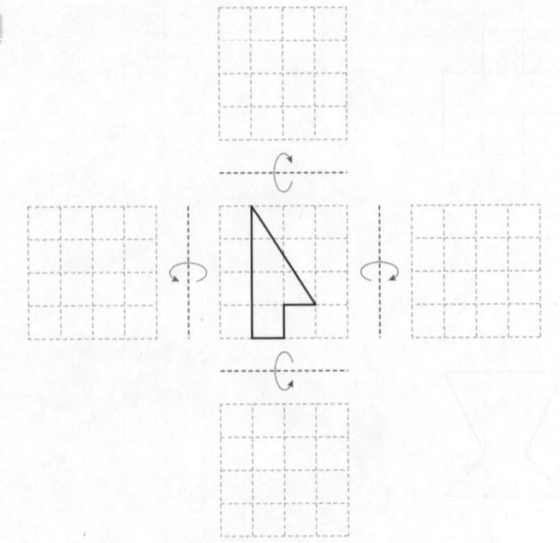

◆ 도형을 주어진 방향으로 90°, 180°, 270°, 360° 만큼 돌렸을 때의 도형을 각각 그려 보세요.

7

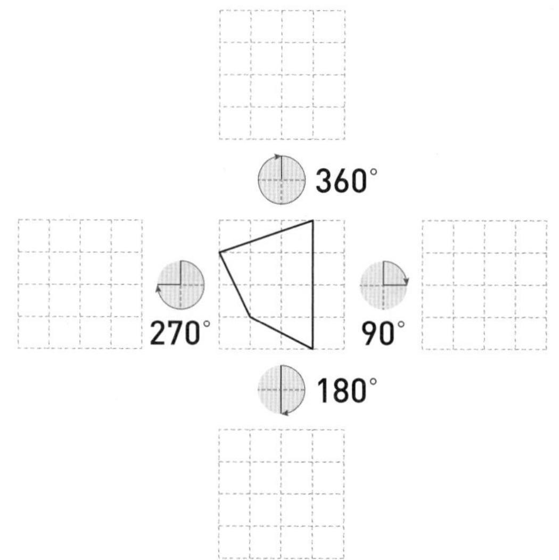

8

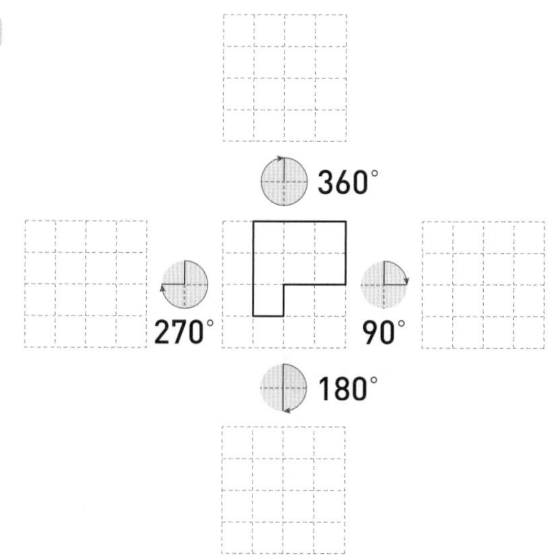

9

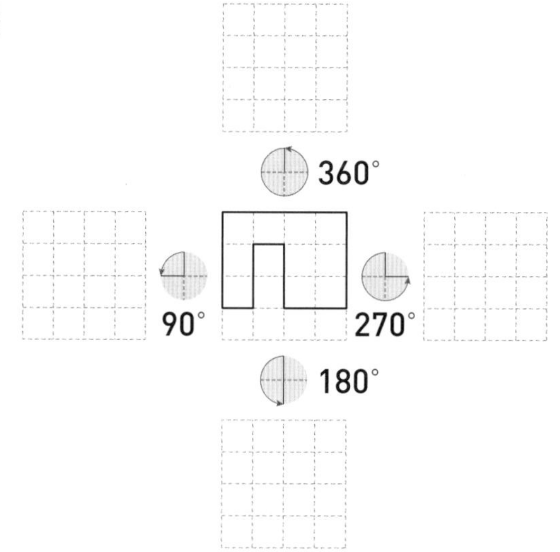

◆ 검은 바둑돌이 이동한 위치를 찾아 색칠해 보세요.

10 아래쪽으로 3 cm, 오른쪽으로 5 cm 이동했습니다.

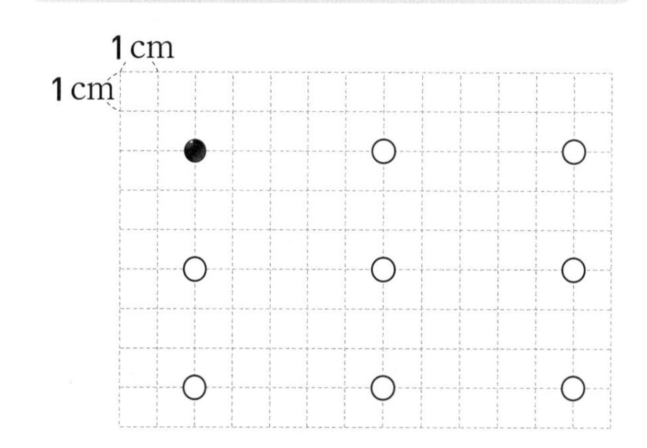

11 왼쪽으로 5 cm, 아래쪽으로 4 cm 이동했습니다.

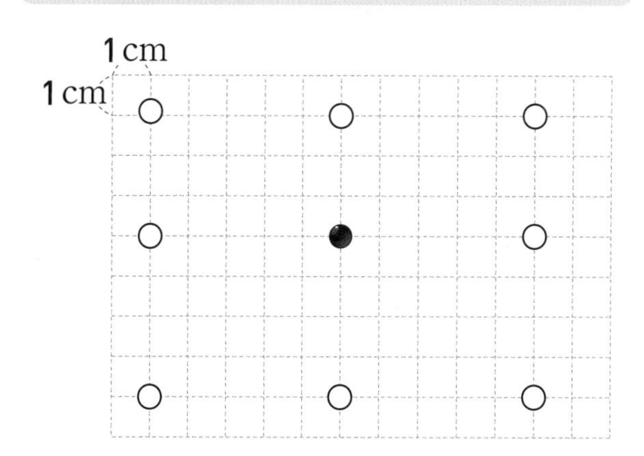

12 오른쪽으로 6 cm, 위쪽으로 3 cm 이동했습니다.

1 cm
1 cm

5 막대그래프

학습을 끝낸 후 색칠하세요.

33회
막대그래프

이전에 배운 내용

[3-2] 그림그래프
그림그래프로 나타내기
그림그래프 해석하기

다음에 배울 내용

[4-2] 꺾은선그래프

꺾은선그래프로 나타내기

꺾은선그래프 해석하기

평가 B

평가 A

막대그래프

조사한 자료의 수량을 막대 모양으로 나타낸 그래프를 막대그래프라고 합니다.

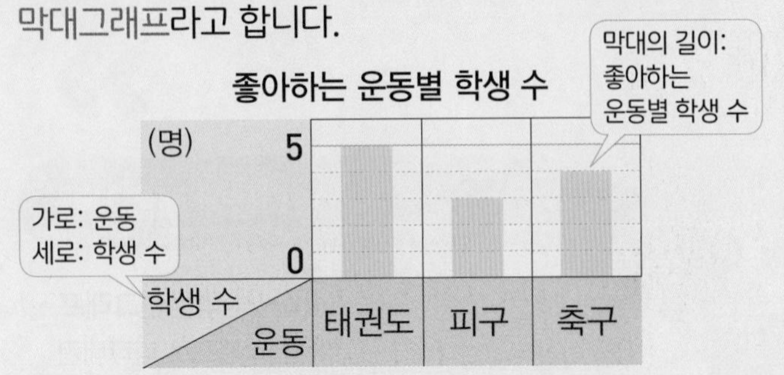

막대그래프에서 세로 눈금 5칸이 나타내는 학생 수를 찾으면 세로 눈금 한 칸의 크기를 구할 수 있습니다.

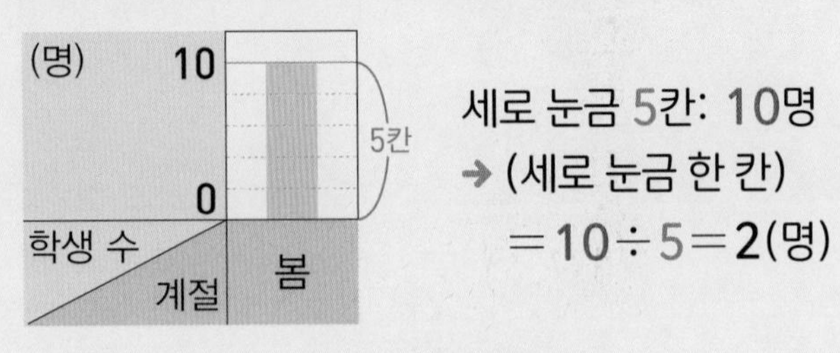

세로 눈금 5칸: 10명
→ (세로 눈금 한 칸)
$=10\div5=2$(명)

◆ 막대그래프를 보고 ▢ 안에 알맞은 말을 써넣으세요.

1

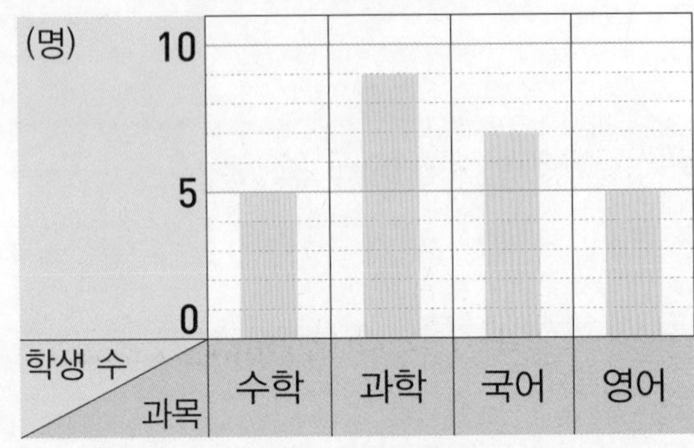

① 가로: ▢, 세로: ▢

② 막대의 길이: ▢

2

종류별 책 수

만화책
위인전
동화책
과학책
종류
책 수
0
5
10
(권)

① 가로: ▢, 세로: ▢

② 막대의 길이: ▢

◆ 막대그래프를 보고 ▢ 안에 알맞은 수를 써넣으세요.

3

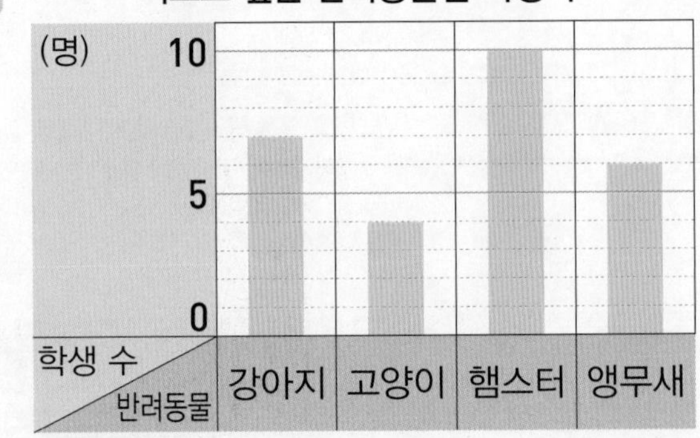

세로 눈금 5칸: ▢명

→ (세로 눈금 한 칸)

= ▢ ÷ ▢ = ▢(명)

4

배우고 싶은 악기별 학생 수

플루트
피아노
바이올린
드럼
악기
학생 수
0
10
20
(명)

가로 눈금 5칸: ▢명

→ (가로 눈금 한 칸)

= ▢ ÷ ▢ = ▢(명)

정답 26쪽

◆ 막대그래프를 보고 표를 완성해 보세요.

5 받고 싶은 선물별 학생 수

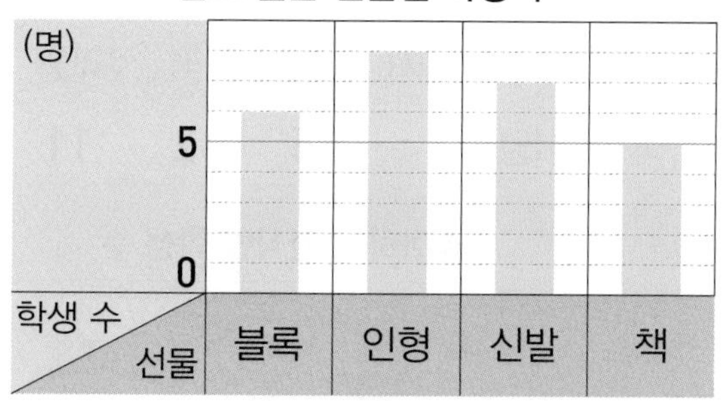

받고 싶은 선물별 학생 수

선물	블록	인형	신발	책	합계
학생 수(명)	6		7		

6 좋아하는 곤충별 학생 수

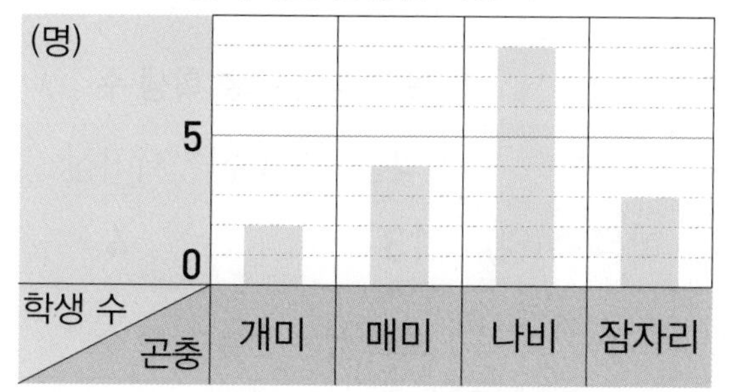

좋아하는 곤충별 학생 수

곤충	개미	매미	나비	잠자리	합계
학생 수(명)					

7 여름 방학 때 가고 싶은 장소별 학생 수

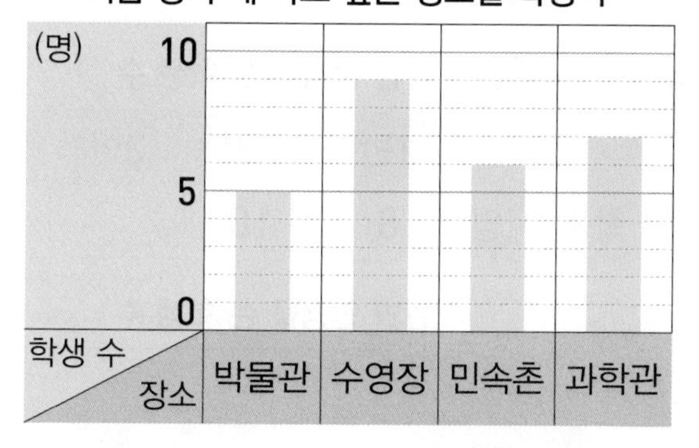

여름 방학 때 가고 싶은 장소별 학생 수

장소	박물관	수영장	민속촌	과학관	합계
학생 수(명)					

◆ 막대그래프를 보고 표를 완성해 보세요.

8 좋아하는 채소별 학생 수

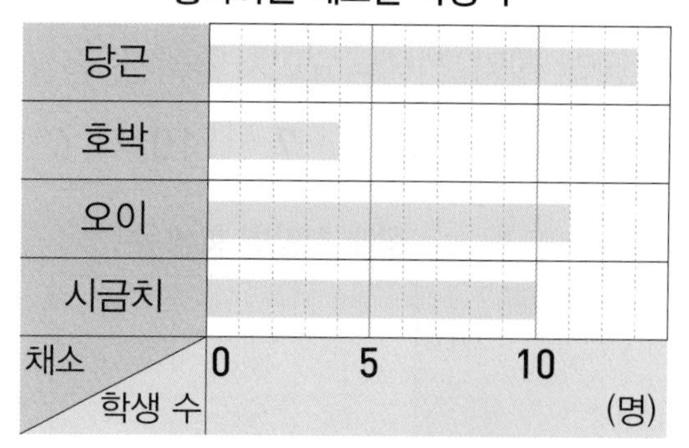

좋아하는 채소별 학생 수

채소	당근	호박	오이	시금치	합계
학생 수(명)		4		10	

9 태어난 계절별 학생 수

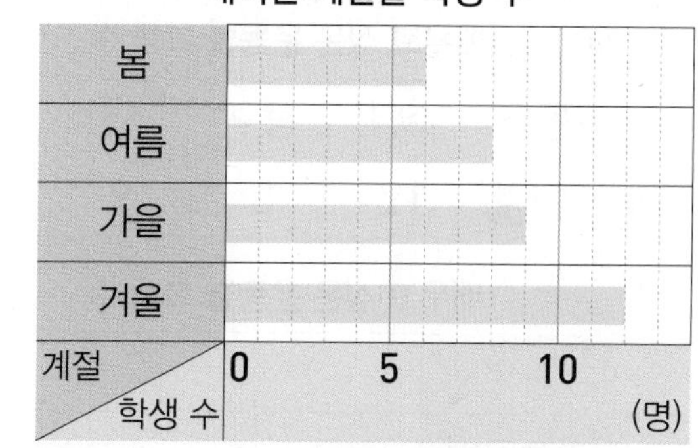

태어난 계절별 학생 수

계절	봄	여름	가을	겨울	합계
학생 수(명)					

10 학생별 줄넘기 횟수

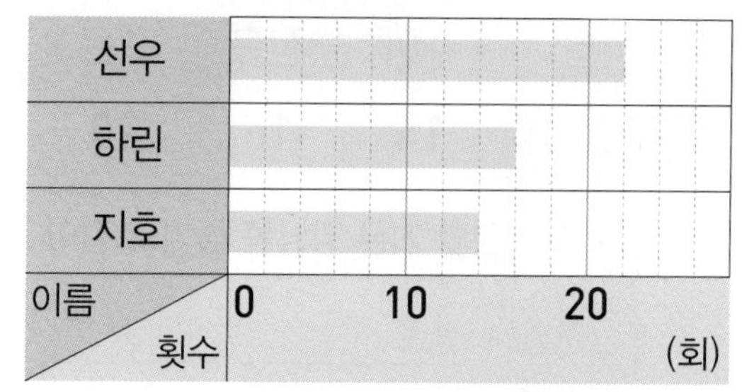

학생별 줄넘기 횟수

이름	선우	하린	지호	합계
횟수(회)				

적용 막대그래프

◆ 표를 보고 막대그래프로 나타내세요.

11 장래 희망별 학생 수

장래 희망	선생님	요리사	연예인	경찰	합계
학생 수(명)	4	7	10	6	27

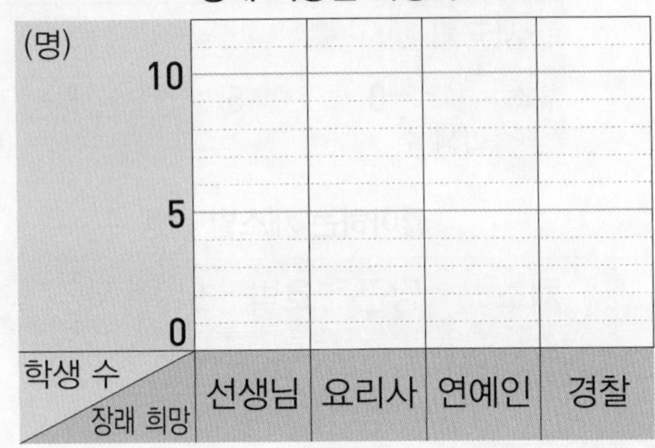

12 배우고 싶은 운동별 학생 수

운동	수영	농구	스키	합계
학생 수(명)	12	3	9	24

배우고 싶은 운동별 학생 수

수영	
농구	
스키	
운동 / 학생 수	0 5 10 (명)

13 학생별 기른 강낭콩 줄기의 길이

이름	수아	진규	해은	합계
길이(cm)	14	16	20	50

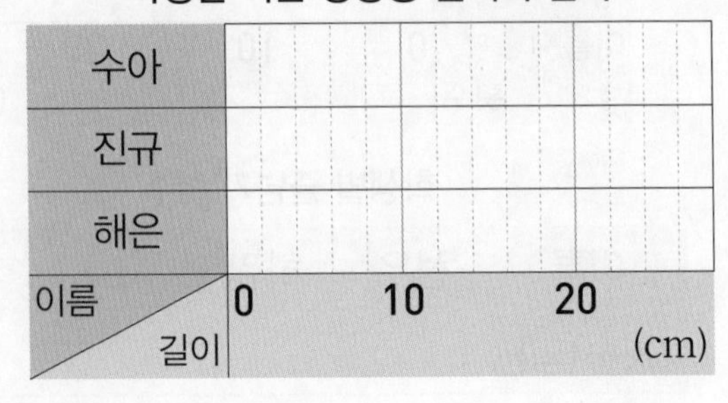

◆ 표와 막대그래프를 완성해 보세요.

14 좋아하는 간식별 학생 수

간식	과자	빵	떡	과일	합계
학생 수(명)		5	2	11	

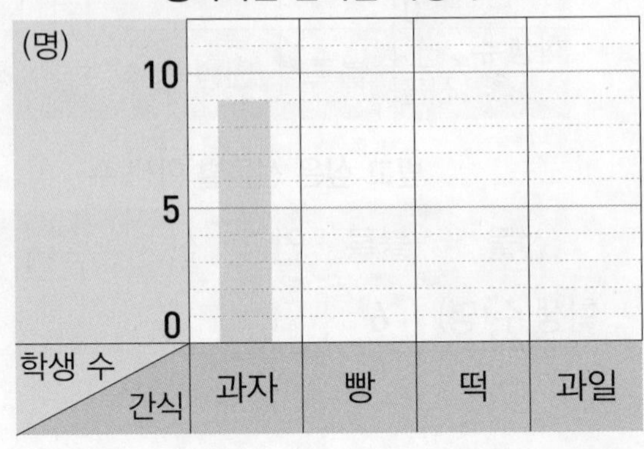

15 가 보고 싶은 산별 학생 수

산	설악산	한라산	지리산	합계
학생 수(명)	13		4	

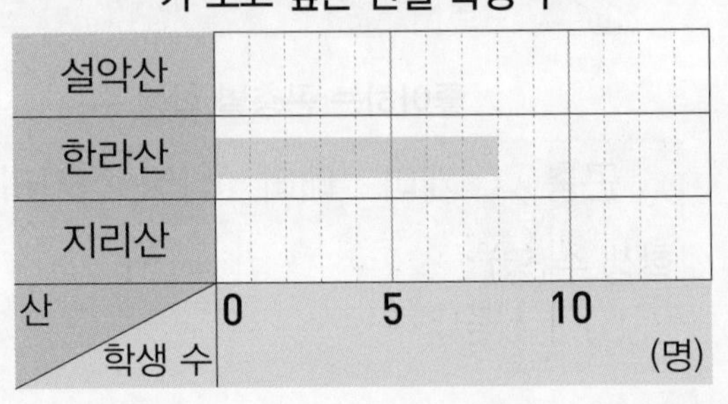

16 반별 안경을 쓴 학생 수

반	1반	2반	3반	합계
학생 수(명)	8	18		

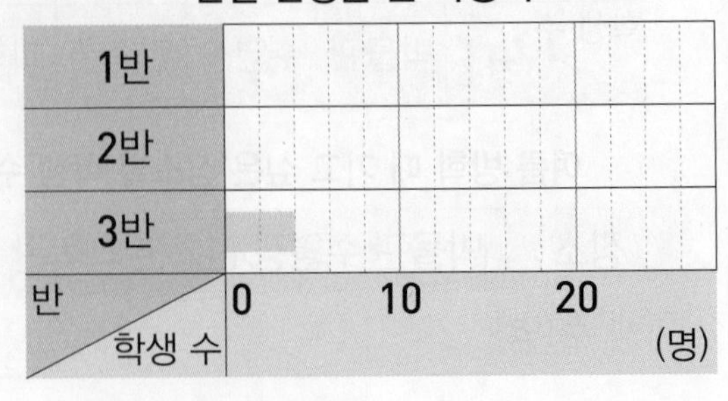

★ 완성 막대그래프

◆ 자료를 보고 막대그래프로 나타내세요.

17

마트에 있는 채소

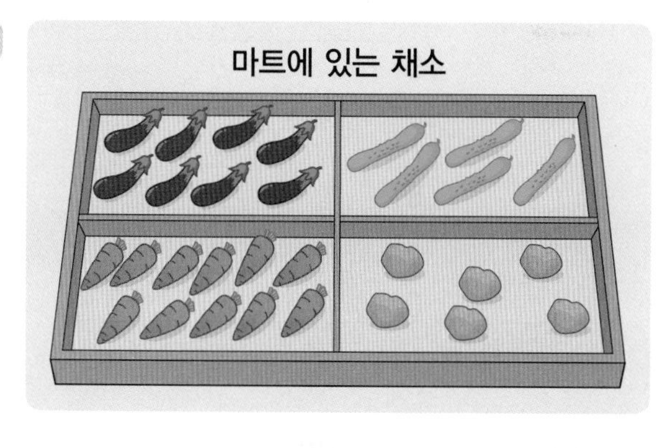

↓

마트에 있는 채소 수

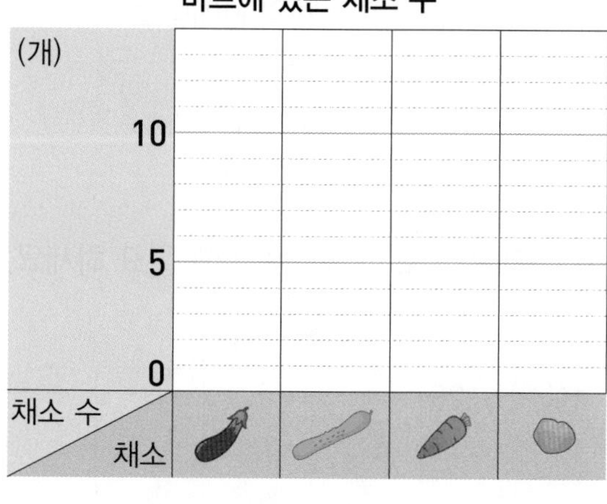

18

마트에 있는 과일

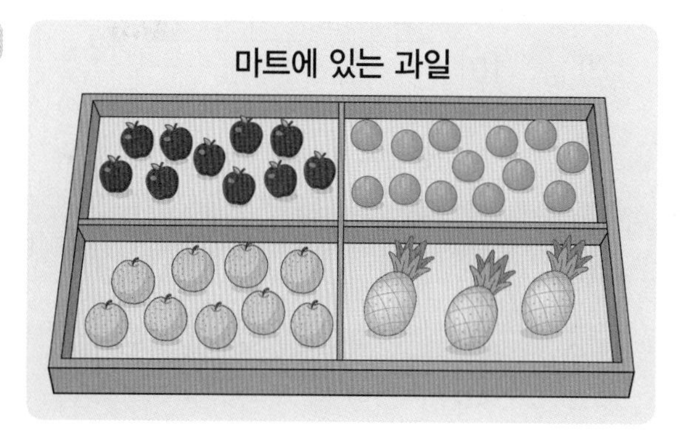

↓

마트에 있는 과일 수

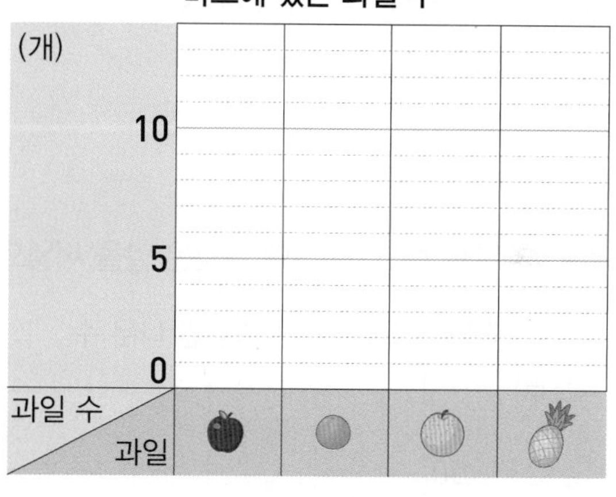

+문해력

19 학생별 1학기 동안 읽은 책 수를 조사하여 나타낸 막대그래프입니다. 1학기 동안 읽은 책이 16권인 사람은 누구일까요?

학생별 1학기 동안 읽은 책 수

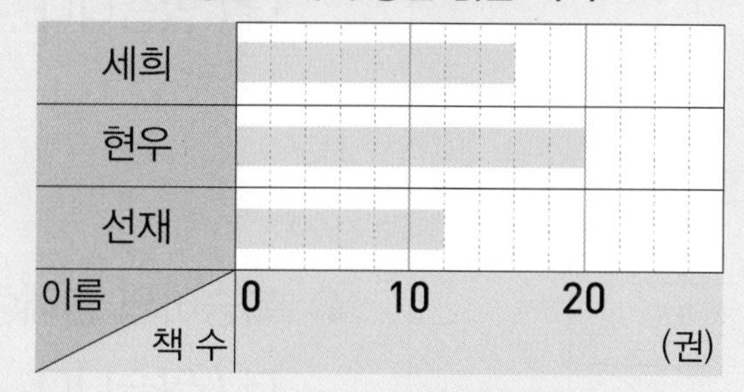

풀이 가로 눈금 한 칸은 $10 \div 5 =$ ☐(권)을 나타냅니다.

세희: ☐권, 현우: ☐권, 선재: ☐권

답 1학기 동안 읽은 책이 16권인 사람은 ☐입니다.

5 단원 33회

개념 막대그래프 해석하기

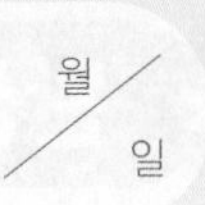

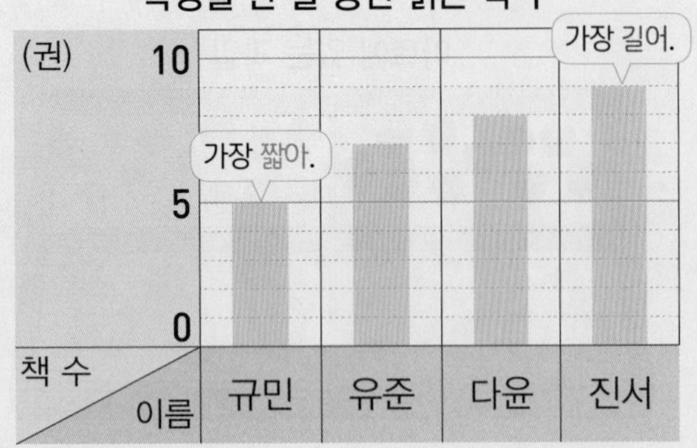

- 막대의 길이가 길수록 읽은 책 수가 많습니다.
  → 책을 가장 많이 읽은 사람: 진서
- 막대의 길이가 짧을수록 읽은 책 수가 적습니다.
  → 책을 가장 적게 읽은 사람: 규민

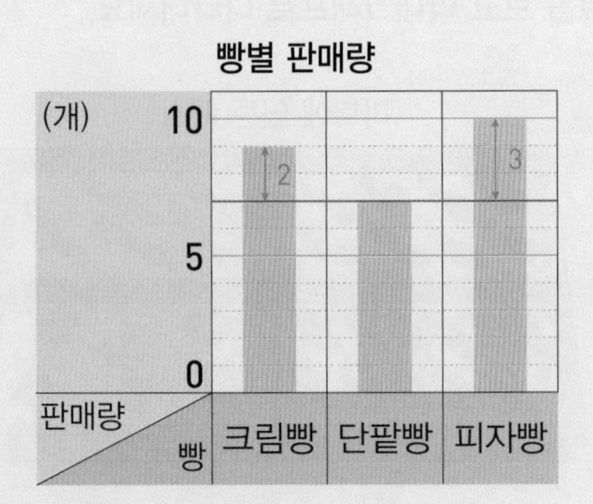

- 크림빵의 판매량은 단팥빵의 판매량보다 $9-7=2$(개) 더 많습니다.
- 단팥빵의 판매량은 피자빵의 판매량보다 $10-7=3$(개) 더 적습니다.

◆ 막대그래프를 보고 ☐ 안에 알맞은 말을 써넣으세요.

1

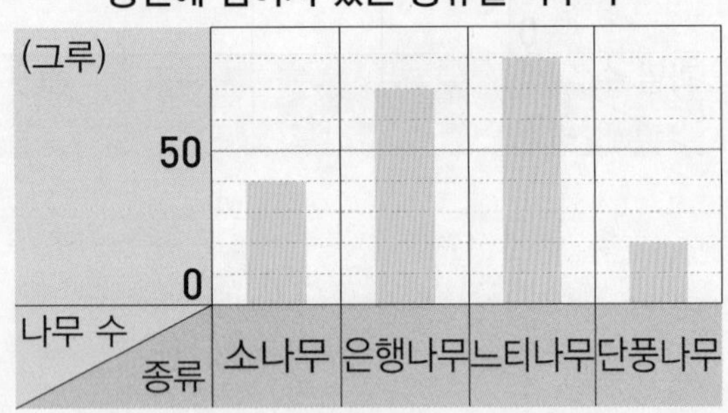

막대의 길이가 가장 긴 것: ☐

→ 가장 많은 나무: ☐

2

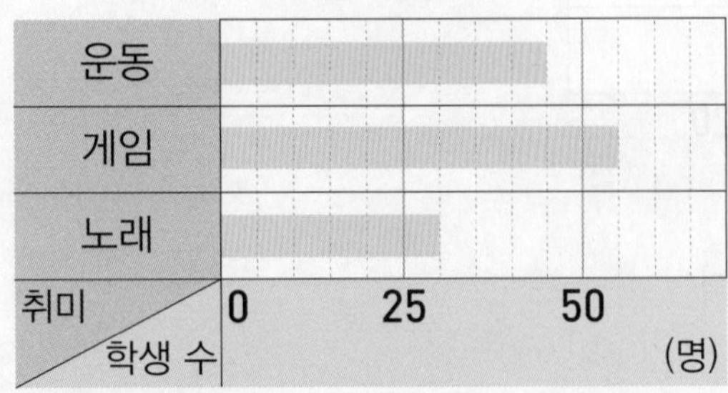

막대의 길이가 가장 짧은 것: ☐

→ 가장 적은 학생들의 취미: ☐

◆ 막대그래프를 보고 알맞은 말에 ○표 하세요.

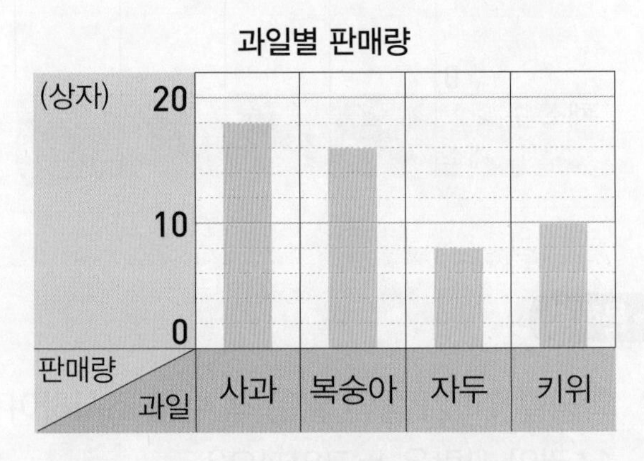

3 사과의 판매량은 자두의 판매량보다 더 (많습니다 , 적습니다).

4 복숭아의 판매량은 키위의 판매량보다 더 (많습니다 , 적습니다).

5 자두의 판매량은 키위의 판매량보다 더 (많습니다 , 적습니다).

연습 막대그래프 해석하기

◆ 막대그래프를 보고 □ 안에 알맞은 말을 써넣으세요.

6 존경하는 위인별 학생 수

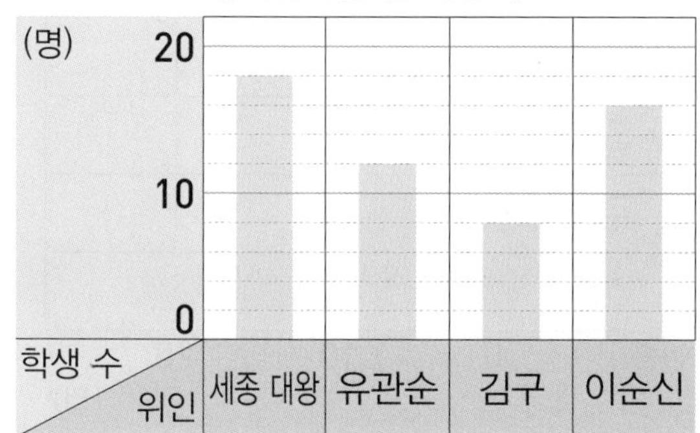

가장 많은 학생들이 존경하는 위인:

□

7 좋아하는 색깔별 학생 수

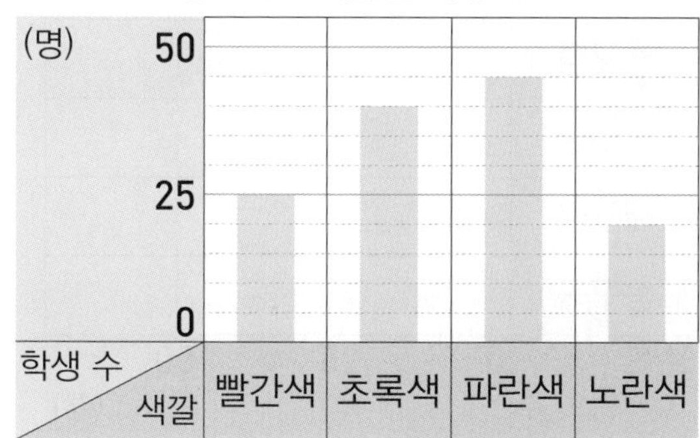

가장 많은 학생들이 좋아하는 색깔:

□

8 요일별 도서관을 방문한 학생 수

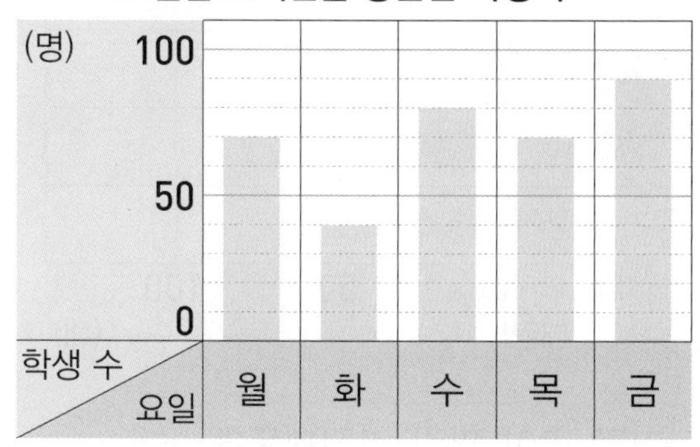

가장 적은 학생들이 도서관을 방문한 요일:

□ 요일

◆ 막대그래프를 보고 □ 안에 알맞은 수를 써넣으세요.

9 좋아하는 꽃별 학생 수

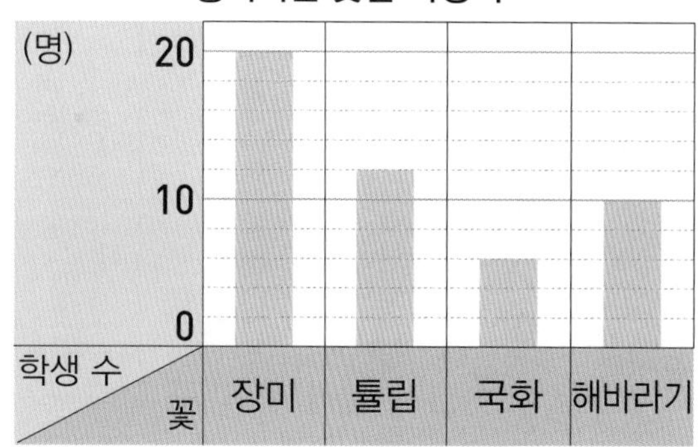

장미를 좋아하는 학생은 튤립을 좋아하는 학생보다 □ 명 더 많습니다.

10 아파트 동별 초등학생 수

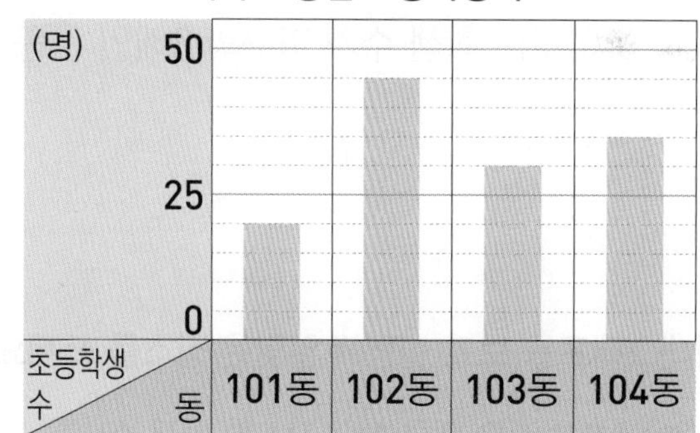

102동의 초등학생 수는 103동의 초등학생 수보다 □ 명 더 많습니다.

11 마을별 학생 수

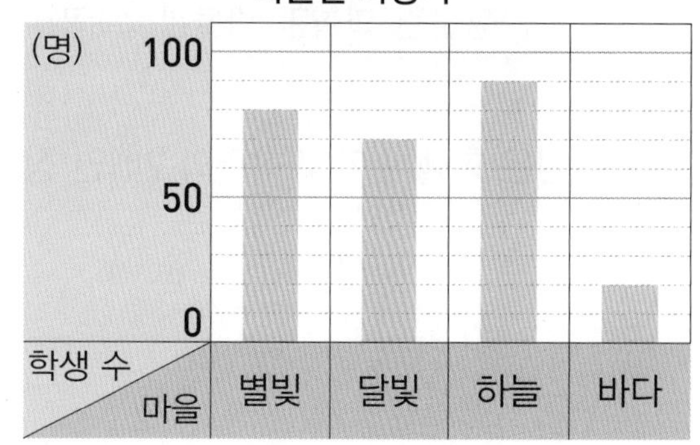

바다 마을의 학생 수는 하늘 마을의 학생 수보다 □ 명 더 적습니다.

적용 막대그래프 해석하기

◆ 막대그래프를 보고 설명에 알맞은 운동을 쓰세요.

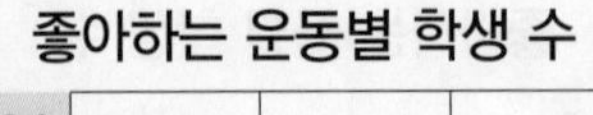

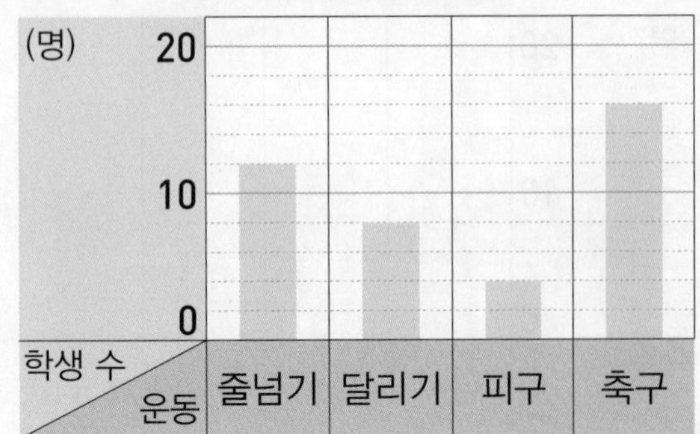

12 좋아하는 학생 수가 달리기의 2배인 운동

(   )

13 좋아하는 학생 수가 피구의 3배인 운동

(   )

◆ 막대그래프를 보고 설명에 알맞은 장소를 쓰세요.

가고 싶은 체험 학습 장소별 학생 수

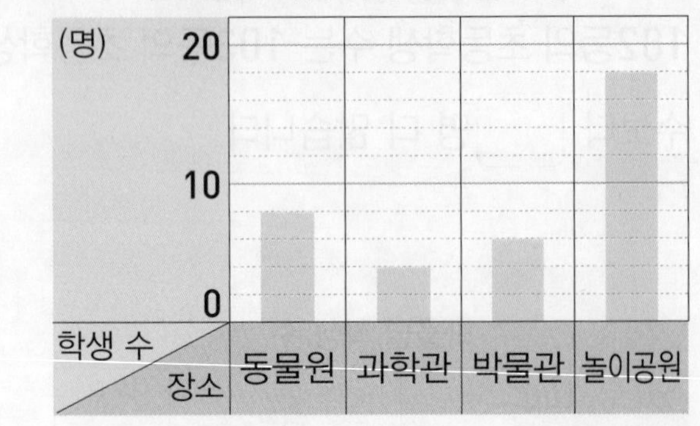

14 가고 싶은 학생 수가 과학관의 2배인 장소

(   )

15 가고 싶은 학생 수가 박물관의 3배인 장소

(   )

◆ 막대그래프를 보고 □ 안에 알맞은 수를 써넣으세요.

16 학생별 방학 동안 읽은 책 수

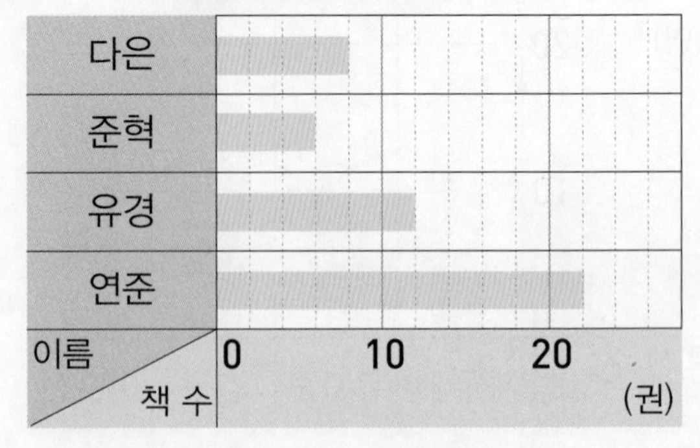

가장 많이 읽은 사람과 가장 적게 읽은 사람의 읽은 책 수의 차 ➔ □권

17 체육관에 있는 공의 수

축구공
탁구공
배구공
농구공
공
공의 수
0
25
50
(개)

가장 많이 있는 공과 가장 적게 있는 공의 수의 차 ➔ □개

18 가전제품별 판매량

세탁기
에어컨
냉장고
공기 청정기
가전제품
판매량
0
50
100
(대)

가장 많이 팔린 가전제품과 가장 적게 팔린 가전제품의 판매량의 차 ➔ □대

정답 27쪽

★ 완성 막대그래프 해석하기

◆ 막대그래프와 아이스크림 가게 직원의 이야기를 보고 알맞게 이어 보세요.

19

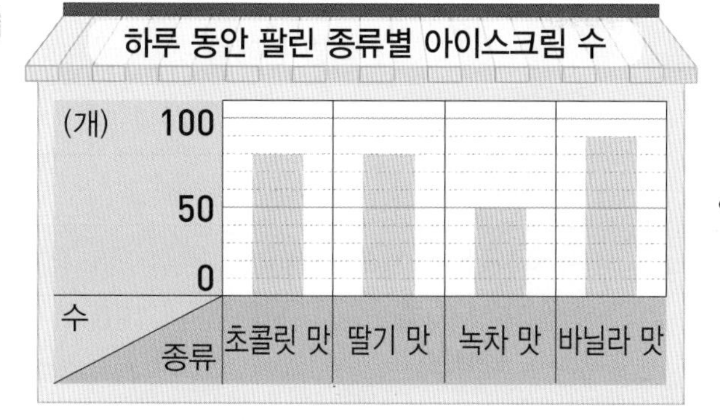

○○ 가게

가장 많이 팔린 아이스크림은 딸기 맛이에요.

20

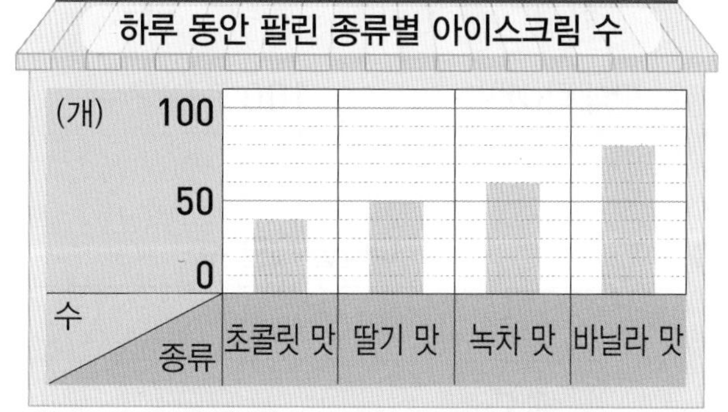

△△ 가게

가장 적게 팔린 아이스크림은 초콜릿 맛이에요.

21

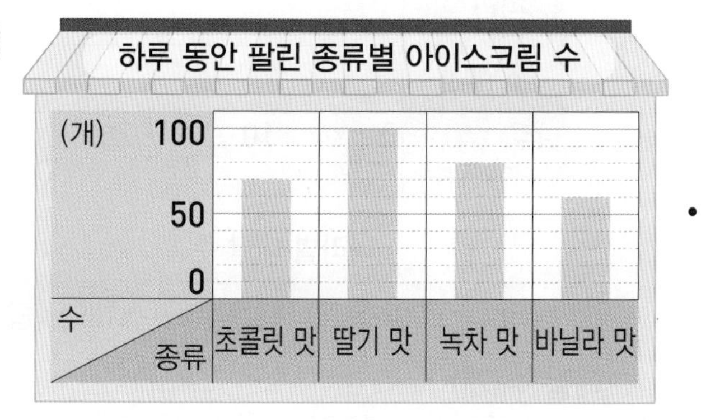

☆☆ 가게

하루 동안 팔린 초콜릿 맛 아이스크림 수와 딸기 맛 아이스크림 수가 같아요.

+문해력

22 지유의 요일별 수면 시간을 조사하여 나타낸 막대그래프입니다. 월요일과 화요일의 수면 시간의 합은 몇 시간일까요?

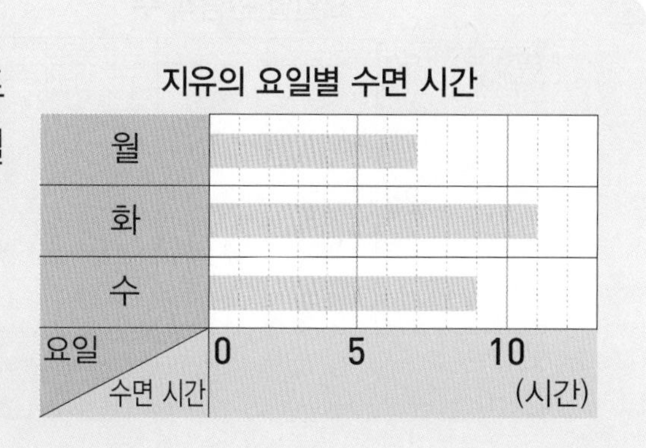

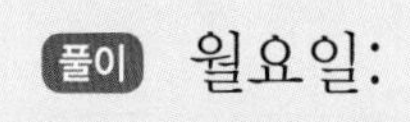

풀이 월요일: ☐시간, 화요일: ☐시간

➔ (월요일과 화요일의 수면 시간의 합)

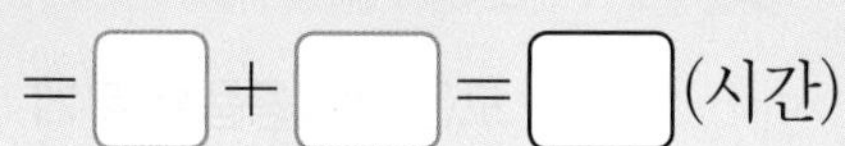

= ☐ + ☐ = ☐(시간)

답 월요일과 화요일의 수면 시간의 합은 ☐시간입니다.

◆ 막대그래프를 보고 표를 완성해 보세요.

1

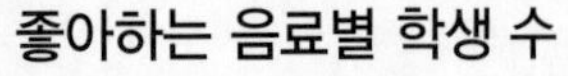

좋아하는 음료별 학생 수

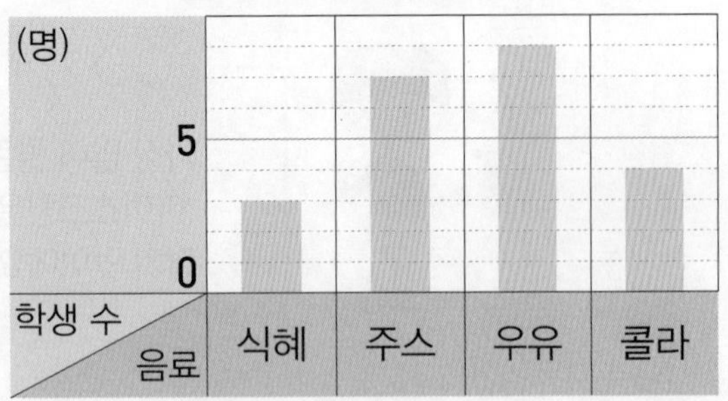

좋아하는 음료별 학생 수

음료	식혜	주스	우유	콜라	합계
학생 수(명)	3		8		

2

월별 자동차 판매량

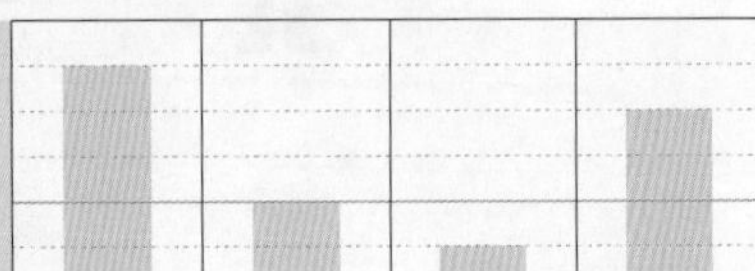

월별 자동차 판매량

월	3월	4월	5월	6월	합계
판매량(대)					

3

요일별 관람객 수

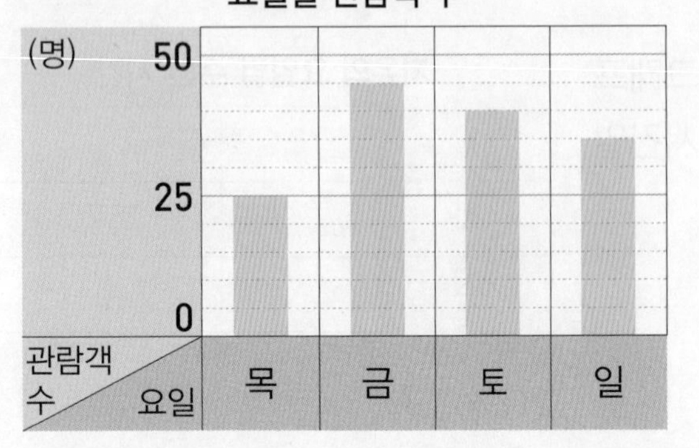

요일별 관람객 수

요일	목	금	토	일	합계
관람객 수(명)					

◆ 막대그래프를 보고 표를 완성해 보세요.

4

간식별 판매량

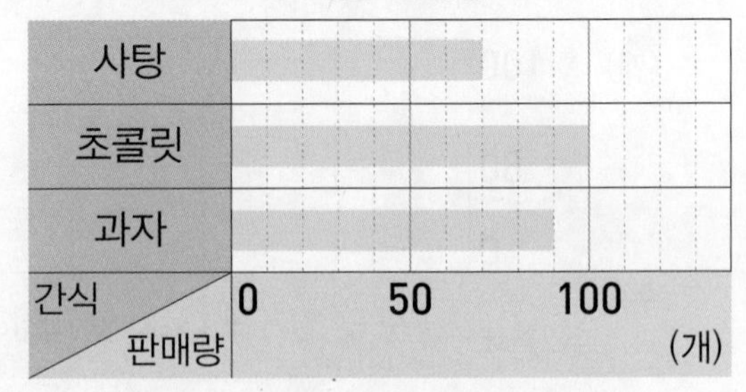

간식별 판매량

간식	사탕	초콜릿	과자	합계
판매량(개)		100		

5

나라별 메달 수

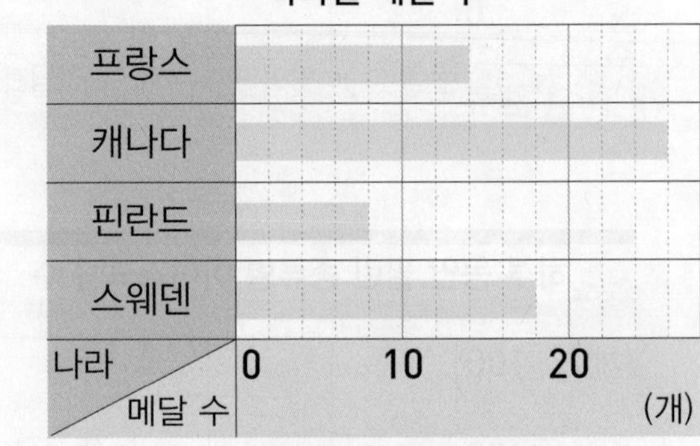

나라별 메달 수

나라	프랑스	캐나다	핀란드	스웨덴	합계
메달 수(개)					

6

모은 재활용품별 무게

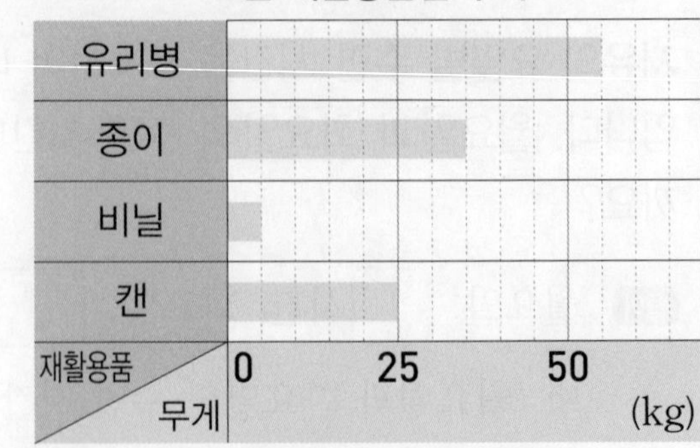

모은 재활용품별 무게

재활용품	유리병	종이	비닐	캔	합계
무게(kg)					

◆ 막대그래프를 보고 ☐ 안에 알맞은 말을 써넣으세요.

7 가 보고 싶은 나라별 학생 수

(명) 20, 10, 0

학생 수 / 나라: 스페인, 영국, 미국, 일본

가장 많은 학생들이 가 보고 싶은 나라: ☐

8

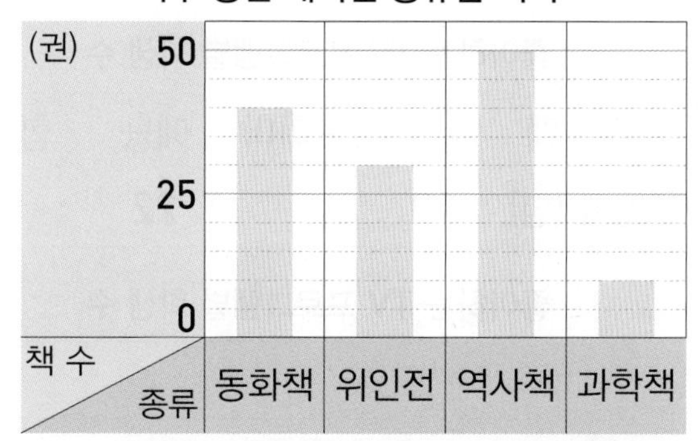

하루 동안 가장 많이 대여된 책의 종류: ☐

9

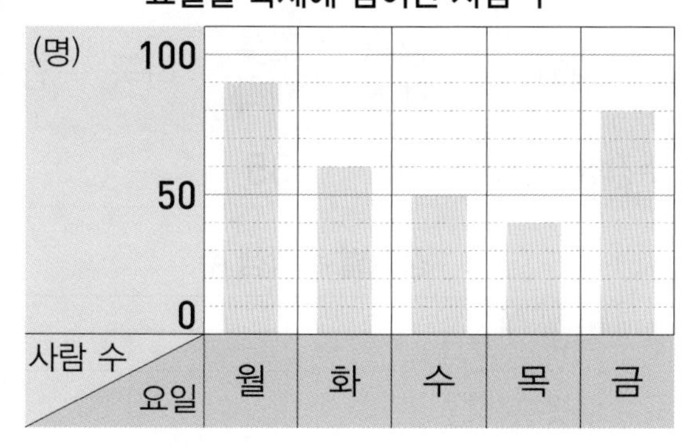

가장 적은 사람들이 축제에 참여한 요일: ☐요일

◆ 막대그래프를 보고 ☐ 안에 알맞은 수를 써넣으세요.

10 마을별 초등학생 수

(명) 50, 25, 0

초등학생 수 / 마을: 가, 나, 다, 라

나 마을의 초등학생 수는 라 마을의 초등학생 수보다 ☐명 더 적습니다.

11

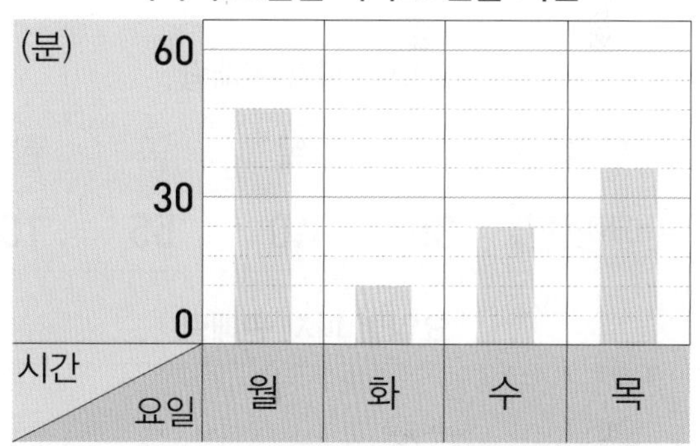

월요일의 피아노 연습 시간은 수요일의 피아노 연습 시간보다 ☐분 더 많습니다.

12

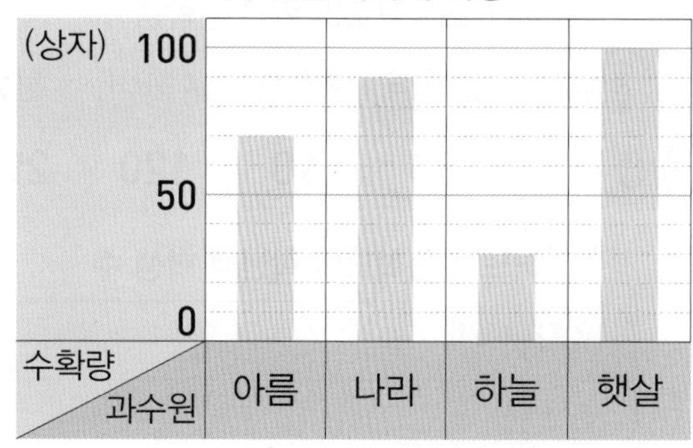

햇살 과수원의 사과 수확량은 아름 과수원의 사과 수확량보다 ☐상자 더 많습니다.

평가 B 5단원 마무리

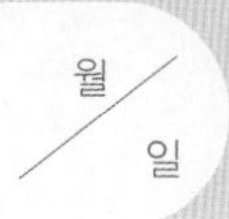

◆ 표를 보고 막대그래프로 나타내세요.

1 색연필의 색깔별 판매량

색깔	파란색	빨간색	노란색	초록색	합계
판매량(자루)	8	10	3	6	27

색연필의 색깔별 판매량

2 요일별 피자 판매량

요일	수	목	금	합계
판매량(판)	35	40	55	130

요일별 피자 판매량

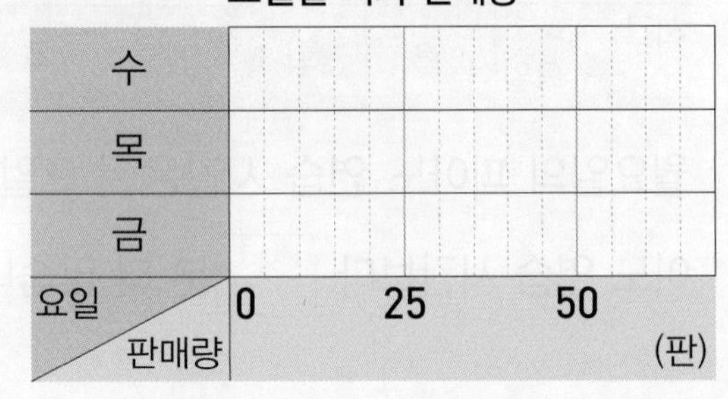

3 어느 초등학교의 학년별 학생 수

학년	4학년	5학년	6학년	합계
학생 수(명)	80	90	120	290

어느 초등학교의 학년별 학생 수

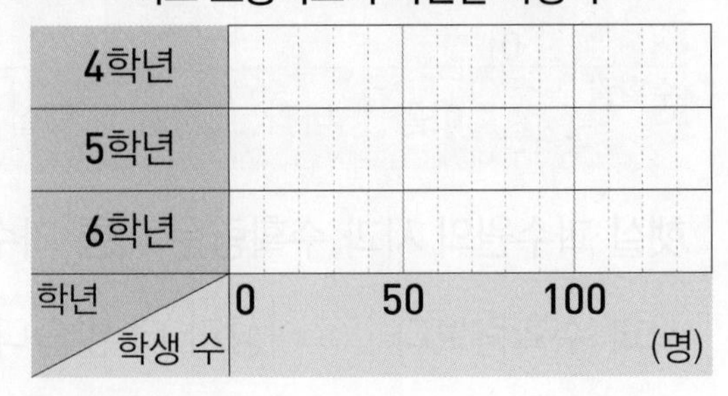

◆ 표와 막대그래프를 완성해 보세요.

4 학생별 넣은 골 수

이름	연우	재아	지민	유나	합계
골 수(골)		11	4	9	

학생별 넣은 골 수

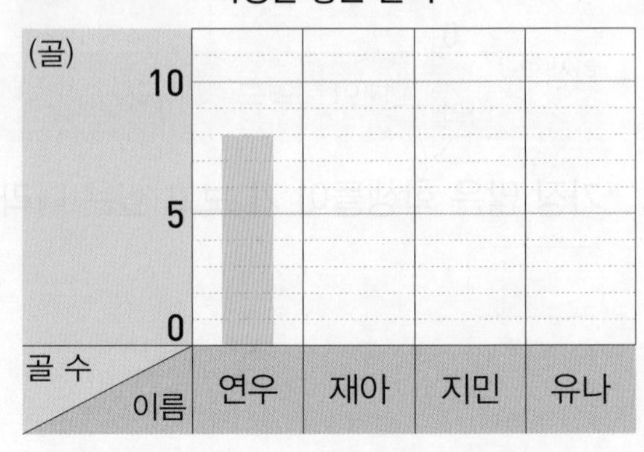

5 좋아하는 TV 프로그램별 학생 수

프로그램	뉴스	드라마	예능	합계
학생 수(명)	10		22	

좋아하는 TV 프로그램별 학생 수

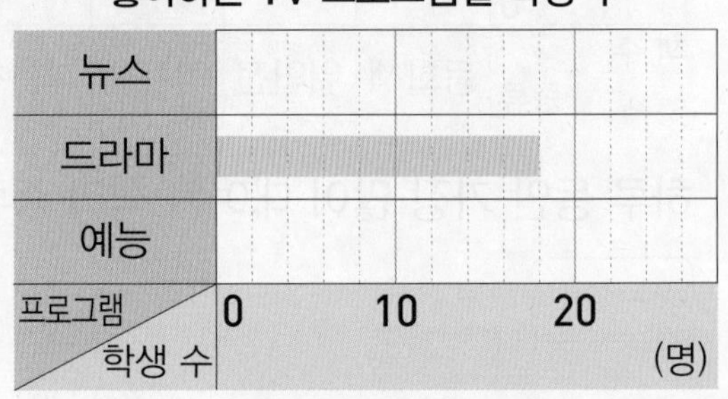

6 강좌별 수강생 수

강좌	방송 댄스	로봇 제작	바둑	합계
수강생 수(명)	55	35		

강좌별 수강생 수

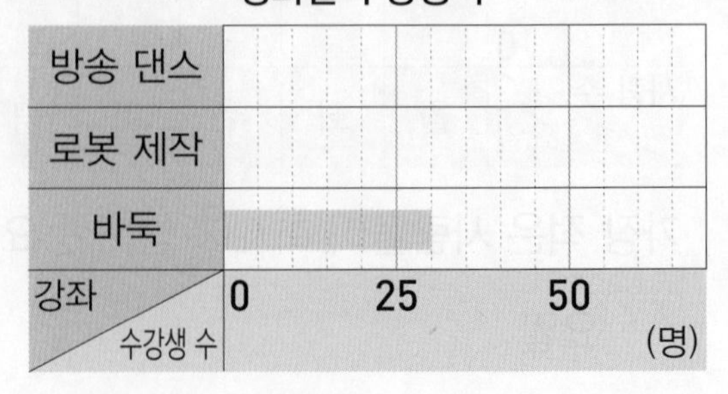

◆ 막대그래프를 보고 설명에 알맞은 음식을 쓰세요.

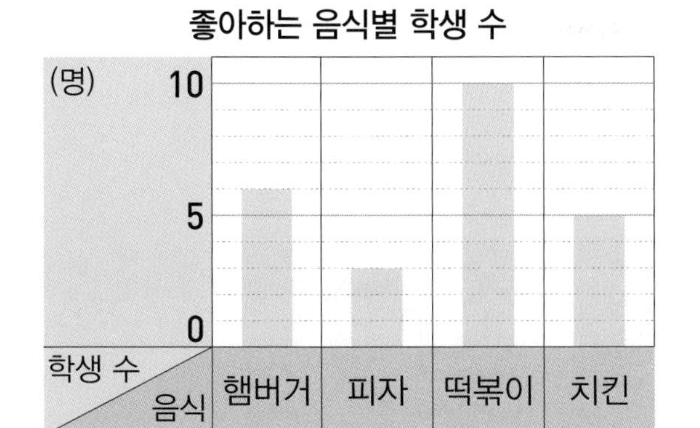

7 좋아하는 학생 수가 피자의 2배인 음식

( )

8 좋아하는 학생 수가 치킨의 2배인 음식

( )

◆ 막대그래프를 보고 설명에 알맞은 혈액형을 쓰세요.

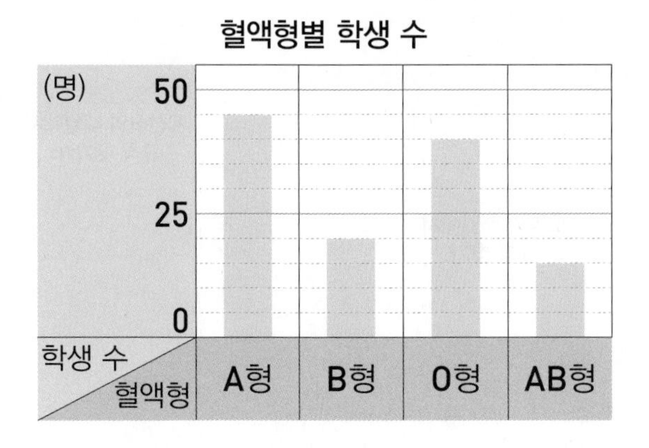

9 학생 수가 B형의 2배인 혈액형

( )

10 학생 수가 AB형의 3배인 혈액형

( )

◆ 막대그래프를 보고 ☐ 안에 알맞은 수를 써넣으세요.

11

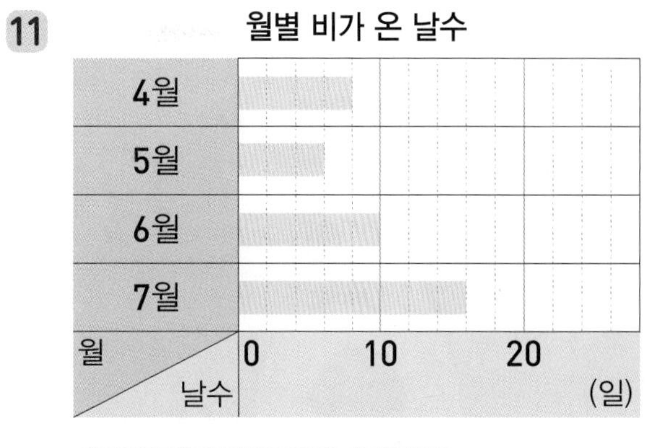

비가 가장 많이 온 달과 가장 적게 온 달의 비가 온 날수의 차 → ☐일

12 떡별 판매량

꿀떡	
백설기	
인절미	
시루떡	
떡 / 판매량	0 25 50 (kg)

가장 많이 팔린 떡과 가장 적게 팔린 떡의 판매량의 차 → ☐ kg

13

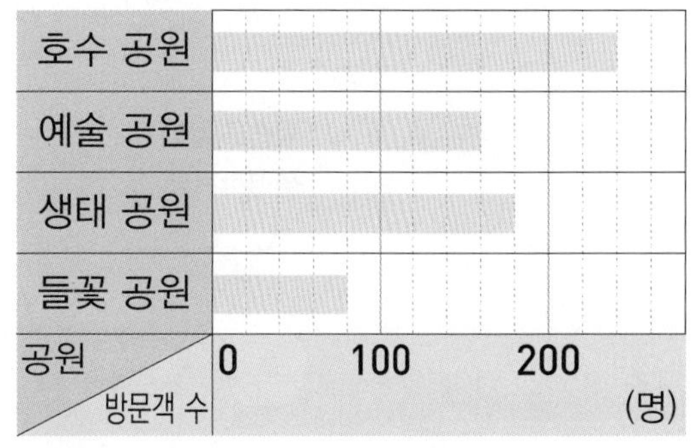

방문객 수가 가장 많은 공원과 가장 적은 공원의 방문객 수의 차 → ☐명

6 규칙 찾기

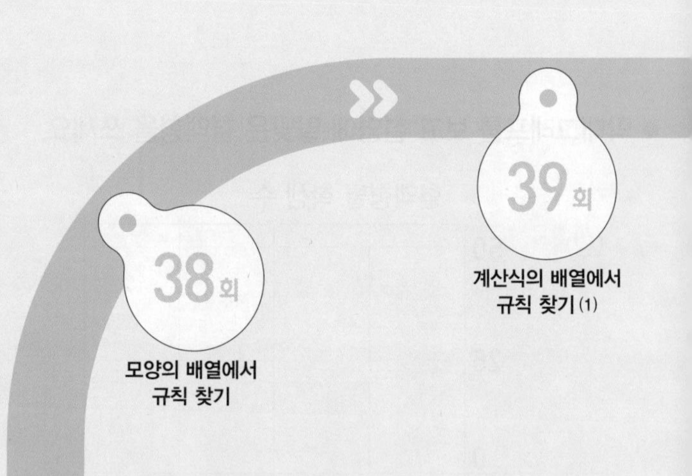

학습을 끝낸 후 색칠하세요.

이전에 배운 내용

수의 배열에서 규칙 찾기

[2-2] 규칙 찾기

무늬, 쌓은 모양에서 규칙 찾기

덧셈표, 곱셈표에서 규칙 찾기

다음에 배울 내용

[5-1] 규칙과 대응
두 양 사이의 관계 알아보기
대응 관계를 식으로 나타내기

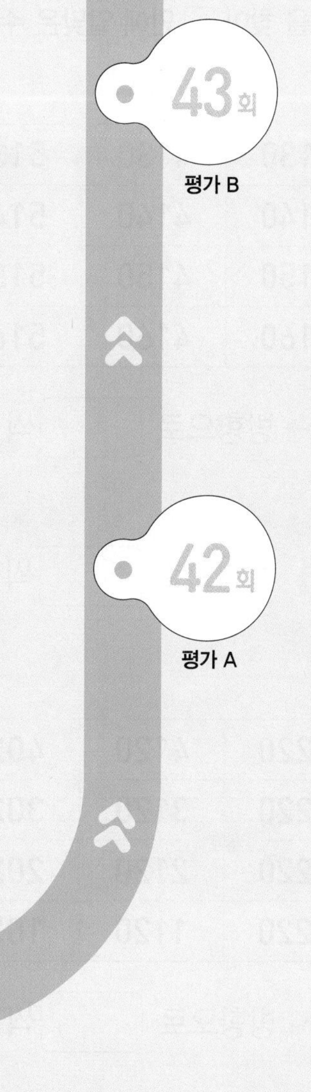

계산식의 배열에서 규칙 찾기 (2)

41회
등호를 사용하여 나타내기

개념 # 수의 배열에서 규칙 찾기

37회 월 일

수의 배열에서 규칙을 알아봅니다.

105	106	107	108
205	206	207	208
305	306	307	308
405	406	407	408

규칙 1 105부터 → 방향으로 1씩 커집니다.

규칙 2 105부터 ↓ 방향으로 100씩 커집니다.

규칙 3 105부터 ↘ 방향으로 101씩 커집니다.

수의 배열에서 규칙을 찾아 빈칸에 알맞은 수를 구합니다.

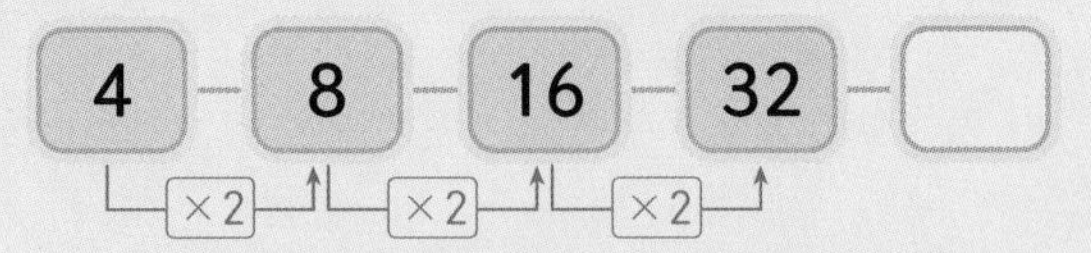

규칙 4부터 시작하여 2씩 곱한 수가 오른쪽에 있습니다.

→ 빈칸에 알맞은 수: $32 \times 2 = 64$

규칙을 식으로 나타낼 수 있어.

◆ 수의 배열에서 규칙을 찾아 ☐ 안에 알맞은 수를 써넣으세요.

1

2130	3130	4130	5130
2140	3140	4140	5140
2150	3150	4150	5150
2160	3160	4160	5160

① 2130부터 → 방향으로 ☐씩 커집니다.

② 2130부터 ↓ 방향으로 ☐씩 커집니다.

2

4320	4220	4120	4020
3320	3220	3120	3020
2320	2220	2120	2020
1320	1220	1120	1020

① 4320부터 ↘ 방향으로 ☐씩 작아집니다.

② 1320부터 ↗ 방향으로 ☐씩 커집니다.

◆ 수의 배열에서 규칙을 찾아 ☐ 안에 알맞은 수를 써넣으세요.

3 5 – 20 – 80 – 320

규칙 5부터 시작하여 ☐씩 곱한 수가 오른쪽에 있습니다.

4 9 – 63 – 441 – 3087

규칙 9부터 시작하여 ☐씩 곱한 수가 오른쪽에 있습니다.

5 24 – 12 – 6 – 3

규칙 24부터 시작하여 ☐로 나눈 몫이 오른쪽에 있습니다.

6 189 – 63 – 21 – 7

규칙 189부터 시작하여 ☐으로 나눈 몫이 오른쪽에 있습니다.

수의 배열에서 규칙 찾기

◆ 수의 배열에서 규칙을 찾아 빈칸에 알맞은 수를 써 넣으세요.

7

315	325	335	345
415	425	435	445
515	525		
615	625		

8

1010	1020	1030	1040
2010			2040
3010			3040
4010	4020	4030	

9

3002	3202		3602
	3204	3404	
3006		3406	3606
3008	3208	3408	

10

20207		20227	20237
	20317	20327	20337
20407	20417		20437
20507		20527	

11

50000	50100	50200	50300
50010	50110		
50020	50120		
50030	50130		

◆ 수의 배열에서 규칙을 찾아 빈칸에 알맞은 수를 써 넣으세요.

12 2 - 10 - 50 - 250 - ☐

13

14 8 - 24 - 72 - 216 - ☐

15 10 - 20 - ☐ - 80 - 160

16 768 - 192 - 48 - ☐ - 3

17 729 - 243 - ☐ - 27 - 9

18 6480 - 1080 - 180 - 30 - ☐

19 3750 - 750 - 150 - ☐ - 6

적용 수의 배열에서 규칙 찾기

◆ 수의 배열에서 규칙을 찾아 ●, ■에 알맞은 수를 각각 구하세요.

20

302	303	304	305	
402	403	404	405	
502	503	504	●	
602	603			■

● (　　　　), ■ (　　　　)

21

523	533	543	553	
623	633	●	653	
723	733	743	753	
823	833			■

● (　　　　), ■ (　　　　)

22

3230	3240	3250	3260	
5230	5240	5250	●	
7230	7240	7250	7260	
9230	9240			■

● (　　　　), ■ (　　　　)

23

3100	3120	3140	3160	
4100	4120	●	4160	
5100	5120	5140	5160	
6100	6120			■

● (　　　　), ■ (　　　　)

◆ 표 안의 수를 보고 규칙을 찾아 빈칸에 알맞은 수를 써넣으세요.

24

+	201	202	203	204
2	3	4	5	6
3	4	5	6	7
4	5	6	7	
5	6			9

25

+	55	66	77	88
22	7	8	9	0
33	8	9	0	1
44	9	0		
55	0	1		

26

×	12	13	14	15
3	6	9	2	5
4	8	2	6	0
5	0	5		
6	2	8		

27

×	21	22	23	24
3	3	6	9	
4	4	8	2	
5	5	0	5	
6	6	2	8	

★ 완성 수의 배열에서 규칙 찾기

◆ 기차, 영화관의 좌석 배치도를 보고 친구들의 좌석 번호를 각각 구하세요.

28

4A	5A	6A	7A	8A		9A	10A	11A	12A	13A
4B	5B	6B	7B	8B		9B	10B	태연	12B	13B
◀ 출입문					통로					출입문 ▶
4C	5C	6C	7C	8C		9C	10C	11C	12C	13C
4D	정민	6D	7D	8D		9D	10D	11D	12D	13D

정민: ☐, 태연: ☐

29

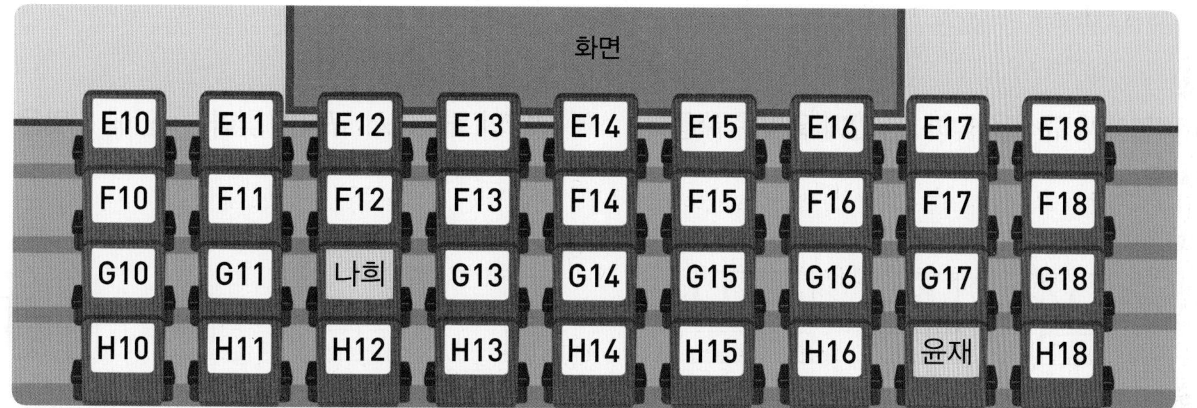

나희: ☐, 윤재: ☐

+문해력

30 수의 배열에서 규칙을 찾아 ★에 알맞은 수를 구하세요.

풀이 ☐부터 시작하여 ☐씩 커지는 규칙입니다.

→ ★에 알맞은 수: 562＋☐＝☐

답 ★에 알맞은 수는 ☐입니다.

6 단원 37회

개념 모양의 배열에서 규칙 찾기

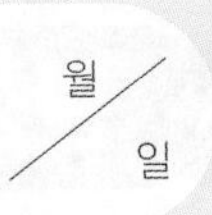

모양의 배열에서 규칙을 찾아 덧셈식으로 나타냅니다.

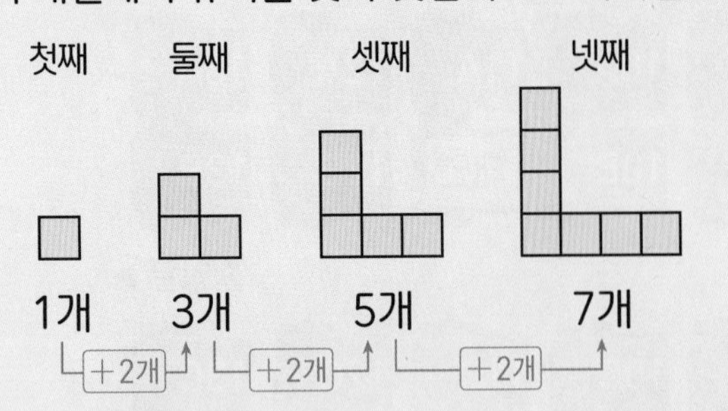

순서	첫째	둘째	셋째	넷째
식	1	1+2	1+2+2	1+2+2+2

규칙 사각형이 1개부터 시작하여 2개씩 늘어납니다.

→ 다섯째에 알맞은 모양에서 사각형의 수:

1+2+2+2+2=9(개)

모양의 배열에서 규칙을 찾아 곱셈식으로 나타냅니다.

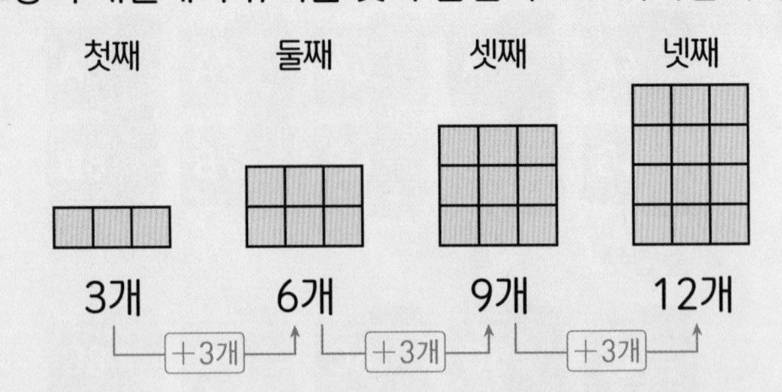

순서	첫째	둘째	셋째	넷째
식	3×1	3×2	3×3	3×4

규칙 사각형이 위쪽으로 3개씩 늘어납니다.

→ 다섯째에 알맞은 모양에서 사각형의 수:

$3\times5=15$(개)

◆ 모양의 배열에서 규칙을 찾아 ☐ 안에 알맞은 수를 써넣으세요.

1

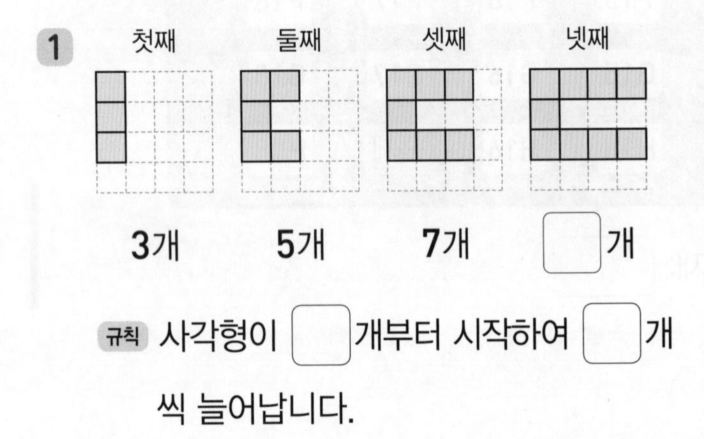

규칙 사각형이 ☐개부터 시작하여 ☐개씩 늘어납니다.

2

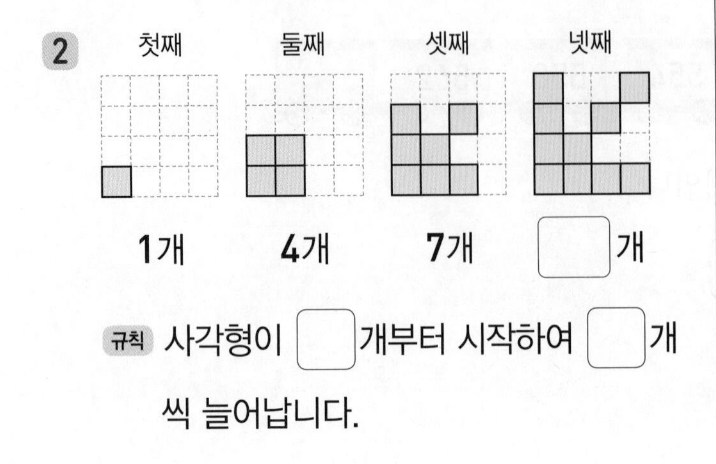

규칙 사각형이 ☐개부터 시작하여 ☐개씩 늘어납니다.

◆ 모양의 배열에서 규칙을 찾아 ☐ 안에 알맞은 수를 써넣으세요.

3

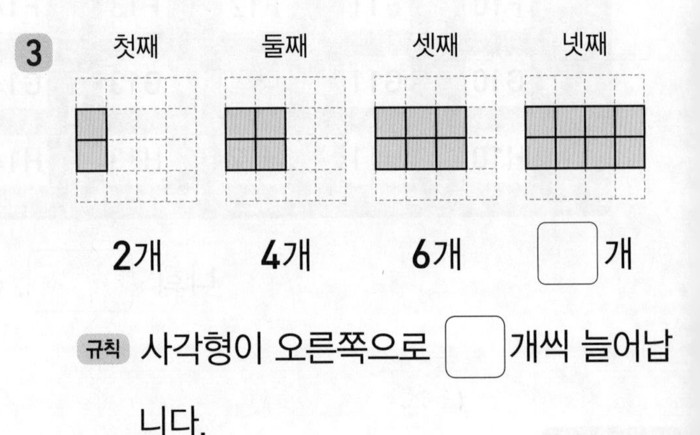

규칙 사각형이 오른쪽으로 ☐개씩 늘어납니다.

4

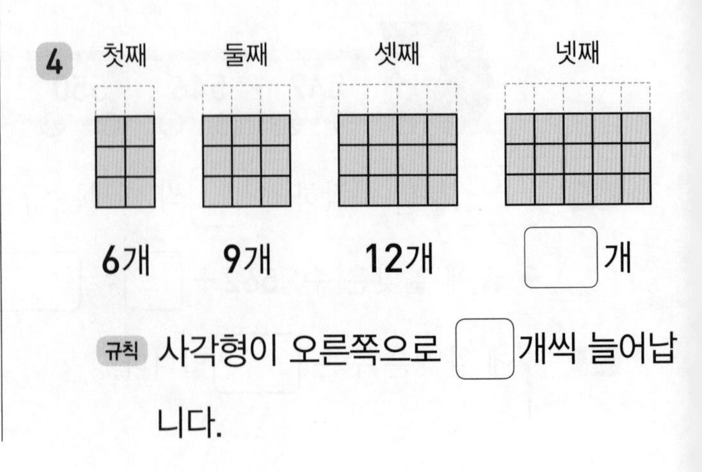

규칙 사각형이 오른쪽으로 ☐개씩 늘어납니다.

정답 29쪽

◆ 모양의 배열에서 규칙을 찾아 표를 완성해 보세요.

5 첫째 둘째 셋째 넷째

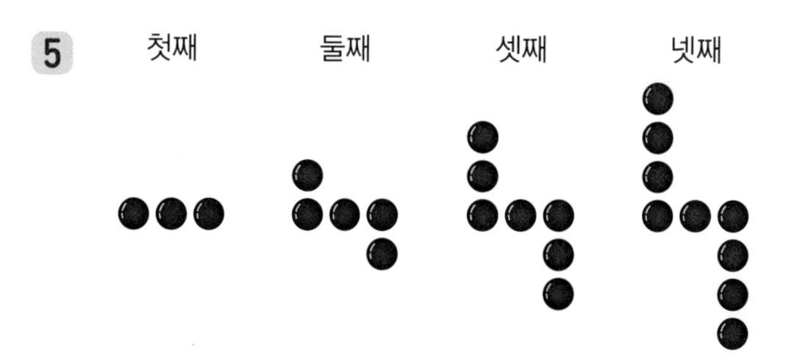

순서	첫째	둘째	셋째	넷째
수(개)	3	5		

6 첫째 둘째 셋째 넷째

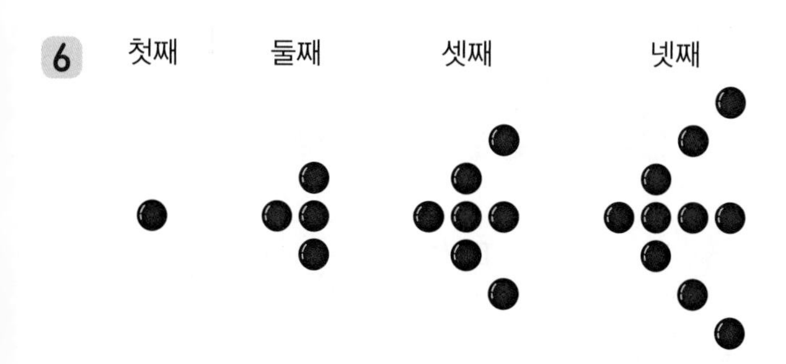

순서	첫째	둘째	셋째	넷째
수(개)				

7 첫째 둘째 셋째 넷째

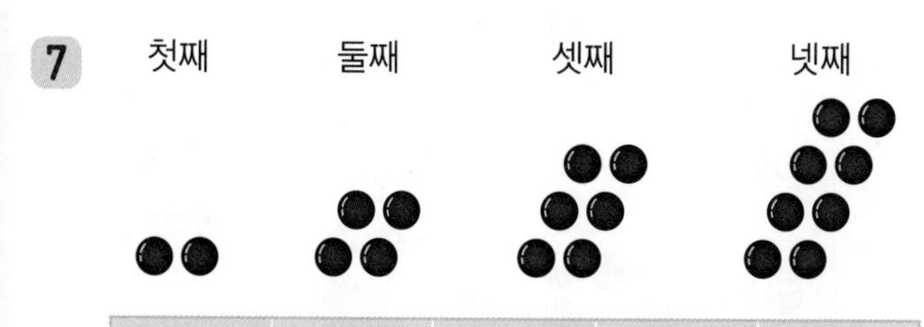

순서	첫째	둘째	셋째	넷째
수(개)				

8 첫째 둘째 셋째 넷째

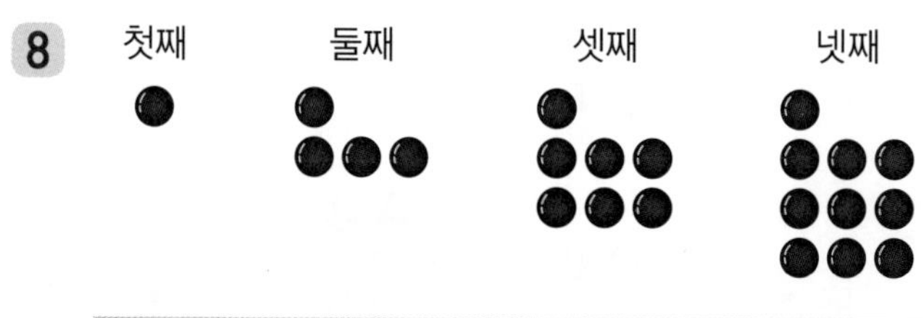

순서	첫째	둘째	셋째	넷째
수(개)				

◆ 모양의 배열에서 규칙을 찾아 식으로 나타내세요.

9 첫째 둘째 셋째 넷째

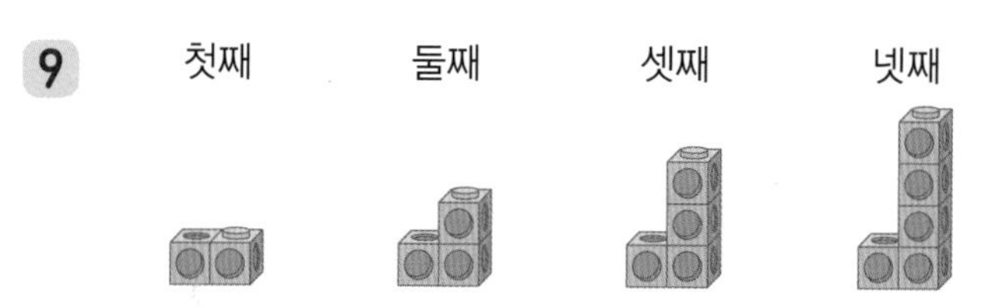

순서	식
첫째	2
둘째	$2+1$
셋째	$2+1+\square$
넷째	$2+1+\square+\square$

10 첫째 둘째 셋째 넷째

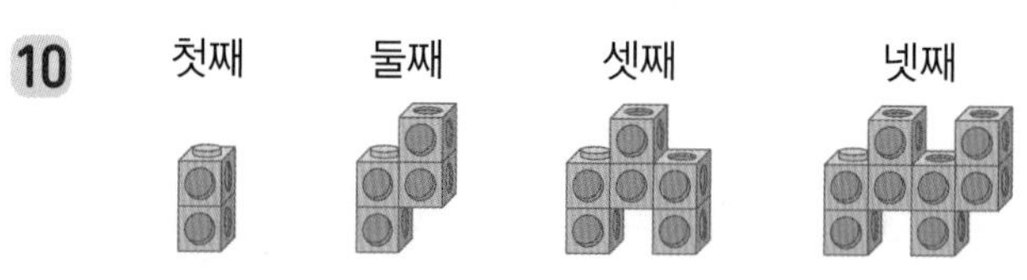

순서	식
첫째	2×1
둘째	2×2
셋째	$2\times\square$
넷째	$2\times\square$

11 첫째 둘째 셋째 넷째

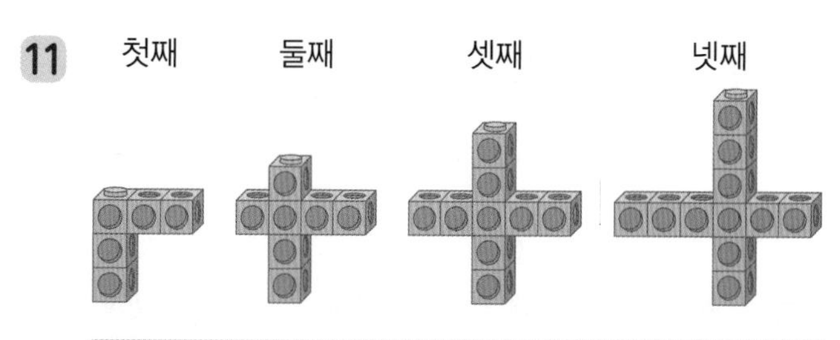

순서	식
첫째	5
둘째	$5+2$
셋째	$5+\square+\square$
넷째	$5+\square+\square+\square$

6단원 38회

적용 모양의 배열에서 규칙 찾기

◆ 모양의 배열에서 규칙을 찾아 다섯째에 알맞은 모양을 그려 보세요.

12

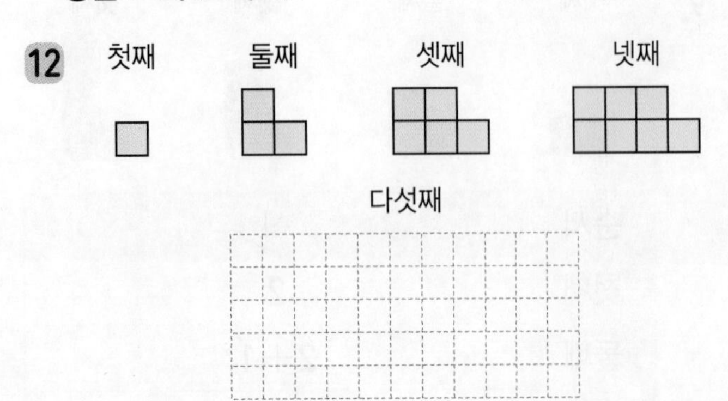

13

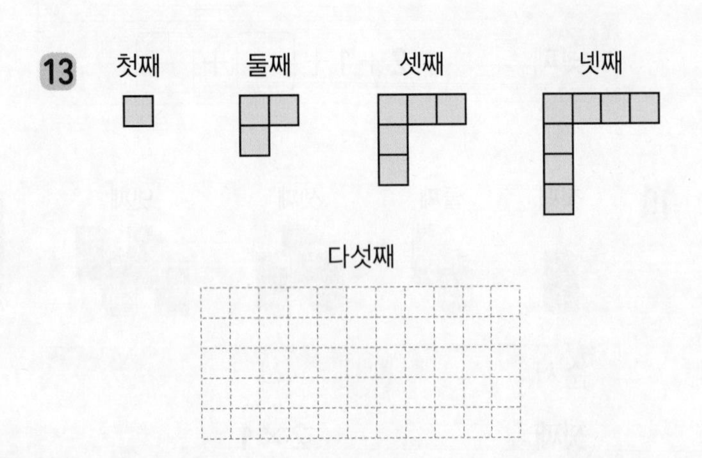

14

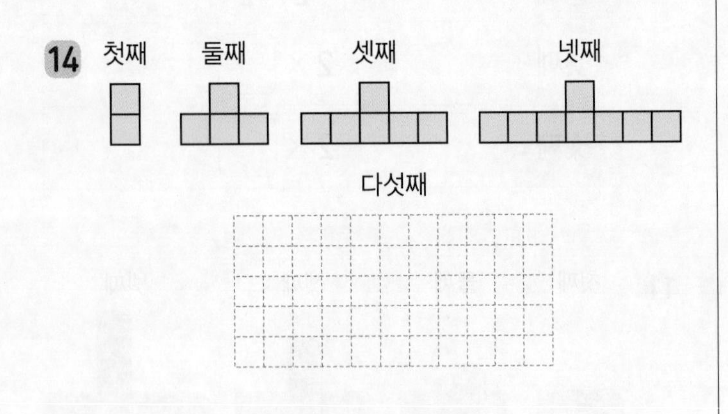

15

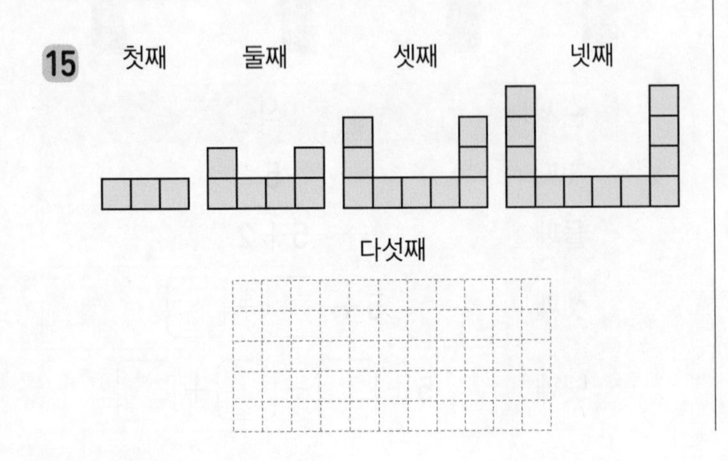

◆ 모양의 배열을 보고 다섯째에 알맞은 모양에서 구슬은 몇 개인지 구하세요.

16

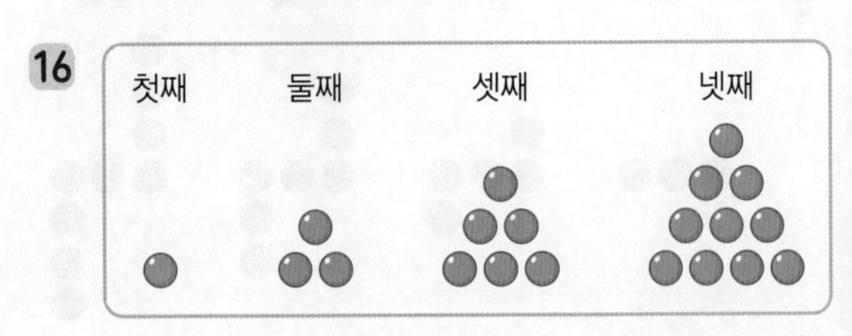

다섯째: ☐개

17

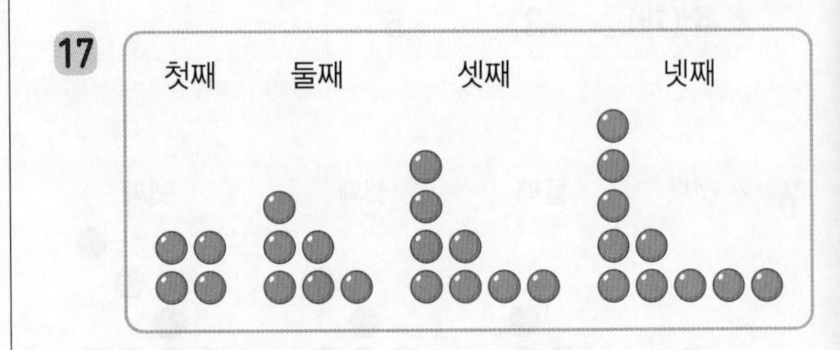

다섯째: ☐개

18

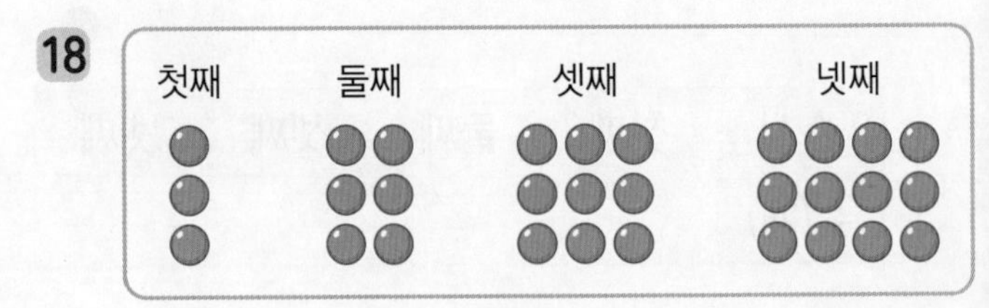

다섯째: ☐개

19

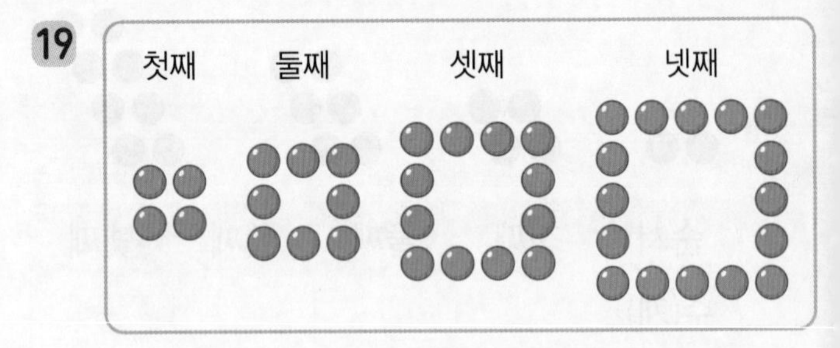

다섯째: ☐개

20

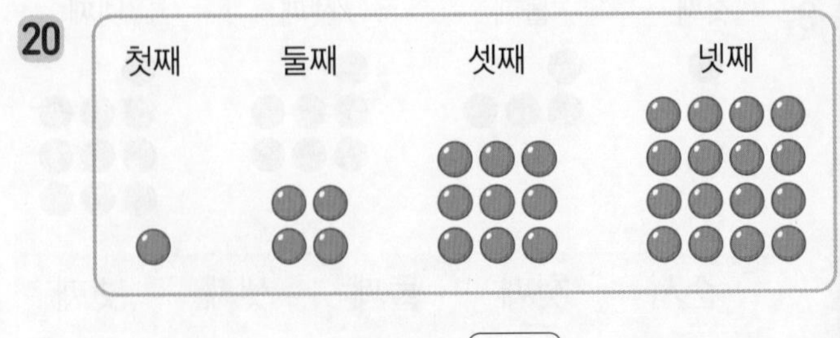

다섯째: ☐개

★ 완성 모양의 배열에서 규칙 찾기

◆ 규칙에 따라 바둑돌을 놓고 있습니다. 다섯째에 알맞은 바둑판에서 흰색 바둑돌은 몇 개인지 구하세요.

21

첫째 둘째 셋째 넷째

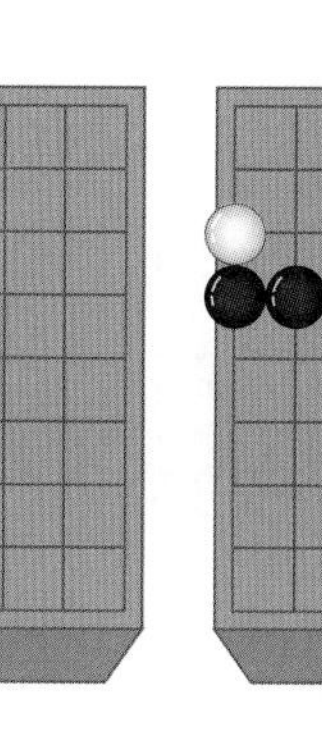
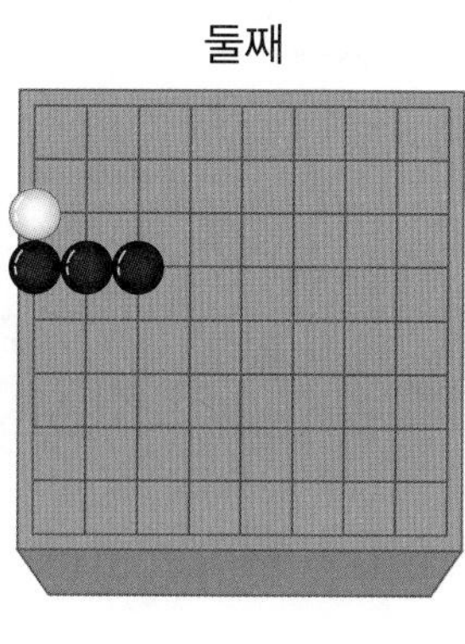
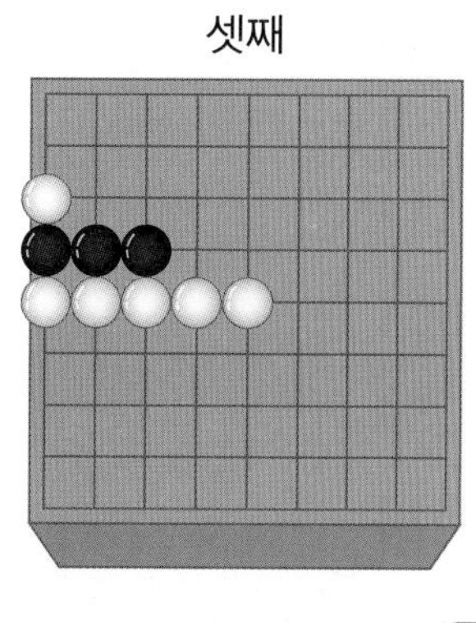
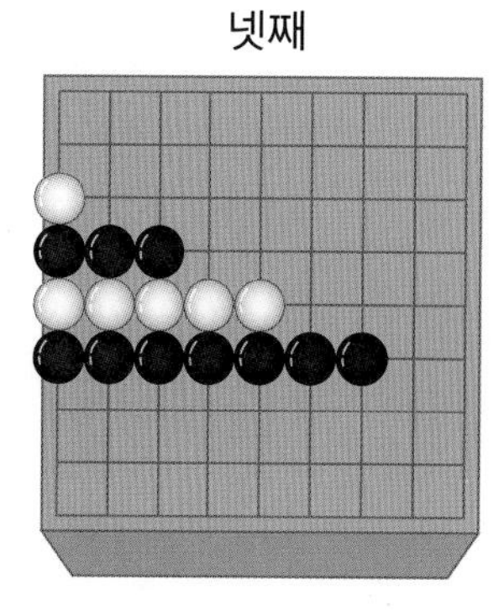

다섯째에 알맞은 바둑판에서 흰색 바둑돌의 수: □개

22

첫째 둘째 셋째 넷째

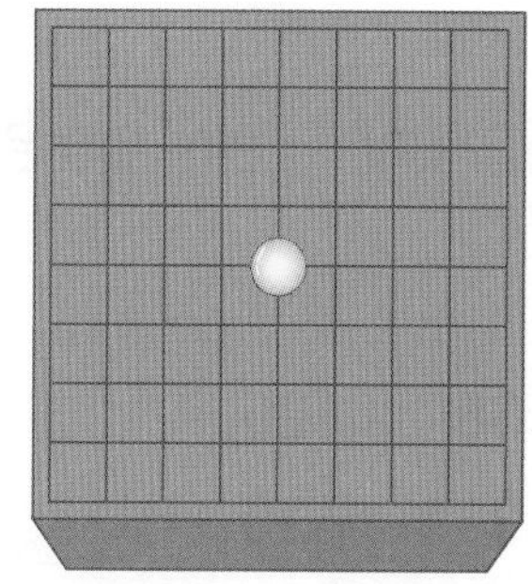
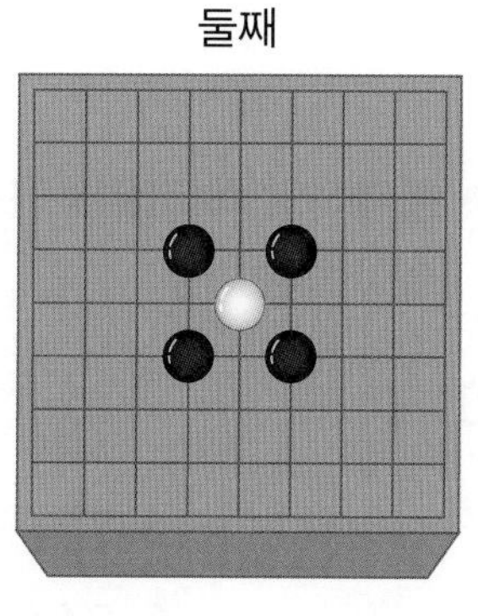
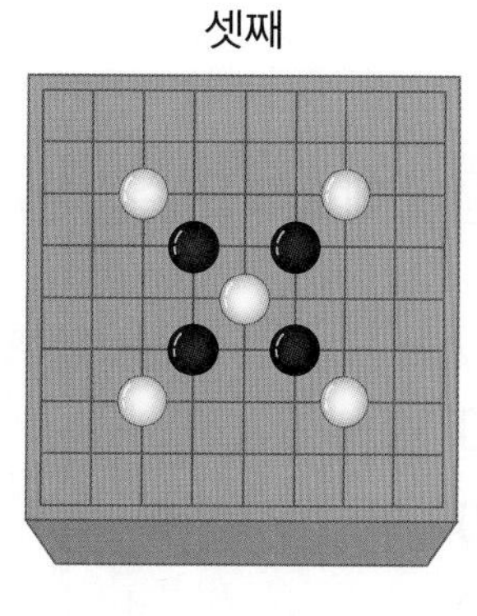
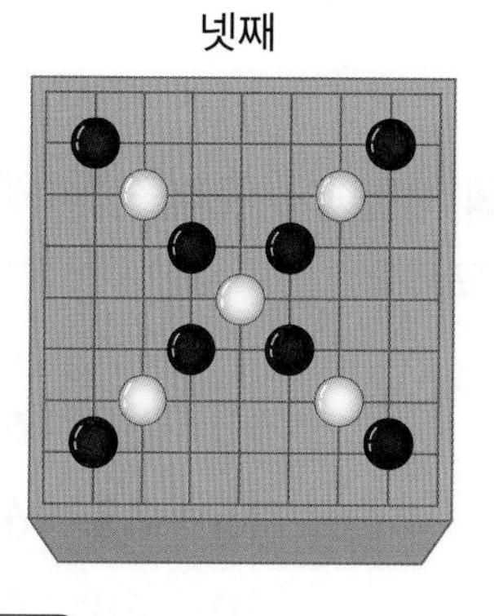

다섯째에 알맞은 바둑판에서 흰색 바둑돌의 수: □개

+문해력

23 모양의 배열을 보고 다섯째에 알맞은 모양에서 공깃돌은 몇 개인지 구하세요.

첫째 둘째 셋째 넷째

풀이 첫째: □개, 둘째: □개, 셋째: □개, 넷째: □개

공깃돌이 □개부터 시작하여 □개씩 늘어나는 규칙입니다.

→ 다섯째: □ + □ = □(개)

답 다섯째에 알맞은 모양에서 공깃돌은 □개입니다.

개념 # 계산식의 배열에서 규칙 찾기 (1)

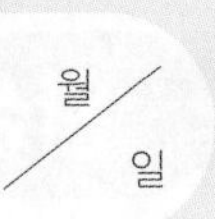

덧셈식의 배열에서 규칙을 알아봅니다.

순서	덧셈식
첫째	100+211=311
둘째	110+221=331
셋째	120+231=351
넷째	130+241=371

+20, +20, +20

규칙 더해지는 수와 더하는 수가 각각 10씩 커지면 두 수의 합은 20씩 커집니다.

→ 다섯째에 알맞은 계산식: 140+251=391

두 수의 합은 371보다 20만큼 더 큰 수야.

뺄셈식의 배열에서 규칙을 알아봅니다.

순서	뺄셈식
첫째	715−103=612
둘째	725−113=612
셋째	735−123=612
넷째	745−133=612

규칙 빼지는 수와 빼는 수가 각각 10씩 커지면 두 수의 차는 일정합니다.

→ 다섯째에 알맞은 계산식: 755−143=612

두 수의 차는 612로 일정해.

◆ 덧셈식의 배열에서 규칙을 찾아 ☐ 안에 알맞은 수를 써넣으세요.

1

10+50=60
15+45=60
20+40=60

규칙 더해지는 수가 ☐씩 커지고 더하는 수가 ☐씩 작아지면 두 수의 합은 일정합니다.

2

11+100=111
11+200=211
11+300=311

규칙 더해지는 수는 ☐로 일정하고 더하는 수가 ☐씩 커지면 두 수의 합은 ☐씩 커집니다.

◆ 뺄셈식의 배열에서 규칙을 찾아 ☐ 안에 알맞은 수를 써넣으세요.

3

786−361=425
776−351=425
766−341=425

규칙 빼지는 수와 빼는 수가 각각 ☐씩 작아지면 두 수의 차는 일정합니다.

4

369−202=167
368−203=165
367−204=163

규칙 빼지는 수가 ☐씩 작아지고 빼는 수가 ☐씩 커지면 두 수의 차는 ☐씩 작아집니다.

정답 30쪽

연습 계산식의 배열에서 규칙 찾기 (1)

◆ 덧셈식의 배열에서 규칙을 찾아 ☐ 안에 알맞은 수를 써넣으세요.

5

80 + 30 = 110
70 + 40 = 110
60 + 50 = 110
50 + 60 = 110
40 + 70 = ☐

6

353 + 151 = 504
453 + 151 = 604
553 + 151 = ☐
653 + 151 = 804
753 + 151 = 904

7

100 + 100 = 200
300 + 300 = 600
☐ + ☐ = 1000
700 + 700 = 1400
900 + 900 = 1800

8

503 + 214 = 717
513 + 224 = 737
523 + 234 = 757
533 + 244 = 777
☐ + ☐ = 797

◆ 뺄셈식의 배열에서 규칙을 찾아 ☐ 안에 알맞은 수를 써넣으세요.

9

50 − 5 = 45
60 − 15 = 45
70 − 25 = 45
80 − 35 = 45
90 − 45 = ☐

10

393 − 153 = 240
493 − 153 = 340
593 − 153 = ☐
693 − 153 = 540
793 − 153 = 640

11

800 − 300 = 500
1000 − 500 = 500
☐ − ☐ = 500
1400 − 900 = 500
1600 − 1100 = 500

12

5555 − 4555 = 1000
5555 − 4055 = 1500
5555 − 3555 = 2000
5555 − 3055 = 2500
☐ − ☐ = 3000

적용 계산식의 배열에서 규칙 찾기 (1)

◆ 계산식의 배열에서 규칙을 찾아 ▢ 안에 알맞은 계산식을 써넣으세요.

13

12＋21＝33
123＋321＝444
1234＋4321＝5555
▢
123456＋654321＝777777

14

510＋120＋200＝830
520＋130＋210＝860
530＋140＋220＝890
▢
550＋160＋240＝950

15

8000－1200＝6800
8000－2200＝5800
8000－3200＝4800
▢
8000－5200＝2800

16

30－20＝10
60－20－20＝20
90－20－20－20＝30
▢
150－20－20－20－20－20＝50

◆ 계산식의 배열에서 규칙을 찾아 다섯째 빈칸에 알맞은 계산식을 써넣으세요.

17

순서	덧셈식
첫째	9＋2＝11
둘째	99＋22＝121
셋째	999＋222＝1221
넷째	9999＋2222＝12221
다섯째	

18

순서	덧셈식
첫째	66＋34＝100
둘째	666＋334＝1000
셋째	6666＋3334＝10000
넷째	66666＋33334＝100000
다섯째	

19

순서	뺄셈식
첫째	12－1＝11
둘째	123－12＝111
셋째	1234－123＝1111
넷째	12345－1234＝11111
다섯째	

20

순서	뺄셈식
첫째	795－342－141＝312
둘째	785－332－131＝322
셋째	775－322－121＝332
넷째	765－312－111＝342
다섯째	

★ 완성 계산식의 배열에서 규칙 찾기 (1)

◆ 친구들이 각자 만든 계산식의 규칙을 설명하고 있습니다. 친구들이 만든 계산식을 찾아 기호를 쓰고, 다음에 올 계산식을 찾아 이어 보세요.

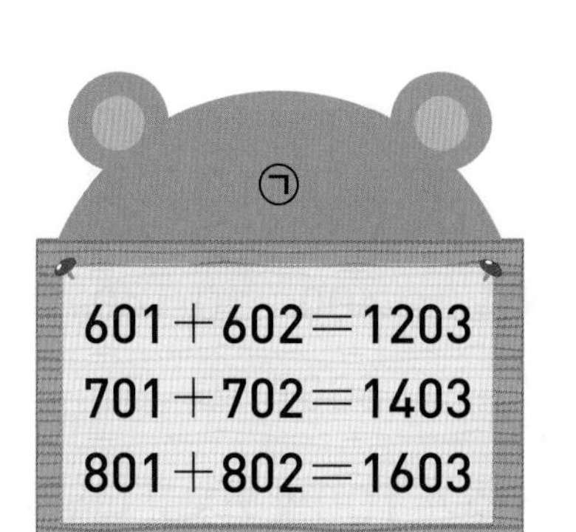

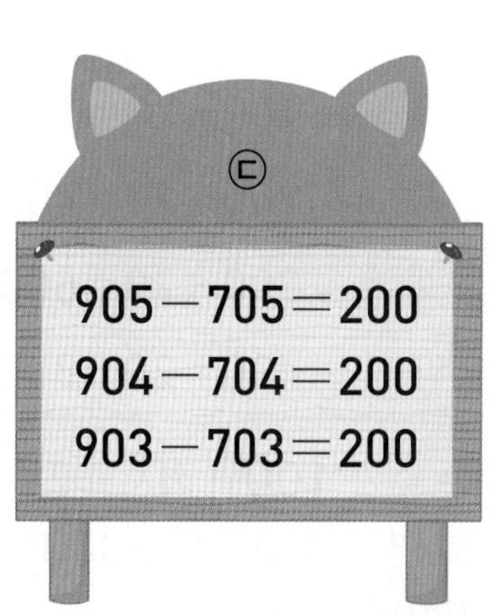

21

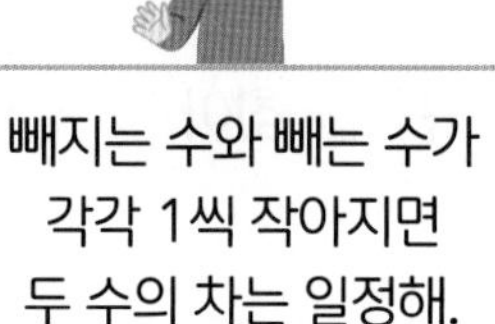

빼지는 수와 빼는 수가 각각 1씩 작아지면 두 수의 차는 일정해.

☐

22

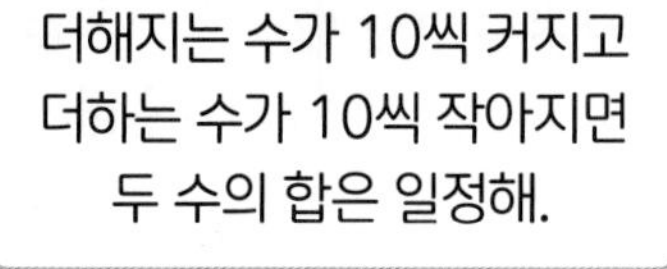

더해지는 수가 10씩 커지고 더하는 수가 10씩 작아지면 두 수의 합은 일정해.

☐

23

더해지는 수와 더하는 수가 각각 100씩 커지면 두 수의 합은 200씩 커져.

☐

551+330=881 | 901+902=1803 | 902−702=200

+문해력

24 규칙에 따라 두 수의 차가 322로 일정한 뺄셈식을 만들었습니다. ㉠에 알맞은 수를 구하세요.

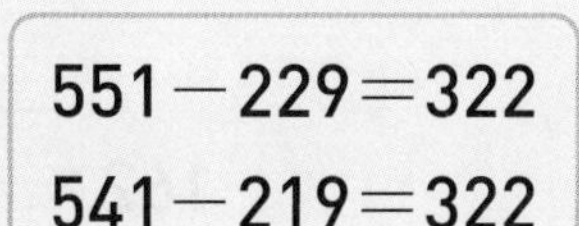

풀이 빼지는 수와 빼는 수가 각각 ☐씩 작아지는 규칙이므로

㉠은 209보다 ☐만큼 더 작은 수입니다.

→ ㉠=209−☐=☐

답 ㉠에 알맞은 수는 ☐입니다.

개념 계산식의 배열에서 규칙 찾기 (2)

곱셈식의 배열에서 규칙을 알아봅니다.

순서	곱셈식
첫째	$100 \times 20 = 2000$
둘째	$200 \times 20 = 4000$
셋째	$300 \times 20 = 6000$
넷째	$400 \times 20 = 8000$

+2000, +2000, +2000

규칙 곱해지는 수가 100씩 커지고 곱하는 수가 20으로 일정하면 두 수의 곱은 2000씩 커집니다.

→ 다섯째에 알맞은 계산식: $500 \times 20 = 10000$

두 수의 곱은 8000보다 2000만큼 더 큰 수야.

나눗셈식의 배열에서 규칙을 알아봅니다.

순서	나눗셈식
첫째	$200 \div 10 = 20$
둘째	$300 \div 10 = 30$
셋째	$400 \div 10 = 40$
넷째	$500 \div 10 = 50$

+10, +10, +10

규칙 나누어지는 수가 100씩 커지고 나누는 수가 10으로 일정하면 몫은 10씩 커집니다.

→ 다섯째에 알맞은 계산식: $600 \div 10 = 60$

몫은 50보다 10만큼 더 큰 수야.

◆ 곱셈식의 배열에서 규칙을 찾아 □ 안에 알맞은 수를 써넣으세요.

1

$202 \times 2 = 404$
$202 \times 4 = 808$
$202 \times 6 = 1212$

규칙 곱해지는 수는 □로 일정하고 곱하는 수가 □씩 커지면 두 수의 곱은 □씩 커집니다.

2

$162 \times 9 = 1458$
$54 \times 27 = 1458$
$18 \times 81 = 1458$

규칙 곱해지는 수는 □으로 나누고 곱하는 수에는 □을 곱하면 두 수의 곱은 일정합니다.

◆ 나눗셈식의 배열에서 규칙을 찾아 □ 안에 알맞은 수를 써넣으세요.

3

$5555 \div 11 = 505$
$4444 \div 11 = 404$
$3333 \div 11 = 303$

규칙 나누어지는 수가 □씩 작아지고 나누는 수는 □로 일정하면 몫은 □씩 작아집니다.

4

$200 \div 20 = 10$
$400 \div 40 = 10$
$800 \div 80 = 10$

규칙 나누어지는 수와 나누는 수에 각각 □를 곱하면 몫은 일정합니다.

연습 계산식의 배열에서 규칙 찾기 (2)

◆ 곱셈식의 배열에서 규칙을 찾아 ☐ 안에 알맞은 수를 써넣으세요.

5

$101 \times 11 = 1111$
$202 \times 11 = 2222$
$303 \times 11 = 3333$
$404 \times 11 = 4444$
$505 \times 11 = \square$

6

$91 \times 11 = 1001$
$91 \times 22 = 2002$
$91 \times 33 = \square$
$91 \times 44 = 4004$
$91 \times 55 = 5005$

7

$15873 \times 7 = 111111$
$15873 \times 14 = 222222$
$\square \times \square = 333333$
$15873 \times 28 = 444444$
$15873 \times 35 = 555555$

8

$640 \times 5 = 3200$
$320 \times 10 = 3200$
$160 \times 20 = 3200$
$80 \times 40 = 3200$
$\square \times \square = 3200$

◆ 나눗셈식의 배열에서 규칙을 찾아 ☐ 안에 알맞은 수를 써넣으세요.

9

$1212 \div 12 = 101$
$2222 \div 22 = 101$
$3232 \div 32 = 101$
$4242 \div 42 = 101$
$5252 \div 52 = \square$

10

$33 \div 3 = 11$
$404 \div 4 = 101$
$5005 \div 5 = \square$
$60006 \div 6 = 10001$
$700007 \div 7 = 100001$

11

$1188 \div 12 = 99$
$2277 \div 23 = 99$
$\square \div \square = 99$
$4455 \div 45 = 99$
$5544 \div 56 = 99$

12

$111111111 \div 9 = 12345679$
$222222222 \div 18 = 12345679$
$333333333 \div 27 = 12345679$
$444444444 \div 36 = 12345679$
$\square \div \square = 12345679$

6단원 40회

적용 계산식의 배열에서 규칙 찾기 (2)

◆ 계산식의 배열에서 규칙을 찾아 ☐ 안에 알맞은 계산식을 써넣으세요.

13

$3 \times 9 = 27$
$3 \times 99 = 297$
$3 \times 999 = 2997$
☐
$3 \times 99999 = 299997$

14

$103 \times 6 = 618$
$1003 \times 6 = 6018$
$10003 \times 6 = 60018$
☐
$1000003 \times 6 = 6000018$

15

$220 \div 20 = 11$
$440 \div 40 = 11$
$660 \div 60 = 11$
☐
$1100 \div 100 = 11$

16

$273 \div 39 = 7$
$26733 \div 399 = 67$
$2667333 \div 3999 = 667$
☐
$26666733333 \div 399999 = 66667$

◆ 계산식의 배열에서 규칙을 찾아 다섯째 빈칸에 알맞은 계산식을 써넣으세요.

17

순서	곱셈식
첫째	$1 \times 1 = 1$
둘째	$11 \times 11 = 121$
셋째	$111 \times 111 = 12321$
넷째	$1111 \times 1111 = 1234321$
다섯째	

18

순서	곱셈식
첫째	$8 \times 104 = 832$
둘째	$8 \times 1004 = 8032$
셋째	$8 \times 10004 = 80032$
넷째	$8 \times 100004 = 800032$
다섯째	

19

순서	나눗셈식
첫째	$63 \div 9 = 7$
둘째	$693 \div 99 = 7$
셋째	$6993 \div 999 = 7$
넷째	$69993 \div 9999 = 7$
다섯째	

20

순서	나눗셈식
첫째	$2 \div 2 = 1$
둘째	$4 \div 2 \div 2 = 1$
셋째	$8 \div 2 \div 2 \div 2 = 1$
넷째	$16 \div 2 \div 2 \div 2 \div 2 = 1$
다섯째	

정답 30쪽

★ 완성 계산식의 배열에서 규칙 찾기 (2)

◆ 계산식의 배열에서 규칙을 찾아 다음에 올 계산식에 ○표 하세요.

21

$160 \div 20 = 8$
$320 \div 40 = 8$
$480 \div 60 = 8$
$640 \div 80 = 8$

$800 \div 100 = 8$ | $720 \div 90 = 8$

22

$9 \times 5 = 45$
$99 \times 5 = 495$
$999 \times 5 = 4995$
$9999 \times 5 = 49995$

$99999 \times 5 = 499995$ | $99999 \times 5 = 49995$

23

$200 \times 10 = 2000$
$400 \times 10 = 4000$
$600 \times 10 = 6000$
$800 \times 10 = 8000$

$1000 \times 10 = 1000$ | $1000 \times 10 = 10000$

24

$81 \div 9 = 9$
$882 \div 9 = 98$
$8883 \div 9 = 987$
$88884 \div 9 = 9876$

$888885 \div 9 = 98765$ | $88885 \div 9 = 9875$

+문해력

25 규칙에 따라 두 수의 곱이 1100씩 커지는 곱셈식을 만들었습니다. ㉠에 알맞은 수를 구하세요.

$200 \times 11 = 2200$
$300 \times 11 = 3300$
$400 \times 11 = 4400$
$㉠ \times 11 = 5500$

풀이 곱해지는 수가 ☐씩 커지고 곱하는 수는 ☐로 일정한 규칙이므로 ㉠은 400보다 ☐만큼 더 큰 수입니다.

→ ㉠=400+☐=☐

답 ㉠에 알맞은 수는 ☐입니다.

개념 등호를 사용하여 나타내기

합이 같은 두 덧셈식을 등호(=)로 나타냅니다.

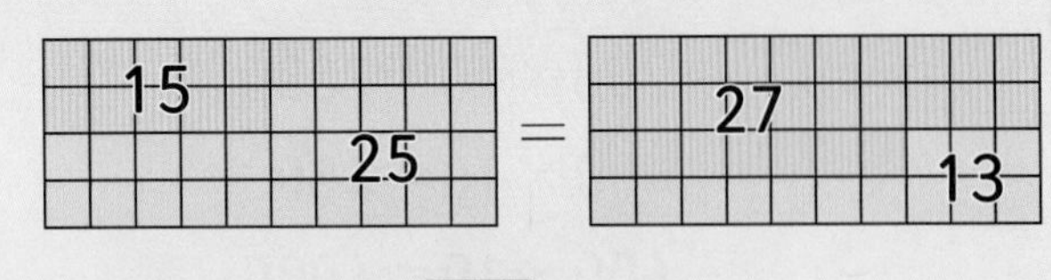

$15+25=27+13$ (+12, −12)

곱이 같은 두 곱셈식을 등호(=)로 나타냅니다.

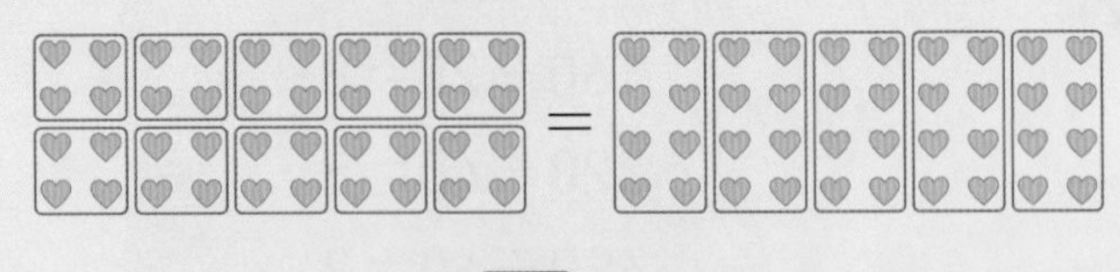

$4\times10=8\times5$ (×2, ÷2)

◆ 그림을 보고 ▢ 안에 알맞은 수를 써넣으세요.

1

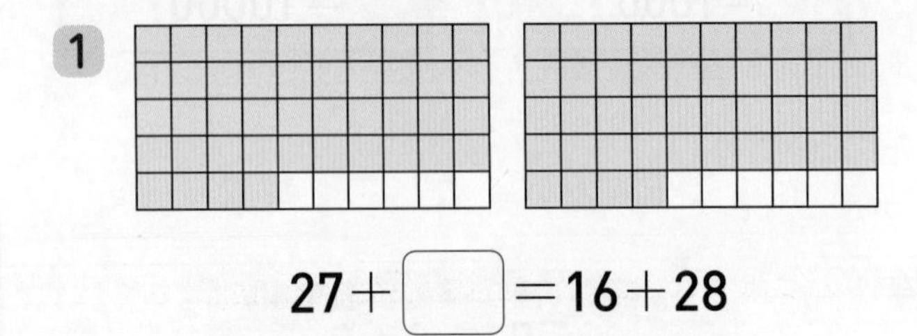

$27+\square=16+28$

2

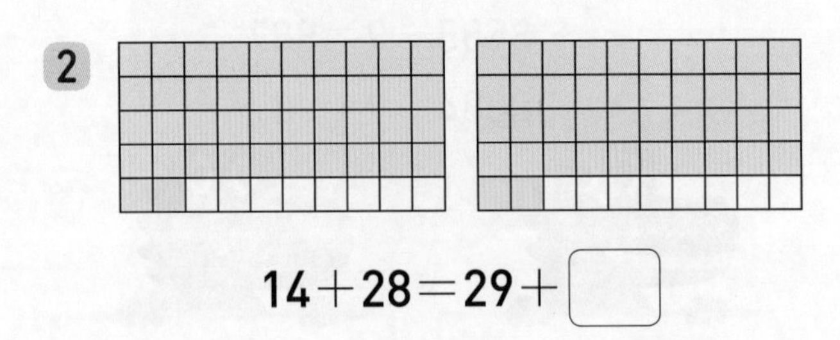

$14+28=29+\square$

3

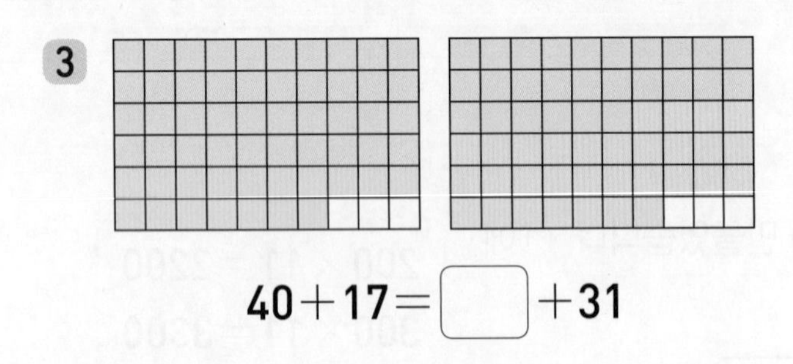

$40+17=\square+31$

4

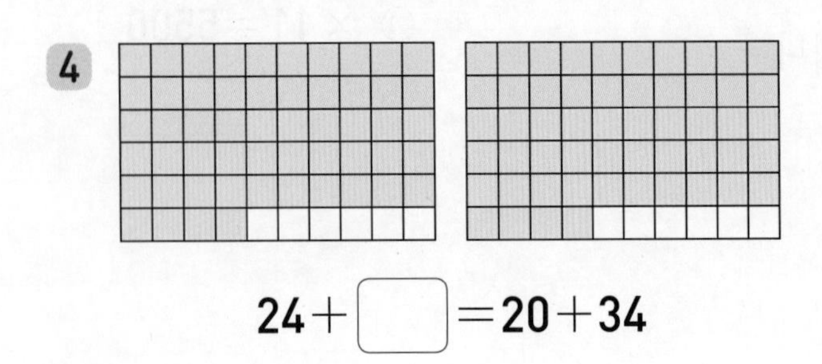

$24+\square=20+34$

◆ 그림을 보고 ▢ 안에 알맞은 수를 써넣으세요.

5

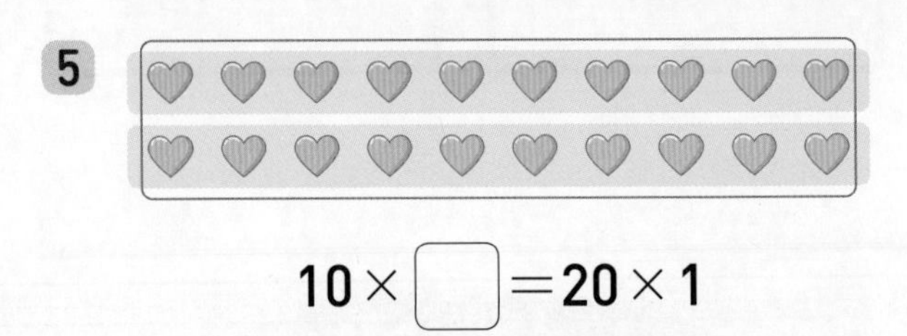

$10\times\square=20\times1$

6

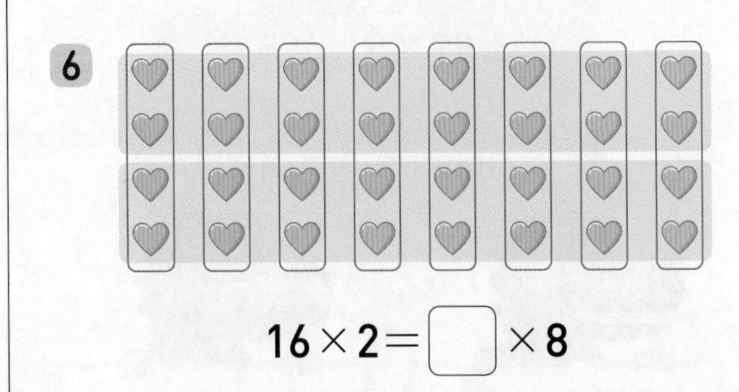

$16\times2=\square\times8$

7

$25\times2=5\times\square$

8

$\square\times2=3\times10$

연습 등호를 사용하여 나타내기

정답 30쪽

◆ 크기가 같은 식이 되도록 ☐ 안에 알맞은 수를 써넣으세요.

9 ① $14+28=\square+14$

② $14+28=7\times\square$

10 ① $11+11+22=\square+22$

② $11+11+22=22\times\square$

11 ① $96-48=\square-2$

② $96-48=96\div\square$

12 ① $80-20=\square-5$

② $80-20=20\times\square$

13 ① $7\times10=10\times\square$

② $7\times10=\square+35$

14 ① $18\times4=36\times\square$

② $18\times4=\square-18$

15 ① $64\div2=32\div\square$

② $64\div2=64-\square$

◆ ☐ 안의 식과 크기가 같은 식을 모두 찾아 ○표 하세요.

16 $15+25$

$20+20$	$25+10$	$10+25$
$25-15$	5×8	$20\div2$

17 $49-7$

$49+7$	$55-6-7$	$7-0$
7×6	$84\div6$	$49\div7$

18 $42-36$

$42+36$	$36+42$	$21-15$
6×1	$42\div6$	$36\div4$

19 30×3

$30+30+30$	$3+30$	3×30
$30-3$	$30\div3$	$90\div3$

20 12×12

$12+12$	$72+72$	$12-12$
6×24	$84\div4$	$12\div12$

21 $75\div15$

$75+15$	$15+75$	$75-15$
15×3	$15\div3$	$5\div1$

22 $96\div4$

$24+0$	$96+4$	$96-4$
96×4	$48\div2$	$90\div3$

적용 등호를 사용하여 나타내기

◆ 크기가 같은 것끼리 이어 보세요.

23

$37+21$	$15+63$
$37+31$	$20+48$
$37+41$	$29+29$

24

$90-16$	$80-6$
$90-17$	$86-14$
$90-18$	$85-12$

25

10×7	20×4
10×8	7×10
10×9	30×3

26

25×4	$50+0$
25×3	$50+50$
25×2	$50+25$

27

$80\div8$	$40\div4$
$80\div4$	$40\div2$
$80\div2$	$40\div1$

◆ 옳은 식을 찾아 색칠해 보세요.

28

$70+4+1=74+1$	$54-29=26$
$80\div4=60\div2$	$13\times6=26\times2$

29

$24+24=46+1$	$56-28=42-13$
$36\div12=18\div3$	$8\times8=16\times4$

30

$6+6+6=12+0$	$33+5=22+11+5$
$56-24=64-30$	$6\times6=12\times2$

31

$71+14=42+40$	$70-6=81-16$
$50-30=80-0$	$48\div2=96\div4$

32

$5+6+7=6+13$	$37-25=24-2$
$11\times4=4\times11$	$12\times8=24\times2$

33

$81+2=42+42$	$59-43=26-5$
$60-5-5=55-5$	$6\times14=3\times24$

34

$26-13=12-3$	$56\div7=49$
$11\times2=22\times0$	$12\div3=4\div1$

35

$28+0=21+7$	$88=8+8$
$5\times3=3\times4$	$70\div5=14\div2$

완성 등호를 사용하여 나타내기

정답 31쪽

◆ 크기가 다른 하나를 찾아 ○표 하세요.

36

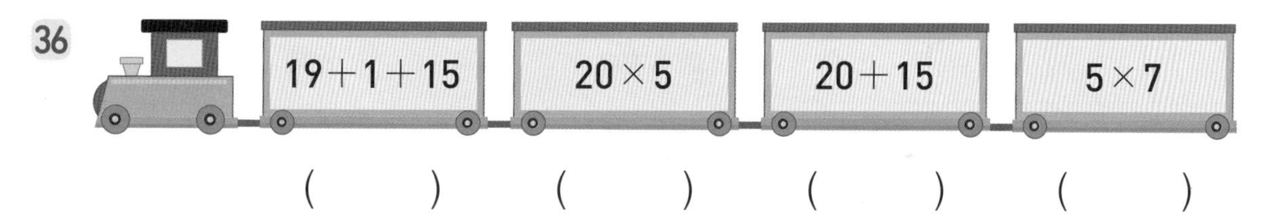

( ) ( ) ( ) ( )

37

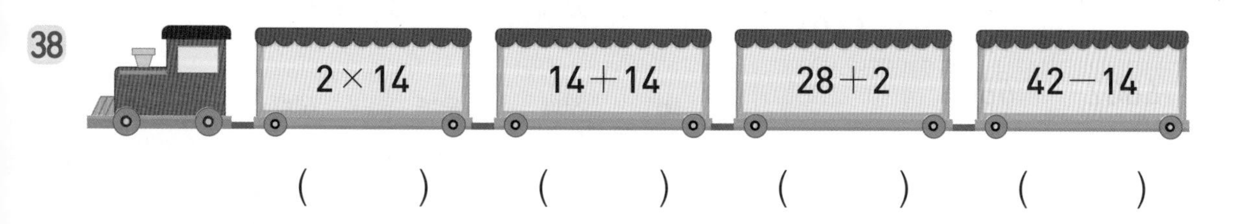

( ) ( ) ( ) ( )

38

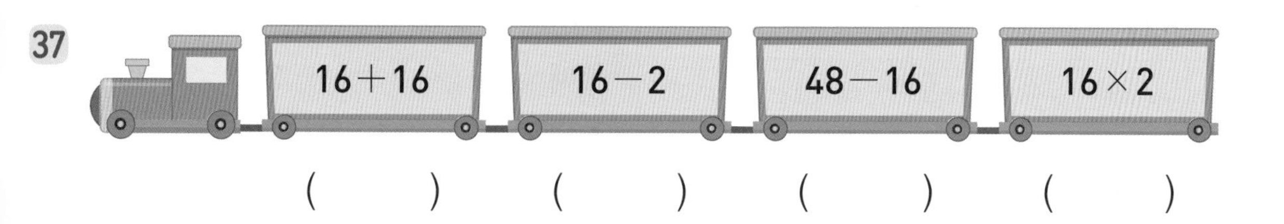

( ) ( ) ( ) ( )

39

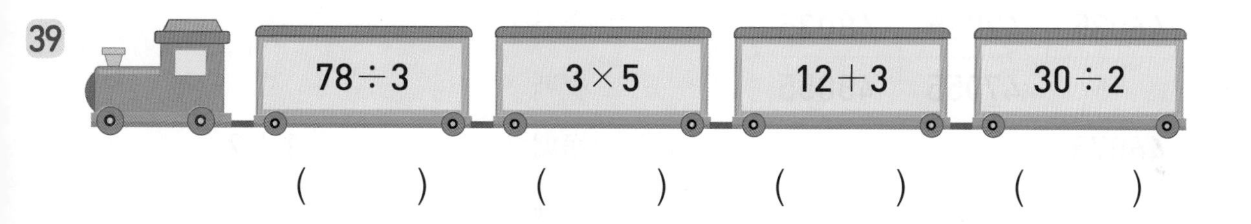

( ) ( ) ( ) ( )

＋문해력

40 지후와 다은이가 크기가 같은 덧셈식을 만들었습니다. ■에 알맞은 수를 구하세요.

풀이 74는 71보다 ☐만큼 더 큰 수입니다.

→ ■에 알맞은 수는 6보다 ☐만큼 더 작은 ☐입니다.

답 ■에 알맞은 수는 ☐입니다.

6단원 41회

평가 A 6단원 마무리

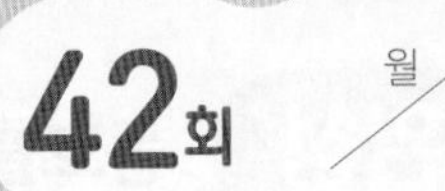

◆ 수의 배열에서 규칙을 찾아 빈칸에 알맞은 수를 써넣으세요.

1

227	237	247	257
327	337		357
427	437	447	
527	537		

2

6000	6002	6004	6006
6200	6202	6204	
6400			6406
6600	6602	6604	

3

45015	46015		48015
	46035	47035	48035
45055		47055	48055
45075	46075		

4 3 - 15 - 75 - 375 - □

5 7 - 21 - □ - 189 - 567

6 324 - 108 - 36 - 12 - □

7 3125 - 625 - 125 - □ - 5

◆ 모양의 배열에서 규칙을 찾아 식으로 나타내세요.

8 첫째 둘째 셋째 넷째

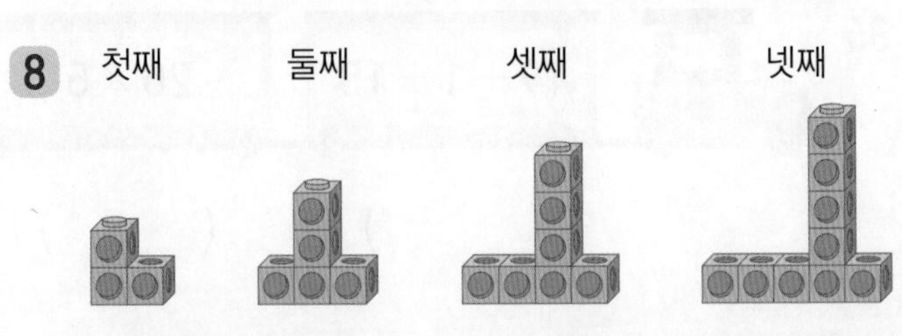

순서	식
첫째	3
둘째	3+2
셋째	3+2+□
넷째	3+2+□+□

9 첫째 둘째 셋째 넷째

순서	식
첫째	1
둘째	1+2
셋째	1+□+□
넷째	1+□+□+□

10 첫째 둘째 셋째 넷째

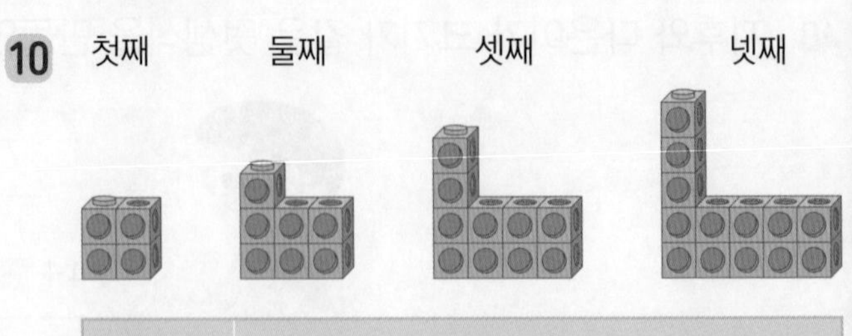

순서	식
첫째	4
둘째	4+3
셋째	4+□+□
넷째	4+□+□+□

◆ 계산식의 배열에서 규칙을 찾아 □ 안에 알맞은 수를 써넣으세요.

11

$50+90=140$
$60+80=140$
$70+70=140$
$80+60=140$
$90+50=\square$

12

$575-225=350$
$675-225=450$
$775-225=\square$
$875-225=650$
$975-225=750$

13

$101\times13=1313$
$101\times23=2323$
$101\times33=3333$
$101\times43=4343$
$101\times53=\square$

14

$1111\div11=101$
$11011\div11=1001$
$110011\div11=10001$
$1100011\div11=100001$
$\square\div\square=1000001$

◆ 크기가 같은 식이 되도록 □ 안에 알맞은 수를 써넣으세요.

15 ① $15+22=\square+19$

② $15+22=37-\square$

16 ① $12+12+12=24+\square$

② $12+12+12=12\times\square$

17 ① $32-16=22-\square$

② $32-16=\square\div2$

18 ① $88-44=\square-22$

② $88-44=4\times\square$

19 ① $9\times15=15\times\square$

② $9\times15=\square+90$

20 ① $20\times3=10\times\square$

② $20\times3=\square-20$

21 ① $96\div3=32\div\square$

② $96\div3=96-32-\square$

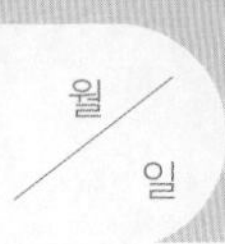

◆ 수의 배열에서 규칙을 찾아 ♥, ▲에 알맞은 수를 각각 구하세요.

1

501	503	505	507	
601	603	605	607	
701	703	705	♥	
801	803			▲

♥ (　　　　　　　), ▲ (　　　　　　　)

2

2650	2660	2670	2680	
4650	4660	4670	♥	
6650	6660	6670	6680	
8650	8660			▲

♥ (　　　　　　　), ▲ (　　　　　　　)

◆ 표 안의 수를 보고 규칙을 찾아 빈칸에 알맞은 수를 써넣으세요.

3

+	600	601	602	603
1	1	2	3	4
2	2	3	4	5
3	3	4		
4	4	5		

4

×	11	12	13	14
2	2	4	6	8
3	3	6	9	2
4	4	8	2	
5	5			

◆ 모양의 배열을 보고 다섯째에 알맞은 모양에서 구슬은 몇 개인지 구하세요.

5

첫째 둘째 셋째 넷째

다섯째: ☐ 개

6

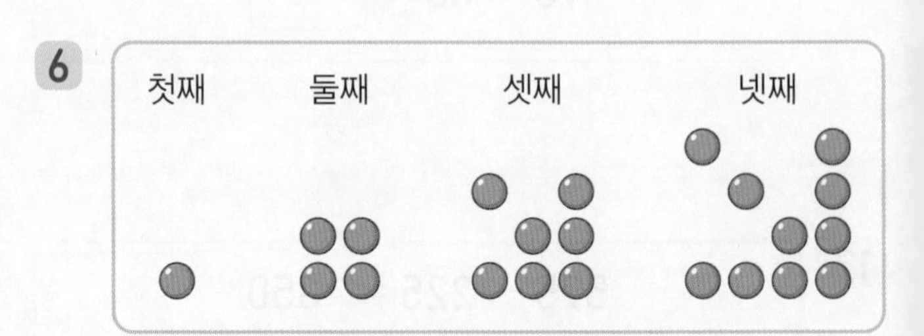

다섯째: ☐ 개

7

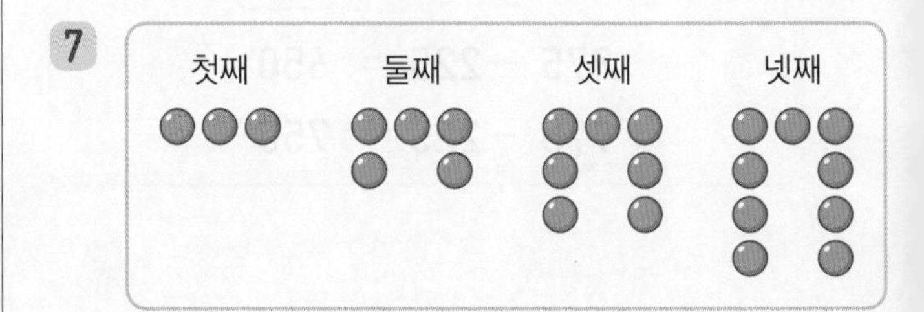

다섯째: ☐ 개

8

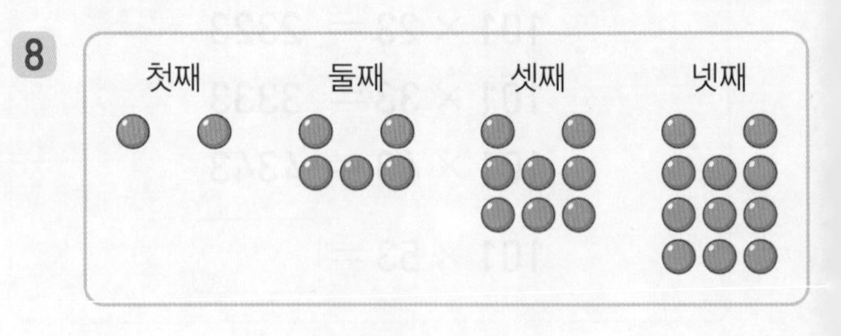

다섯째: ☐ 개

9

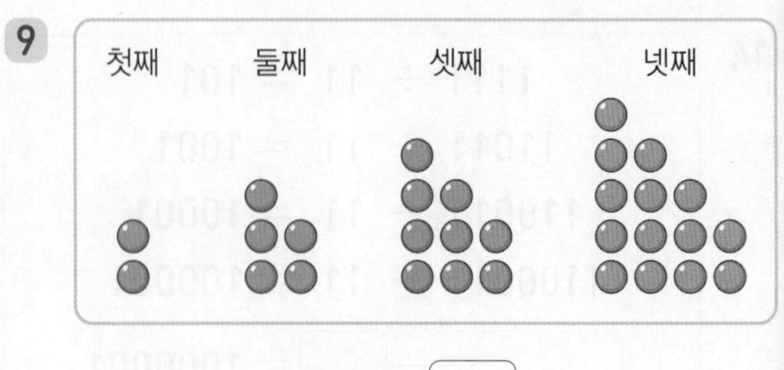

다섯째: ☐ 개

◆ 계산식의 배열에서 규칙을 찾아 ▢ 안에 알맞은 계산식을 써넣으세요.

10

$10+56=66$
$210+456=666$
$3210+3456=6666$
▢
$543210+123456=666666$

11

$9000-2100=6900$
$9000-3100=5900$
$9000-4100=4900$
▢
$9000-6100=2900$

12

$7\times3=21$
$7\times33=231$
$7\times333=2331$
▢
$7\times33333=233331$

13

$117\div9=13$
$1197\div9=133$
$11997\div9=1333$
▢
$1199997\div9=133333$

◆ 크기가 같은 것끼리 이어 보세요.

14

$42+16$ •	• $54+24$
$42+26$ •	• $25+33$
$42+36$ •	• $30+38$

15

$80-14$ •	• $70-6$
$80-15$ •	• $87-22$
$80-16$ •	• $78-12$

16

22×2 •	• $44+22$
22×3 •	• $44+0$
22×4 •	• $44+44$

17

$84\div6$ •	• $42\div1$
$84\div4$ •	• $42\div2$
$84\div2$ •	• $42\div3$

18

$50-2-3$ •	• $47-4$
$50-3-4$ •	• $46-5$
$50-4-5$ •	• $48-3$

◆ 빈칸에 알맞은 수나 말을 써넣으세요.

1 378000020

2 6124839200000000

3 칠천육백팔십만

4 오백칠십일억

◆ 두 수의 크기를 비교하여 ○ 안에 >, =, <를 알맞게 써넣으세요.

5 156150 ○ 46261

6 50448940000 ○ 50645690000

7 67억 2811만 ○ 670억 5790만

8 940조 56억 ○ 940조 81만

◆ 각도의 합과 차를 구하세요.

9 ① $120^\circ + 30^\circ$

② $80^\circ - 30^\circ$

10 ① $70^\circ + 65^\circ$

② $95^\circ - 65^\circ$

11 ① $25^\circ + 85^\circ$

② $140^\circ - 85^\circ$

12 ① $145^\circ + 115^\circ$

② $155^\circ - 115^\circ$

13 ① $165^\circ + 75^\circ$

② $155^\circ - 75^\circ$

◆ □ 안에 알맞은 수를 써넣으세요.

14

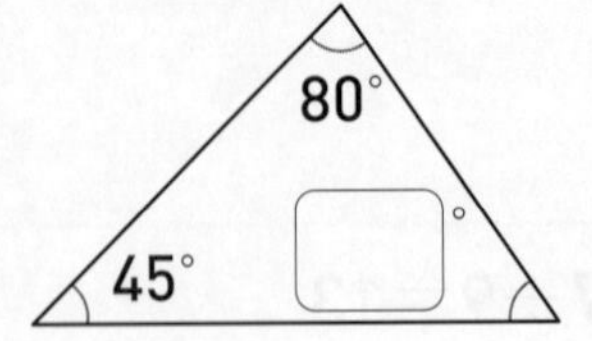

15

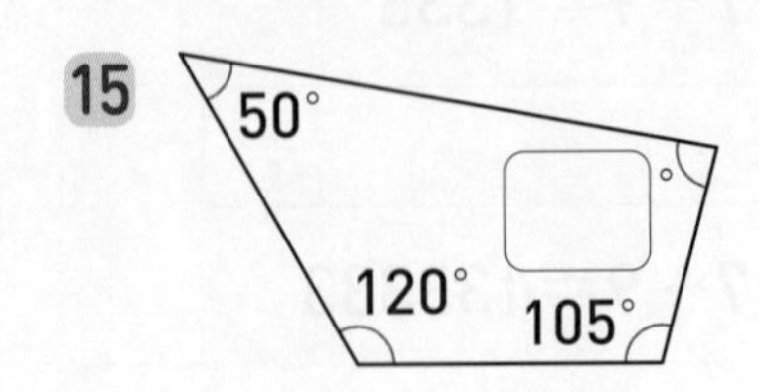

◆ 계산해 보세요.

16 ① 164×40 ② 164×63

17 ① 259×30 ② 259×45

18 ① $30\overline{)93}$ ② $43\overline{)93}$

19 ① $30\overline{)210}$ ② $50\overline{)210}$

20 ① $26\overline{)195}$ ② $37\overline{)195}$

21 ① $35\overline{)770}$ ② $42\overline{)770}$

22 ① $16\overline{)944}$ ② $33\overline{)944}$

◆ 도형을 주어진 방향으로 움직였을 때의 도형을 그려 보세요.

23 ①

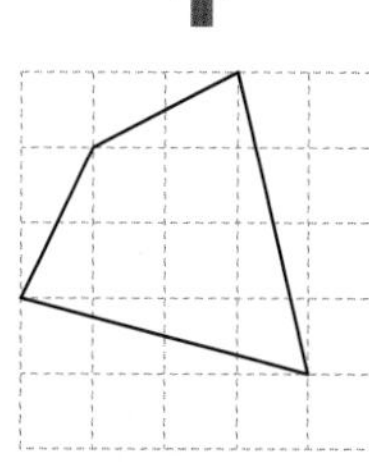

②

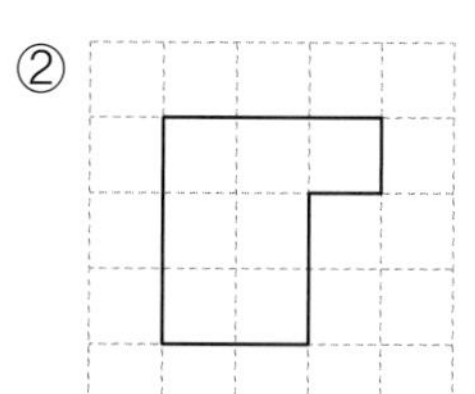

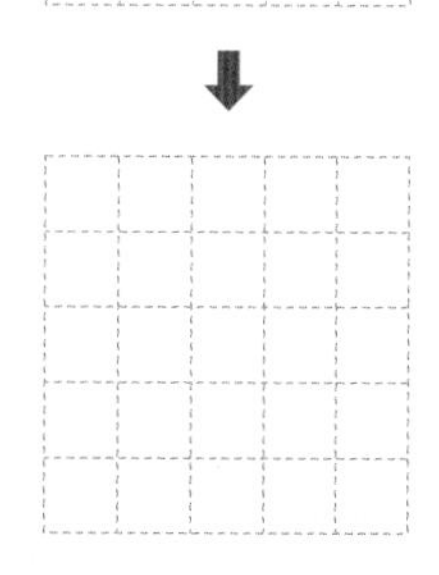

24 ①

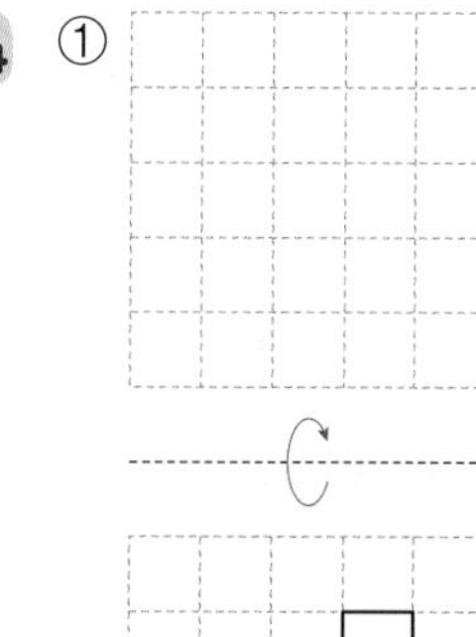

②

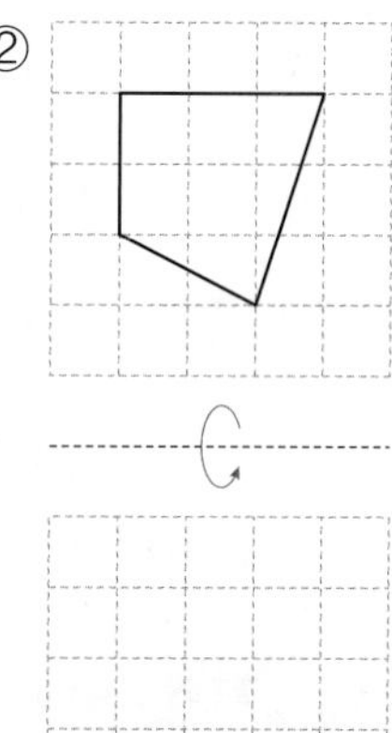

25

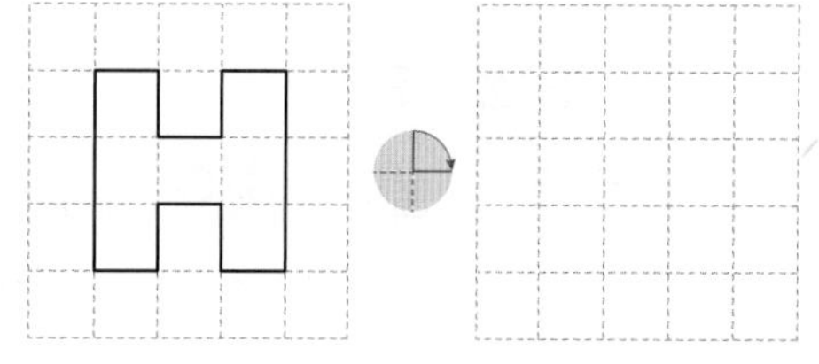

26

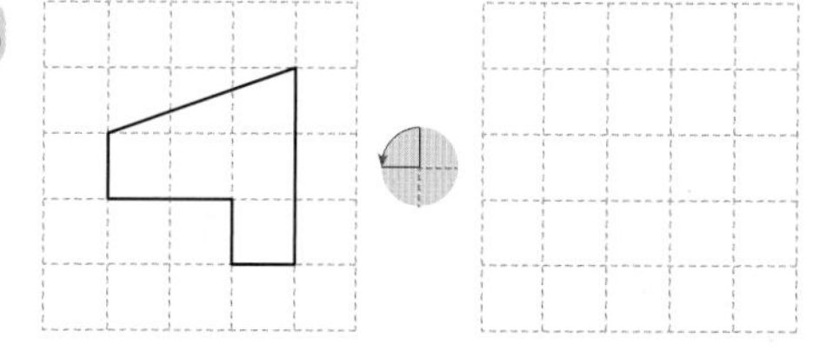

◆ 표와 막대그래프를 완성해 보세요.

27

좋아하는 간식별 학생 수

간식	떡볶이	만두	빵	과자	합계
학생 수(명)	9		7		29

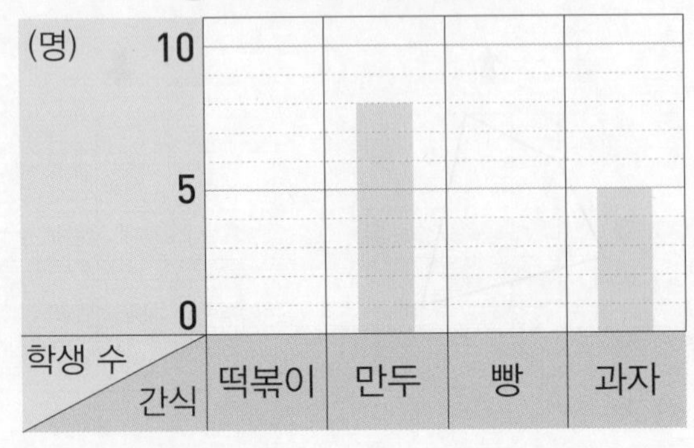

28

좋아하는 꽃별 학생 수

꽃	장미	튤립	백합	합계
학생 수(명)	11		5	23

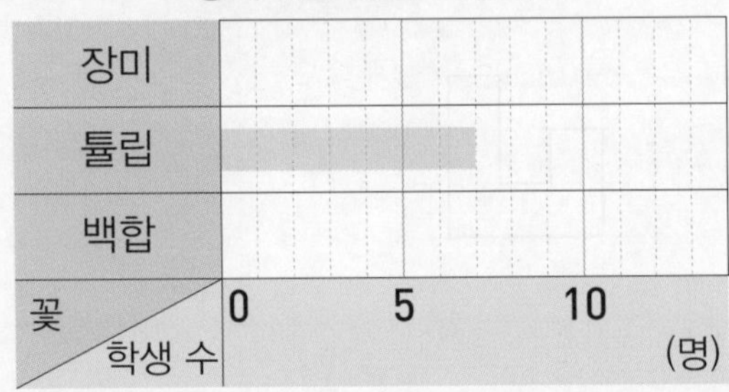

29

학용품별 판매량

학용품	지우개	풀	가위	합계
판매량(개)		16	12	50

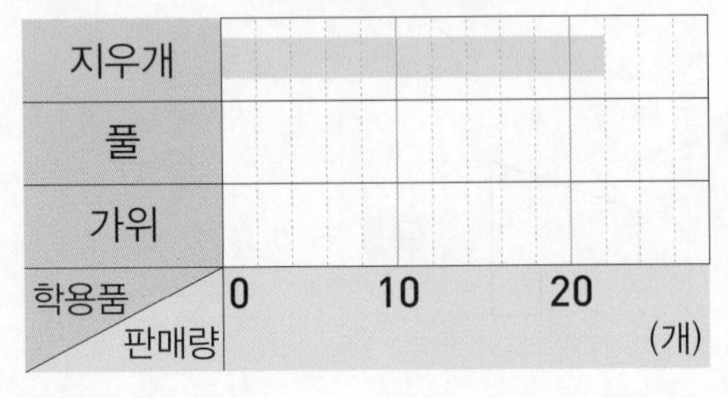

◆ 계산식의 배열에서 규칙을 찾아 ☐ 안에 알맞은 수를 써넣으세요.

30

$575 + 100 = 675$

$575 + 200 = 775$

$575 + 300 = \square$

$575 + 400 = 975$

$575 + 500 = 1075$

31

$453 - 123 = 330$

$553 - 123 = 430$

$653 - 123 = \square$

$753 - 123 = 630$

$853 - 123 = 730$

32

$12 \times 9 = 108$

$112 \times 9 = 1008$

$1112 \times 9 = 10008$

$11112 \times 9 = \square$

$111112 \times 9 = 1000008$

33

$321 \div 3 = 107$

$3021 \div 3 = 1007$

$30021 \div 3 = 10007$

$300021 \div 3 = 100007$

$3000021 \div 3 = \square$

엄마표 학습 **큐브**

큡챌린지란?

큐브로 6주간 매주 자녀와
학습한 내용을 기록하고,
같은 목표를 가진 엄마들과 소통하며
함께 성장할 수 있는
엄마표 학습단입니다.

엄마표 학습, 큐브로 시작!

큡챌린지

수학은 큡

학습 태도 변화

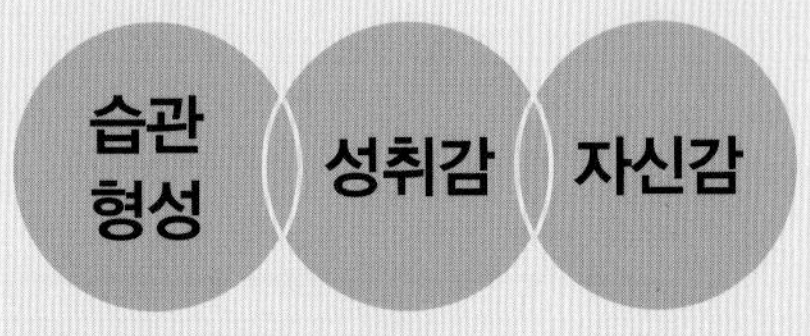

학습단 참여 후 우리 아이는
“꾸준히 학습하는 습관이 잡혔어요.”
“성취감이 높아졌어요.”
“수학에 자신감이 생겼어요.”

큡챌린지 이런 점이 좋아요

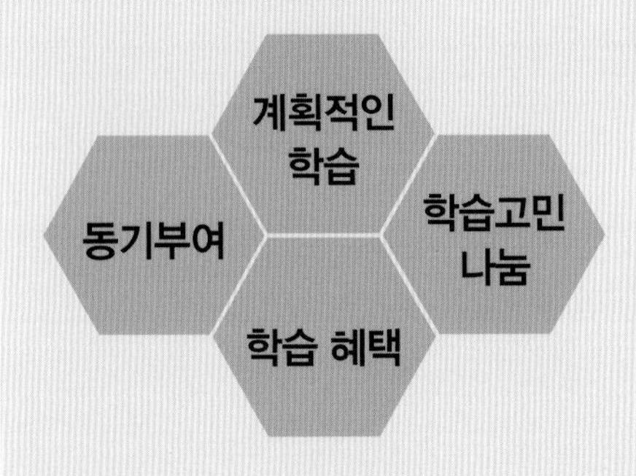

학습 지속률

10명 중 8.3명

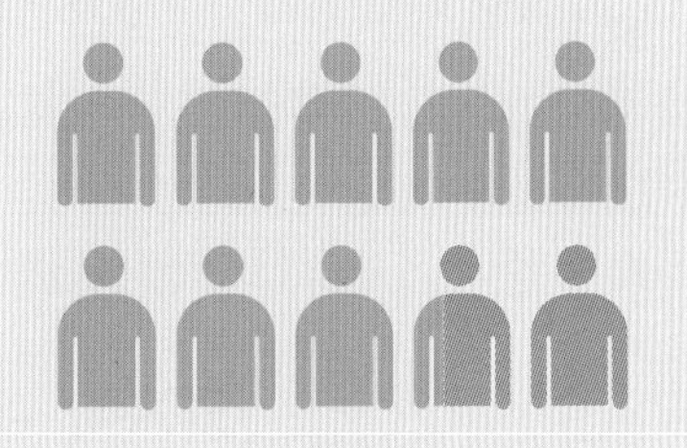

학습 스케줄

매일 4쪽씩 학습!

주 5회 매일 4쪽	39%
주 5회 매일 2쪽	15%
1주에 한 단원 끝내기	17%
기타(개별 진도 등)	29%

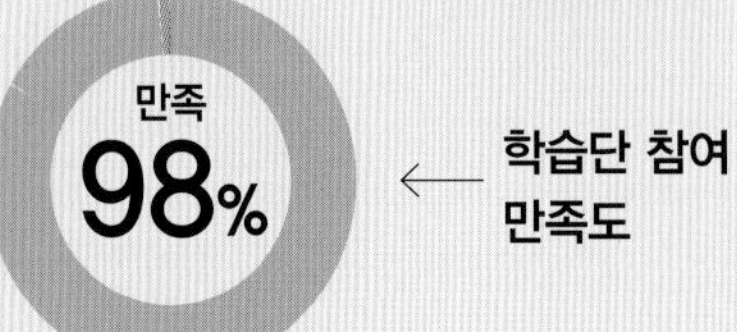

학습 참여자 2명 중 1명은

6주 간 1권 끝!

큐브 연산

초등 수학

4·1

모바일 쉽고 편리한 빠른 정답

정답

아출판

정답

차례

초등 수학 **4·1**

모바일 빠른 정답

01회 만, 몇만

008쪽 | 개념

1 10
2 10000 또는 1만
3 10000 또는 1만
4 20000 또는 2만
5 30000 또는 3만
6 50000 또는 5만
7 60000 또는 6만

009쪽 | 연습

8 ① 1000 ② 4000
9 ① 100 ② 300
10 ① 10 ② 20
11 만 또는 일만
12 칠만
13 삼만
14 사만
15 팔만
16 20000 또는 2만
17 50000 또는 5만
18 90000 또는 9만
19 60000 또는 6만

010쪽 | 적용

20 9000, 10000
21 9970, 10000
22 9600, 9800
23 9996, 9999
24 9960, 10000
25 9850, 9950
26 1000
27 100
28 10
29 1
30 900
31 7
32 50
33 4000
34 8000

011쪽 | 완성

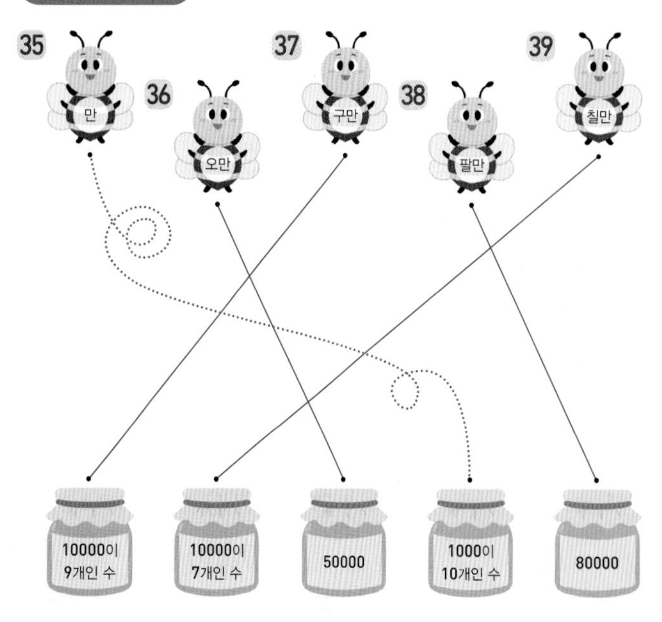

+문해력
40 10000, 7000, 3000 / 3000

02회 다섯 자리 수

012쪽 | 개념

1 12637
2 34579
3 62893
4 76084
5 10000, 600
6 8000, 400
7 90000, 1000, 500

013쪽 | 연습

8 만 삼천사백칠십이
9 사만 이천오백삼십일
10 오만 팔백십칠
11 육만 천삼백팔십구
12 38175
13 71628
14 85036
15 97154
16 ① 20000 또는 2만
② 4, 4000
17 ① 30000 또는 3만
② 9, 9000
18 ① 5, 5000
② 8, 800
19 ① 2, 2000
② 6, 60

1 단원

014쪽 | 적용

20 (선 잇기)

21 (선 잇기)

22 (선 잇기)

23 (선 잇기)

24 (선 잇기)

25 ① 20000 또는 2만
② 20

26 ① 3000
② 30

27 ① 50000 또는 5만
② 5

28 ① 600
② 60000 또는 6만

29 ① 700
② 7000

30 ① 8
② 8000

015쪽 | 완성

31 26800

32 35400

33 21700

34 48500

+문해력
35 3, 5, 2, 35200 / 35200

03회 십만, 백만, 천만

016쪽 | 개념

1 1000000

2 10000000

3 25390000

4 38471625

5 64595813

6 9000000, 400000

7 40000000, 50000

8 8000000, 70000

017쪽 | 연습

9 67

10 253

11 1489

12 3148, 2349

13 5172, 8600

14 8926, 7105

15 사십육만

16 삼백오만

17 구천팔백칠십이만

18 칠천삼백십이만 오천

19 130000 또는 13만

20 21590000
또는 2159만

21 93000000
또는 9300만

22 40910000
또는 4091만

23 60050000
또는 6005만

018쪽 | 적용

24 5130000

25 36790000

26 61780000

27 21000000

28 19240000

29 89530000

30 24580000

31 ① 2000000
또는 200만
② 200000 또는 20만

32 ① 30000 또는 3만
② 3000

33 ① 40000000
또는 4000만
② 40000 또는 4만

34 ① 50000000
또는 5000만
② 5000000
또는 500만

35 ① 700000 또는 70만
② 70000000
또는 7000만

36 ① 900000 또는 90만
② 9000

019쪽 | 완성

37 38 39 40

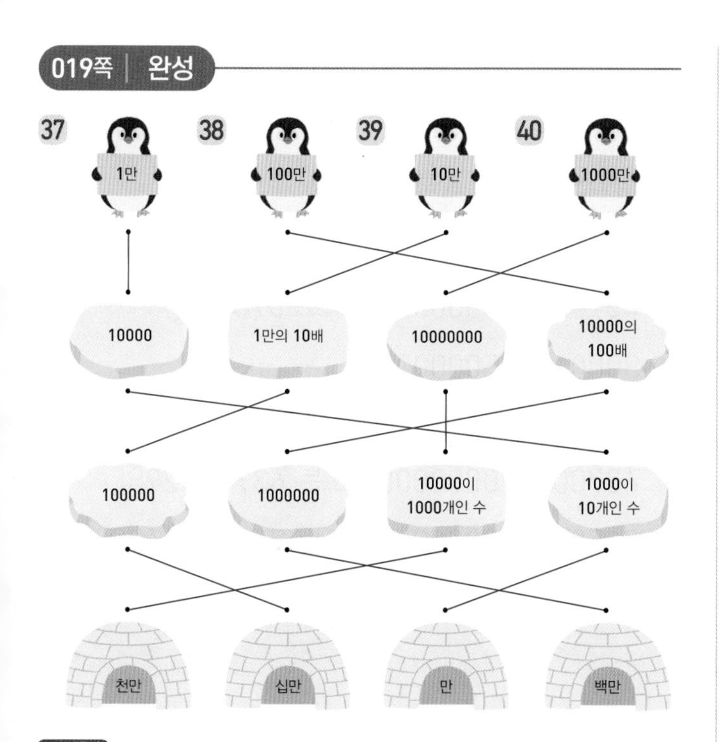

+문해력

41 56, 56 / 56

15 칠십일억

16 오백삼십오억

17 천팔백육십삼억 사천구백만

18 사천이백구십억 육십만

19 23400000000 또는 234억

20 176000000000 또는 1760억

21 254103000000 또는 2541억 300만

22 620715240000 또는 6207억 1524만

04회 억

020쪽 | 개념

1 500000000

2 61300000000

3 270000000000

4 145312000000

5 567038920000

6 3000, 50

7 900, 4

8 8000, 6

021쪽 | 연습

9 11

10 298

11 3764

12 4392, 1235

13 6570, 5316

14 9583, 6427

022쪽 | 적용

23 ㉡

24 ㉠

25 ㉠

26 ㉠

27 ㉡

28 300000000 또는 3억,
300000 또는 30만

29 50000000000 또는 500억,
50000 또는 5만

30 600000000000 또는 6000억,
6000000 또는 600만

31 4000000000 또는 40억,
40000000 또는 4000만

32 900000000000 또는 9000억,
900000000 또는 9억

023쪽 | 완성

33
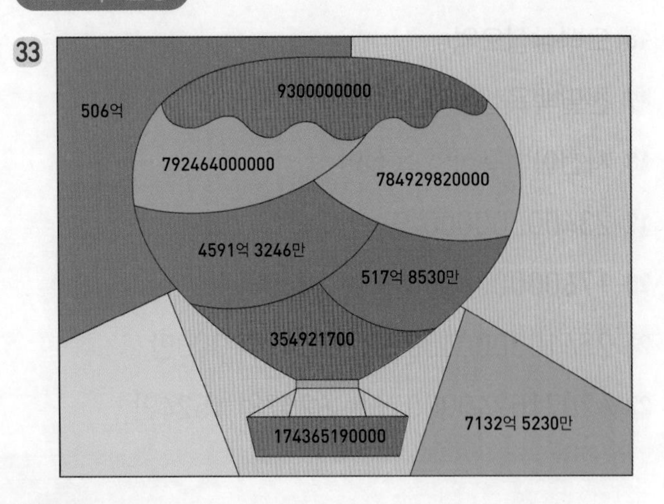

+문해력
34 11400000000, 11400000000 / 지후

05회 조

024쪽 | 개념

1 2000000000000
2 35000000000000
3 480000000000000
4 1790200000000000
5 7352165400000000
6 50, 4
7 600, 70
8 5000, 2

025쪽 | 연습

9 21
10 349
11 5027
12 6819, 5100
13 8645, 920
14 9364, 1156
15 이십조 오천억 사백만
16 칠십육조 사천구백억
17 삼백오조 칠천팔백구십일억
18 오천구백사조 육천백삼십억
19 4570000000000 또는 4조 5700억
20 3000160050000000
또는 3000조 1600억 5000만
21 6370002900000000 또는 6370조 29억
22 7150094200000000 또는 7150조 942억

026쪽 | 적용

23 ㉠
24 ㉡
25 ㉡
26 ㉠
27 ㉠
28 3000000000000000 또는 3000조,
300000000 또는 3억
29 50000000000000 또는 50조,
5000000000 또는 50억
30 600000000000000 또는 600조,
600000000000 또는 6000억
31 7000000000000000 또는 7000조,
70000000000 또는 700억
32 400000000000000 또는 400조,
40000000000 또는 400억

027쪽 | 완성

33
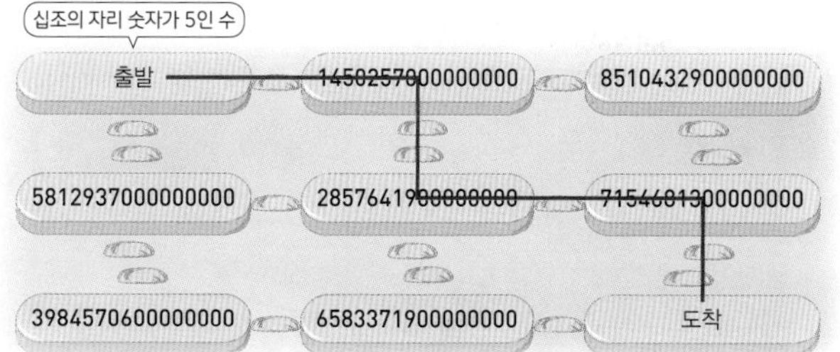

34
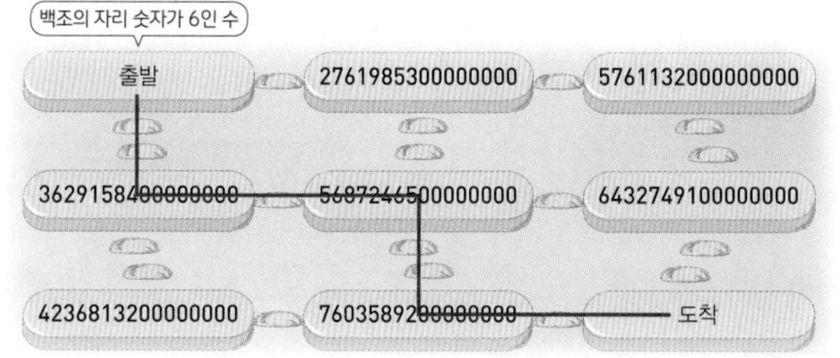

+문해력

35 13200000000000000, 13 / 13

06회 큰 수의 뛰어 세기

028쪽 | 개념

1 50000, 80000

2 170000, 190000

3 241만, 243만

4 5135만, 5136만

5 8612만, 8616만

6 200억, 500억

7 510억, 810억

8 5500억, 5700억

9 2134억, 2534억

10 5771억, 5871억

029쪽 | 연습

11 85000, 115000, 125000

12 58만, 78만, 98만

13 30억 8만, 32억 8만, 34억 8만

14 3264억, 3274억, 3294억

15 40조, 41조, 43조

16 1449조, 1649조, 1749조

17 10000

18 20만

19 1억

20 3조

21 50조

030쪽 | 적용

※ 28 ~ 32는 위에서부터 채점하세요.

22 342580, 352580

23 8216만, 8218만

24 1억 3760만, 1억 4760만

25 360억, 370억

26 3조 95억, 6조 95억

27 7381조, 8381조

28 146만 / 137만, 147만

29 6432억 / 6333억 / 6534억

30 3100조 / 4110조 / 2120조

31 2004조 / 2005조 / 1006조

32 421조 / 331조 / 541조

031쪽 | 완성

33
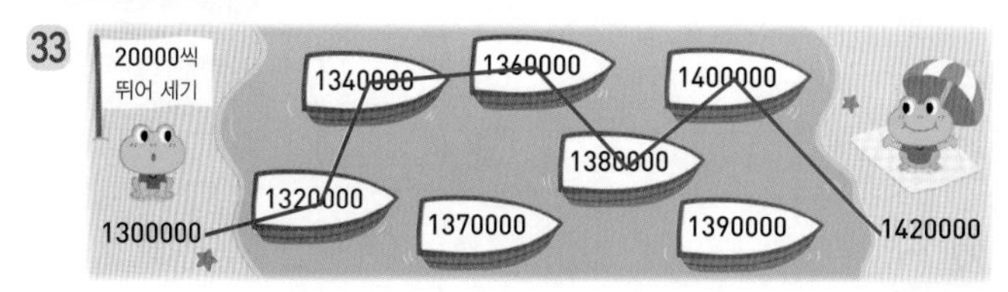

34
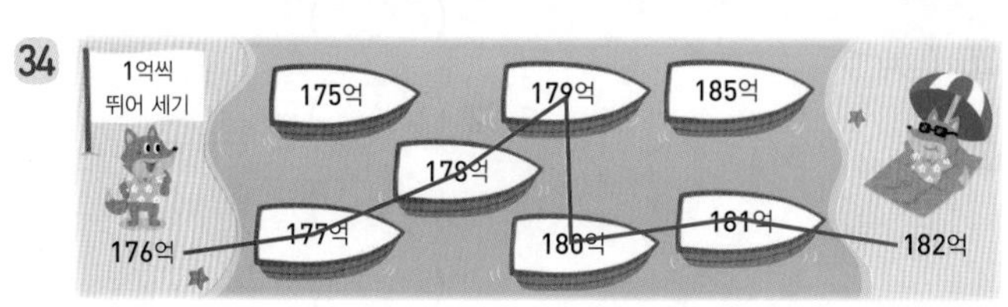

35
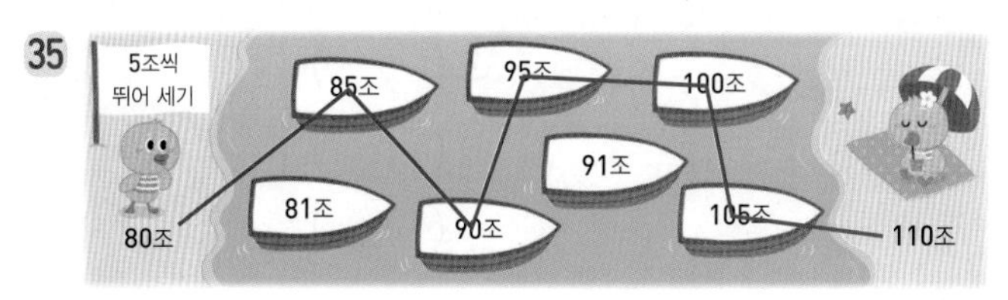

+문해력

36 30000, 3 / 80000, 110000, 140000 / 140000

07회 큰 수의 크기 비교

032쪽 | 개념

1 1, 5, 7, 6, 0 / <
2 1, 6, 4, 1, 3, 0 / <
3 7, 3, 1, 0, 0, 0 / 7, 8, 0, 0, 0 / >
4 > / >
5 < / <
6 < / <
7 > / >
8 < / <

033쪽 | 연습

9 ① < ② >
10 ① < ② <
11 ① > ② <
12 ① < ② <
13 ① < ② >
14 ① > ② <
15 ① > ② <
16 ① > ② <
17 ① > ② <
18 ① < ② <
19 ① > ② >
20 ① < ② <
21 ① > ② <
22 ① > ② <

034쪽 | 적용

23 ㉠
24 ㉡
25 ㉡
26 ㉠
27 ㉠
28 ㉡
29 ㉡
30 (△) (○) (   )
31 (   ) (△) (○)
32 (△) (   ) (○)
33 (○) (   ) (△)
34 (   ) (○) (△)

035쪽 | 완성

35

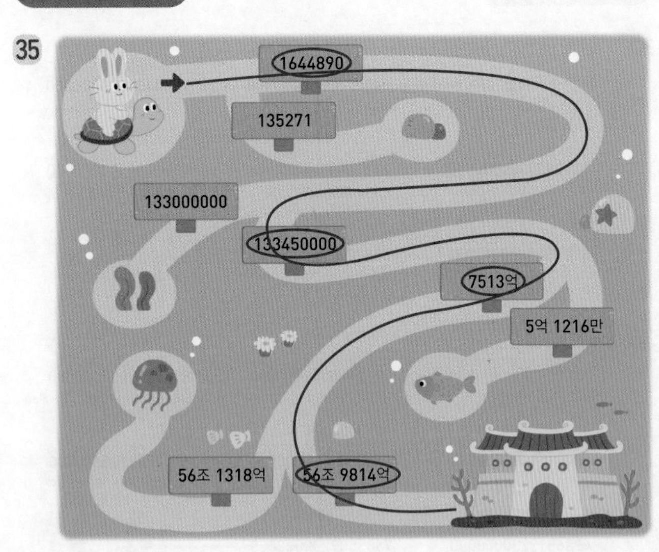

+문해력

36 < / 화성

08회 평가 A

036쪽

1 육만
2 이만 사천오백칠십육
3 사십만 오천백
4 칠천삼백삼십오만
5 30000 또는 3만
6 50370
7 74008
8 6150000 또는 615만
9 80200000 또는 8020만
10 칠억 오천육백이십만
11 오백억 육천사만
12 삼조 오천이백억
13 구천오백사십삼조
14 435800000 또는 4억 3580만
15 20610000000 또는 206억 1000만
16 90170000000000 또는 90조 1700억
17 3062410000000000 또는 3062조 4100억

037쪽

18 126000, 136000, 156000

19 1063만, 1163만, 1263만

20 310억, 312억, 313억

21 1713억, 1813억, 2013억

22 14조 6억, 16조 6억, 17조 6억

23 3980조, 3990조, 4020조

24 ① > ② <

25 ① < ② >

26 ① > ② >

27 ① > ② >

28 ① < ② <

29 ① < ② >

30 ① > ② >

09회 평가 B

038쪽

1 7000, 10000

2 8000, 9500

3 9990, 10000

4

5

6 ① 40000 또는 4만
② 40

7 ① 200000 또는 20만
② 20000000 또는 2000만

8 ① 50000000000 또는 500억
② 500000000 또는 5억

9 ① 6000000000000 또는 6조
② 6000000000000000 또는 6000조

10 ① 8000000000000000 또는 8000조
② 80000000000000 또는 80조

039쪽

11 50298, 60298

12 2052488, 3052488

13 3201만, 3221만

14 52억 60만, 54억 60만

15 7739조, 7839조

16 32조 146억, 32조 166억

17 ㉡

18 ㉡

19 ㉠

20 ㉠

21 ㉡

22 ㉡

23 ㉡

10회 각의 크기 재기

042쪽 | 개념

1 30
2 140
3 55
4 135
5 40
6 110
7 45
8 125

043쪽 | 연습

9 ① 60 ② 50
10 ① 120 ② 110
11 ① 105 ② 65
12 ① 30 ② 90
13 ① 100 ② 115
14 ① 25 ② 45
15 ① 70 ② 80
16 ① 130 ② 55
17 ① 35 ② 95
18 ① 40 ② 125
19 ① 75 ② 20
20 ① 135 ② 85

044쪽 | 적용

※ 30～33은 왼쪽에서부터 채점하세요.

21 120
22 45
23 30
24 110
25 180
26 90
27 75
28 60
29 100
30 85, 35
31 70, 80
32 105, 125
33 130, 115

045쪽 | 완성

34 60 35 65 36 70 37 85 38 80

+문해력

39 45, 55 / 45, <, 55 / 나

11회 예각, 둔각

046쪽 | 개념

1 ( ) (○)
2 (○) ( )
3 (○) ( )
4 ( ) (○)
5 (○) ( )
6 ( ) (○)
7 ( ) (○)
8 (○) ( )

047쪽 | 연습

※ 13～18은 왼쪽에서부터 채점하세요.

9 다, 가, 나
10 다, 나, 가
11 나, 다, 가
12 가, 나, 다
13 예, 둔
14 예, 둔
15 예, 둔
16 예, 예
17 둔, 예
18 둔, 둔

048쪽 | 적용

19
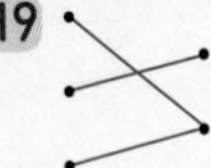

20

21

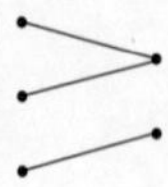

22

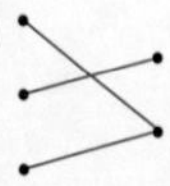

23

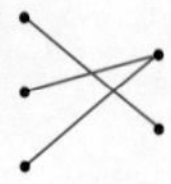

24 예 /

25 예 /

26 예 /

27 예 /

28 예 /

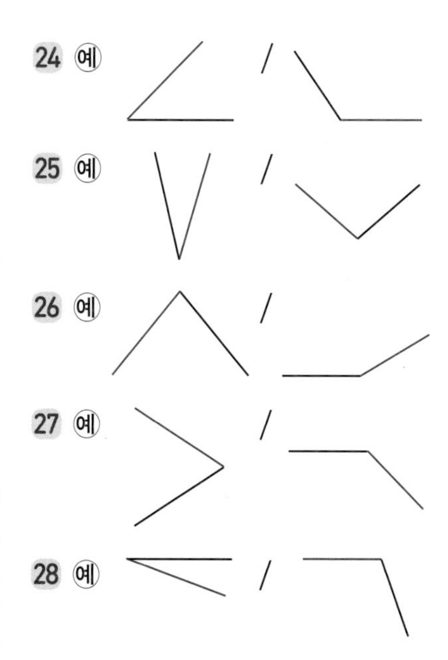

049쪽 | 완성

29

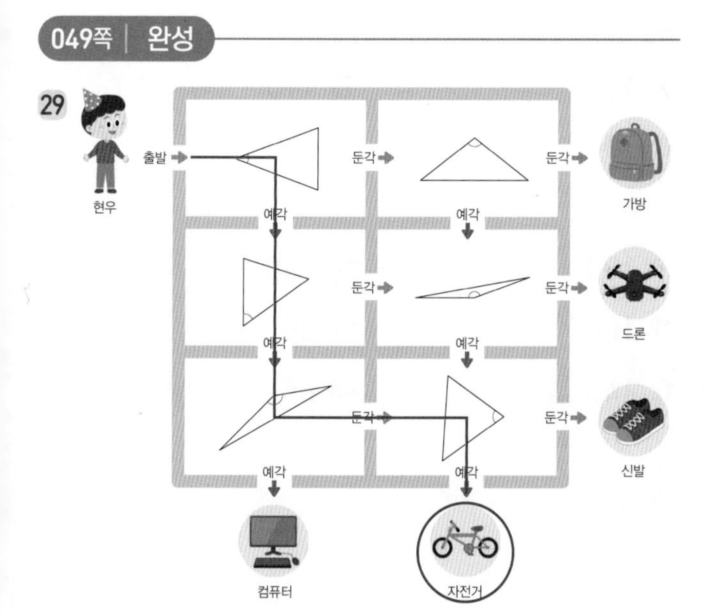

+문해력

30 예각, 둔각 / ㉡

12회 각도의 합과 차

050쪽 | 개념

1 50

2 75

3 125

4 140

5 40

6 55

7 65

8 120

051쪽 | 연습

9 ① 60° ② 75°

10 ① 125° ② 195°

11 ① 125° ② 150°

12 ① 160° ② 235°

13 ① 125° ② 150°

14 ① 190° ② 260°

15 ① 205° ② 305°

16 ① 30° ② 15°

17 ① 60° ② 15°

18 ① 65° ② 20°

19 ① 75° ② 60°

20 ① 50° ② 20°

21 ① 70° ② 45°

22 ① 70° ② 20°

23 ① 95° ② 65°

052쪽 | 적용

24 175°, 45°

25 185°, 85°

26 115°, 45°

27 180°, 30°

28 165°, 125°

29 >

30 >

31 <

32 <

33 >

34 =

35 <

36 >

053쪽 | 완성

+문해력

46 90, 25, 115 / 115

13회 삼각형의 세 각의 크기의 합

054쪽 | 개념

1 80, 45, 55, 180
2 85, 50, 45, 180
3 30, 115, 35, 180
4 50
5 60
6 35

055쪽 | 연습

7 80
8 70
9 30
10 60
11 25
12 40
13 110
14 45
15 105
16 90
17 95
18 120

056쪽 | 적용

19 70
20 85
21 45
22 25
23 75
24 15
25 30
26 45
27 80
28 70
29 90
30 50
31 110
32 145

057쪽 | 완성

33 90°
34 20°
35 55°
36 80°

+문해력

37 65, 85, 30, 180 / 50, 75, 65, 190 / 하준

14회 사각형의 네 각의 크기의 합

058쪽 | 개념

1 65, 90, 75, 130, 360
2 100, 70, 105, 85, 360
3 125, 60, 110, 65, 360
4 85
5 70
6 75

059쪽 | 연습

7 120
8 50
9 65
10 130
11 100
12 140
13 115
14 110
15 50
16 140
17 80
18 65

060쪽 | 적용

19 130
20 130
21 70
22 90
23 75
24 60
25 130
26 85
27 210
28 145
29 205
30 165
31 195
32 185

061쪽 | 완성

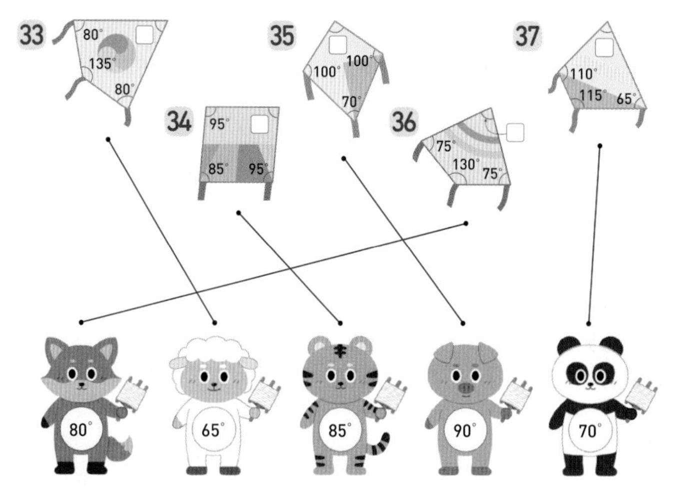

+문해력

38 115 / 100 / 115, 100, 15 / 15

15회 평가 A

062쪽

1 ① 115 ② 110

2 ① 35 ② 120

3 ① 70 ② 30

4 ① 125 ② 60

5 ① 80 ② 130

6 ① 160 ② 45

7 나, 다, 가

8 가, 나, 다

9 나, 가, 다

10 다, 나, 가

063쪽

11 ① 125° ② 85°

12 ① 130° ② 135°

13 ① 100° ② 90°

14 ① 255° ② 30°

15 ① 235° ② 90°

16 ① 175° ② 50°

17 ① 215° ② 55°

18 70

19 30

20 45

21 100

22 85

23 80

16회 평가 B

064쪽

1 105

2 110

3 75

4 85

5 115

6 120

7

8

9

10

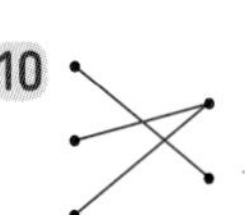

11

065쪽

12 >

13 =

14 <

15 >

16 >

17 <

18 >

19 <

20 110

21 125

22 60

23 185

24 210

25 180

2단원

17회 (세 자리 수) × (몇십)

068쪽 | 개념

1 35 / 35000

2 24 / 24000

3 2, 728, 7280

4 6, 2886, 28860

5 4, 2892, 28920

6 15 / 15000

7 20 / 20000

8 876 / 8760

9 3619 / 36190

10 3265 / 32650

069쪽 | 연습

11 ① 4000 ② 8000

12 ① 6200 ② 18600

13 ① 17200 ② 21500

14 ① 10710 ② 21420

15 ① 10720 ② 26800

16 ① 28560 ② 49980

17 ① 8000 ② 18000

18 ① 21000 ② 24000

19 ① 16800 ② 20800

20 ① 21000 ② 24600

21 ① 18350 ② 31400

22 ① 34230 ② 44380

23 ① 39440 ② 58240

24 ① 46890 ② 73710

070쪽 | 적용

※ 25～29는 위에서부터 채점하세요.

25 30000, 18000

26 13200, 17600

27 10440, 17400

28 22440, 50490

29 16750, 20100

30 >

31 <

32 <

33 >

34 >

35 <

36 >

37 <

071쪽 | 완성

38

39

40

41

42

+문해력

43 215, 30, 6450 / 6450

18회 (세 자리 수) × (몇십몇)

072쪽 | 개념

1 2680, 670 / 3350

2 7470, 996 / 8466

3 3860, 2316 / 6176

4 39150, 5481 / 44631

5 ① 396 ② 7920 / 396, 7920, 8316

6 ① 512 ② 7680 / 512, 7680, 8192

7 ① 2247 ② 6420 / 2247, 6420, 8667

073쪽 | 연습

8 ① 8736 ② 13416

9 ① 13653 ② 31734

10 ① 11799 ② 23161

11 ① 19608 ② 34572

12 ① 28566 ② 44091

13 ① 17616 ② 45508

14 ① 4617 ② 6213

15 ① 6048 ② 13209

16 ① 11305 ② 20230

17 ① 14534 ② 17888

18 ① 24528 ② 31632

19 ① 16038 ② 44442

20 ① 26901 ② 37296

21 ① 19080 ② 38016

074쪽 | 적용

22 4872, 11984
23 21182, 24684
24 16065, 11880
25 3842, 5967
26 27156, 60884
27 (　　)(○)
28 (○)(　　)
29 (　　)(○)
30 (○)(　　)
31 (　　)(○)
32 (　　)(○)
33 (○)(　　)

075쪽 | 완성

※ 34~35는 왼쪽에서부터 채점하세요.

34 17238, 12750, 2860, 5400, 4522
35 10374, 10752, 11501, 19530, 5040

+문해력
36 435, 23, 10005 / 10005

19회 (두 자리 수)÷(몇십)

076쪽 | 개념

1 $$\begin{array}{r} 1 \\ 20\overline{)20} \\ 20 \\ \hline 0 \end{array} \rightarrow \begin{array}{r} 1 \\ 20\overline{)22} \\ 20 \\ \hline 2 \end{array}$$

2 $$\begin{array}{r} 1 \\ 50\overline{)50} \\ 50 \\ \hline 0 \end{array} \rightarrow \begin{array}{r} 1 \\ 50\overline{)54} \\ 50 \\ \hline 4 \end{array}$$

3 $$\begin{array}{r} 2 \\ 30\overline{)70} \\ 60 \\ \hline 10 \end{array} \rightarrow \begin{array}{r} 2 \\ 30\overline{)78} \\ 60 \\ \hline 18 \end{array}$$

4 $$\begin{array}{r} 1 \\ 60\overline{)80} \\ 60 \\ \hline 20 \end{array} \rightarrow \begin{array}{r} 1 \\ 60\overline{)81} \\ 60 \\ \hline 21 \end{array}$$

5 20 / $$\begin{array}{r} 1 \\ 20\overline{)25} \\ 20 \\ \hline 5 \end{array}$$

6 1, 30 / $$\begin{array}{r} 1 \\ 30\overline{)43} \\ 30 \\ \hline 13 \end{array}$$

7 1, 60 / $$\begin{array}{r} 1 \\ 60\overline{)77} \\ 60 \\ \hline 17 \end{array}$$

8 2, 80 / $$\begin{array}{r} 2 \\ 40\overline{)86} \\ 80 \\ \hline 6 \end{array}$$

077쪽 | 연습

9 ① 3　② 2
10 ① 4　② 2
11 ① 2 ⋯ 25　② 2 ⋯ 5
12 ① 1 ⋯ 29　② 1 ⋯ 19
13 ① 3 ⋯ 1　② 1 ⋯ 41
14 ① 4 ⋯ 17　② 1 ⋯ 17
15 1, 16 / $40\times1=40$, $40+16=56$
16 1, 23 / $50\times1=50$, $50+23=73$
17 1, 12 / $70\times1=70$, $70+12=82$
18 4, 13 / $20\times4=80$, $80+13=93$
19 3, 4 / $30\times3=90$, $90+4=94$
20 4, 18 / $20\times4=80$, $80+18=98$

078쪽 | 적용

21 3, 7 / 2, 7
22 2, 23 / 1, 23
23 2, 15 / 1, 45
24 3, 14 / 1, 14
25 2, 11 / 1, 21
26 4, 5 / 1, 35
27 4, 1
28 2, 28
29 1, 11
30 2, 12
31 3, 19
32 1, 26

079쪽 | 완성

33
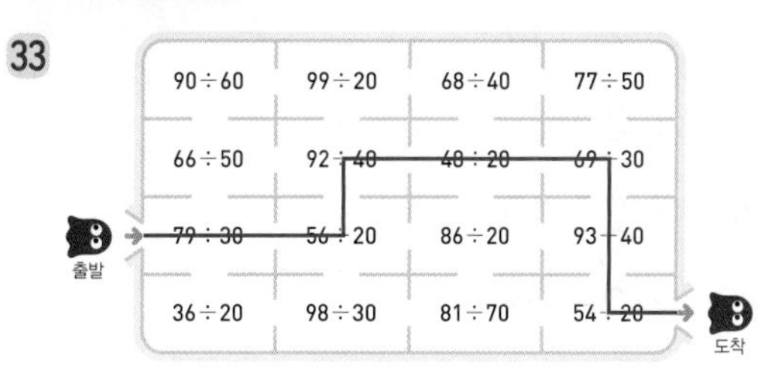

34
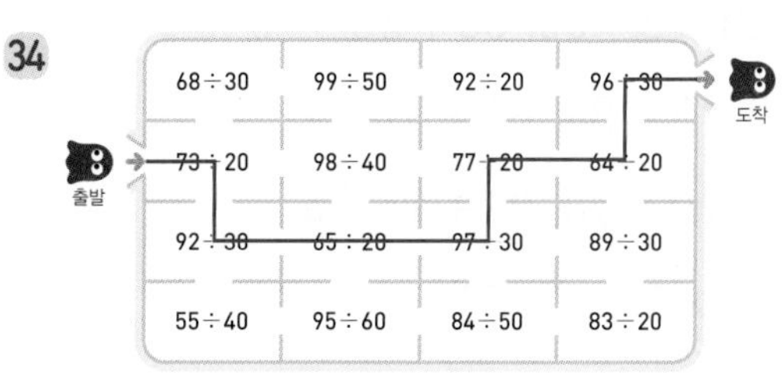

+문해력
35 94, 20, 4, 14 / 4, 14

3단원

20회 (두 자리 수)÷(두 자리 수)

080쪽 | 개념

1 $\begin{array}{r} 3 \\ 20\overline{)60} \\ 60 \\ \hline 0 \end{array}$ → $\begin{array}{r} 3 \\ 21\overline{)63} \\ 63 \\ \hline 0 \end{array}$

2 $\begin{array}{r} 2 \\ 30\overline{)70} \\ 60 \\ \hline 10 \end{array}$ → $\begin{array}{r} 2 \\ 38\overline{)76} \\ 76 \\ \hline 0 \end{array}$

3 $\begin{array}{r} 7 \\ 10\overline{)70} \\ 70 \\ \hline 0 \end{array}$ → $\begin{array}{r} 7 \\ 11\overline{)79} \\ 77 \\ \hline 2 \end{array}$

4 $\begin{array}{r} 2 \\ 30\overline{)80} \\ 60 \\ \hline 20 \end{array}$ → $\begin{array}{r} 2 \\ 37\overline{)89} \\ 74 \\ \hline 15 \end{array}$

5 51 / $\begin{array}{r} 3 \\ 17\overline{)51} \\ 51 \\ \hline 0 \end{array}$

6 2, 52 / $\begin{array}{r} 2 \\ 26\overline{)52} \\ 52 \\ \hline 0 \end{array}$

7 2, 70 / $\begin{array}{r} 2 \\ 35\overline{)72} \\ 70 \\ \hline 2 \end{array}$

8 2, 82 / $\begin{array}{r} 2 \\ 41\overline{)84} \\ 82 \\ \hline 2 \end{array}$

081쪽 | 연습

9 ① 4…8 ② 2…12

10 ① 5…3 ② 4…6

11 ① 3…1 ② 2…17

12 ① 5…10 ② 3…6

13 ① 3…20 ② 2…19

14 ① 3…19 ② 2…29

15 2, 23 / 25×2=50, 50+23=73

16 7, 3 / 12×7=84, 84+3=87

17 3, 1 / 31×3=93, 93+1=94

18 2, 10 / 26×2=52, 52+10=62

19 2, 11 / 32×2=64, 64+11=75

20 6, 8 / 15×6=90, 90+8=98

082쪽 | 적용

21 3, 5

22 2, 4

23 1, 13

24 5, 7

25 2, 11

26 1, 15

27 3, 10

28

29

30

31

32

083쪽 | 완성

33

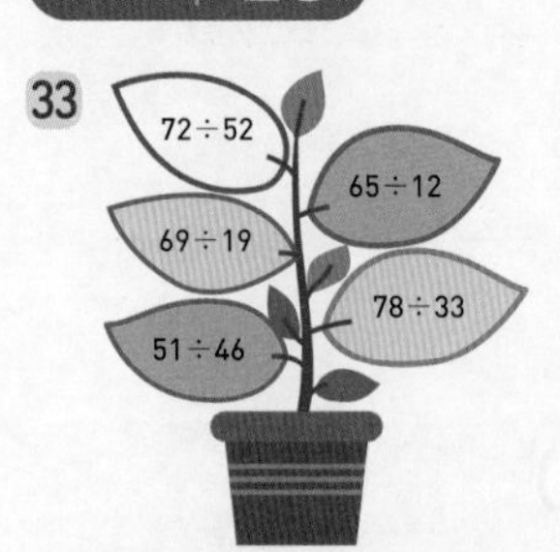

35

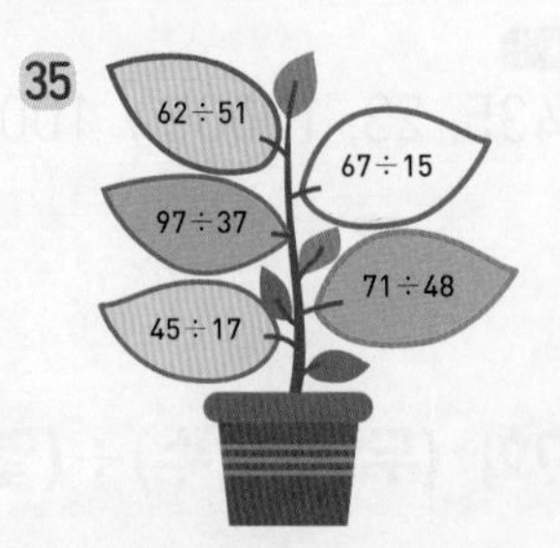

34

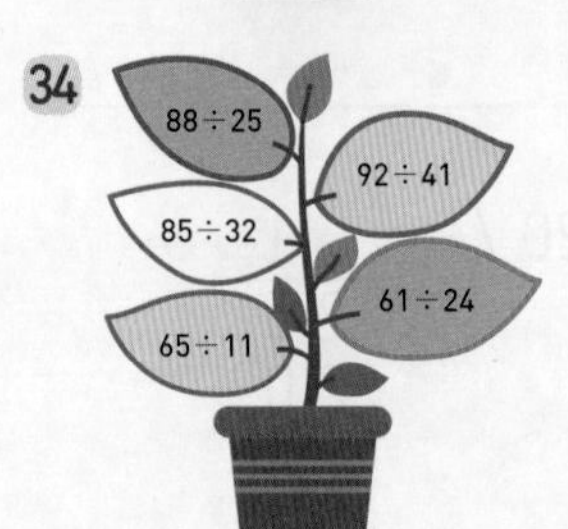

36

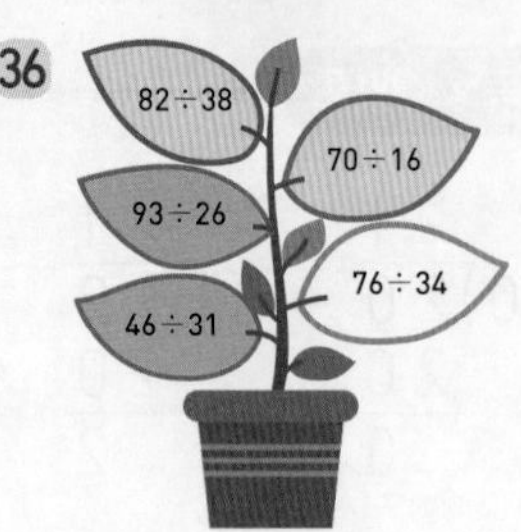

+문해력

37 79, 15, 5, 4 / 5, 4

21회 (세 자리 수)÷(몇십)

084쪽 | 개념

1 $\begin{array}{r} 8 \\ 20\overline{)170} \\ 160 \\ \hline 10 \end{array}$ → $\begin{array}{r} 8 \\ 20\overline{)172} \\ 160 \\ \hline 12 \end{array}$

2
$$\begin{array}{r} 7 \\ 30\overline{)230} \\ 210 \\ \hline 20 \end{array} \rightarrow \begin{array}{r} 7 \\ 30\overline{)234} \\ 210 \\ \hline 24 \end{array}$$

3
$$\begin{array}{r} 6 \\ 40\overline{)260} \\ 240 \\ \hline 20 \end{array} \rightarrow \begin{array}{r} 6 \\ 40\overline{)268} \\ 240 \\ \hline 28 \end{array}$$

4
$$\begin{array}{r} 5 \\ 70\overline{)380} \\ 350 \\ \hline 30 \end{array} \rightarrow \begin{array}{r} 5 \\ 70\overline{)385} \\ 350 \\ \hline 35 \end{array}$$

5 120, 140 /
$$\begin{array}{r} 6 \\ 20\overline{)133} \\ 120 \\ \hline 13 \end{array}$$

6 160, 200 /
$$\begin{array}{r} 4 \\ 40\overline{)167} \\ 160 \\ \hline 7 \end{array}$$

7 400, 450 /
$$\begin{array}{r} 8 \\ 50\overline{)425} \\ 400 \\ \hline 25 \end{array}$$

8 560, 640 /
$$\begin{array}{r} 7 \\ 80\overline{)616} \\ 560 \\ \hline 56 \end{array}$$

085쪽 | 연습

9 ① 8 ② 6

10 ① 7…13 ② 5…43

11 ① 9…13 ② 6…13

12 ① 9…35 ② 8…5

13 ① 7…18 ② 6…28

14 ① 7…71 ② 7…1

15 3, 30 / $50 \times 3 = 150$, $150 + 30 = 180$

16 5, 64 / $80 \times 5 = 400$, $400 + 64 = 464$

17 4, 11 / $90 \times 4 = 360$, $360 + 11 = 371$

18 9, 13 / $60 \times 9 = 540$, $540 + 13 = 553$

19 8, 65 / $70 \times 8 = 560$, $560 + 65 = 625$

20 9, 2 / $90 \times 9 = 810$, $810 + 2 = 812$

086쪽 | 적용

※ 21~26은 위에서부터 채점하세요.

21 4, 10 / 5, 20

22 5, 28 / 6, 36

23 8, 23 / 5, 63

24 9, 15 / 4, 9

25 8, 22 / 7, 24

26 6, 15 / 3, 25

27 $>$

28 $=$

29 $<$

30 $<$

31 $=$

32 $>$

33 $>$

34 $<$

087쪽 | 완성

35

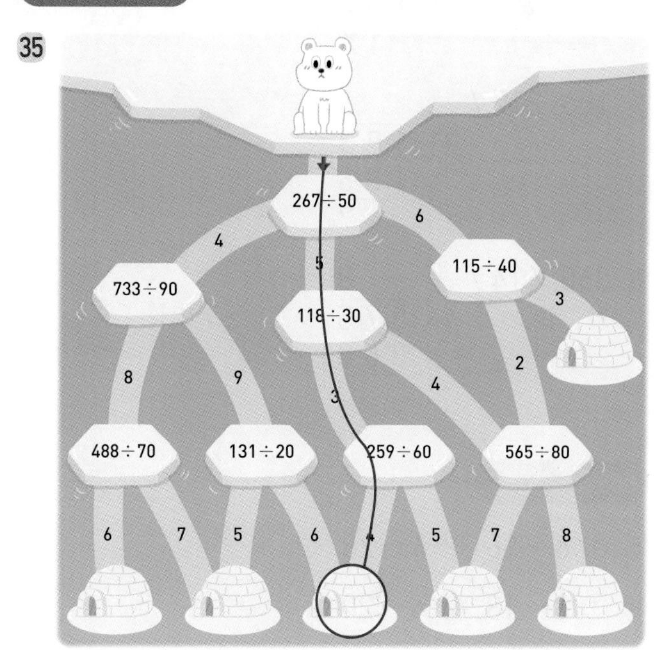

+문해력

36 285, 30, 9, 15 / 9, 15

22회 (세 자리 수)÷(두 자리 수) (1)

088쪽 | 개념

1
```
     6           6
20)1 3 0 → 21)1 3 5
   1 2 0        1 2 6
     1 0            9
```

2
```
     7           7
30)2 3 0 → 32)2 3 2
   2 1 0        2 2 4
     2 0            8
```

3
```
     6           6
40)2 7 0 → 43)2 7 9
   2 4 0        2 5 8
     3 0          2 1
```

4
```
     5           5
60)3 2 0 → 62)3 2 1
   3 0 0        3 1 0
     2 0          1 1
```

5 105, 120 /
```
     7
15)1 1 1
   1 0 5
       6
```

6 154, 176 /
```
     7
22)1 6 8
   1 5 4
     1 4
```

7 186, 217 /
```
     6
31)1 9 3
   1 8 6
       7
```

8 368, 414 /
```
     8
46)3 7 5
   3 6 8
       7
```

089쪽 | 연습

9 ① 6…16 ② 4…28

10 ① 8…18 ② 6…20

11 ① 8…21 ② 6…39

12 ① 8…29 ② 7…16

13 ① 9…21 ② 8…10

14 ① 8…6 ② 6…80

15 7, 2 / $17 \times 7 = 119$, $119 + 2 = 121$

16 9, 5 / $28 \times 9 = 252$, $252 + 5 = 257$

17 8, 29 / $35 \times 8 = 280$, $280 + 29 = 309$

18 5, 8 / $64 \times 5 = 320$, $320 + 8 = 328$

19 6, 57 / $71 \times 6 = 426$, $426 + 57 = 483$

20 7, 44 / $84 \times 7 = 588$, $588 + 44 = 632$

090쪽 | 적용

21 8, 20

22 7, 2

23 7, 17

24 6, 6

25 6, 31

26 8, 23

27 ( )(○)

28 (○)( )

29 ( )(○)

30 ( )(○)

31 ( )(○)

32 (○)( )

33 ( )(○)

091쪽 | 완성

34 6, 11 / 8, 23 / 4, 5 / 6, 8, 4

35 5, 35 / 9, 23 / 3, 15 / 5, 9, 3

36 3, 25 / 9, 12 / 5, 7 / 3, 9, 5

37 2, 52 / 7, 9 / 8, 7 / 2, 7, 8

+문해력

38 195, 25, 7, 20 / 7, 20 / 8

23회 (세 자리 수)÷(두 자리 수) (2)

092쪽 | 개념

1
```
     1           1 6
32)5 1 → 32)5 1 2
   3 2        3 2 0
   1 9        1 9 2
              1 9 2
                  0
```

2
```
     3          3 5
17)5 9  →  17)5 9 5
   5 1        5 1 0
     8          8 5
                8 5
                  0
```

3
```
     2          2 7
25)6 7  →  25)6 7 5
   5 0        5 0 0
   1 7        1 7 5
              1 7 5
                  0
```

4 320, 480 /
```
     2 5
16)4 0 0
   3 2 0
     8 0
     8 0
       0
```

5 580, 870 /
```
     2 2
29)6 3 8
   5 8 0
     5 8
     5 8
       0
```

6 720, 960 /
```
     3 4
24)8 1 6
   7 2 0
     9 6
     9 6
       0
```

093쪽 | 연습

7 ① 18 ② 12

8 ① 28 ② 14

9 ① 28 ② 14

10 ① 36 ② 32

11 ① 35 ② 30

12 ① 16 ② 12

13 11 / 23 × 11 = 253

14 33 / 13 × 33 = 429

15 26 / 21 × 26 = 546

16 17 / 36 × 17 = 612

17 32 / 24 × 32 = 768

18 16 / 52 × 16 = 832

094쪽 | 적용

19 17

20 14

21 34

22 19

23 32

24 24

25 34

26 420 ÷ 28

27 968 ÷ 44

28 527 ÷ 17

29 936 ÷ 52

30 957 ÷ 29

31 819 ÷ 39

32 931 ÷ 19

33 728 ÷ 28

3단원

095쪽 | 완성

34
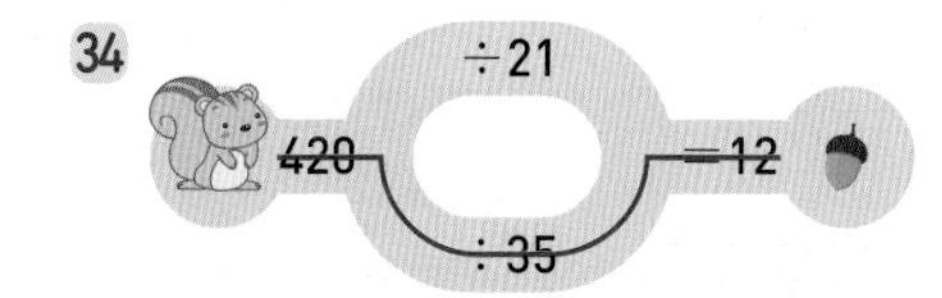

35
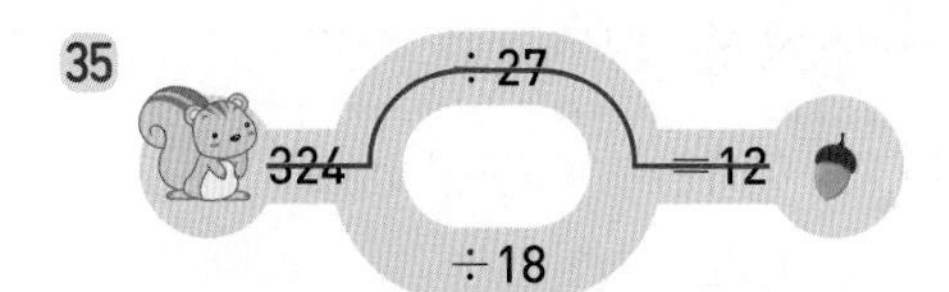

36
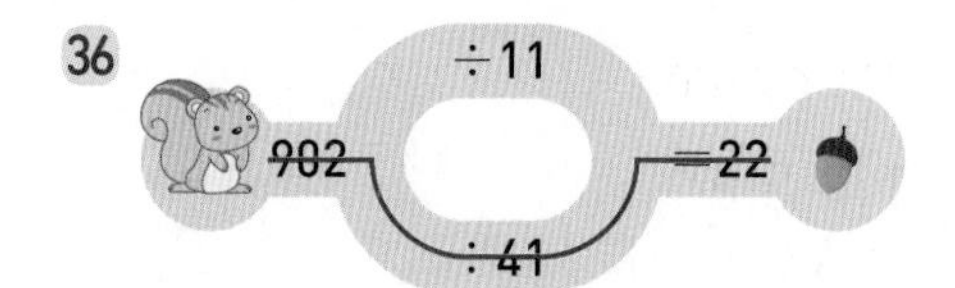

37
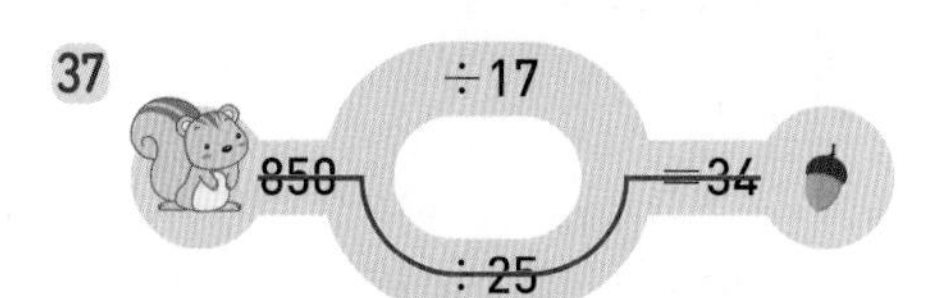

38
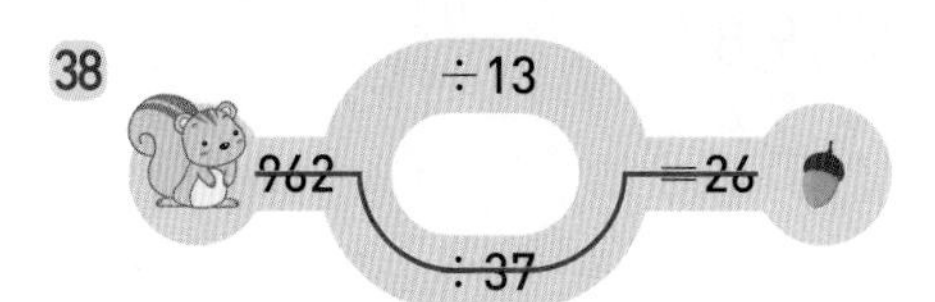

39
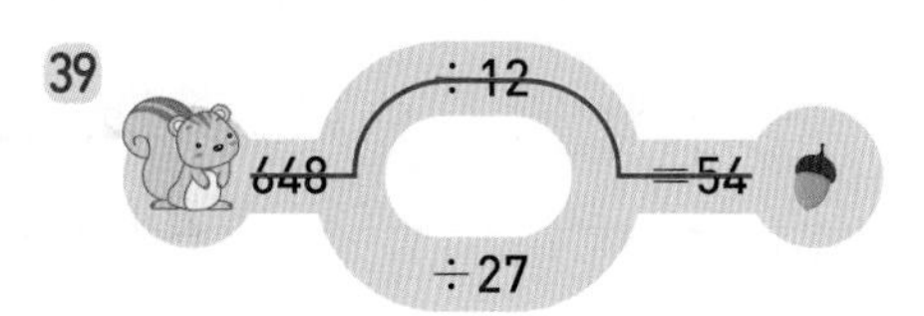

+문해력

40 208, 13, 16 / 16

24회 (세 자리 수)÷(두 자리 수) (3)

096쪽 | 개념

1
```
      2           26
15)39  → 15)394
   30       300
    9        94
             90
              4
```

2
```
      1           15
36)54  → 36)543
   36       360
   18       183
            180
              3
```

3
```
      2           21
42)90  → 42)902
   84       840
    6        62
             42
             20
```

4 360, 480 /
```
       35
12)430
    360
     70
     60
     10
```

5 620, 930 /
```
       24
31)758
    620
    138
    124
     14
```

6 940, 1410 /
```
       21
47)989
    940
     49
     47
      2
```

097쪽 | 연습

7 ① 15⋯13 ② 11⋯2

8 ① 25⋯4 ② 10⋯9

9 ① 32⋯7 ② 21⋯14

10 ① 14⋯3 ② 11⋯12

11 ① 22⋯20 ② 10⋯2

12 ① 37⋯9 ② 25⋯1

13 20, 2 / 23×20=460, 460+2=462

14 16, 6 / 17×16=272, 272+6=278

15 15, 20 / 21×15=315, 315+20=335

16 54, 4 / 13×54=702, 702+4=706

17 19, 9 / 43×19=817, 817+9=826

18 17, 4 / 56×17=952, 952+4=956

098쪽 | 적용

19 15, 11

20 14, 7

21 17, 6

22 17, 21

23 23, 15

24 18, 23

25 31, 9

26 13, 7

27 15, 8

28 28, 14

29 17, 5

30 15, 4

31 22, 12

099쪽 | 완성

32 12, 9

33 43, 10

34 32, 15

35 13, 21

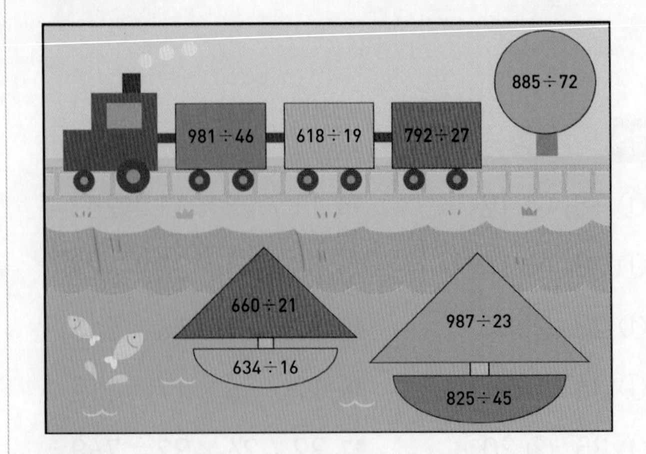

+문해력

36 314, 28, 11, 6 / 11, 6 / 12

25회 평가 A

100쪽

1 ① 14400 ② 26280
2 ① 5660 ② 13867
3 ① 13440 ② 12096
4 ① 16200 ② 14040
5 ① 18150 ② 26499
6 ① 24300 ② 31104
7 ① 36680 ② 51352
8 ① 2⋯21 ② 2⋯1
9 ① 6⋯6 ② 3⋯15
10 ① 6 ② 3
11 ① 7⋯15 ② 5⋯35
12 ① 5⋯10 ② 7⋯13
13 ① 11 ② 19⋯10
14 ① 13 ② 11⋯26

101쪽

15 ① 3⋯9 ② 2⋯19
16 ① 3⋯17 ② 2⋯16
17 ① 4 ② 2
18 ① 8⋯38 ② 5⋯58
19 ① 8⋯21 ② 6⋯1
20 ① 7⋯33 ② 6⋯33
21 ① 13 ② 24⋯10
22 ① 27 ② 29⋯10
23 2, 14 / $30 \times 2 = 60$, $60 + 14 = 74$
24 3, 21 / $25 \times 3 = 75$, $75 + 21 = 96$
25 4, 9 / $17 \times 4 = 68$, $68 + 9 = 77$
26 5, 45 / $70 \times 5 = 350$, $350 + 45 = 395$
27 6, 5 / $24 \times 6 = 144$, $144 + 5 = 149$
28 17 / $52 \times 17 = 884$
29 12, 38 / $72 \times 12 = 864$, $864 + 38 = 902$

26회 평가 B

102쪽

1 32000, 14000
2 14420, 53130
3 9072, 11475
4 7030, 20216
5 19782, 39375
6 $<$
7 $>$
8 $<$
9 $<$
10 $>$
11 $>$
12 $<$
13 $>$

103쪽

14 2, 14
15 4, 4
16 8, 17
17 4, 3
18 5, 36
19 19, 1
20 25, 19
21 (○)( )
22 ( )(○)
23 ( )(○)
24 (○)( )
25 ( )(○)
26 (○)( )
27 (○)( )

27회 평면도형 밀기

106쪽 | 개념

1 (○)
( )

2 (○)
( )

3 ( )(○)

4 ( )(○)

107쪽 | 연습

5 ①

②

6 ①

②

7 ①

②

8

9

10

11

12

13

108쪽 | 적용

14

15

16

17

18

19

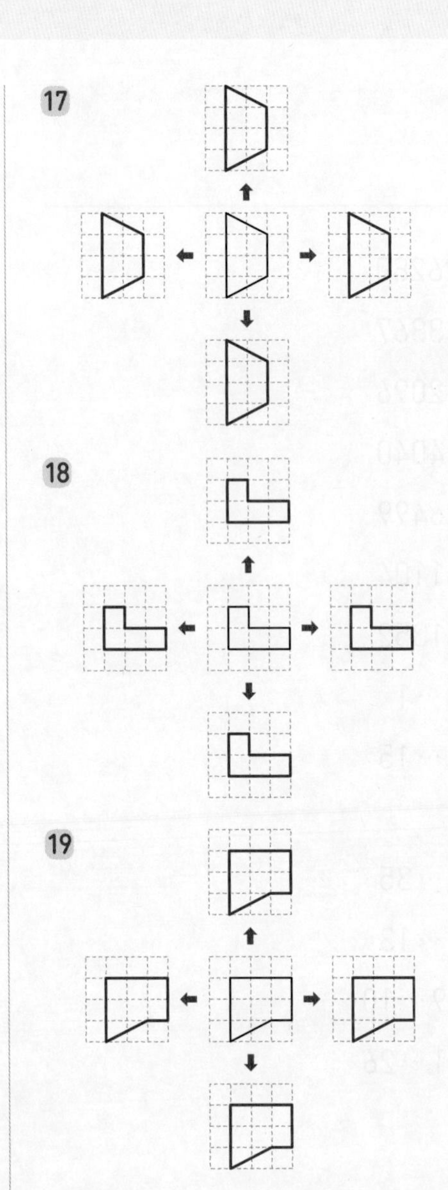

109쪽 | 완성

※ 20~21은 왼쪽에서부터 채점하세요.

20

21

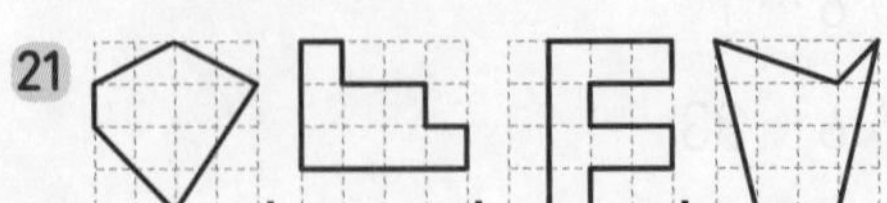

+문해력

22 위치, 모양, 연서 / 연서

28회 평면도형 뒤집기

110쪽 | 개념

1 (○)
( )

2 ( )
(○)

3 ( )(○)

4 (○)( )

111쪽 | 연습

5 ①

②

6 ①

②

7 ①

②

8

9

10

11

12

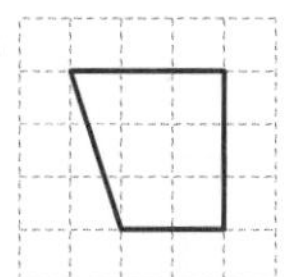

13

112쪽 | 적용

14

15

16

17

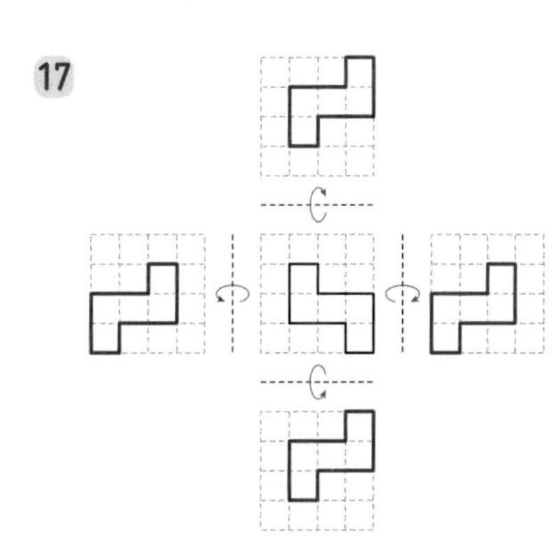

18

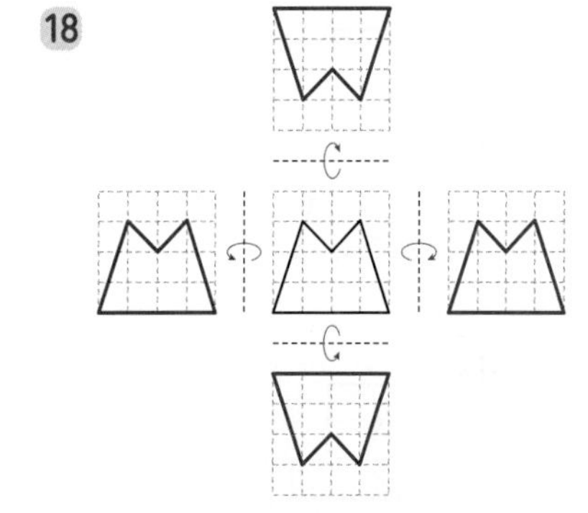

19

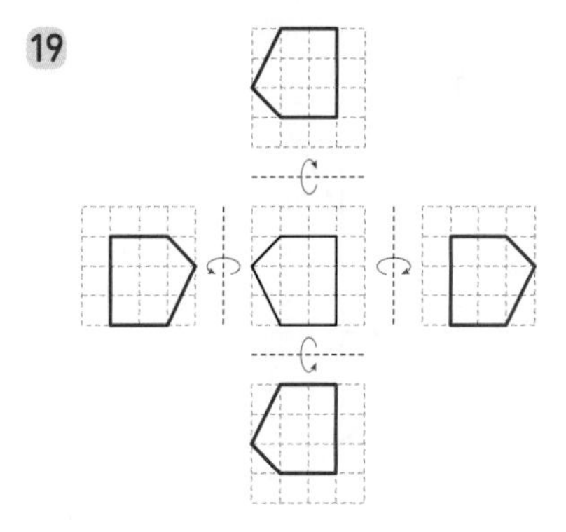

113쪽 | 완성

20 B, C

21 D, E

22 0, 8

23 1

+문해력

24 2 / 2, 7 / 7

29회 평면도형 돌리기

114쪽 | 개념

1 ( )(○)( )
2 ( )( )(○)
3 (○)( )( )
4 ( )(○)( )

115쪽 | 연습

5
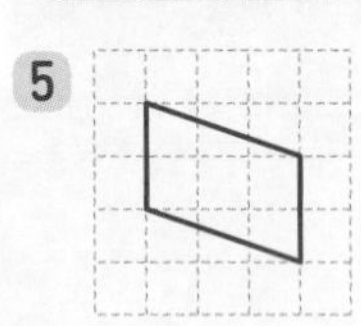

6
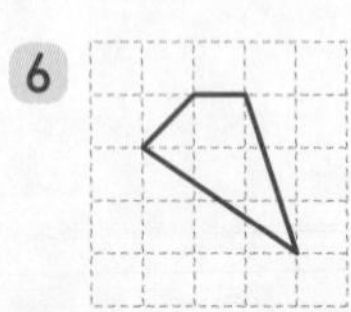

7
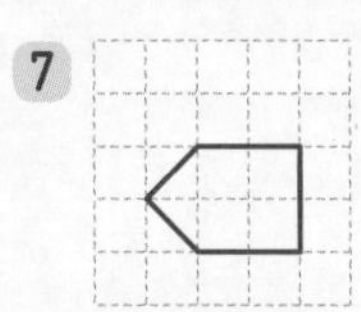

8
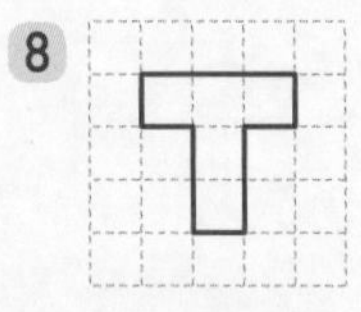

9
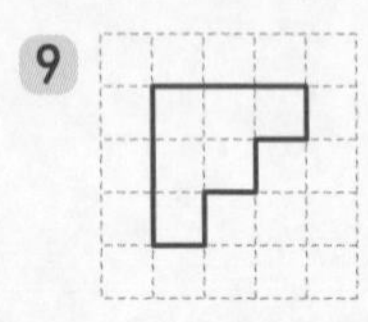

10
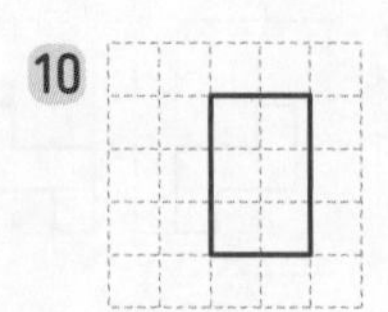

11
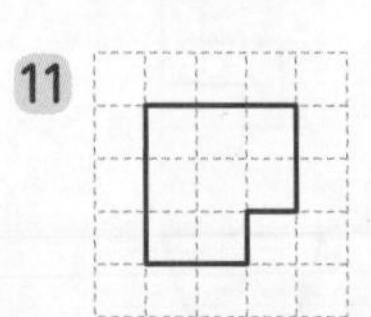

12
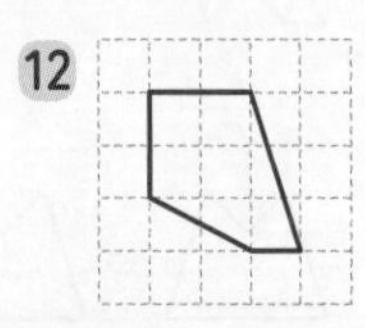

13
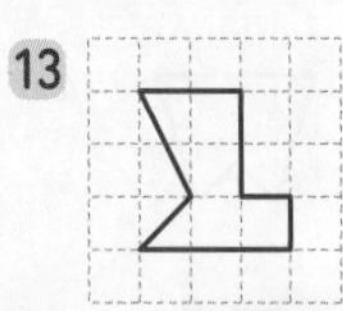

14
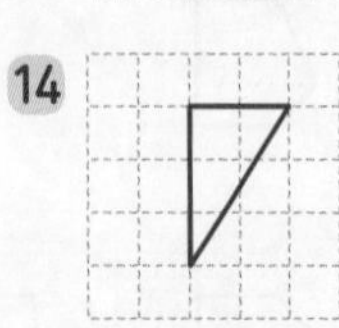

15
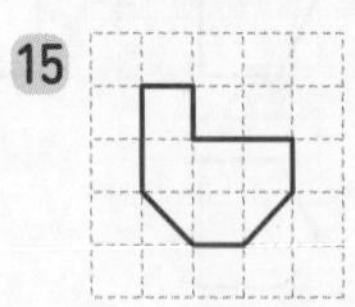

116쪽 | 적용

16

17

18

19
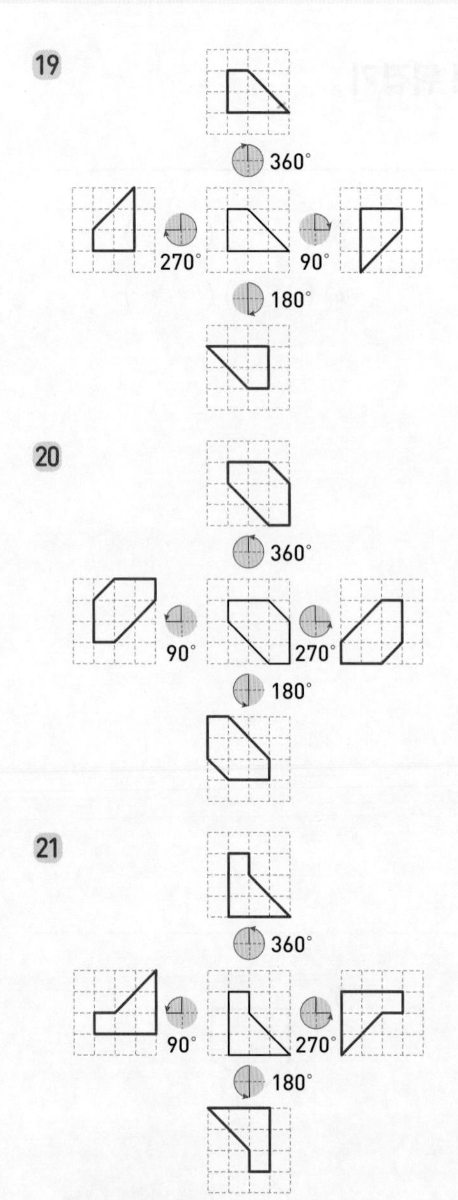

20
360°
90°
270°
180°

21
360°
90°
270°
180°

117쪽 | 완성

22

+문해력

23
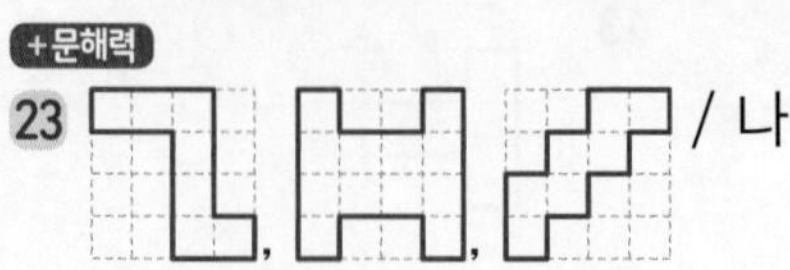
/ 나

30회 점을 이동하기

118쪽 | 개념

1 아래쪽
2 위쪽
3 왼쪽
4 오른쪽
5 6
6 2
7 8
8 1

119쪽 | 연습

9
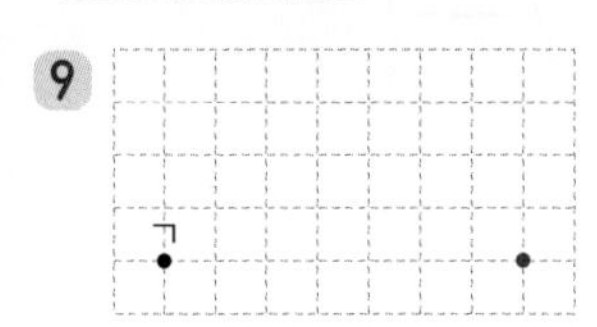

10
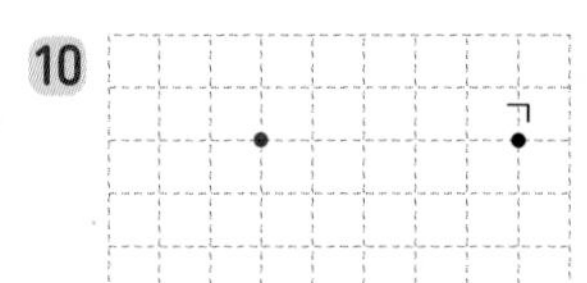

11
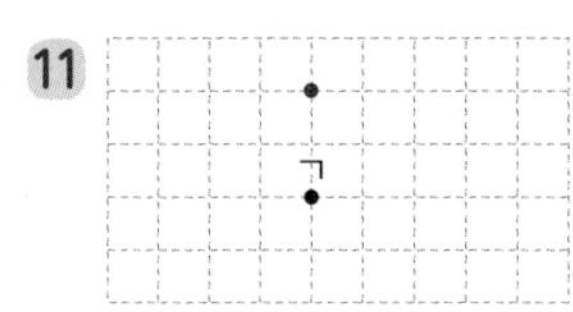

12
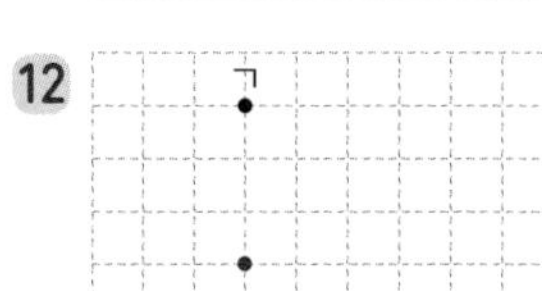

13
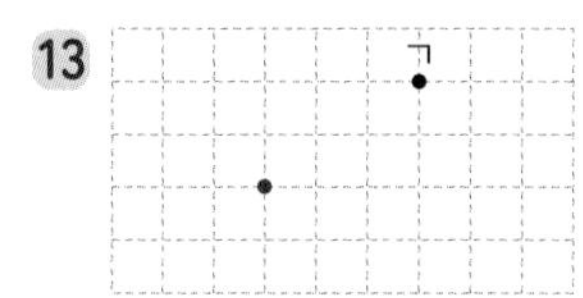

14
1 cm
1 cm
ㄱ

15
1 cm
1 cm
ㄱ

16
1 cm
1 cm
ㄱ

17
1 cm
1 cm
ㄱ

120쪽 | 적용

18
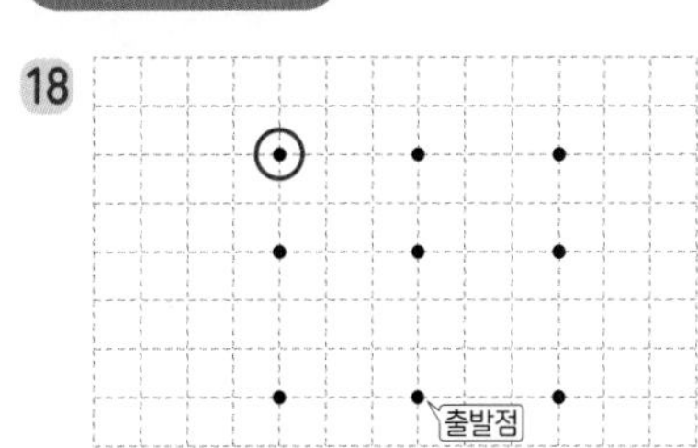

19
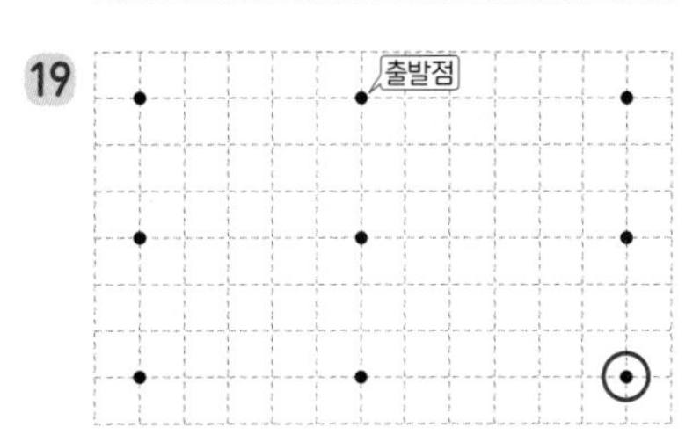

20

출발점

21

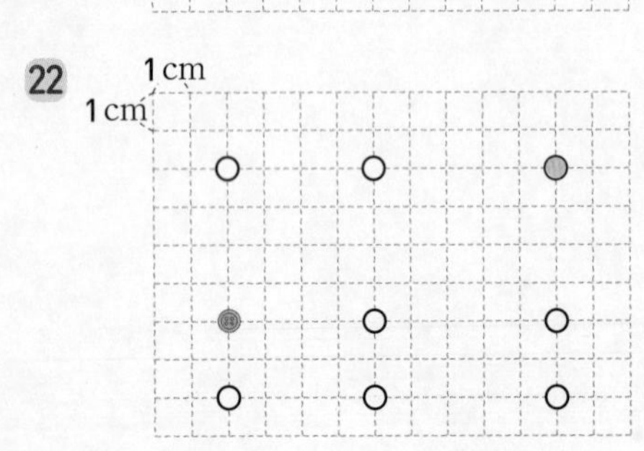

22

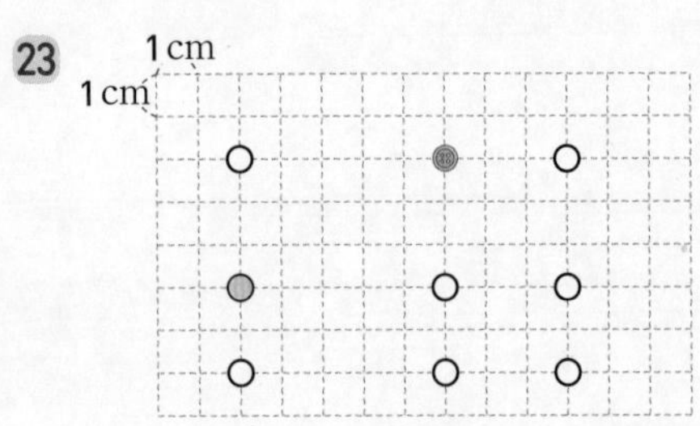

23

1 cm
1 cm

121쪽 | 완성

24 6, 4

26 6, 7

25 9, 5

27 10, 8

+문해력

28 5, 4 / 4, 5 / 선호

31회 평가 A

122쪽

1 ①

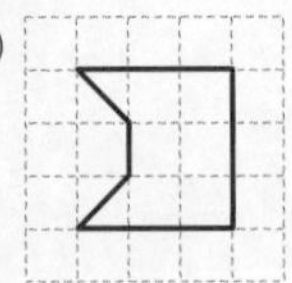

②

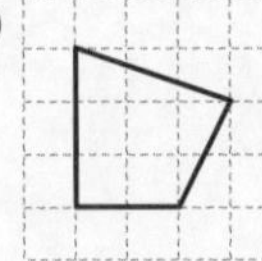

2 ①

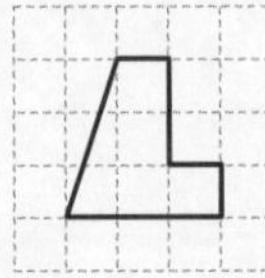

②

3

4

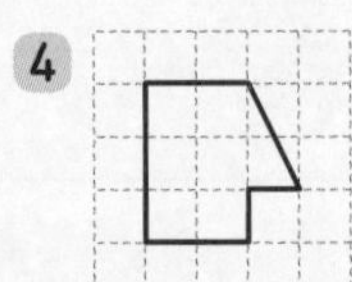

5 ①

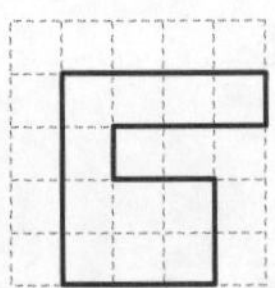

②

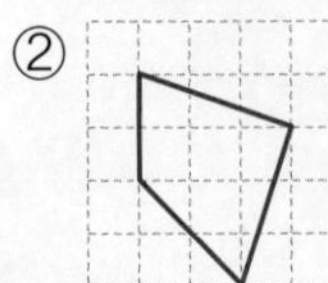

6 ①

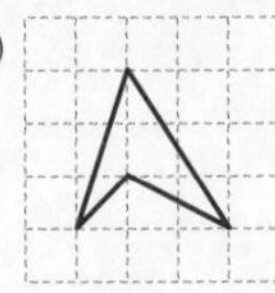

②

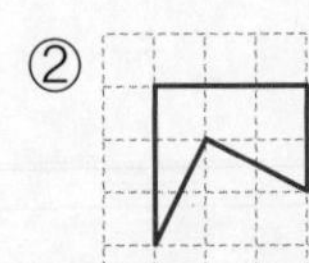

7

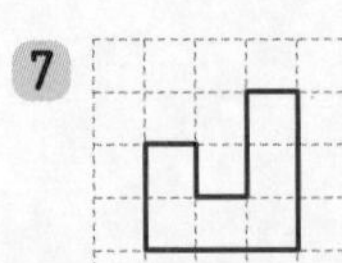

8

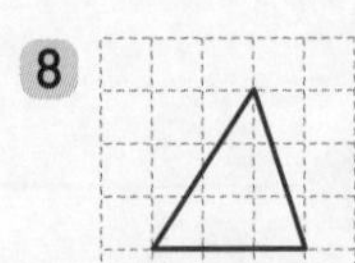

123쪽

9

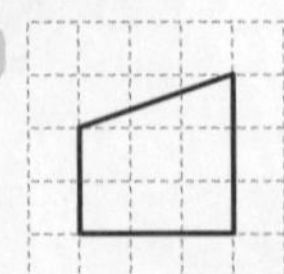

10

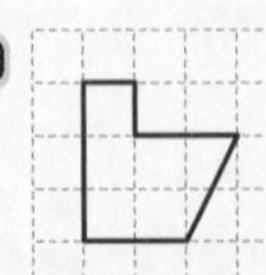

11

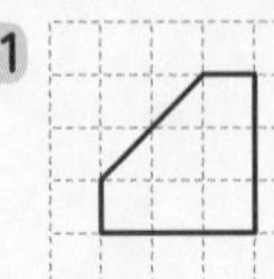

12

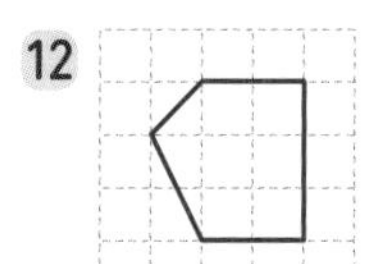

13

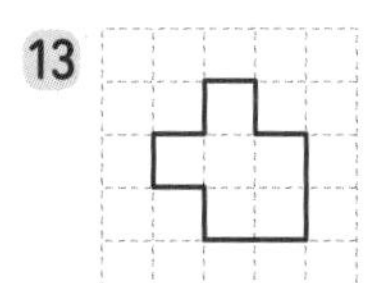

14

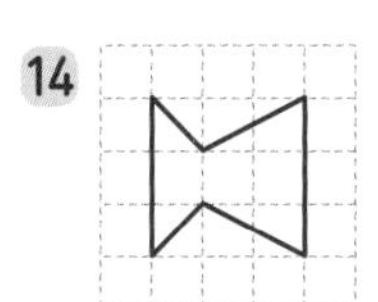

15

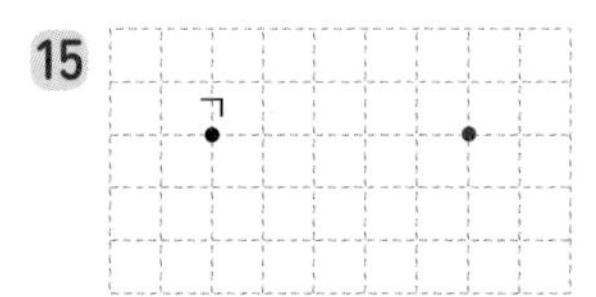

16

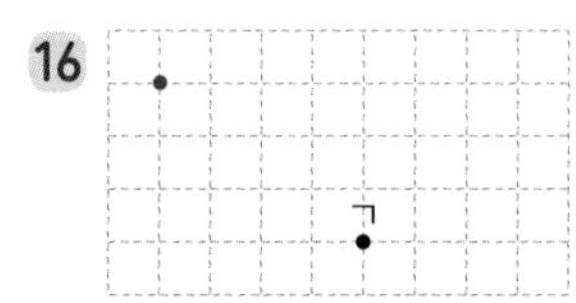

17

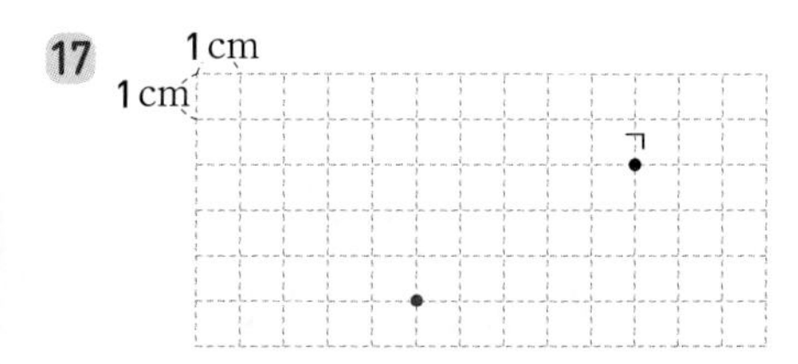

18

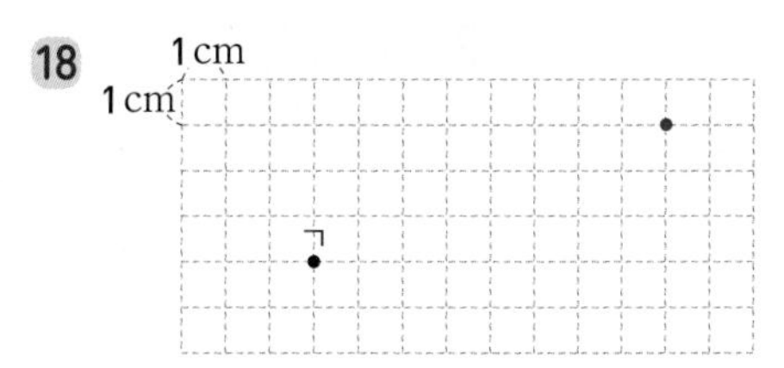

32회 평가 B

124쪽

1

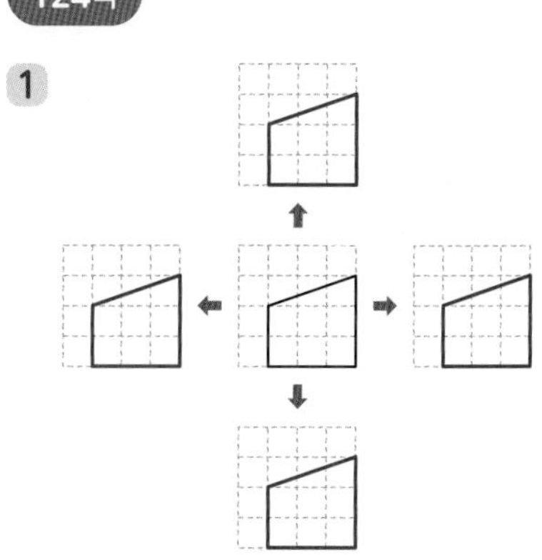

2

3

4

5

6

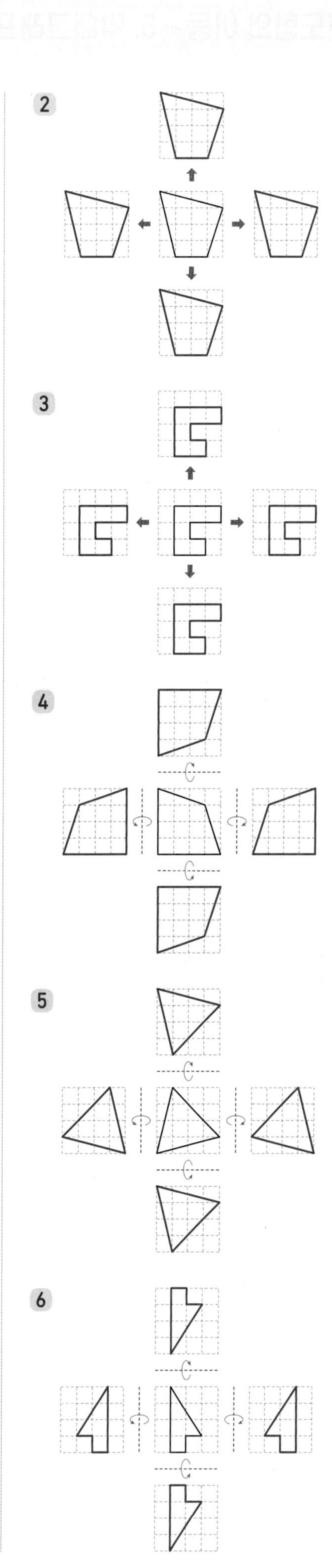

125쪽

7

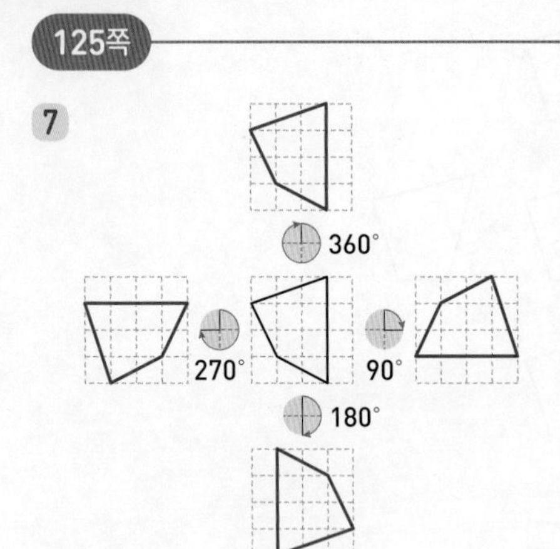

8

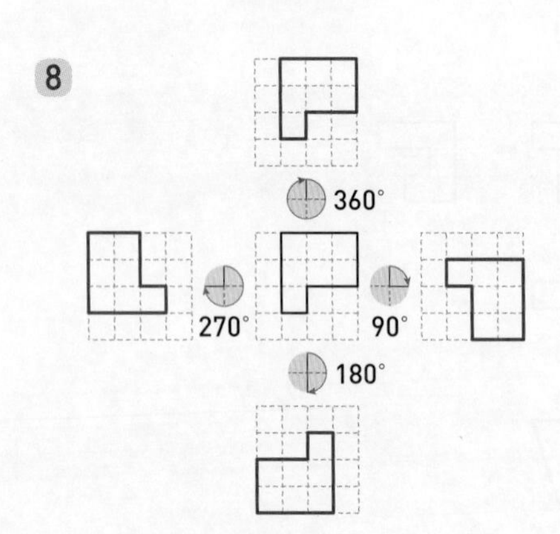

9

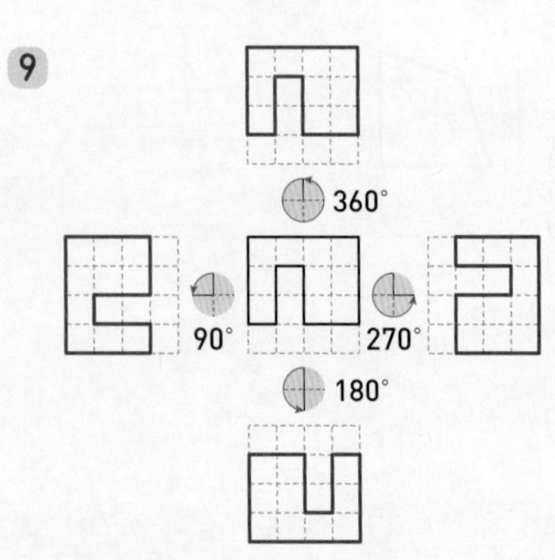

10

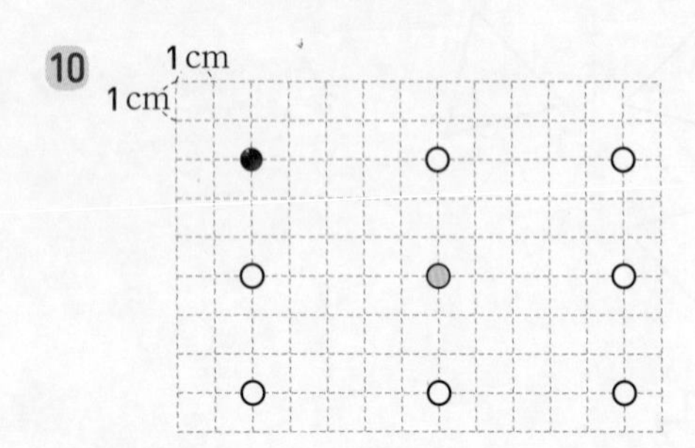

11

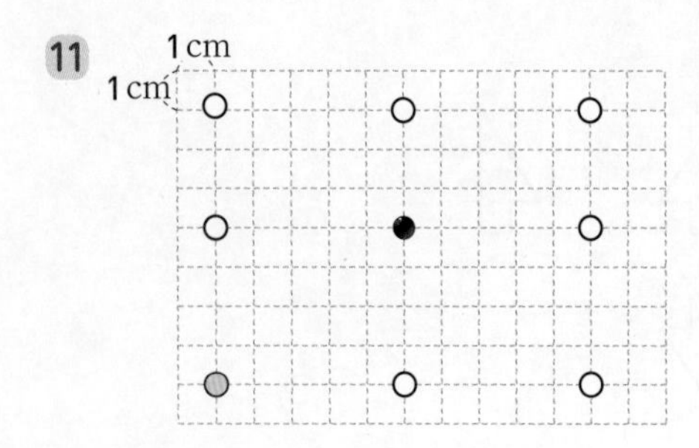

12

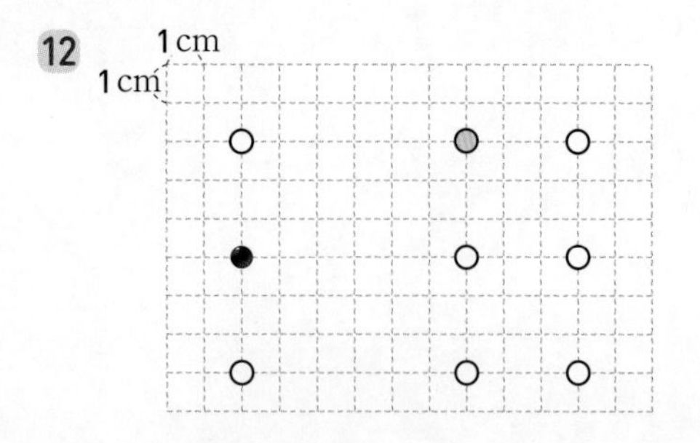

33회 막대그래프

128쪽 | 개념

1 ① 과목, 학생 수 ② 좋아하는 과목별 학생 수

2 ① 책 수, 종류 ② 종류별 책 수

3 5 / 5, 5, 1

4 10 / 10, 5, 2

129쪽 | 연습

5 8, 5, 26

6 2, 4, 8, 3, 17

7 5, 9, 6, 7, 27

8 13, 11, 38

9 6, 8, 9, 12, 35

10 22, 16, 14, 52

130쪽 | 적용

11

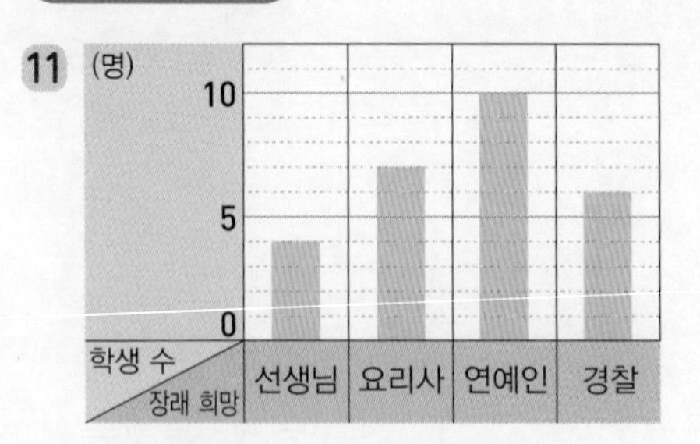

12

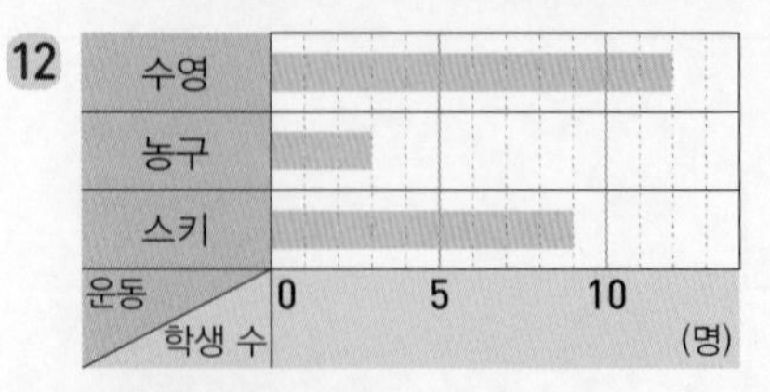

13

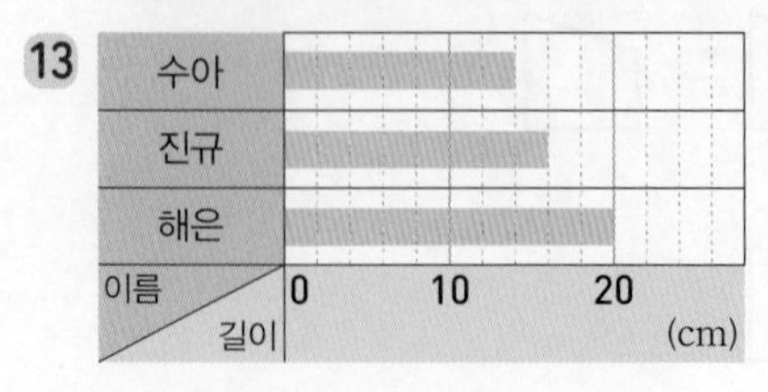

14 9, 27 /

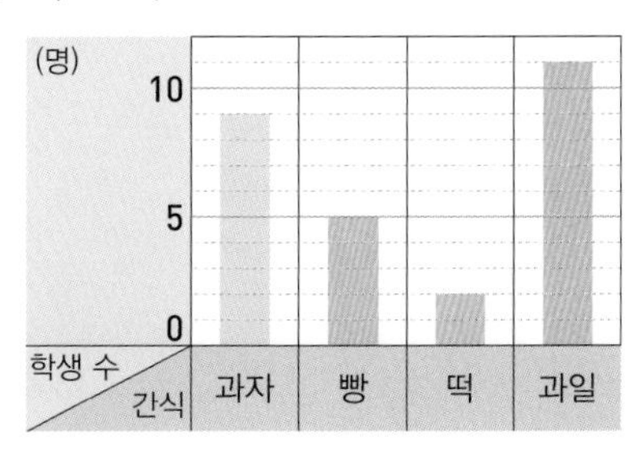

15 8, 25 /

설악산	
한라산	
지리산	
산 / 학생 수	0 5 10 (명)

16 4, 30 /

1반	
2반	
3반	
반 / 학생 수	0 10 20 (명)

131쪽 | 완성

17

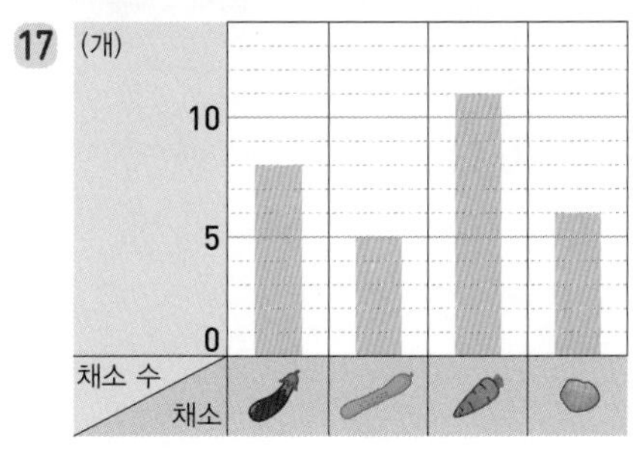

18

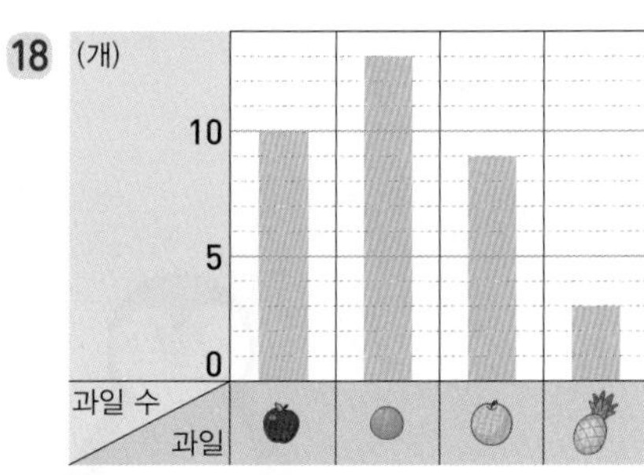

+문해력

19 2 / 16, 20, 12 / 세희

34회 막대그래프 해석하기

132쪽 | 개념

1 느티나무, 느티나무

2 노래, 노래

3 많습니다

4 많습니다

5 적습니다

133쪽 | 연습

6 세종 대왕

7 파란색

8 화

9 8

10 15

11 70

134쪽 | 적용

12 축구

13 줄넘기

14 동물원

15 놀이공원

16 16

17 25

18 80

135쪽 | 완성

19
20
21

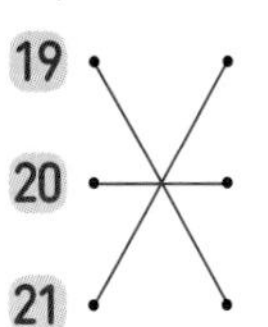

+문해력

22 7, 11 / 7, 11, 18 / 18

35회 평가 A

136쪽

1 7, 4, 22
2 16, 10, 8, 14, 48
3 25, 45, 40, 35, 145
4 70, 90, 260
5 14, 26, 8, 18, 66
6 55, 35, 5, 25, 120

137쪽

7 영국
8 역사책
9 목
10 10
11 24
12 30

36회 평가 B

138쪽

1 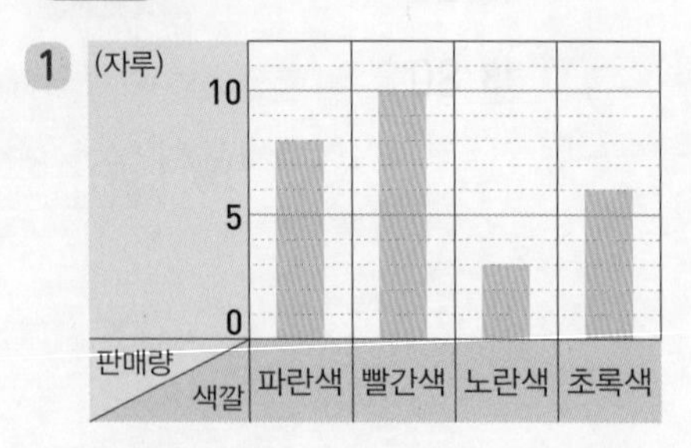

2 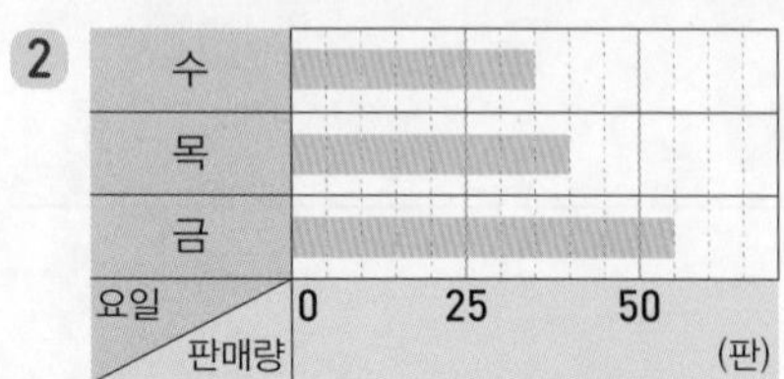

3 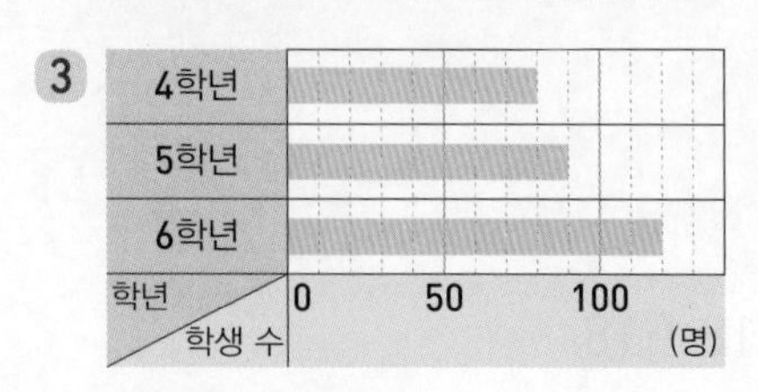

4 8, 32 /
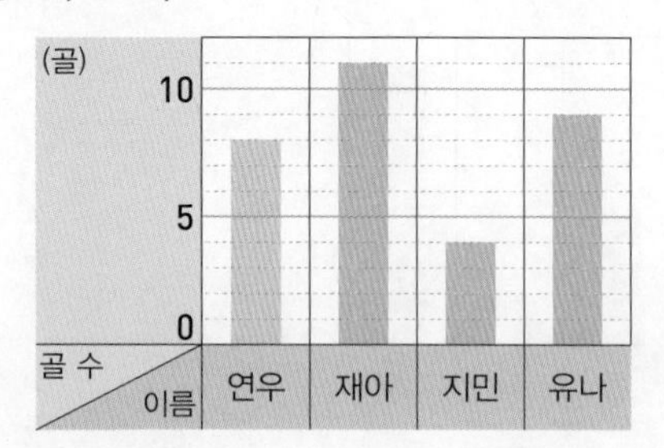

5 18, 50 /
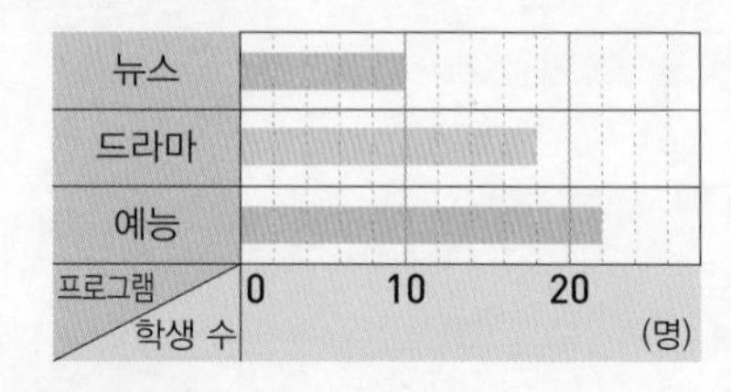

6 30, 120 /
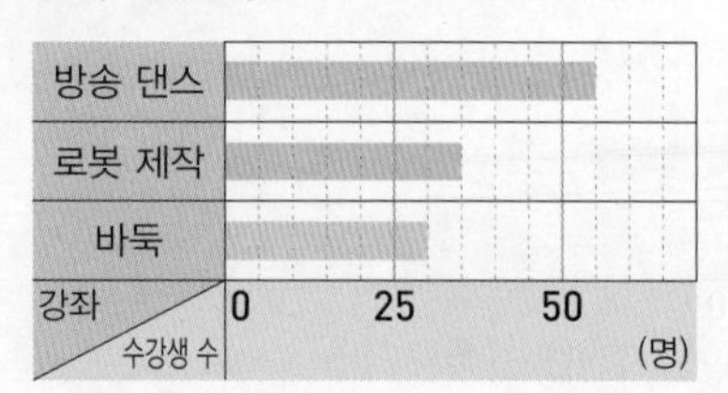

139쪽

7 햄버거
8 떡볶이
9 O형
10 A형
11 10
12 25
13 160

37회 수의 배열에서 규칙 찾기

142쪽 | 개념

1 ① 1000 ② 10

2 ① 1100 ② 900

3 4

4 7

5 2

6 3

143쪽 | 연습

※ 7~11은 위에서부터 채점하세요.

7 535, 545 / 635, 645

8 2020, 2030 / 3020, 3030 / 4040

9 3402 / 3004, 3604 / 3206 / 3608

10 20217 / 20307 / 20427 / 20517, 20537

11 50210, 50310 / 50220, 50320 / 50230, 50330

12 1250

13 384

14 648

15 40

16 12

17 81

18 5

19 30

144쪽 | 적용

※ 24~27은 위에서부터 채점하세요.

20 505, 606

21 643, 863

22 5260, 9270

23 4140, 6180

24 8 / 7, 8

25 1, 2 / 2, 3

26 0, 5 / 4, 0

27 2 / 6 / 0 / 4

145쪽 | 완성

28 5D, 11B

29 G12, H17

+문해력

30 542, 4 / 4, 566 / 566

38회 모양의 배열에서 규칙 찾기

146쪽 | 개념

1 9 / 3, 2

2 10 / 1, 3

3 8 / 2

4 15 / 3

147쪽 | 연습

5 7, 9

6 1, 4, 7, 10

7 2, 4, 6, 8

8 1, 4, 7, 10

9 1 / 1, 1

10 3 / 4

11 2, 2 / 2, 2, 2

148쪽 | 적용

12 다섯째

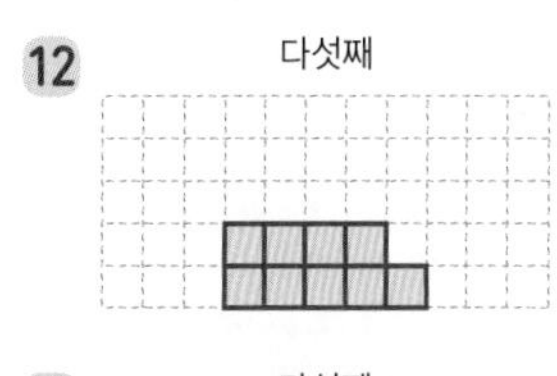

13 다섯째

14 다섯째

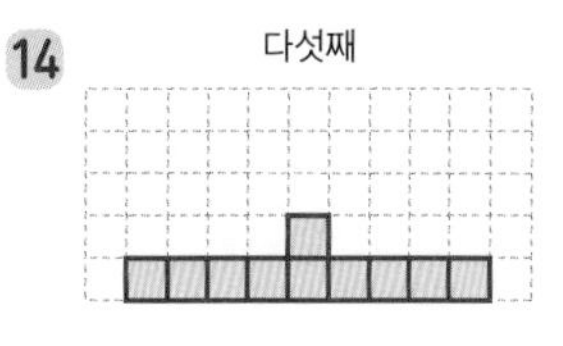

15 다섯째

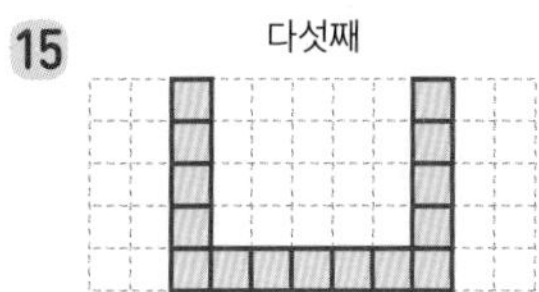

16 15

17 12

18 15

19 20

20 25

149쪽 | 완성

21 15

22 9

+문해력

23 3, 5, 7, 9 / 3, 2 / 9, 2, 11 / 11

6 단원

39회 계산식의 배열에서 규칙 찾기 (1)

150쪽 | 개념

1 5, 5
2 11, 100, 100
3 10
4 1, 1, 2

151쪽 | 연습

5 110
6 704
7 500, 500
8 543, 254
9 45
10 440
11 1200, 700
12 5555, 2555

152쪽 | 적용

13 12345＋54321＝66666
14 540＋150＋230＝920
15 8000－4200＝3800
16 120－20－20－20－20＝40
17 99999＋22222＝122221
18 666666＋333334＝1000000
19 123456－12345＝111111
20 755－302－101＝352

153쪽 | 완성

21 ㉢ 22 ㉡ 23 ㉠

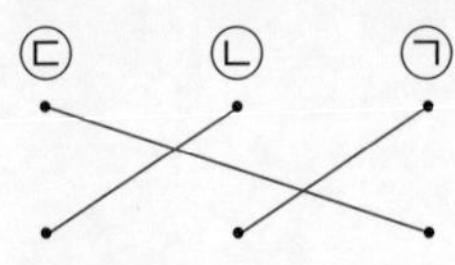

+문해력
24 10, 10 / 10, 199 / 199

40회 계산식의 배열에서 규칙 찾기 (2)

154쪽 | 개념

1 202, 2, 404
2 3, 3
3 1111, 11, 101
4 2

155쪽 | 연습

5 5555
6 3003
7 15873, 21
8 40, 80
9 101
10 1001
11 3366, 34
12 555555555, 45

156쪽 | 적용

13 3×9999＝29997
14 100003×6＝600018
15 880÷80＝11
16 266673333÷39999＝6667
17 11111×11111＝123454321
18 8×1000004＝8000032
19 699993÷99999＝7
20 32÷2÷2÷2÷2÷2＝1

157쪽 | 완성

21 800÷100＝8
22 99999×5
＝499995
23 1000×10
＝10000
24 888885÷9
＝98765

+문해력
25 100, 11, 100 / 100, 500 / 500

41회 등호를 사용하여 나타내기

158쪽 | 개념

1 17
2 13
3 26
4 30
5 2
6 4
7 10
8 15

159쪽 | 연습

9 ① 28 ② 6
10 ① 22 ② 2
11 ① 50 ② 2
12 ① 65 ② 3
13 ① 7 ② 35
14 ① 2 ② 90
15 ① 1 ② 32
16 20+20, 5×8
17 55−6−7, 7×6
18 21−15, 6×1
19 30+30+30, 3×30
20 72+72, 6×24
21 15÷3, 5÷1
22 24+0, 48÷2

160쪽 | 적용

23 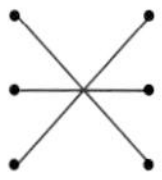
24 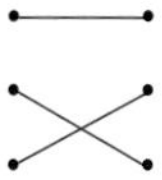
25 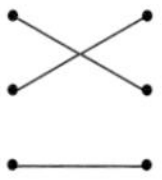
26 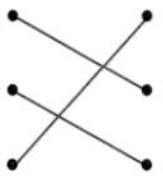
27 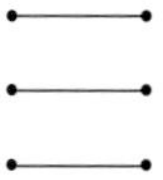
28 70+4+1=74+1
29 8×8=16×4
30 33+5=22+11+5
31 48÷2=96÷4
32 11×4=4×11
33 60−5−5=55−5
34 12÷3=4÷1
35 28+0=21+7

161쪽 | 완성

36 ( )(○)( )( )
37 ( )(○)( )( )
38 ( )( )(○)( )
39 (○)( )( )( )

+문해력
40 3 / 3, 3 / 3

42회 평가 A

162쪽

※ 1~3은 위에서부터 채점하세요.

1 347 / 457 / 547, 557
2 6206 / 6402, 6404 / 6606
3 47015 / 45035 / 46055 / 47075, 48075
4 1875
5 63
6 4
7 25
8 2 / 2, 2
9 2, 3 / 2, 3, 4
10 3, 3 / 3, 3, 3

163쪽

11 140
12 550
13 5353
14 11000011, 11
15 ① 18 ② 0
16 ① 12 ② 3
17 ① 6 ② 32
18 ① 66 ② 11
19 ① 9 ② 45
20 ① 6 ② 80
21 ① 1 ② 32

43회 평가 B

164쪽

※ 3~4는 위에서부터 채점하세요.

1 707, 809
2 4680, 8690
3 5, 6 / 6, 7
4 6 / 0, 5, 0
5 7
6 13
7 11
8 14
9 20

165쪽

10 43210＋23456
＝66666

11 9000－5100
＝3900

12 7×3333＝23331

13 119997÷9
＝13333

14 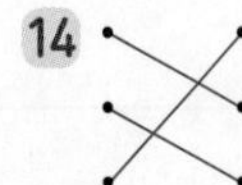

15

16 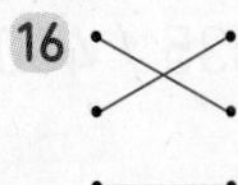

17

18

44회 1~6단원 총정리

166쪽

1 삼억 칠천팔백만 이십

2 육천백이십사조
팔천삼백구십이억

3 76800000
또는 7680만

4 57100000000
또는 571억

5 ＞

6 ＜

7 ＜

8 ＞

9 ① 150° ② 50°

10 ① 135° ② 30°

11 ① 110° ② 55°

12 ① 260° ② 40°

13 ① 240° ② 80°

14 55

15 85

167쪽

16 ① 6560 ② 10332

17 ① 7770 ② 11655

18 ① 3…3 ② 2…7

19 ① 7 ② 4…10

20 ① 7…13 ② 5…10

21 ① 22 ② 18…14

22 ① 59 ② 28…20

23 ①  ② 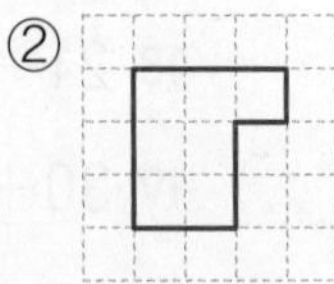

24 ① ② 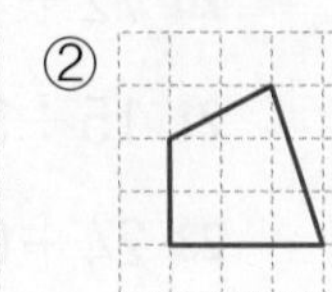

25

26 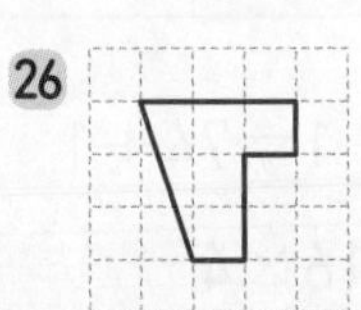

168쪽

27 8, 5 /

(명) 10 5 0
학생 수 / 간식: 떡볶이 만두 빵 과자

28 7 / 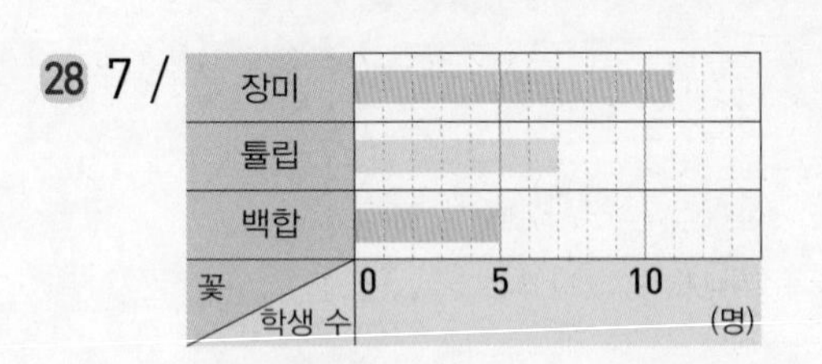

29 22 / 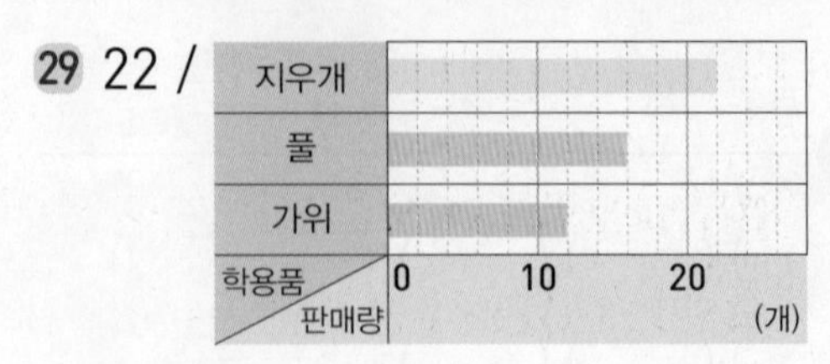

30 875

31 530

32 100008

33 1000007

큐브 연산

정답 | 초등 수학 4·1

연산 | 전 단원 연산을 다잡는 기본서

개념 | 교과서 개념을 다잡는 기본서

유형 | 모든 유형을 다잡는 기본서

시작만 했을 뿐인데 완북했어요!

시작만 했을 뿐인데 그 끝은 완북으로! 학습할 땐 힘들었지만 큐브 연산으로 기초를 튼튼하게 다지면서 새 학기 때 수학의 자신감은 덤으로 뿜뿜할 수 있을 듯 해요^^

초1중2민지사랑민찬

아이 스스로 얻은 성취감이 커서 너무 좋습니다!

아이가 방학 중에 개념 공부를 마치고 수학이 세상에서 제일 싫었다가 이제는 좋아졌다고 하네요. 아이 스스로 얻은 성취감이 커서 너무 좋습니다. 자칭 수포자 아이와 함께 이렇게 쉽게 마친 것도 믿어지지 않네요.

초5 초3 유유

결과는 대성공! 공부 습관과 함께 자신감 얻었어요!

겨울방학 동안 공부 습관 잡아주고 싶었는데 결과는 대성공이었습니다. 다른 친구들과 함께한다는 느낌 때문인지 아이가 책임감을 느끼고 참여하는 것 같더라고요. 덕분에 공부 습관과 함께 수학 자신감을 얻었어요.

스리마미

엄마표 학습에 동영상 강의가 도움이 되었어요!

동영상 강의가 있어서 설명을 듣고 개념 정리 문제를 풀어보니 보다 쉽게 이해할 수 있었어요. 엄마표로 진행하는 거라 엄마인 저도 막히는 부분이 있었는데 동영상 강의가 많은 도움이 되었네요.

3학년 칭칭맘

자세한 개념 설명 덕분에 부담없이 할 수 있어요!

처음에는 할 수 있을까 욕심을 너무 부리는 건 아닌가 신경 쓰였는데, 선행용, 예습용으로 하기에 입문하기 좋은 난이도와 자세한 개념 설명 덕분에 아이가 부담없이 할 수 있었던 거 같아요~

초5워킹맘

심리적으로 수학과 가까워진 거 같아서 만족해요!

아이는 처음 배우는 개념을 정독한 후 문제를 풀다 보니 부담감 없이 할 수 있었던 것 같아요. 매일 아이가 제일 먼저 공부하는 책이 큐브였어요. 그만큼 심리적으로 수학과 가까워진 거 같아서 만족스러워요.

초2 산들바람

수학 개념을 제대로 잡을 수 있어요!

처음에는 어려웠던 개념들도 차분히 문제를 풀어보면서 자신감을 얻은 거 같아서 아이도 엄마도 즐거웠답니다. 6주 동안 큐브 개념으로 4학년 1학기 수학 개념을 제대로 잡을 수 있어서 너무 뿌듯했어요.

초4초6 너굴사랑